融媒体图书使用说明

『互联网+』新形态信息化教材

建筑CAD

主编 黄瑶

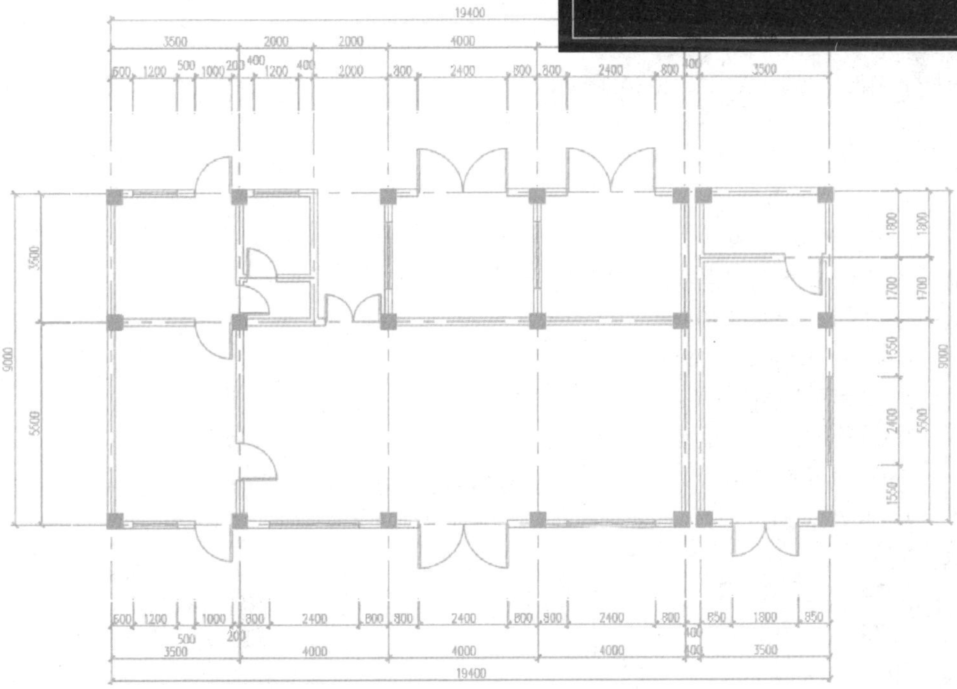

天津大学出版社
TIANJIN UNIVERSITY PRESS

内容提要

本书按 AutoCAD 基础篇、AutoCAD 建筑施工图篇、天正建筑施工图篇三个部分进行编排，分 19 个任务讲解了 AutoCAD 软件基础知识及相关操作方法、天正建筑软件基础知识、AutoCAD 绘制建筑施工图全过程、天正建筑软件绘制建筑施工图全过程及出图方法和步骤。通过两套实际施工图案例进行讲解，内容通俗易懂，由浅入深，突出教学内容的应用性和实用性。同时在课程中融入思政元素，增加了思政小课堂，有助于培养具有高素质、高技能和创新能力的建筑 CAD 专业人才。

本书适合作为土木工程、工程造价、建筑工程技术、建筑工程管理等专业本专科教材，也可供计算机绘图爱好者和土建类相关工程技术人员参考。

图书在版编目（CIP）数据

建筑CAD / 黄瑶主编. -- 天津 : 天津大学出版社,
2024. 12. -- (“互联网+”新形态信息化教材).
ISBN 978-7-5618-7906-1
Ⅰ. TU201.4
中国国家版本馆CIP数据核字第2024UU5983号

出版发行　天津大学出版社
地　　址　天津市卫津路92号天津大学内（邮编：300072）
电　　话　发行部：022-27403647
网　　址　www.tjupress.com.cn
印　　刷　天津泰宇印务有限公司
经　　销　全国各地新华书店
开　　本　880mm×1230mm　1/16
印　　张　17
字　　数　576千
版　　次　2024年12月第1版
印　　次　2024年12月第1次
定　　价　59.80元

本书编写委员会

主　编　黄　瑶

副主编　吴　凯　郑自海

　　　　　李　俊　曾莹莹

　　　　　张　琪

前　言

我国建筑业近些年取得了长足发展，各类建筑如雨后春笋般拔地而起，建筑行业需要大量的技能型人才，采用CAD进行绘图已成为行业人才的基本要求。大多数工科专业都开设了CAD课程，熟练掌握AutoCAD绘图软件已经成为各大高校学生和建筑业从业人员的一项基本技能要求。本书根据国家职业教育新的教学改革要求，在近几年取得的课程改革成果的基础上，结合现在建筑设计领域广泛使用的AutoCAD 2023和T20天正建筑V9.0软件编写而成，可基本满足建筑设计人员和工程技术人员对计算机辅助设计的需要。

本书内容分为三个篇章，共19个任务：① AutoCAD基础篇，包括任务1~8，介绍了AutoCAD软件基础知识及相关操作方法；② AutoCAD建筑施工图篇，包括任务9~13，讲解了AutoCAD建筑平面图、建筑剖面图、建筑立面图及建筑大样图的绘制过程和要点；③天正建筑施工图篇，包括任务14~19，讲解了运用天正建筑软件绘制别墅建筑施工图的方法和步骤。本书对AutoCAD和天正建筑软件部分案例的讲解，均以一套完整的施工图为例，内容通俗易懂，突出教学内容的实用性。

本书为“思政+”创新规划教材，增加了思政小课堂，将思政元素融入基础绘图训练中，在软件教学过程中融入中国元素，增强学生民族自豪感和自信心，激励其做有担当的新时代青年。

本书由武汉生物工程学院黄瑶担任主编，武汉生物工程学院吴凯、郑自海、李俊，武汉工程职业技术学院曾莹莹，汉中职业技术学院张琪担任副主编。具体编写分工如下：郑自海编写任务1、2，张琪编写任务3、4，吴凯编写任务5、9~13，李俊编写任务6、7，曾莹莹编写任务8，黄瑶编写绪论、任务14~19。本书编者均多年从事AutoCAD课程教学及相关课程研究工作，具有丰富的教学及实践经验，对建筑类图纸的绘制方法有独到见解。书中通过二维码的形式链接了教材中的学习资源，如操作视频、习题答案、图纸等，读者可以通过扫描二维码进行查看和学习。

由于编者水平有限，本书难免存在疏漏或不妥之处，衷心希望读者给予批评指正。

数字资源清单

续表

资源名称	类型	页码	资源名称	类型	页码
任务 19.6　详图布局和任务 19.7　打印	视频	257	附录 3　配电房施工图	图纸	258
附录 1　AutoCAD 常用快捷键	文档	258	附录 4　外教二期别墅	图纸	258
附录 2　天正命令索引	文档	258			

注:由于二维码图样文本框容纳字数有限,对书中二维码的名称做了简化处理。

目 录

AutoCAD 基础篇

AutoCAD
基础篇

绪　论

1. CAD 基础知识

CAD 是计算机辅助设计（Computer Aided Design）的英文缩写。CAD 是一种利用计算机及其图形设备帮助设计人员进行设计工作的技术。目前 CAD 已成为企业信息化最重要的技术之一，是工程技术人员进行创新设计必不可少的有力工具。CAD 是一种多学科综合性应用技术，涉及计算机科学、计算机图形学、数值分析、数据管理、人工智能、数据交换、网络通信、建筑艺术等多个学科，在诸多领域得到广泛应用；CAD 可高效率、高质量地完成几何造型设计、产品结构分析、工程图纸绘制、协同概念设计等，是创造性思维活动与计算机系统的融合。CAD 能提高工程设计质量，缩短产品开发周期，降低生产成本，促进科技成果转化，提高劳动生产效率，提高技术创新能力。

2. 建筑 CAD

1）建筑 CAD 概述

建筑 CAD 是计算机辅助建筑设计（Computer Aided Architectural Design）的简称，也称 CAAD。建筑 CAD 除了具有一般 CAD 所具备的计算、存取文字、图形交互处理以及必要的输入、输出功能外，还具有建筑专业功能，包括辅助建筑设计、结构设计、建筑效果图表达、建筑结构及水暖电设备的施工图设计等。

2）建筑 CAD 相关标准

建筑 CAD 是为建筑工程设计服务的，因此要遵循有关的建筑制图国家标准，但建筑 CAD 又有自己的特点，对此我国也制定了相关标准。与建筑 CAD 有关的标准主要有：

（1）《房屋建筑制图统一标准》（GB/T 50001—2017）；

（2）《总图制图标准》（GB/T 50103—2010）；

（3）《建筑制图标准》（GB/T 50104—2010）；

（4）《建筑结构制图标准》（GB/T 50105—2010）；

（5）《CAD 文件管理　标准化审查》（GB/T 17825.8—1999）；

（6）《CAD 工程制图规则》（GB/T 18229—2000）；

（7）《CAD 通用技术规范》（GB/T 17304—2009）。

3. 本课程的学习方法

1）理论联系实际

建筑 CAD 主要用于建筑工程图样的绘制，因此应用建筑 CAD 绘图软件，须具备工程制图基础理论、房屋建筑学相关知识，遵循工程制图的相关规范，在绘图操作中能熟练运用理论知识，把理论知识与实际操作相结合，才能全面、深刻地理解和掌握绘图软件的使用方法和技巧。

2）加强操作技能的训练

现有的计算机绘图软件大多基于 Windows 操作系统，因此在学习计算机绘图前，需要熟悉 Windows 操作系统，掌握基本操作技能，以此为基础，理解和掌握计算机绘图软件的特有操作功能，并加强操作技能的训练，同时根据计算机绘图软件的操作特点，养成良好的绘图软件使用习惯。以 AutoCAD 为例，经常需要使用键盘和鼠标共同完成绘图操作，因此在使用时要养成左手键盘输入命令，右手鼠标移动绘图光标，双手配合使用的绘图习惯，这样可以大大加快绘图速度。

3）勤于观察，善于总结

进行计算机绘图时，同一个图样可以采用多种不同的方式完成。学习绘图软件时，可以向有经验的使用者多请教，更重要的是，在学习和使用过程中，要勤于观察，善于总结。以 AutoCAD 为例，许多命令在执行时有很多选项，一般采用默认选项，而 AutoCAD 提供的许多选项在绘图时采用会非常方便快捷，如果在学习时多观察命令提示窗口的选项提示，并对所提供的选项进行尝试和总结，今后遇到类似问题时就能快速定位命令选项，提高绘图效率。

4）充分利用帮助文件

计算机绘图软件的帮助文件是学习和掌握软件使用的参考文档，在学习和操作时遇到困难，要首先利用帮助文件查找问题的解决方案。AutoCAD 软件提供了很好的学习教程和帮助文档，学习时可以充分利用这一资源。

4. AutoCAD 2023 系统配置与安装

1)硬件要求

目前的主流计算机配置均能满足 AutoCAD 2023 的要求,如果对软件运行速度或图形显示器流畅程度有较高要求的话,则计算机的配置也需要适当提高,见表 1。

表 1　安装 AutoCAD 2023 对计算机的要求

序号	硬件/软件	配置需求
1	操作系统	64 位 Microsoft® Windows® 11 和 Windows 10 版本 1809 或更高版本。有关支持信息,请参见 Autodesk 的产品支持生命周期
2	处理器	基本要求:2.5~2.9 GHz 处理器(基础版),不支持 ARM 处理器 建议:3+GHz 处理器(基础版),4+GHz(Turbo 版)
3	内存	基本要求:8 GB 建议:16 GB
4	显示器分辨率	传统显示器:1 920 × 1 080 真彩色显示器 高分辨率和 4 K 显示器:支持高达 3 840 × 2 160 的分辨率(使用支持的显卡)
5	显卡	基本要求:1 GB GPU,具有 29 GB/s 带宽,并与 DirectX 11 兼容 建议:4 GB GPU,具有 106 GB/s 带宽
6	磁盘空间	10.0 GB(建议使用 SSD)
7	.NET Framework	.NET Framework 版本 4.8 或更高版本

2)软件安装

AutoCAD 2023 在各种操作系统中的安装过程基本一致,具体步骤如下。

(1)打开下载的 AutoCAD 2023 中文版安装包,并解压到当前文件夹。

(2)双击安装文件,打开 AutoCAD 2023 中文版安装程序。AutoCAD 2023 中文版安装程序自动解压并启动安装界面。

(3)同意 AutoCAD 2023 中文版安装使用条款,并根据自己的要求完成 AutoCAD 2023 中文版的安装,见图 1、图 2。

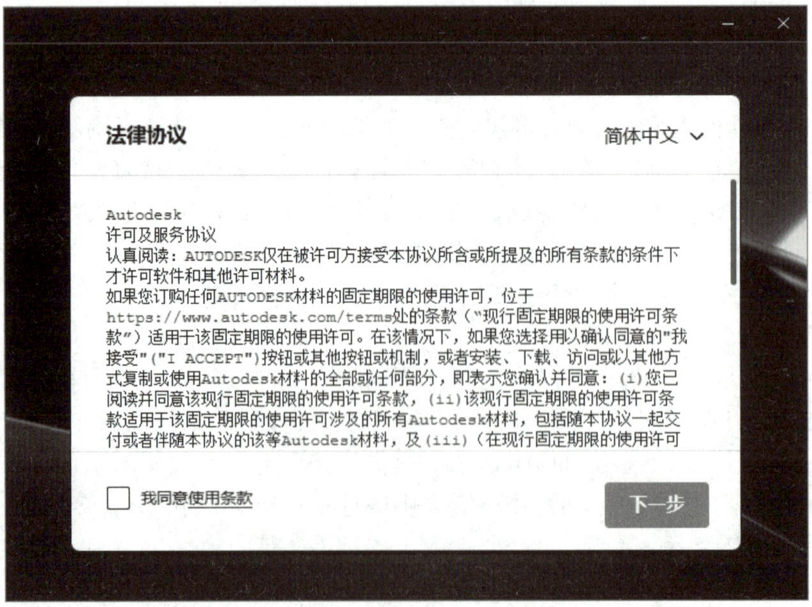
法律协议
简体中文
Autodesk
许可及服务协议
认真阅读:AUTODESK仅在被许可方接受本协议所含或所提及的所有条款的条件下才许可软件和其他许可材料。
如果您订购任何AUTODESK材料的固定期限的使用许可,位于https://www.autodesk.com/terms处的条款("现行固定期限的使用许可条款")适用于该固定期限的使用许可。在该情况下,如果您选择用以确认同意的"我接受"("I ACCEPT")按钮或其他按钮或机制,或者安装、下载、访问或以其他方式复制或使用Autodesk材料的全部或任何部分,即表示您确认并同意:(i)您已阅读并同意该现行固定期限的使用许可条款,(ii)该现行固定期限的使用许可条款适用于该固定期限的使用许可涉及的所有Autodesk材料,包括随本协议一起交付或者伴随本协议的该等Autodesk材料,及(iii)(在现行固定期限的使用许可
我同意使用条款
下一步

图 1　AutoCAD 2023 软件安装界面 1

图 2　AutoCAD 2023 软件安装界面 2

（4）安装完成后，弹出安装完成对话框，见图 3，单击“开始”按钮，结束安装过程，此时在计算机桌面上生成快捷方式图标。

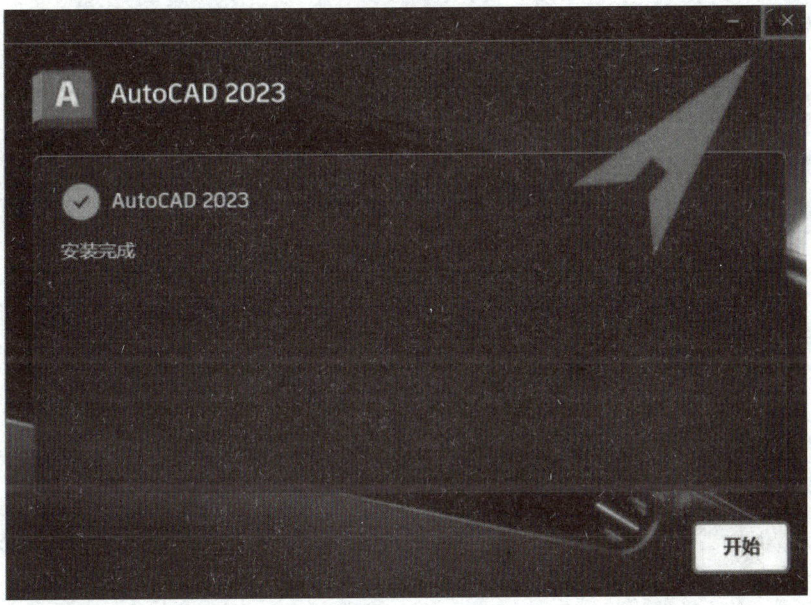

图 3　安装完成对话框

3）软件卸载

卸载 AutoCAD 2023 时，卸载程序将从系统中删除 AutoCAD 2023 的所有安装文件组件。首先单击计算机屏幕左下角的“开始”图标，找到并打开控制面板，单击“添加或删除程序”选项，在打开的窗口中选择“AutoCAD 2023”，单击“更改/删除”按钮，根据提示操作完成卸载。

任务1

AutoCAD 2023 软件基础及快速入门

学习目标

1. 了解 AutoCAD 2023 工作界面组成；
2. 能熟练应用命令输入方式，掌握必要的指令和参数；
3. 了解世界坐标系（WCS）和用户坐标系，掌握坐标输入方式；
4. 了解辅助绘图工具，掌握精确定位工具和调整图形显示范围与方式的显示工具；
5. 能熟练掌握 AutoCAD 文件管理功能。

思维导图

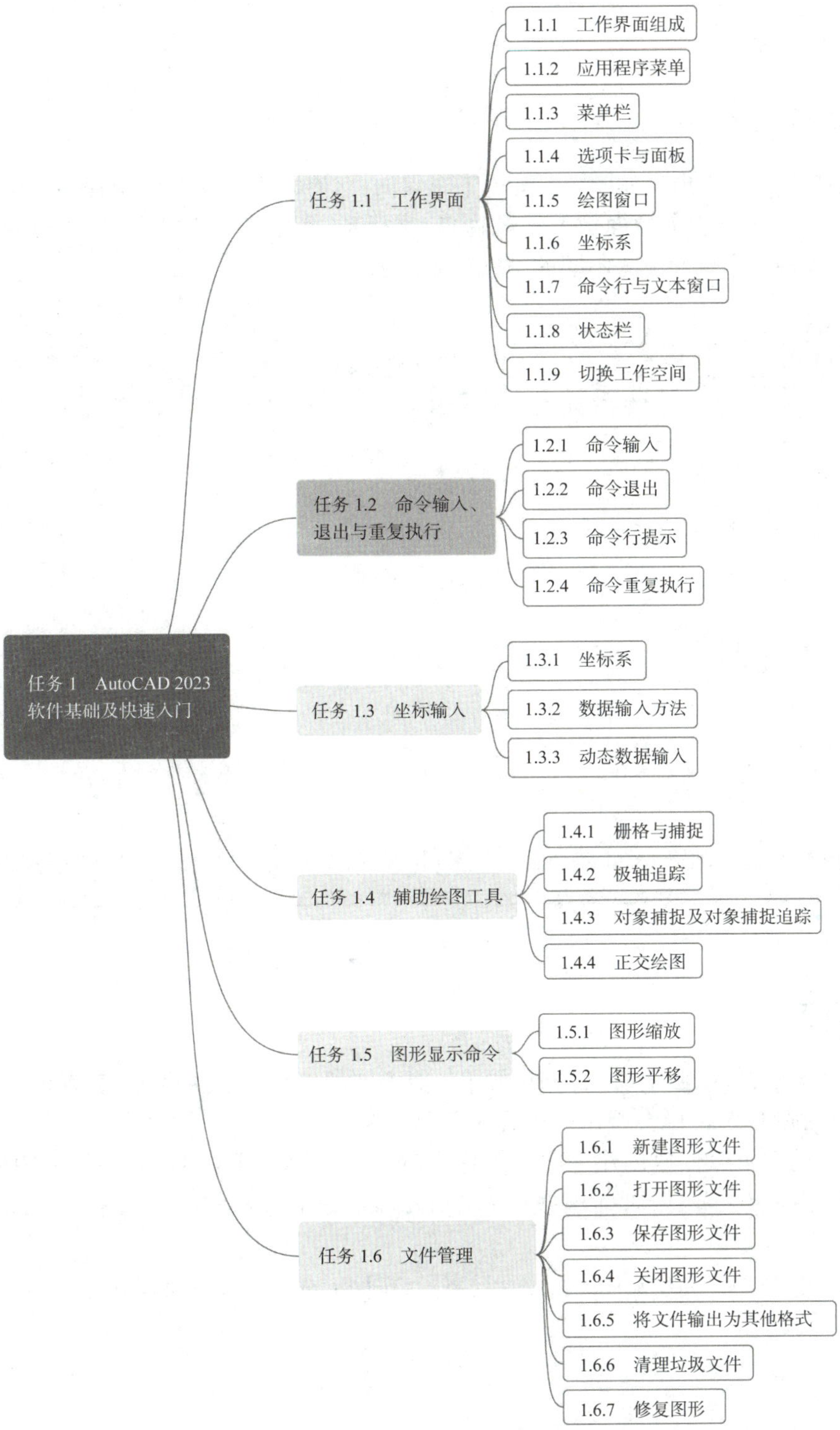
任务 1　AutoCAD 2023 软件基础及快速入门
任务 1.1　工作界面
1.1.1　工作界面组成
1.1.2　应用程序菜单
1.1.3　菜单栏
1.1.4　选项卡与面板
1.1.5　绘图窗口
1.1.6　坐标系
1.1.7　命令行与文本窗口
1.1.8　状态栏
1.1.9　切换工作空间
任务 1.2　命令输入、退出与重复执行
1.2.1　命令输入
1.2.2　命令退出
1.2.3　命令行提示
1.2.4　命令重复执行
任务 1.3　坐标输入
1.3.1　坐标系
1.3.2　数据输入方法
1.3.3　动态数据输入
任务 1.4　辅助绘图工具
1.4.1　栅格与捕捉
1.4.2　极轴追踪
1.4.3　对象捕捉及对象捕捉追踪
1.4.4　正交绘图
任务 1.5　图形显示命令
1.5.1　图形缩放
1.5.2　图形平移
任务 1.6　文件管理
1.6.1　新建图形文件
1.6.2　打开图形文件
1.6.3　保存图形文件
1.6.4　关闭图形文件
1.6.5　将文件输出为其他格式
1.6.6　清理垃圾文件
1.6.7　修复图形

任务 1.1　工作界面

1.1.1　工作界面组成

启动 AutoCAD 2023 后，出现如图 1-1 所示工作界面，该界面主要包括应用程序菜单、快速访问工具栏、标题栏、菜单栏、功能区（选项卡及面板）、绘图窗口、坐标系、命令行与文本窗口、状态栏等。可根据需要打开菜单栏、工具栏或将工作界面设为不同的空间模式。

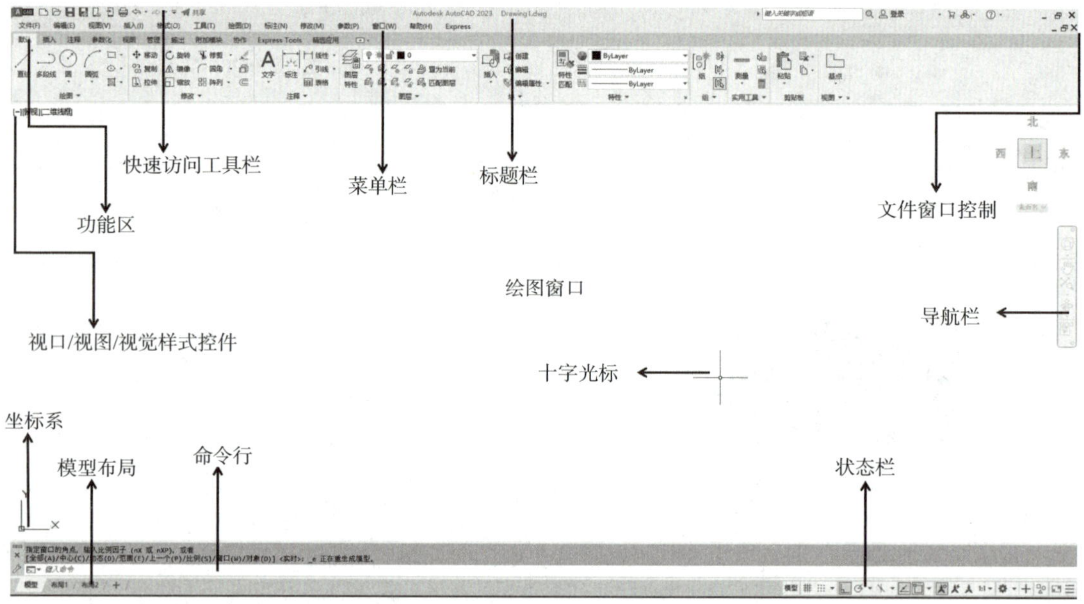

图 1-1　AutoCAD 2023 工作界面

1.1.2　应用程序菜单

在应用程序菜单中，可以搜索命令、访问常用工具并浏览文件。在 AutoCAD 2023 工作界面左上方，单击“应用程序菜单”按钮 A CAD ，就会弹出应用程序菜单。

在应用程序菜单中可以快速创建、打开、保存、核查、修复和清理文件，打印或发布图形，还可以单击右下方的“选项”按钮打开“选项”对话框或“退出 Autodesk AutoCAD 2023”按钮退出 AutoCAD，如图 1-2 所示。

在应用程序菜单上方的搜索框中，输入搜索字段，按【Enter】键（又称回车键）确认，下方将显示搜索到的命令，如图 1-3 所示。

1.1.3　菜单栏

菜单栏默认为隐藏状态，可以将其显示出来，如图 1-4 所示，选择【显示菜单栏】命令即可。菜单栏位于绘图区的顶部，AutoCAD 2023 默认有 12 个菜单（部分菜单可能与用户安装的插件有关，如【Express】），每个菜单都有各自不同的命令，如图 1-5 所示。

1.1.4　选项卡与面板

AutoCAD 2023 根据任务标记将许多面板集中在某个选项卡下，面板包含的工具和控件与工具栏和对话框中的相同，如【参数化】选项卡下的【几何】面板如图 1-6 所示。

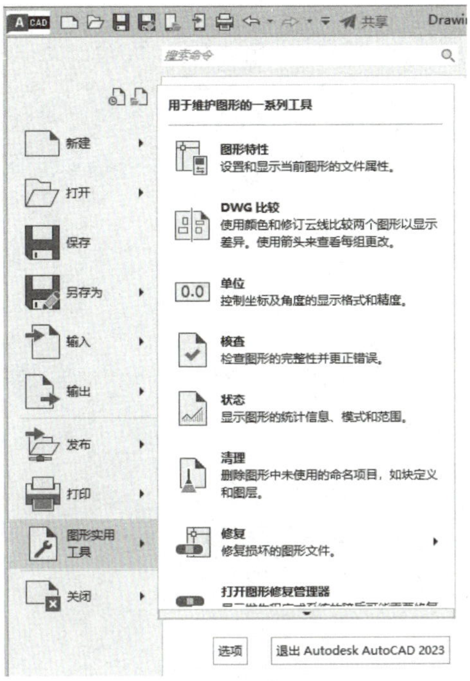

图 1-2　应用程序菜单

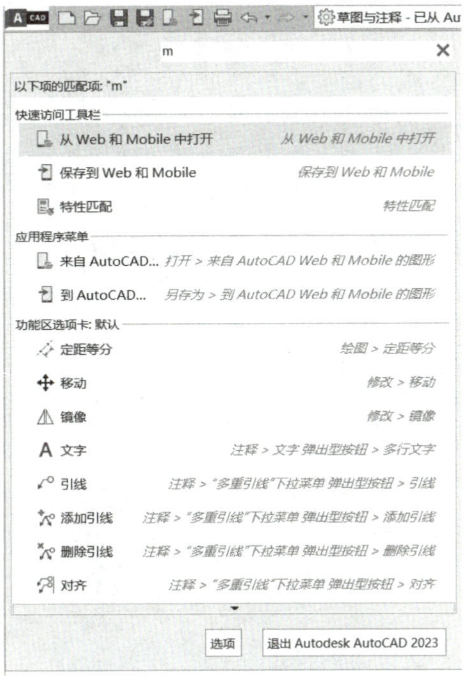

图 1-3　利用搜索框搜索命令

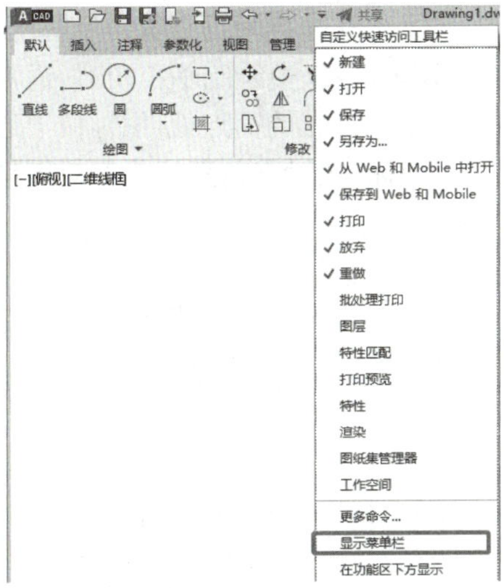

图 1-4　选择【显示菜单栏】命令

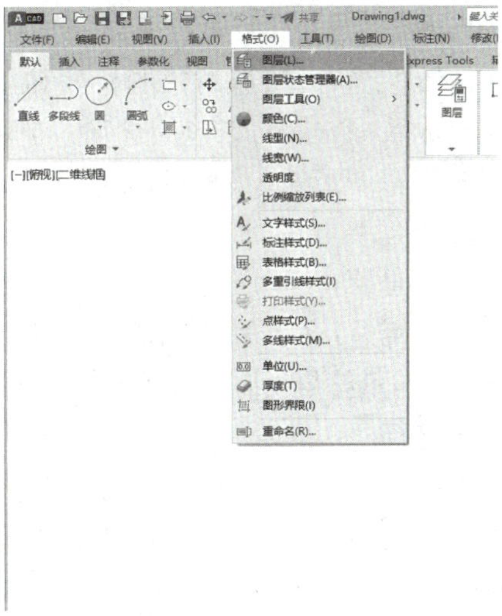

图 1-5　显示菜单命令

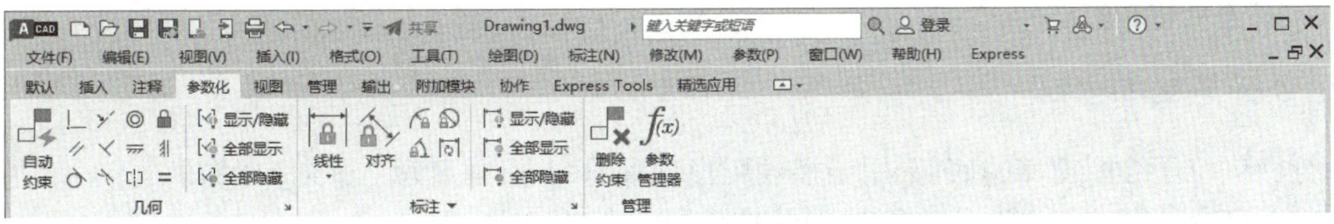

图 1-6　【参数化】选项卡

1.1.5　绘图窗口

在 AutoCAD 中，绘图窗口是绘图的工作区域，所有的绘图结果都反映在这个窗口中，如图 1-7 所示。在绘图窗口中除了显示当前的绘图结果外，还显示当前使用的坐标系类型和坐标原点，以及 X 轴、Y 轴、Z 轴的方向等。默认情况下，坐标系为世界坐标系。绘图窗口的下方有【模型】和【布局】选项卡，单击相应选项卡可以在模型空间和布局空间之间切换。

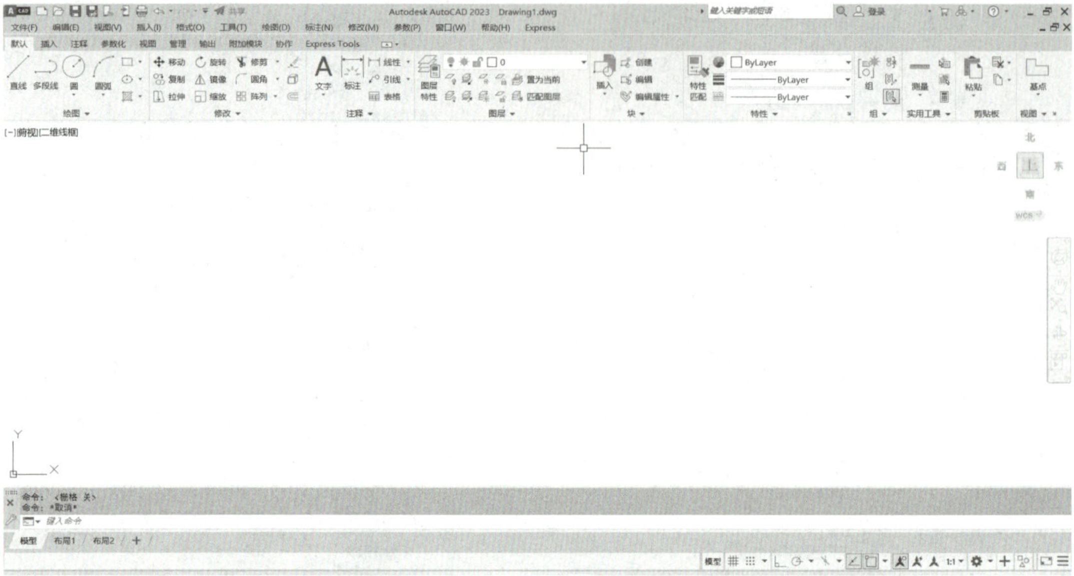

图 1-7　绘图窗口

1.1.6　坐标系

在 AutoCAD 中绘制指定尺寸的图形通常通过输入绝对直角坐标、绝对极坐标、相对直角坐标或相对极坐标的方法来操作。绘图时，若打开状态栏中的（动态输入）开关，可在光标附近查看命令的提示信息、光标当前所在位置的坐标、所选对象的长度和角度尺寸等内容。在 AutoCAD 中绘制平面图时，通常使用系统默认的世界坐标系（WCS），它包括 X 轴、Y 轴和 Z 轴，原点位于三个坐标轴的交点处，图标位于绘图窗口左下角。绘图或编辑图形对象时，可通过输入绝对直角坐标、绝对极坐标、相对直角坐标或相对极坐标确定图形对象的位置及大小。

1. 绝对直角坐标

绝对直角坐标是从（0, 0）点出发的位移，可以使用整数、分数、小数等形式表示点的 X、Y、Z 坐标值，坐标值间用逗号（半角符号）隔开，如（8,7）、（2/5,40），如果 Z 坐标值未给出，则默认为 0。

2. 绝对极坐标

绝对极坐标是从（0, 0）点出发的位移，输入时需指出在 X 轴方向上该点距（0,0）点的距离，以及这两点的连线与 X 轴正方向的夹角。其中，距离和角度之间用“<”（小于号）隔开，且规定 X 轴正向为 0°，Y 轴正向为 90°，如 15<30。

3. 相对坐标

相对坐标是指相对于前一点的位移，其表示方法是在绝对坐标值前加“@”符号，@40,30 表示相对直角坐标，@16<30 表示相对极坐标。

1.1.7　命令行与文本窗口

命令行窗口位于绘图窗口的底部，用于接收用户输入的命令，并显示 AutoCAD 提供的信息。在 AutoCAD 2023 中，命令行窗口默认为浮动窗口，可拖放为固定窗口，见图 1-8。

图 1-8　命令行窗口

AutoCAD 文本窗口是记录 AutoCAD 命令的窗口，它记录着已执行的命令，也可以用来输入新的命令。在 AutoCAD 2023 中，可以通过选择【视图】→【显示】→【文本窗口】菜单命令或在命令行输入 TEXTSCR 或按【F2】键打开 AutoCAD 文本窗口，如图 1-9 所示。

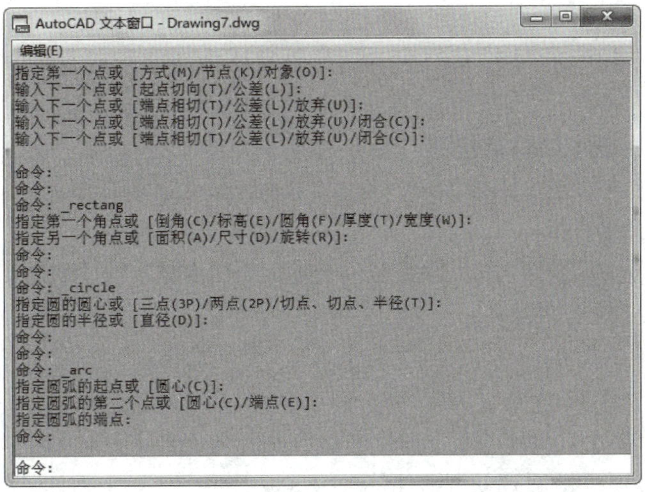
AutoCAD 文本窗口 - Drawing7.dwg
编辑(E)
指定第一个点或 [方式(M)/节点(K)/对象(O)]:
输入下一个点或 [起点切向(T)/公差(L)]:
输入下一个点或 [端点相切(T)/公差(L)/放弃(U)]:
输入下一个点或 [端点相切(T)/公差(L)/放弃(U)/闭合(C)]:
输入下一个点或 [端点相切(T)/公差(L)/放弃(U)/闭合(C)]:
命令:
命令:
命令: _rectang
指定第一个角点或 [倒角(C)/标高(E)/圆角(F)/厚度(T)/宽度(W)]:
指定另一个角点或 [面积(A)/尺寸(D)/旋转(R)]:
命令:
命令:
命令: _circle
指定圆的圆心或 [三点(3P)/两点(2P)/切点、切点、半径(T)]:
指定圆的半径或 [直径(D)]:
命令:
命令:
命令: _arc
指定圆弧的起点或 [圆心(C)]:
指定圆弧的第二个点或 [圆心(C)/端点(E)]:
指定圆弧的端点:
命令:
命令:

图 1-9　AutoCAD 文本窗口

1.1.8　状态栏

状态栏位于 AutoCAD 工作界面的底部,用来显示 AutoCAD 当前的状态,如是否使用栅格,是否使用正交模式,是否显示线宽等,如图 1-10 所示。

模型
1:1

图 1-10　状态栏

1.1.9　切换工作空间

AutoCAD 2023 软件有"草图与注释""三维基础"和"三维建模"三种工作空间类型,可以根据需要切换工作空间。切换工作空间通常有两种方法:一是单击工作界面右下角的"切换工作空间"按钮,在弹出的菜单中选择需要的工作空间,如图 1-11 所示;二是在快速访问工具栏中选择相应的工作空间,如图 1-12 所示。

✓草图与注释
三维基础
三维建模
将当前工作空间另存为...
工作空间设置...
自定义...
显示工作空间标签
1:1

图 1-11　通过"切换工作空间"按钮切换工作空间

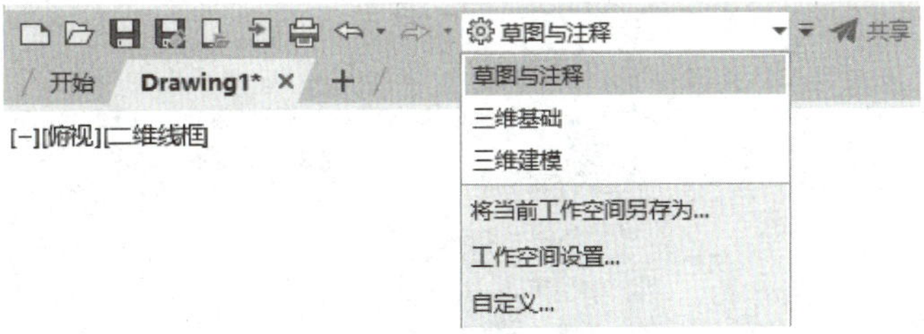
草图与注释
共享
开始
Drawing1*
[-][俯视][二维线框]
草图与注释
三维基础
三维建模
将当前工作空间另存为...
工作空间设置...
自定义...

图 1-12　通过快速访问工具栏切换工作空间

任务 1.2　命令输入、退出与重复执行

1.2.1　命令输入

AutoCAD 交互绘图必须输入必要的指令和参数。AutoCAD 命令的输入方式有很多种,下面以画直线为例进行介绍。

1. 通过菜单输入命令

选择【绘图】→【直线】菜单命令后，在绘图空间单击鼠标确定起点，再按照命令行或动态提示输入下一点坐标即可。

2. 单击选项卡下相应面板中的功能按钮

在【默认】选项卡下，单击【绘图】面板中的“直线”按钮，即可绘制直线。

3. 在命令行输入快捷命令

通过快捷命令绘图是最快的绘图方式，如在命令行输入 L(LINE)、C(CIRCLE)或 A(ARC)并按【Enter】键或空格键，即可绘制直线、圆或圆弧。

1.2.2 命令退出

退出命令执行状态通常分为两种情况：一种是命令执行完成后退出，另一种是调用命令后不执行就退出(即直接退出命令)。第一种情况通过按空格键、【Enter】键或【Esc】键来完成，第二种情况通过按【Esc】键来完成。可以根据实际情况选择退出方式。

1.2.3 命令行提示

无论采用哪一种方法调用 AutoCAD 命令，其结果都是相同的。执行指令后，命令行都会自动出现相关提示及选项。

1.2.4 命令重复执行

如果重复执行的是刚结束的上一个命令，直接按【Enter】键或空格键即可完成操作。

单击鼠标右键，在弹出的快捷菜单中选择【重复】或【最近的输入】命令可以重复执行最近执行过的命令，如图 1-13 所示。

图 1-13 命令重复执行

任务 1.3　坐标输入

1.3.1　坐标系

AutoCAD 采用两种坐标系：世界坐标系（WCS）和用户坐标系（UCS）。刚进入 AutoCAD 工作界面时的坐标系就是世界坐标系。世界坐标系是坐标系的基准，绘制图形时多数情况下都是在这个坐标系中进行的。

可以通过以下三种方式切换到用户坐标系。

（1）命令行：输入 UCS，然后按回车键（以下用↙表示按回车键）。

（2）菜单栏：选择【工具】→【工具栏】→【AutoCAD】→【UCS】菜单命令。

（3）功能区：单击【视图】选项卡下【视口工具】面板中的“UCS”按钮。

AutoCAD 有两种视图显示方式：模型空间和图纸空间。在模型空间中显示单一视图，我们通常使用的都是这种显示方式；在图纸空间中能够在绘图区创建图形的多视图，并对其中每一个视图进行单独操作。在默认情况下，当前 UCS 与 WCS 重合。图 1-14（a）所示为模型空间中的 UCS 坐标系图标，通常在绘图区左下角；也可以指定其放在当前 UCS 的实际坐标原点位置，如图 1-14（b）所示。图 1-14（c）所示为图纸空间中的坐标系图标。

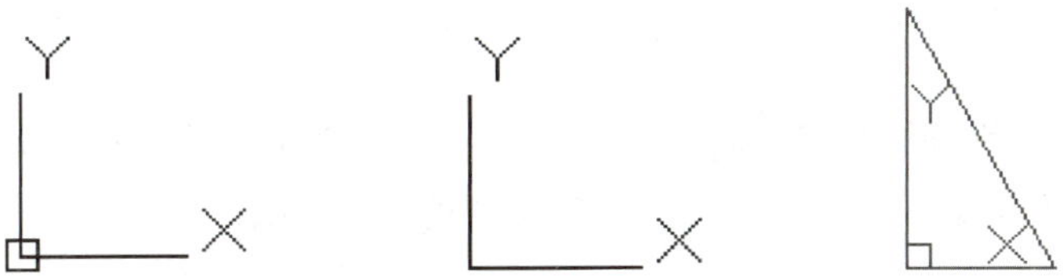

（a）　　（b）　　（c）

图 1-14　坐标系图标

（a）模型空间中的坐标系图标　（b）放在坐标原点位置的坐标系图标　（c）图纸空间中的坐标系图标

1.3.2　数据输入方法

在 AutoCAD 2023 中，点的坐标可以用直角坐标、极坐标、球面坐标和柱面坐标表示，每种坐标又具有两种坐标（即绝对坐标和相对坐标）输入方式。由于直角坐标和极坐标最常用，下面主要介绍它们的输入方法。

（1）直角坐标：用点的 X、Y 坐标值表示的坐标。如在命令行“输入点的坐标”提示下，输入“15，18”，则表示输入了一个 X、Y 的坐标值分别为 15、18 的点，此为绝对直角坐标输入方式，表示该点的坐标是相对于当前坐标原点的坐标值，如图 1-15（a）所示。如果输入“@10，20”，则为相对直角坐标输入方式，表示该点的坐标是相对于前一点的坐标值，如图 1-15（b）所示。

（2）极坐标：用长度和角度表示的坐标，只能用于表示二维点的坐标。如在绝对坐标输入方式下，表示为“长度<角度”，如“25<50”，其中长度为该点到坐标原点的距离，角度为该点至原点的连线与 X 轴正向的夹角，如图 1-15（c）所示。在相对坐标输入方式下，表示为“@长度<角度”，如“@25<45”，其中长度为该点到前一点的距离，角度为该点至前一点的连线与 X 轴正向的夹角，如图 1-15（d）所示。

1.3.3　动态数据输入

单击状态栏上的“DYN”按钮，弹出动态输入功能，可以在屏幕上动态地输入某些参数数据。例如，绘制直线时，在光标附近会动态地显示“指定第一个点”，如图 1-16 所示。指定第一个点后，系统动态显示直线的角度,同时要求输入线段长度值,如图 1-17 所示,输入效果与“@长度<角度”方式相同。

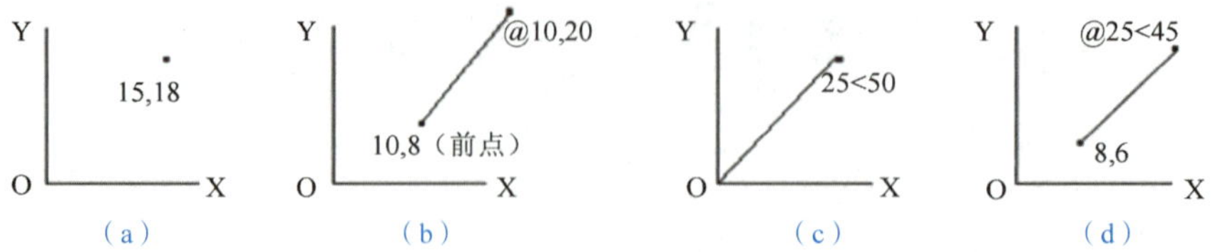

图 1-15　数据输入方法

(a)绝对直角坐标　(b)相对直角坐标　(c)绝对极坐标　(d)相对极坐标

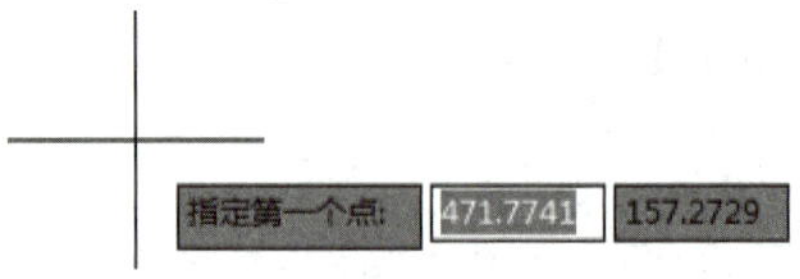

图 1-16　动态输入坐标值

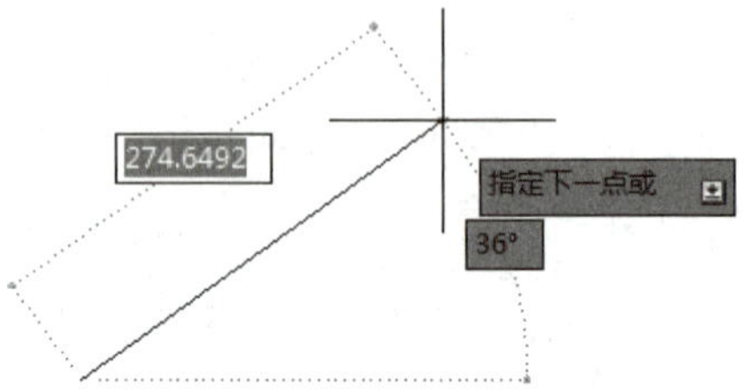

图 1-17　动态输入长度值

任务 1.4　辅助绘图工具

绘制图形时,可以使用直角坐标和极坐标精确定位点,但是绘制方法较为麻烦,绘制复杂图形需要花费大量时间。AutoCAD 提供了辅助定位工具,可以非常便利地精确绘图。

1.4.1　栅格与捕捉

AutoCAD 的栅格由规则的点的矩阵组成,延伸到指定图形界限的整个区域。使用栅格绘图与在坐标纸上绘图十分相似,利用栅格可以对齐对象并直观地显示对象之间的距离。虽然栅格在屏幕上是可见的,但它并不是图形对象,因此不会被打印。打开捕捉是指在 AutoCAD 绘图过程中识别栅格点,光标能够捕捉栅格点。可以单击状态栏上的“栅格”和“捕捉”按钮或按【F7】和【F9】键对其进行打开或关闭,如图 1-18 所示。

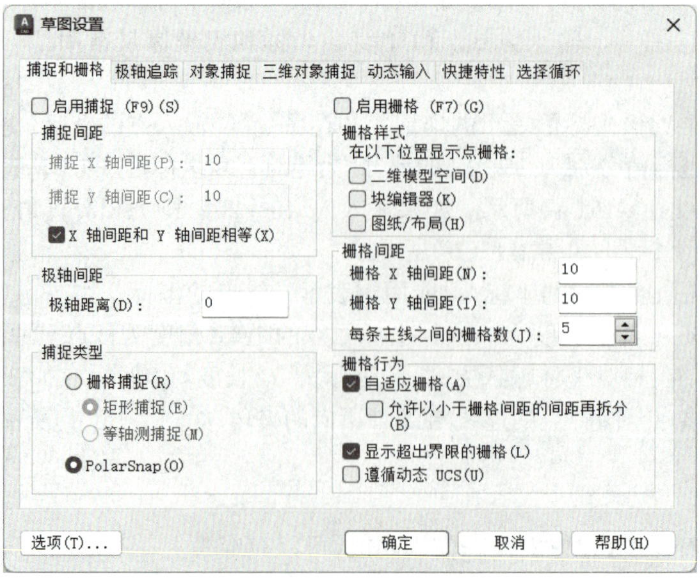

图 1-18　栅格和捕捉设置

捕捉分为“矩形捕捉”和“等轴测捕捉”两种模式。默认设置为“矩形捕捉”，即捕捉点为栅格点，如图 1-19 所示。“等轴测捕捉”表示捕捉模式为等轴测模式，此模式用于绘制正等轴测图，如图 1-20 所示。在“等轴测捕捉”模式下，栅格和光标十字线呈绘制等轴测图时的特定角度。

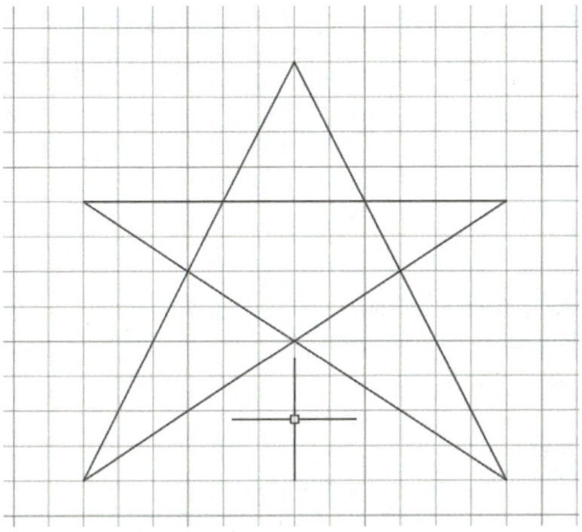

图 1-19　“矩形捕捉”模式

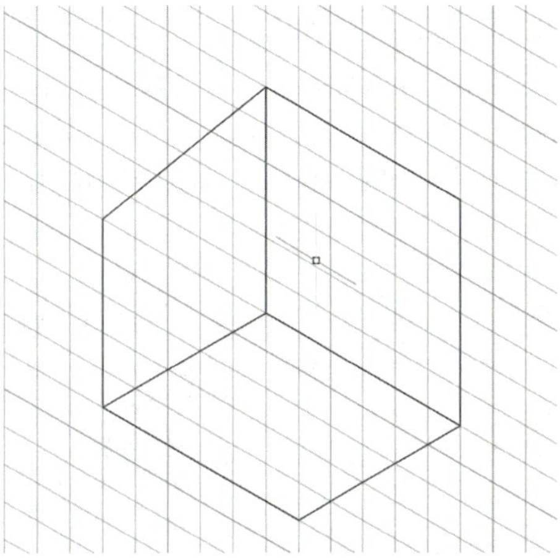

图 1-20　“等轴测捕捉”模式

1.4.2　极轴追踪

极轴追踪是指在创建或修改对象时，按给定的角度增量和距离增量来追踪特征点。极轴追踪设置主要是设置追踪的角度增量，以及与其相关联的追踪模式。这些设置可以通过“草图设置”对话框的【极轴追踪】选项卡来实现，如图 1-21 所示，可在“增量角”下拉列表框中选择 90、45、30、22.5、18、15、10 和 5 的极轴角增量，也可以直接输入其他任意角度。

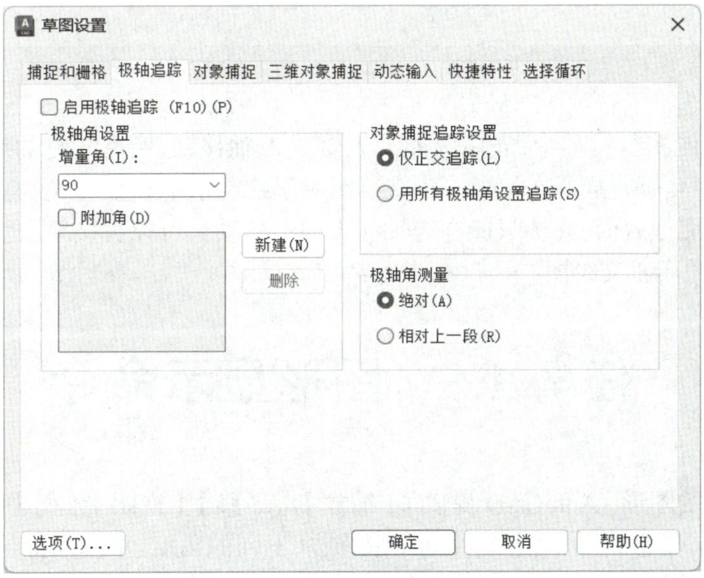

图 1-21　【极轴追踪】选项卡

设置对象捕捉追踪模式时，如果选中“仅正交追踪”单选钮，系统仅在水平和垂直方向上显示追踪数据；如果选中“用所有极轴角设置追踪”单选钮，系统不仅可以在水平和垂直方向上显示追踪数据，还可以在设置的极轴追踪角度与附加角度所确定的一系列方向上显示追踪数据。“附加角”复选框用于设置极轴追踪时是否采用附加角度追踪。勾选该复选框，可以通过“新建”或“删除”按钮来增加或删除附加角度值。

“极轴角测量”区用于设置极轴角测量采用的参考基准，“绝对”指相对于当前坐标系的 X 轴正方向逆时针进行测量，“相对上一段”指以上一段对象为基准进行测量。

1.4.3 对象捕捉及对象捕捉追踪

AutoCAD 给所有的图形对象都定义了特征点，对象捕捉是指在绘图过程中，通过捕捉特征点，迅速准确地将新的图形对象定位在现有对象的确切位置上，如圆的圆心、线段中点等。在绘制图形的过程中，使用对象捕捉的频率非常高，如果每次捕捉都要选择捕捉模式，工作效率将大大降低。AutoCAD 提供了自动对象捕捉追踪模式，启用该功能，当光标距离指定的捕捉点较近时，系统会自动精确地捕捉这些特征点，并显示出相应的标记及该捕捉的提示。选择“草图设置”对话框中的【对象捕捉】选项卡，勾选“启用对象捕捉”和“启用对象捕捉追踪”复选框，可以启用对象捕捉，如图 1-22 所示。

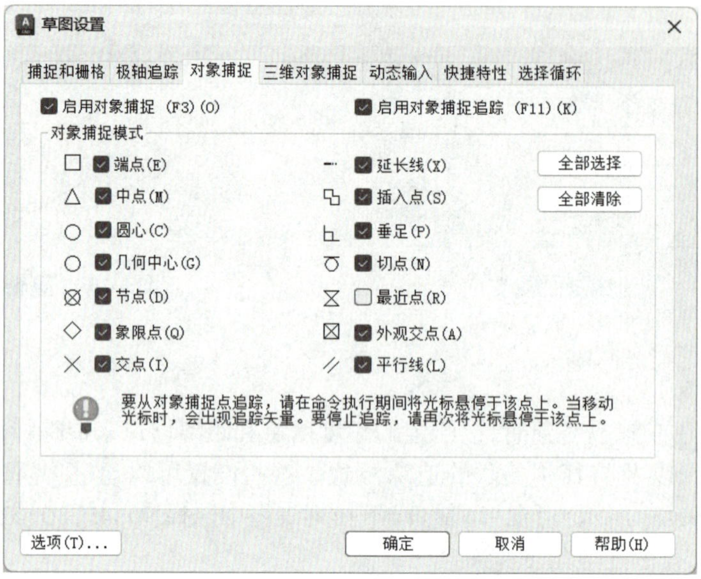

图 1-22 【对象捕捉】选项卡

1.4.4 正交绘图

正交绘图即在命令的执行过程中，光标只能沿 X 轴或 Y 轴移动，所有绘制的线段和构造线都将平行于 X 轴或 Y 轴，因此它们相互垂直成 90° 相交。正交绘图对于绘制水平和垂直线（特别是绘制构造线）非常有用。当捕捉模式为等轴测模式时，光标只能在等轴测方向上移动。可以直接单击状态栏中的“正交模式”按钮或按【F8】键，开启或关闭正交绘图。

任务 1.5 图形显示命令

对于一个较为复杂的图形，AutoCAD 提供了【缩放】、【平移】、【视图】、【鸟瞰视图】和【视口】等一系列图形显示控制命令，用来任意放大、缩小或移动图形，或从不同的角度、不同的部位显示图形。AutoCAD 还提供了【重画】和【重生成】命令来刷新屏幕，重新生成图形。本任务主要介绍图形缩放和图形平移命令。

1.5.1 图形缩放

图形缩放命令类似照相机的镜头，可以放大或缩小屏幕显示的范围，它只改变视图的比例，不改变对象的实际尺寸。当放大图形一部分的显示尺寸时，可以更清楚地查看图形细节；相反，如果缩小图形的显示尺寸，可进行整体浏览。可以通过【ZOOM】命令进行图形缩放，也可以通过上下滚动鼠标滚轮进行图形缩放。

1.5.2　图形平移

当图形幅面大于当前窗口时（如使用图形缩放命令将图形放大），可以使用图形平移命令来实现。【平移】命令能将在当前视口以外的图形的一部分移进来查看或编辑，但不会改变图形的缩放比例。可以通过【PAN】命令进行图形平移，也可以按住鼠标滚轮进行图形平移。

任务 1.6　文件管理

在 AutoCAD 中，图形文件管理一般包括新建图形文件、打开图形文件、保存图形文件、关闭图形文件、将文件输出为其他格式、清理垃圾文件、修复图形等基本操作。

1.6.1　新建图形文件

1. 命令调用方法

在 AutoCAD 2023 中，新建图形文件的方法通常有以下五种。

（1）选择【文件】→【新建】菜单命令。

（2）单击“应用程序菜单”按钮，然后选择【新建】→【图形】菜单命令（图 1-23）。

（3）在命令行输入 NEW 后按空格键。

（4）单击快速访问工具栏中的“新建”按钮（图 1-24）。

（5）使用【Ctrl+N】组合键。

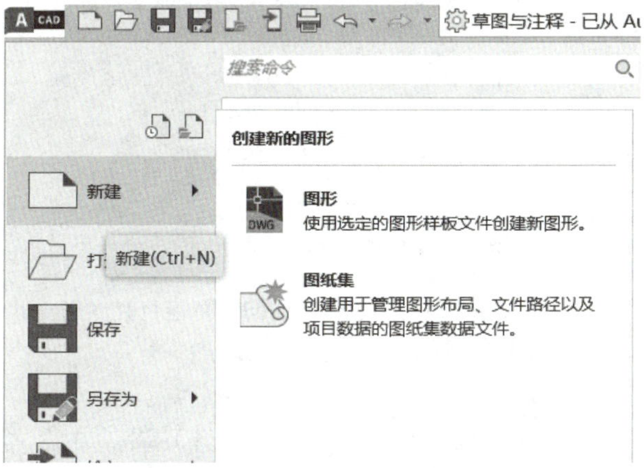

图 1-23　通过应用程序菜单新建图形文件

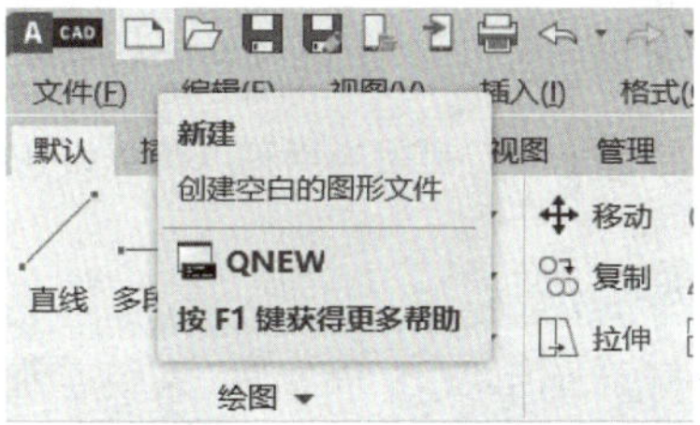

图 1-24　通过快速访问工具栏新建图形文件

2. 命令提示

调用新建图形文件命令后，系统会弹出“选择样板”对话框，如图 1-25 所示。在“选择样板”对话框中，一般选择样板文件“acadiso.dwt”。

1.6.2　打开图形文件

1. 命令调用方法

（1）选择【文件】→【打开】菜单命令。

（2）单击“应用程序菜单”按钮，然后选择【打开】→【图形】菜单命令（图 1-26）。

（3）单击快速访问工具栏中的“打开”按钮（图 1-27）。

（4）使用【Ctrl+O】组合键。

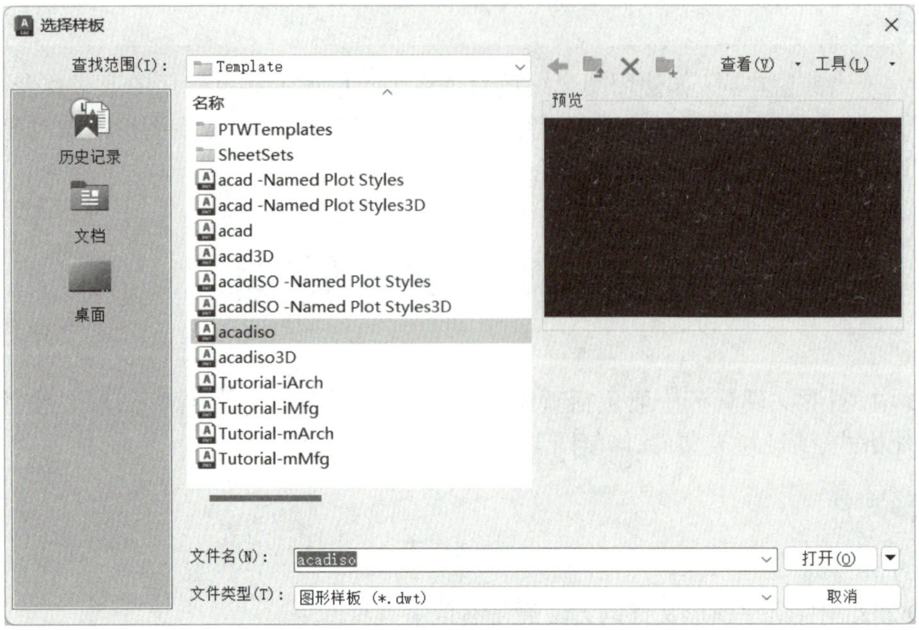

图 1-25 "选择样板"对话框

图 1-26 通过应用程序菜单打开图形文件

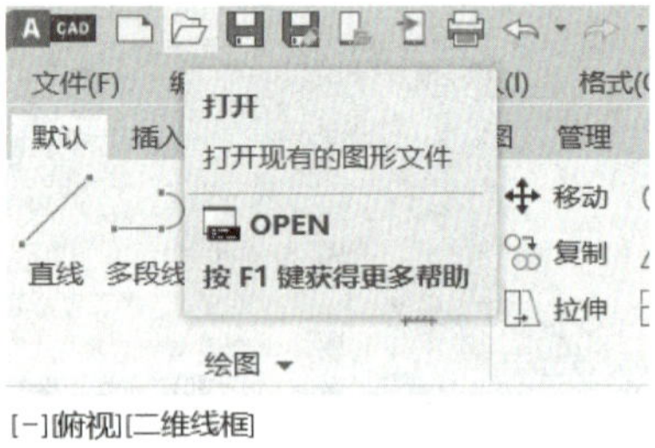

图 1-27 通过快速访问工具栏打开图形文件

2. 命令提示

调用打开图形文件命令后，系统会弹出"选择文件"对话框，选择文件打开即可，如图 1-28 所示。

利用打开图形文件命令可以打开和加载局部图形，包括特定视图或图层中的几何图形。单击"选择文件"对话框右下角的"打开"按钮，可以选择局部打开或以只读方式局部打开图形文件，如图 1-29 所示。选择"局部打开"选项，将显示"局部打开"对话框，如图 1-30 所示。

1.6.3 保存图形文件

1. 命令调用方法

（1）选择【文件】→【保存】菜单命令。

（2）单击"应用程序菜单"按钮，然后选择【保存】菜单命令（图 1-31）。

（3）单击快速访问工具栏中的"保存"按钮（图 1-32）。

（4）使用【Ctrl+S】组合键。

图 1-28　“选择文件”对话框

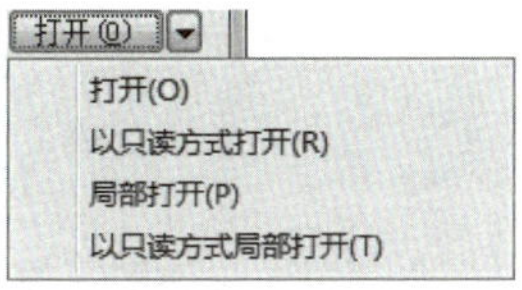

图 1-29　打开图形文件的方式

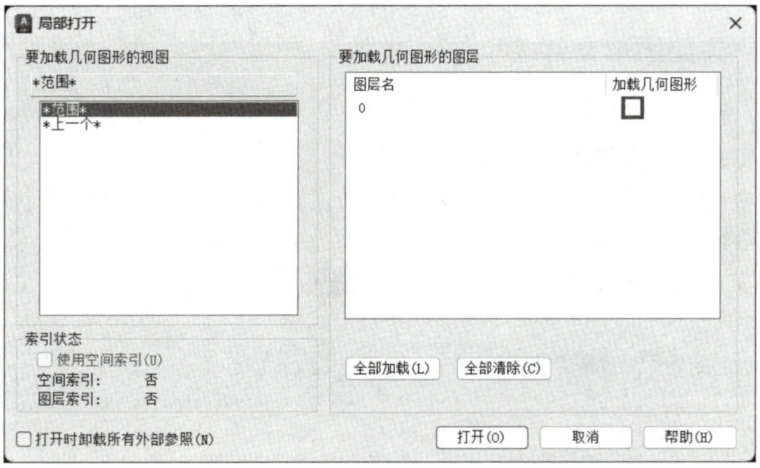

图 1-30　“局部打开”对话框

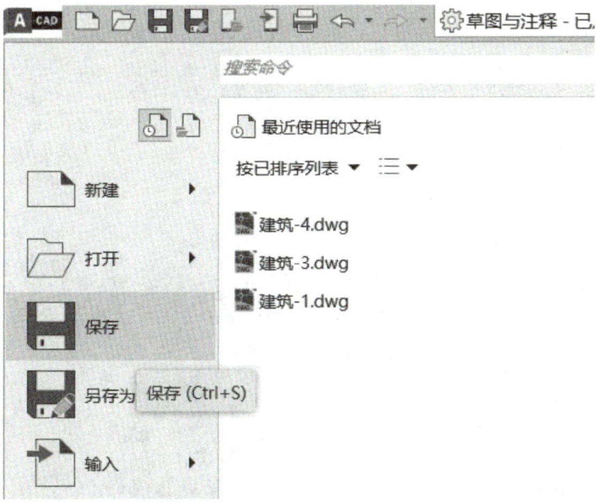

图 1-31　通过应用程序菜单保存图形文件

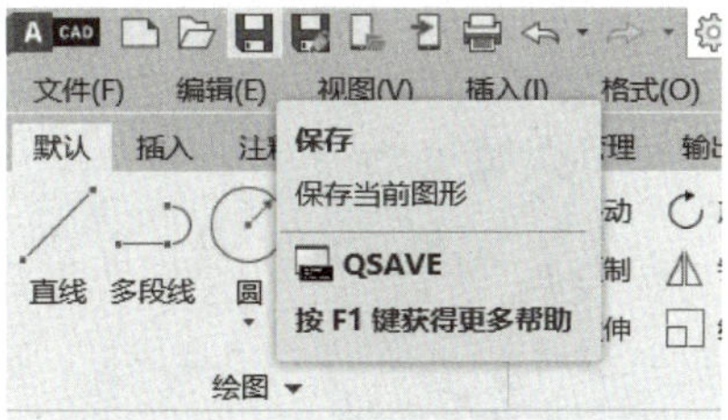

图 1-32　通过快速访问工具栏保存图形文件

2. 命令提示

图形第一次被保存时会弹出“图形另存为”对话框，如图 1-33 所示，需要确定文件的保存位置及文件名。如果图形已经保存过，文件会被替换。

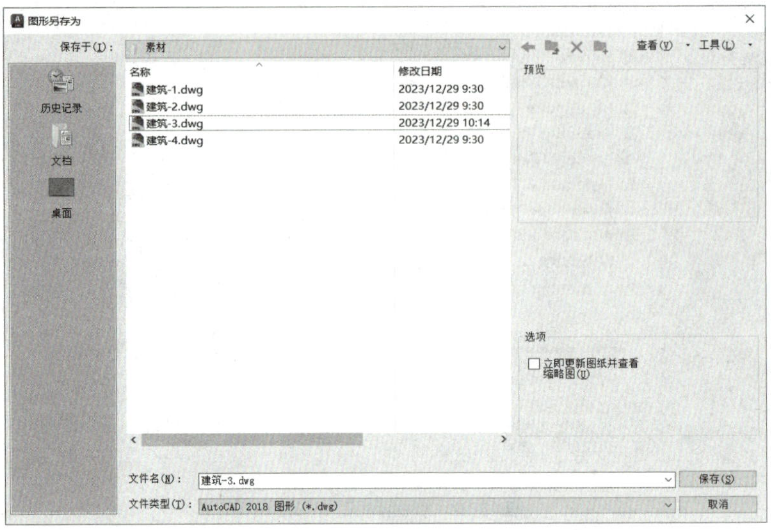

图 1-33 “图形另存为”对话框

1.6.4 关闭图形文件

1. 命令调用方法

(1)选择【文件】→【关闭】菜单命令。

(2)单击“应用程序菜单”按钮，然后选择【关闭】→【当前图形】菜单命令(图 1-34)。

(3)在绘图窗口中单击“关闭”按钮(图 1-35)。

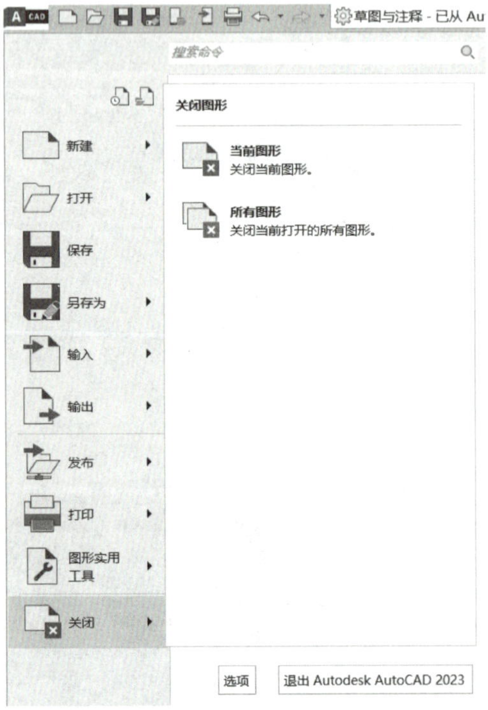

图 1-34 通过应用程序菜单关闭图形文件

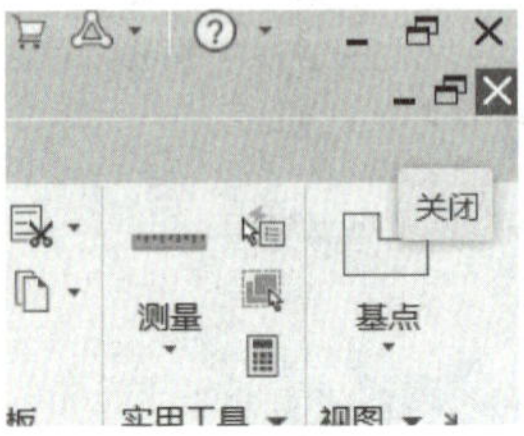

图 1-35 通过绘图窗口关闭图形文件

2. 命令提示

在绘图窗口中单击“关闭”按钮，系统弹出“AutoCAD”提示窗口，如图 1-36 所示。单击“是”按钮，将保存并关闭该图形文件；单击“否”按钮，将不保存并关闭该图形文件；单击“取消”按钮，将放弃当前操作。

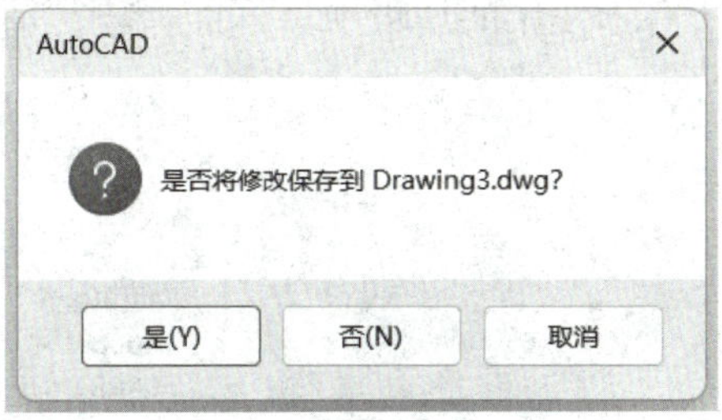

图 1-36　“AutoCAD”提示窗口

1.6.5　将文件输出为其他格式

AutoCAD 中的文件除了可以保存为 DWG 文件外，还可以通过【输出】命令保存为其他格式。

1. 命令调用方法

（1）选择【文件】→【输出】菜单命令。

（2）单击“应用程序菜单”按钮，然后选择【输出】菜单命令，再选择其中一种格式（图 1-37）。

（3）在命令行输入 EXPORT 后按空格键。

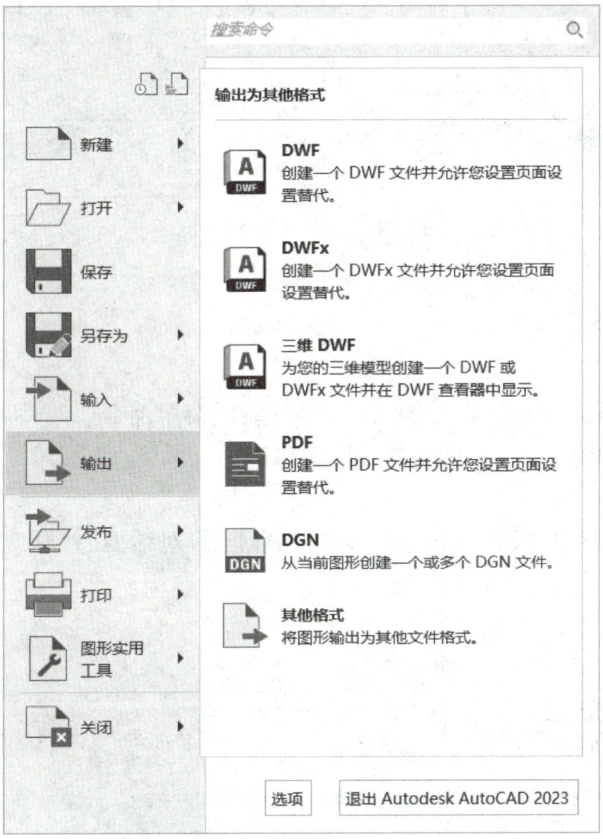

图 1-37　通过应用程序菜单将文件输出为其他格式

2. 命令提示

单击“应用程序菜单”按钮，然后选择【输出】菜单命令，再选择任意一种输出格式，弹出“另存为”对话框，指定保存路径和文件名即可（图 1-38）。

1.6.6　清理垃圾文件

为了减少文件占用的存储空间，可以使用【清理】命令对文件内部的一些无用资源（如图层、样式、图块等）进行清理。可通过执行【文件】→【图形实用程序】→【清理】菜单命令，或在命令行输入 PURGE（快捷键【PU】）后按空格键。

执行【清理】命令，系统会打开“清理”对话框，如图 1-39 所示。在此对话框中，带有“+”号的选项，表示该选项内含有未使用的垃圾项目，单击该选项将其展开，即可选择需要清理的项目。如果需要清理文件中所有未使用的垃圾项目，可以单击“清理”对话框底部的 全部清理(A) 按钮。

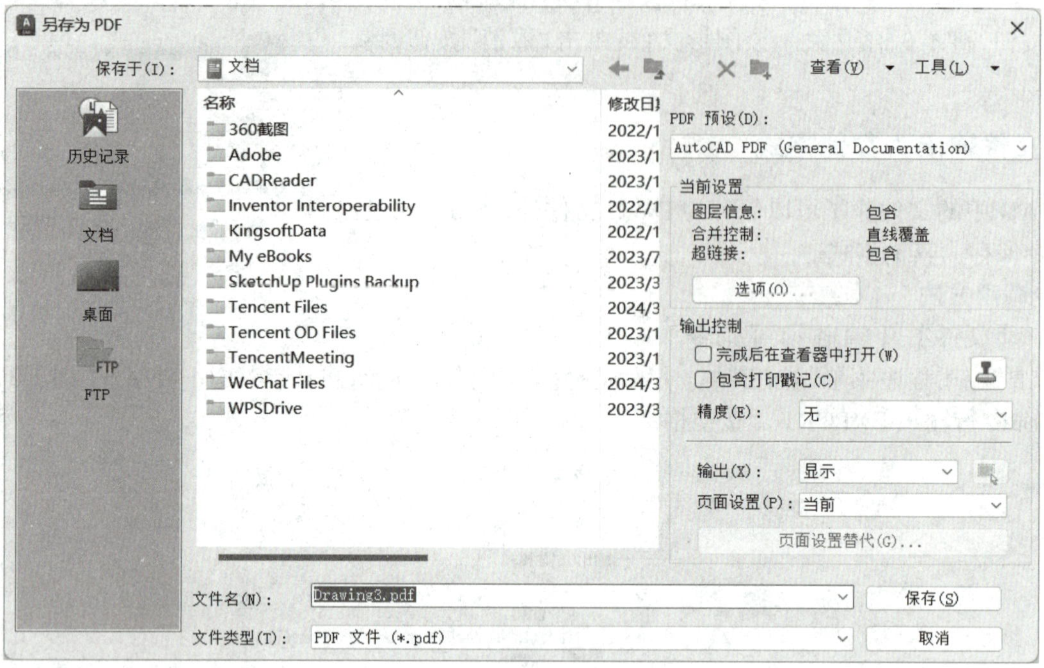

图 1-38 “另存为”对话框

1.6.7 修复图形

1. 命令调用方法

（1）选择【文件】→【图形实用工具】→【图形修复管理器】菜单命令。

（2）在命令行输入 DRAWINGRECOVERY 后按空格键。

2. 操作步骤

执行上述命令后，弹出如图 1-40 所示的“图形修复管理器”对话框，打开“备份文件”列表框中的文件，可以重新保存，从而进行修复。

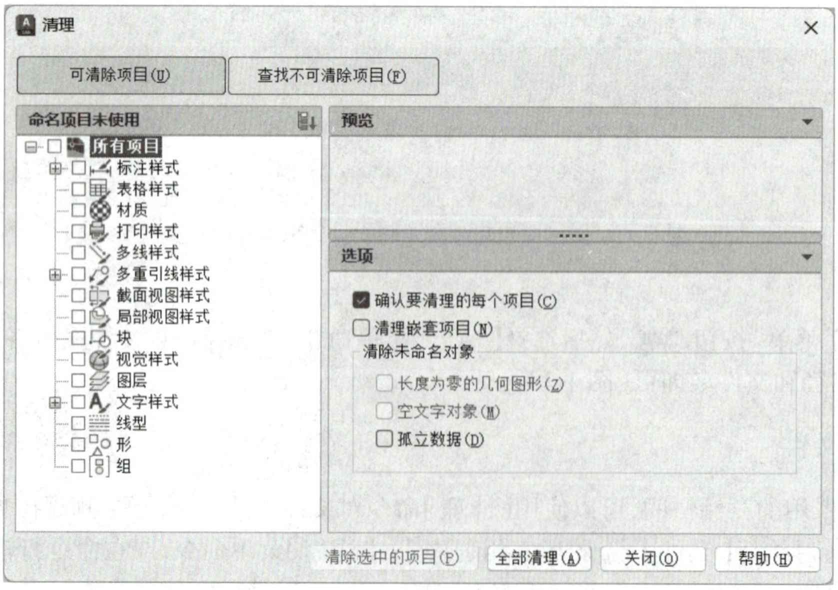

图 1-39 “清理”对话框

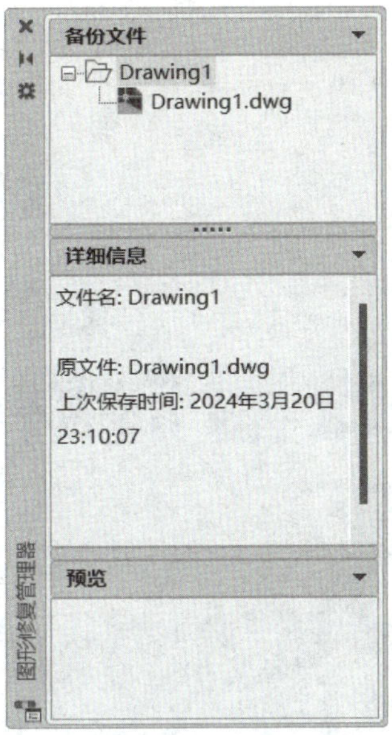

图 1-40　“图形修复管理器”对话框

作业

1. AutoCAD 2023 为用户提供了哪几种工作空间模式?

2. 在命令执行过程中,可以随时按什么键终止执行命令?

3. 什么是绝对坐标? 什么是相对坐标? 二者在使用上有何区别?

4. 什么是动态输入? 其作用是什么?

5. CAD 文件格式、备份文件格式、样板文件格式分别是什么?

6. 辅助绘图工具“正交绘图”“极轴追踪”“对象捕捉追踪”分别具有什么功能? 其对应的快捷键分别是什么?

任务 2 二维图形绘制

学习目标

1. 了解并掌握直线类图形的绘制；
2. 了解并掌握圆形类图形的绘制；
3. 了解并掌握曲线类图形的绘制；
4. 了解并掌握点图形的绘制；
5. 了解并掌握图案填充、面域和边界等功能的运用。

思维导图

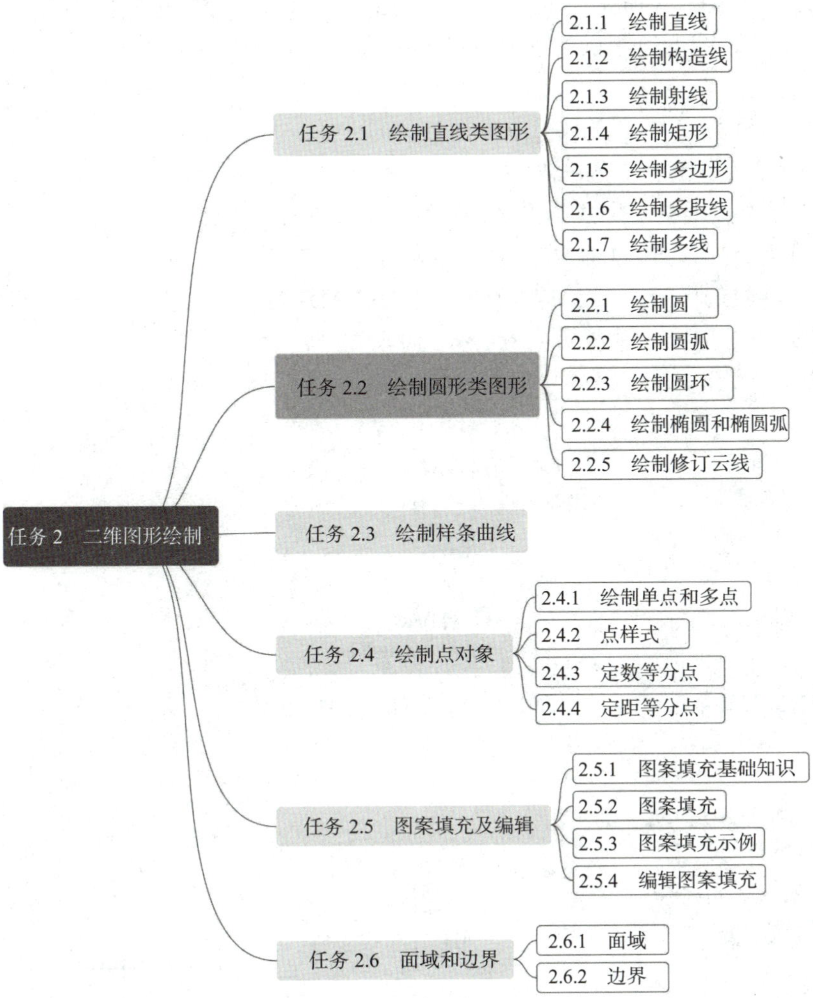

任务 2.1　绘制直线类图形

任务 2.1

2.1.1　绘制直线

1. 任务

使用【直线】命令，可以创建一系列连续的线段，在一个由多条线段连接而成的简单图形中，每条线段都是一个单独的直线对象。

2. 命令调用方法

（1）菜单栏：选择【绘图】→【直线】菜单命令（图 2-1）。

（2）功能区：单击【默认】选项卡下【绘图】面板中的“直线”按钮（图 2-2）。

（3）命令行：输入 LINE↙或 L↙（为方便起见，以下均省略“输入”二字）。

3. 命令提示

调用【直线】命令后，命令行会进行如下提示：

命令：LINE↙

指定第一个点：

指定下一点或 [放弃(U)]：

4. 图形绘制示例

利用【直线】命令绘制图 2-3 所示图形。启用“极轴追踪(F10)”和“对象捕捉(F3)”，增量角设置为 30 度，开启“对象捕捉”端点。图形绘制操作步骤见图 2-4，命令行如下：

命令：L↙

LINE

指定第一点：在绘图区单击确定第一点

指定下一点或[放弃(U)]：50↙(鼠标在 30 度方向输入距离)

指定下一点或[放弃(U)]：25↙(鼠标在 120 度方向输入距离)

指定下一点或[放弃(U)]：50↙(鼠标在 210 度方向输入距离)

指定下一点或[放弃(U)]：↙(捕捉第一点，然后回车)

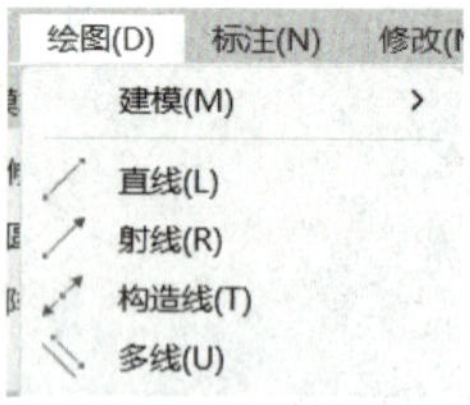

图 2-1　绘制直线菜单

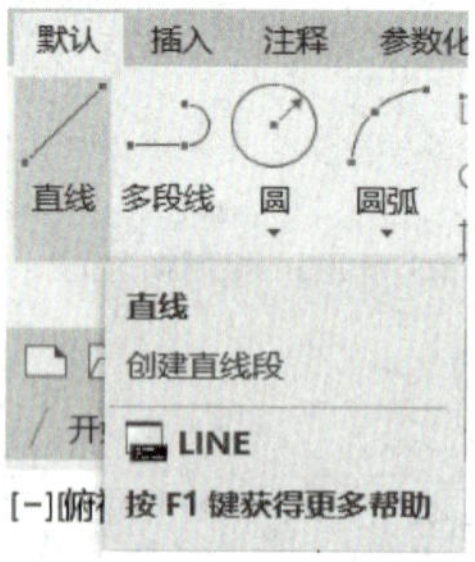

图 2-2　功能区的“直线”按钮

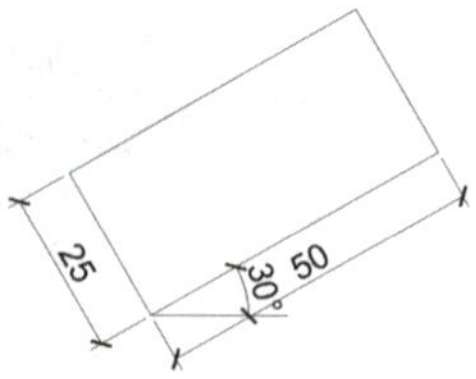

图 2-3　直线绘制示例

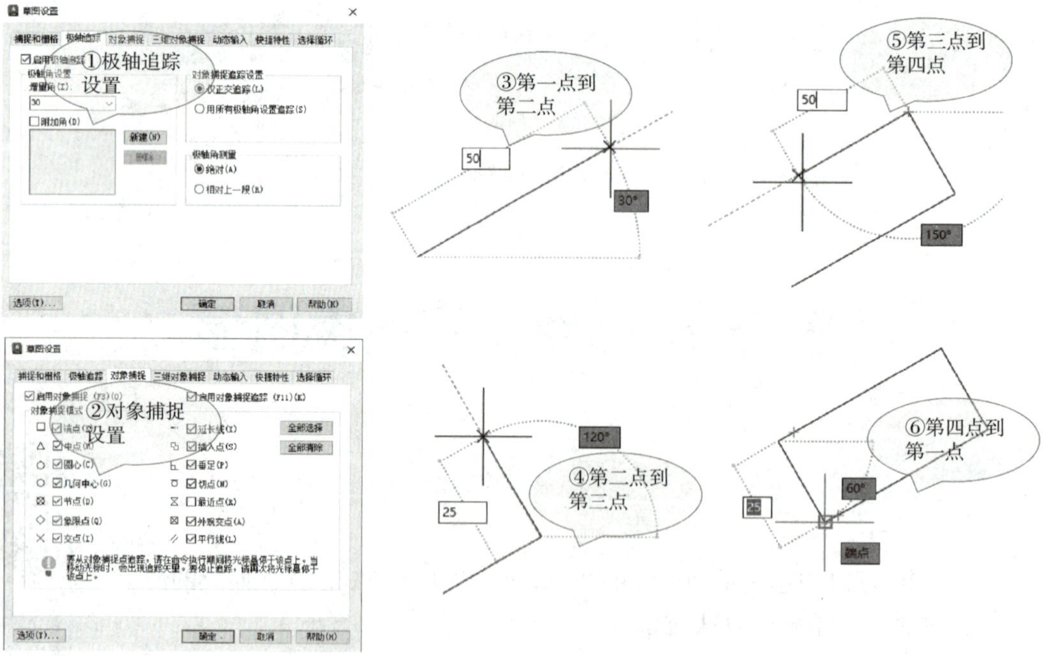

图 2-4　图形绘制操作步骤

2.1.2　绘制构造线

1. 任务

构造线是两端无限延伸的直线，可作为创建其他对象时的参考线。执行【构造线】命令时，可以连续绘制多条通过一个公共点的构造线。构造线没有端点，但是构造线有中点。绘制构造线时，指定的第一点就是构造线的中点。

2. 命令调用方法

（1）菜单栏：选择【绘图】→【构造线】菜单命令（图 2-5）。

（2）功能区：单击【默认】选项卡下【绘图】面板中的“构造线”按钮（图 2-6）。

（3）命令行：输入 XLINE ↙或 XL ↙。

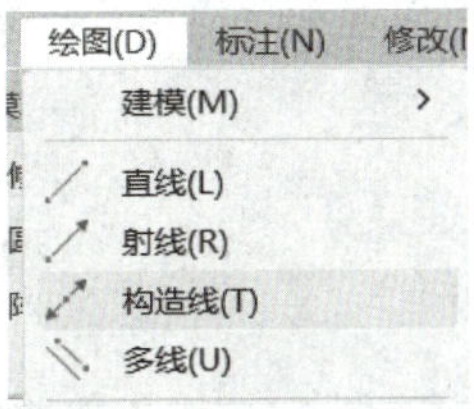

图 2-5　绘制构造线菜单

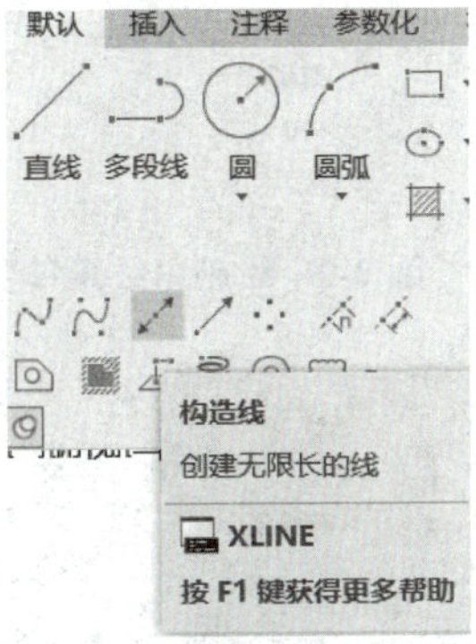

图 2-6　功能区的“构造线”按钮

3. 命令提示

调用【构造线】命令后，命令行会进行如下提示：

命令：XLINE ↙

指定点或 [水平（H）/垂直（V）/角度（A）/二等分（B）/偏移（O）]：

2.1.3　绘制射线

1. 任务

射线是一端固定、另一端无限延伸的直线。使用【射线】命令，可以创建一系列始于一点并无限延伸的直线。射线有端点，但是没有中点。绘制射线时，指定的第一点就是射线的端点。

2. 命令调用方法

（1）菜单栏：选择【绘图】→【射线】菜单命令（图 2-7）。

（2）功能区：单击【默认】选项卡下【绘图】面板中的“射线”按钮（图 2-8）。

（3）命令行：RAY ↙。

3. 命令提示

调用【射线】命令后，命令行会进行如下提示：

命令：RAY ↙

指定起点：

指定通过点：

2.1.4　绘制矩形

1. 任务

使用【矩形】命令，可以创建矩形形状的闭合多段线，可以通过指定面积、尺寸和旋转位置来确定其形状，也可以通过指定矩形的线条宽度、倒角、圆角，绘制具有一定标高和一定厚度的矩形。

2. 命令调用方法

（1）菜单栏：选择【绘图】→【矩形】菜单命令（图 2-9）。

（2）功能区：单击【默认】选项卡下【绘图】面板中的“矩形”按钮（图 2-10）。

（3）命令行：RECTANG ↙或 REC ↙。

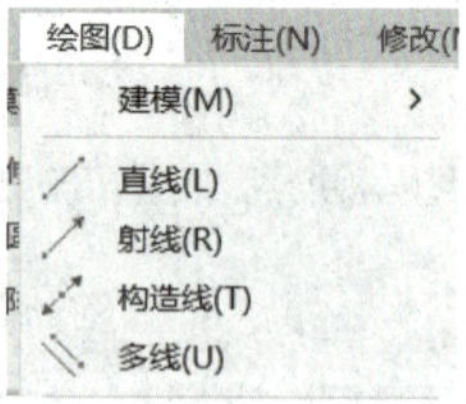

图 2-7　绘制射线菜单

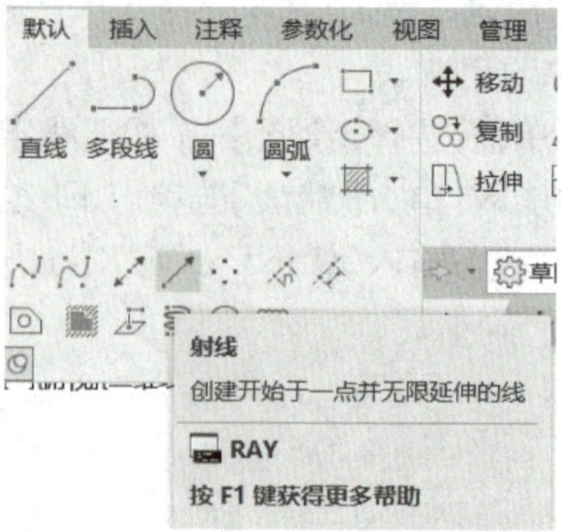

图 2-8　功能区的“射线”按钮

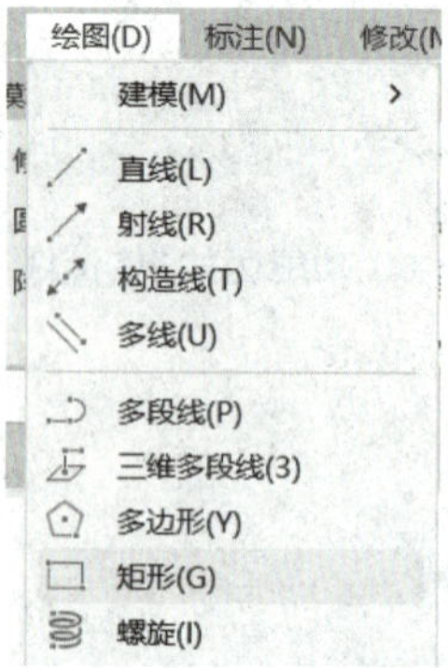

图 2-9　绘制矩形菜单

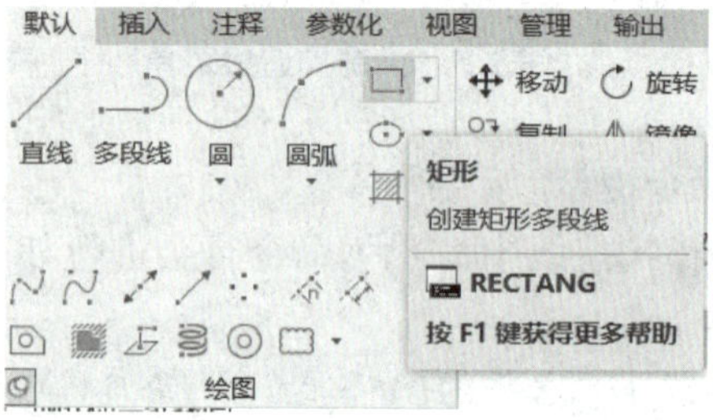

图 2-10　功能区的“矩形”按钮

3. 命令提示

调用【矩形】命令后，命令行会进行如下提示：

命令：REC↙

RECTANG

指定第一个角点或 [倒角（C）/标高（E）/圆角（F）/厚度（T）/宽度（W）]：

指定另一个角点或 [面积（A）/尺寸（D）/旋转（R）]：

4. 图形绘制示例

利用【矩形】命令，绘制图 2-11 所示图形。开启动态输入（此时输入坐标为相对直角坐标），命令行提示如下。

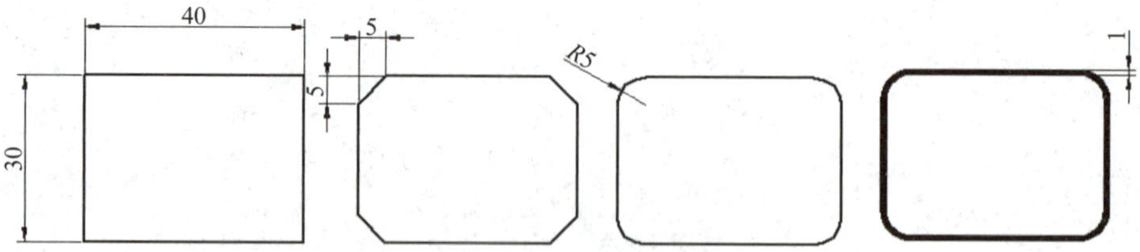

图 2-11　矩形绘制示例

1）第一个矩形

命令：REC↙

RECTANG

指定第一个角点或 [倒角（C）/标高（E）/圆角（F）/厚度（T）/宽度（W）]：在绘图区单击确定第一点

指定另一个角点或 [面积（A）/尺寸（D）/旋转（R）]：@40，30

2）第二个矩形

命令：REC↙

RECTANG

指定第一个角点或 [倒角（C）/标高（E）/圆角（F）/厚度（T）/宽度（W）]：C

指定矩形的第一个倒角距离 <0.0000> 5

指定矩形的第二个倒角距离 <5.0000>↙

指定第一个角点或 [倒角（C）/标高（E）/圆角（F）/厚度（T）/宽度（W）]：开启对象捕捉和对象追踪，捕捉第一个矩形的右下角点，水平追踪，确定第一点

指定另一个角点或 [面积（A）/尺寸（D）/旋转（R）]：@40，30

3）第三个矩形

命令：REC↙

RECTANG

当前矩形模式：倒角=5.0000×5.0000

指定第一个角点或 [倒角（C）/标高（E）/圆角（F）/厚度（T）/宽度（W）]：F

指定矩形的圆角半径 <5.0000>↙

指定第一个角点或 [倒角（C）/标高（E）/圆角（F）/厚度（T）/宽度（W）]：开启对象捕捉和对象追踪，捕捉第一个矩形的右下角点，水平追踪，确定第一点

指定另一个角点或 [面积（A）/尺寸（D）/旋转（R）]：@40，30

4）第四个矩形

命令：REC↙

RECTANG

当前矩形模式：圆角=5.0000

指定第一个角点或 [倒角（C）/标高（E）/圆角（F）/厚度（T）/宽度（W）]：F

指定矩形的圆角半径 <5.0000> 0↙

指定第一个角点或 [倒角（C）/标高（E）/圆角（F）/厚度（T）/宽度（W）]：W

指定矩形的线宽 <0.0000> 1

指定第一个角点或 [倒角（C）/标高（E）/圆角（F）/厚度（T）/宽度（W）]：开启对象捕捉和对象追踪，捕捉第一个矩形的右下角点，水平追踪，确定第一点

指定另一个角点或 [面积（A）/尺寸（D）/旋转（R）]：@40，30

2.1.5　绘制多边形

1. 任务

使用【多边形】命令，可以快速创建等边多边形，常用于绘制各类建筑构件和平面家具，如柱、多边形门窗等。

2. 命令调用方法

（1）菜单栏：选择【绘图】→【多边形】菜单命令（图 2-12）。

（2）功能区：单击【默认】选项卡下【绘图】面板中的“多边形”按钮（图 2-13）。

（3）命令行：POLYGON↙或 POL↙。

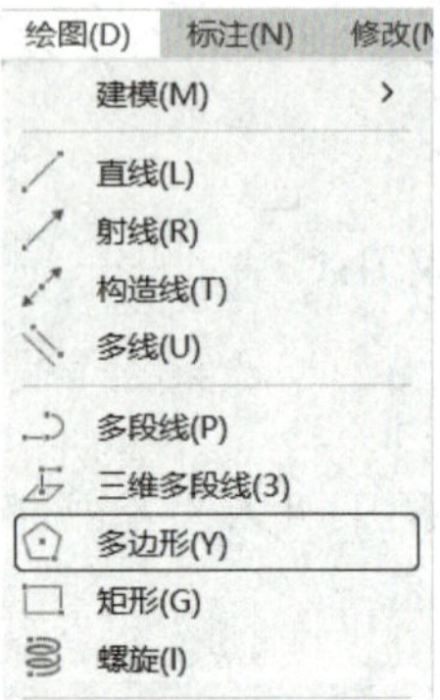

图 2-12　绘制多边形菜单

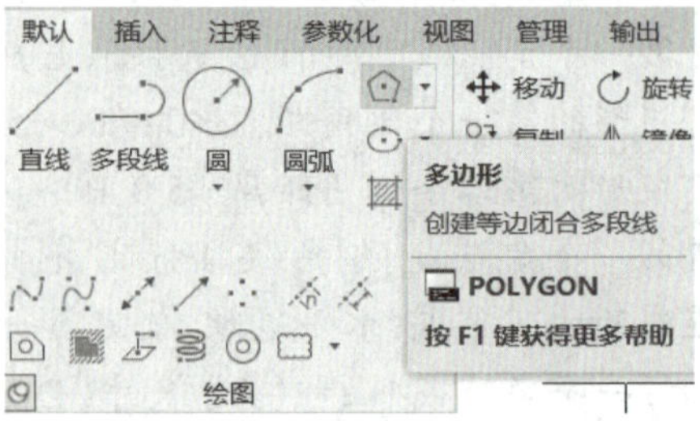

图 2-13　功能区的"多边形"按钮

3. 命令提示

调用【多边形】命令后，命令行会进行如下提示：

命令：POL ↙

POLYGON

输入侧面数 <4>

指定正多边形的中心点或 [边(E)]:

4. 图形绘制示例

利用【多边形】命令，绘制图 2-14 所示图形，绘制步骤见图 2-15，命令行提示如下。

1)绘制直线

命令：L ↙

指定第一个点：在绘图区指定一点

指定下一点或 [放弃(U)]:30(开启对象追踪和极轴追踪 90 度)

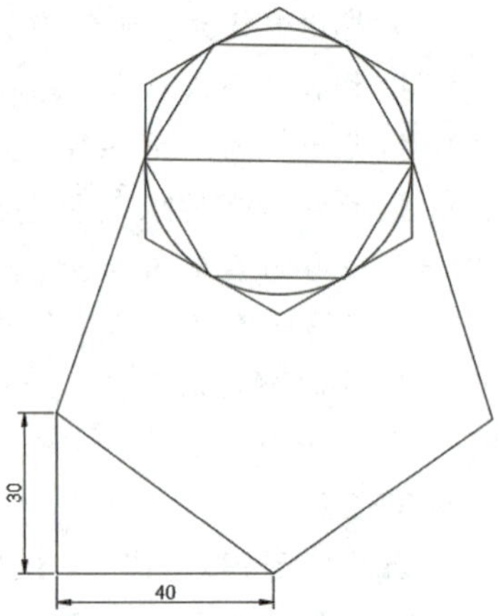

图 2-14　多边形绘制示例

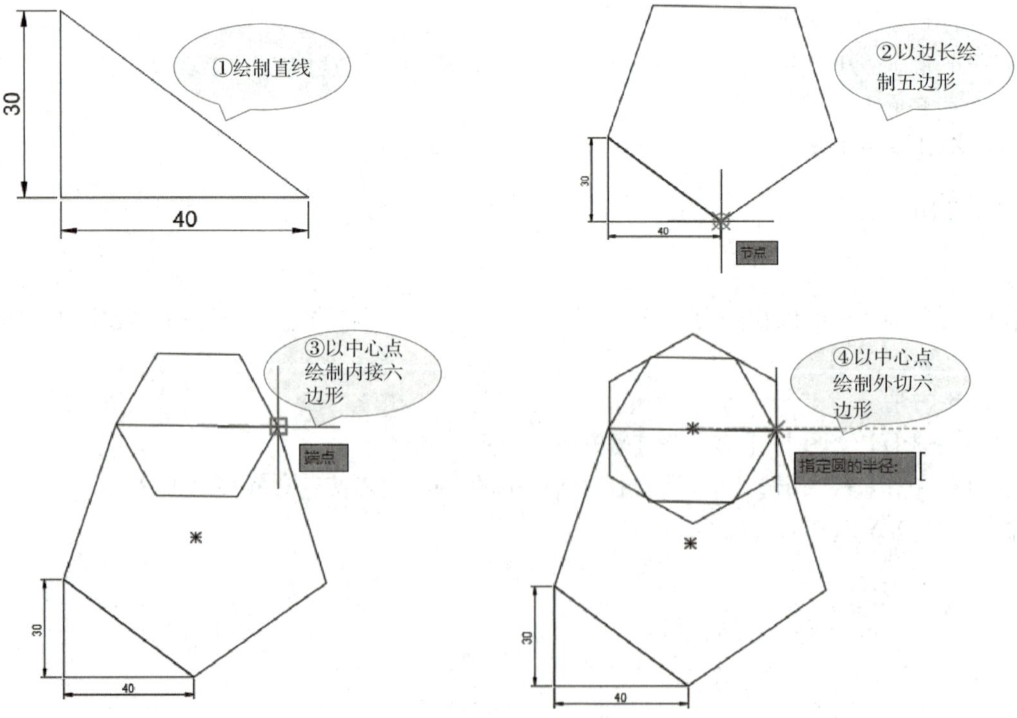

图 2-15　多边形绘制步骤

指定下一点或 [放弃(U)]:40
指定下一点或 [闭合(C)/放弃(U)]:C
2)绘制五边形
命令:POL↙
POLYGON
输入侧面数 <4> 5
指定正多边形的中心点或 [边(E)]:E
指定边的第一个端点:
指定边的第二个端点:
3)绘制六边形
命令:POL↙
POLYGON
输入侧面数 <5> 6
指定正多边形的中心点或 [边(E)]:捕捉五边形边中点
输入选项 [内接于圆(I)/外切于圆(C)] <I> I
指定圆的半径:捕捉五边形一侧端点
命令:POL↙
POLYGON
输入侧面数 <6>↙
指定正多边形的中心点或 [边(E)]:捕捉五边形边中点
输入选项 [内接于圆(I)/外切于圆(C)] <I> C
指定圆的半径:捕捉五边形一侧端点

2.1.6　绘制多段线

1. 任务

多段线是由一条或多条带宽度的直线和弧线序列连接而成的一种特殊的折线,而且所有的线构成一个整体,可同时进行编辑。可以通过不同的线宽设置绘制出有特殊效果的线段图形,如绘制箭头、填充边界辅助等。

2. 命令调用方法

(1)菜单栏:选择【绘图】→【多段线】菜单命令(图 2-16)。

(2)功能区:单击【默认】选项卡下【绘图】面板中的“多段线”按钮(图 2-17)。

(3)命令行:PLINE↙或 PL↙。

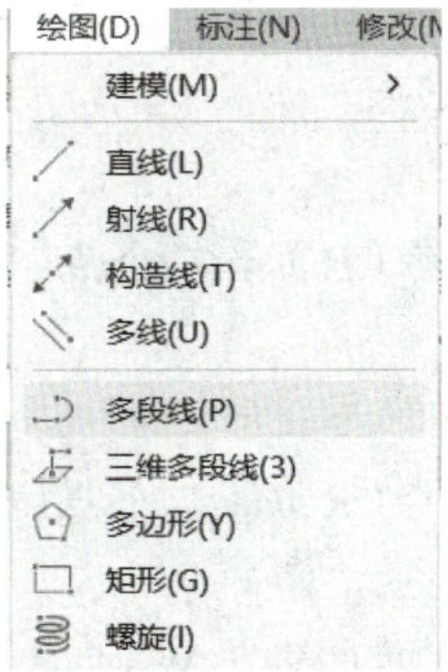

图 2-16　绘制多段线菜单

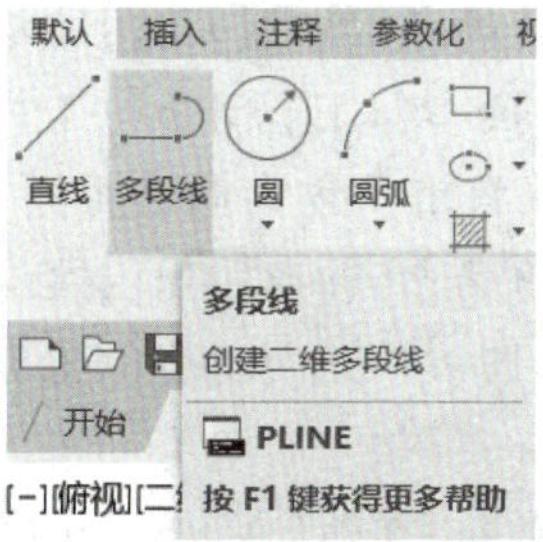

图 2-17　功能区的“多段线”按钮

3. 命令提示

调用【多段线】命令后，命令行会进行如下提示：

命令：PL↙

PLINE

指定起点：

当前线宽为 0.0000

指定下一个点或 [圆弧(A)/半宽(H)/长度(L)/放弃(U)/宽度(W)]:

4. 图形绘制示例

利用【多段线】命令，绘制图 2-18 所示图形，打开对象捕捉、对象追踪和极轴追踪等辅助工具，命令行提示如下：

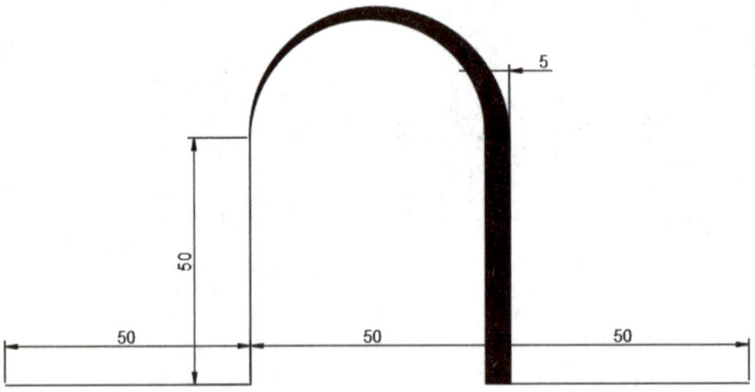

图 2-18　多段线绘制示例

命令：PL↙

PLINE

指定起点：指定一点作为起点

当前线宽为 0.0000

指定下一个点或 [圆弧(A)/半宽(H)/长度(L)/放弃(U)/宽度(W)]: 50↙(捕捉水平方向向右再输入距离)

指定下一点或 [圆弧(A)/闭合(C)/半宽(H)/长度(L)/放弃(U)/宽度(W)]: 50↙(捕捉垂直向上方向再输入距离)

指定下一点或 [圆弧(A)/闭合(C)/半宽(H)/长度(L)/放弃(U)/宽度(W)]: A↙指定圆弧的端点(按住【Ctrl】键以切换方向)或

[角度(A)/圆心(CE)/闭合(CL)/方向(D)/半宽(H)/直线(L)/半径(R)/第二个点(S)/放弃(U)/宽度(W)]:W↙

指定起点宽度 <0.0000> 0↙

指定端点宽度 <0.0000> 5↙

指定圆弧的端点(按住【Ctrl】键以切换方向)或

[角度(A)/圆心(CE)/闭合(CL)/方向(D)/半宽(H)/直线(L)/半径(R)/第二个点(S)/放弃(U)/宽度(W)]:50↙(捕捉水平方向向右再输入距离)

指定圆弧的端点(按住【Ctrl】键以切换方向)或

[角度(A)/圆心(CE)/闭合(CL)/方向(D)/半宽(H)/直线(L)/半径(R)/第二个点(S)/放弃(U)/宽度(W)]:L↙

指定下一点或 [圆弧(A)/闭合(C)/半宽(H)/长度(L)/放弃(U)/宽度(W)]:W↙

指定起点宽度 <5.0000> 0↙

指定端点宽度 <0.0000>0↙

指定下一点或 [圆弧(A)/闭合(C)/半宽(H)/长度(L)/放弃(U)/宽度(W)]: 50(捕捉垂直向下方向再输入距离)

指定下一点或 [圆弧(A)/闭合(C)/半宽(H)/长度(L)/放弃(U)/宽度(W)]: 50(捕捉水平向右方向再输入距离)

2.1.7　绘制多线

1. 多线

1)任务

多线由 1~16 条平行线组成,每一条平行线称为一个元素。在建筑绘图中多线用于绘制墙线、窗户平面图等。

2)命令调用方法

(1)菜单栏:选择【绘图】→【多线】菜单命令(图 2-19)。

(2)命令行:MLINE↙或 ML↙。

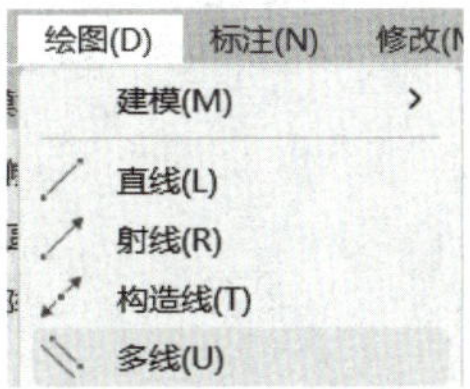

图 2-19　绘制多线菜单

3)命令提示

调用【多线】命令后,命令行会进行如下提示:

命令:ML↙

MLINE

当前设置:对正 = 上,比例 = 1.00,样式 = STANDARD

指定起点或 [对正(J)/比例(S)/样式(ST)]:

2. 多线样式

1)任务

【多线样式】命令用于设置多线的样式,包括多线中平行线的数量、线型、颜色、相邻间距比例等元素特性,以及多线的连接、封口和填充特性。

2)命令调用方法

①菜单栏:选择【格式】→【多线样式】菜单命令。

②命令行:MLSTYLE↙。

3)图形绘制示例

利用【多线】命令,绘制图 2-20 所示图形,操作步骤如下。

(1)绘制构造线:绘制水平构造线,间距分别为 5 400 和 1 750;绘制垂直构造线,间距分别为 2 200 和 1 400,见图 2-21。

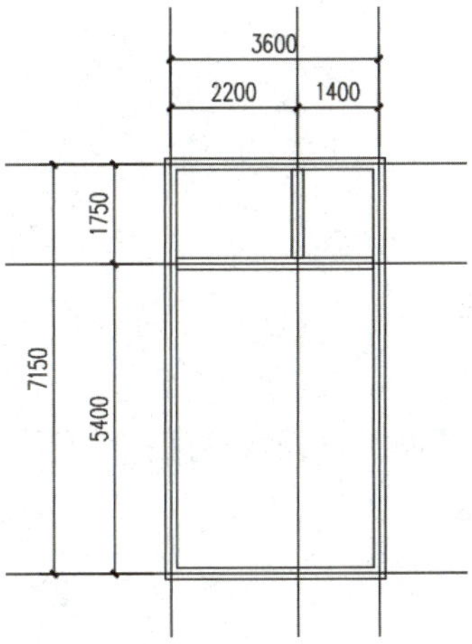

图 2-20　多线绘制示例

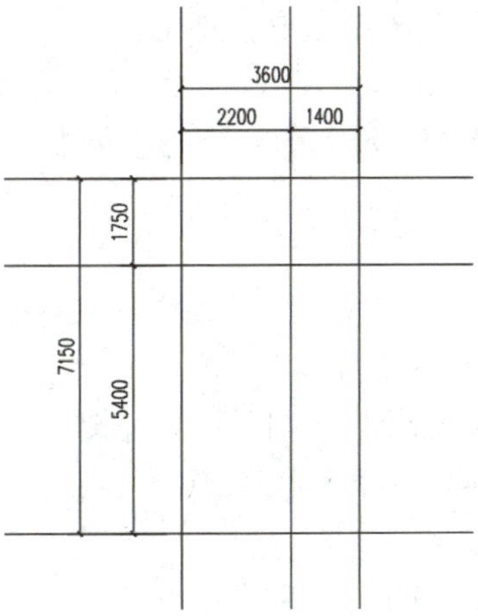

图 2-21　绘制构造线

(2)多线样式设置:选择【格式】→【多线样式】菜单命令,弹出“多线样式”对话框,单击“新建”按钮,创建“WALL”样式，单击“继续”按钮，在弹出的对话框中勾选“直线”选项的起点和终点，并将“WALL”多线样式置为当前样式，见图 2-22。

（3）多线绘制：输入 ML，然后按回车键，将对正方式设置为“无”，比例设置为“200.00”，见图 2-23。然后连接构造线交点，即可完成多线示例。

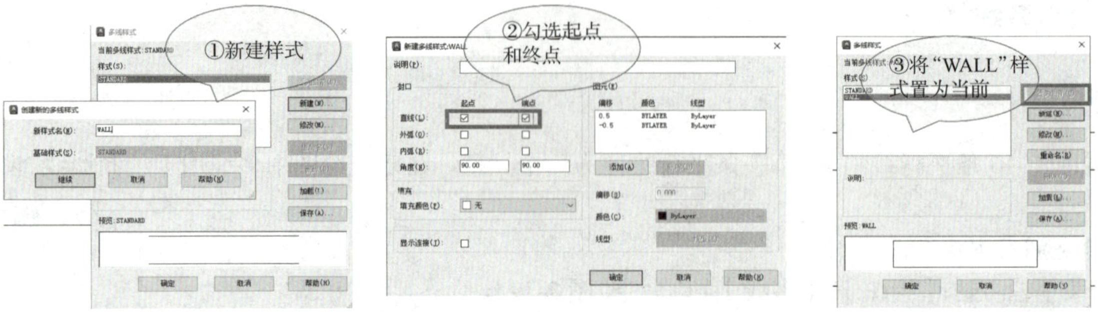

图 2-22　多线样式设置

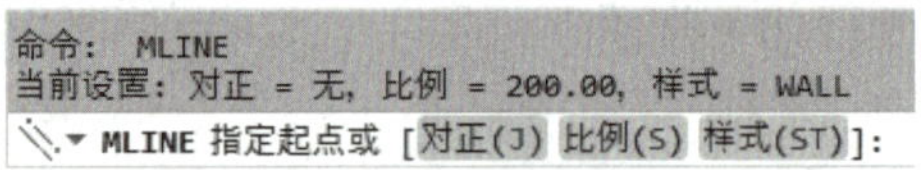

图 2-23　多线绘制设置

任务 2.2　绘制圆形类图形

任务 2.2

2.2.1　绘制圆

1. 任务

圆是 AutoCAD 中最常见、最简单的封闭曲线，支持拉伸。可通过指定圆心、半径、直径、圆周上的点和其他对象上的点等不同方式绘制圆。

2. 命令调用方法

（1）菜单栏：【绘图】→【圆】，见图 2-24。

（2）功能区：单击【默认】选项卡下【绘图】面板中的“圆形”按钮，见图 2-25。

（3）命令行：CIRCLE↙或 C。

3. 命令提示

调用【圆】命令后，命令行会进行如下提示：

命令：C↙

CIRCLE

指定圆的圆心或 [三点（3P）/两点（2P）/切点、切点、半径（T）]：

4. 图形绘制示例

利用【圆】命令绘制圆。打开对象捕捉、对象追踪和极轴追踪等辅助工具，命令行提示如下。

1）以圆心、半径方式画圆（图 2-26）

命令：C↙

CIRCLE

指定圆的圆心或 [三点（3P）/两点（2P）/切点、切点、半径（T）]：指定一个点确定圆心

指定圆的半径或 [直径（D）] <27.0915> 25

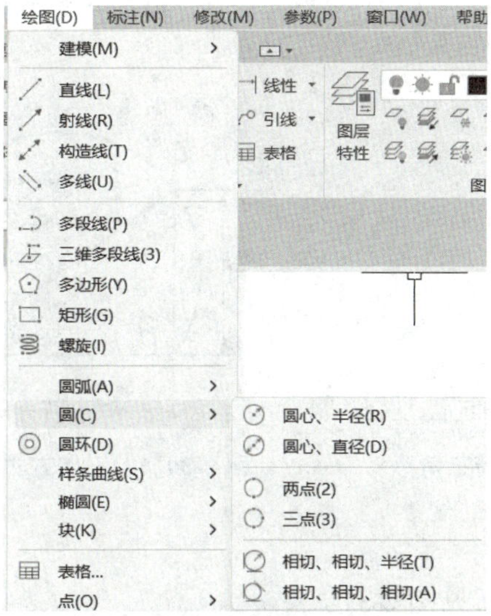

图 2-24　绘制圆菜单

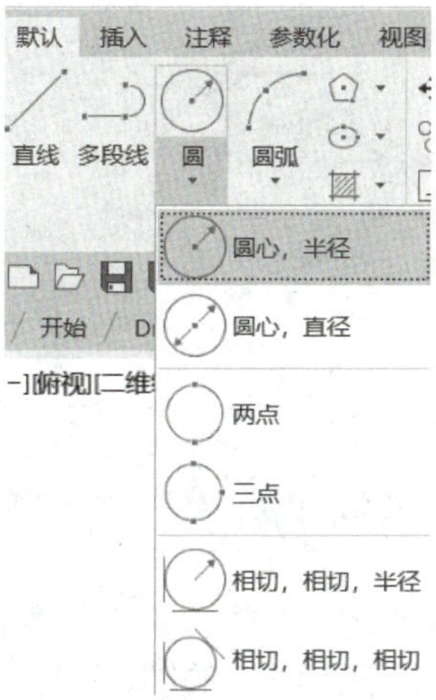

图 2-25　功能区的“圆形”按钮

2）以两点方式画圆（图 2-27）

命令：CIRCLE ↙

指定圆的圆心或 [三点（3P）/两点（2P）/切点、切点、半径（T）]：2p

指定圆直径的第一个端点：指定在圆的象限点

指定圆直径的第二个端点：20 ↙

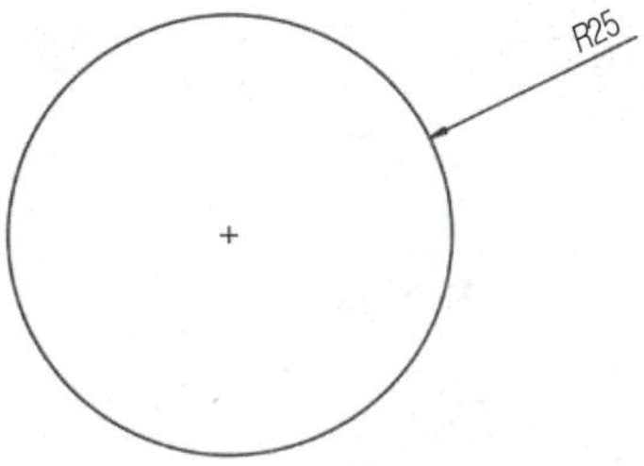

图 2-26　以圆心、半径方式画圆示例

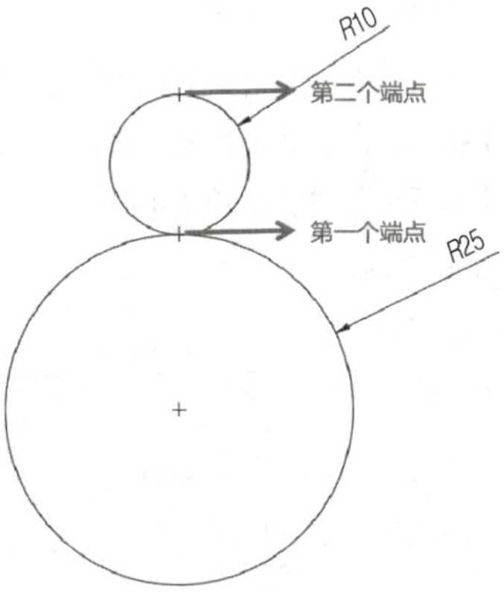

图 2-27　以两点方式画圆示例

3）以相切、相切、半径方式画圆（图 2-28）

命令：CIRCLE ↙

指定圆的圆心或 [三点（3P）/两点（2P）/切点、切点、半径（T）]：ttr

指定对象与圆的第一个切点：指定相切对象切点大概位置

指定对象与圆的第二个切点：指定相切对象切点大概位置

指定圆的半径 <10.0000>10 ↙

4）以三点方式画圆

运用直线绘制三角形，见图 2-29。以三角形的三个端点画圆，见图 2-30。

命令：CIRCLE ↙

指定圆的圆心或 [三点（3P）/两点（2P）/切点、切点、半径（T）]：3p

指定圆上的第一个点：*A* 点

指定圆上的第二个点：*B* 点

指定圆上的第三个点：*C* 点

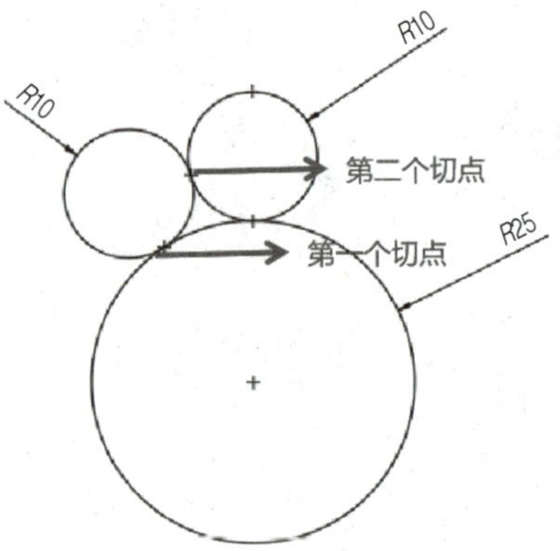

图 2-28　以相切、相切、半径方式画圆示例

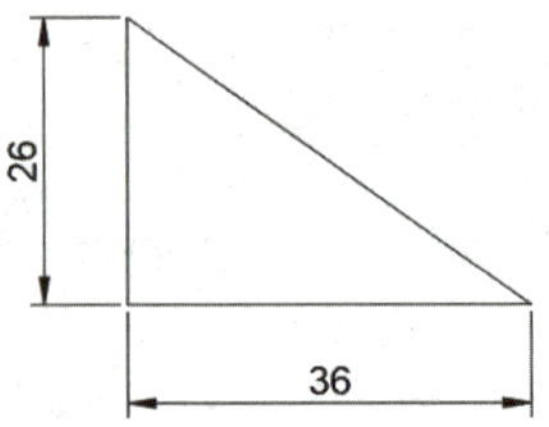

图 2-29　绘制三角形

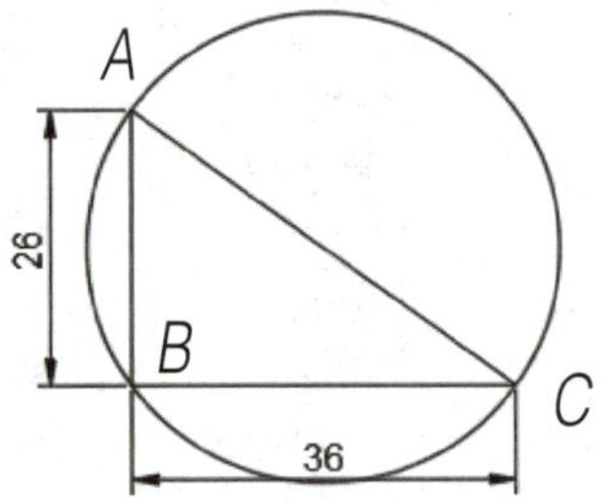

图 2-30　以三点方式画圆示例

5)以相切、相切、相切方式画圆

绘制相切于△*ABC* 的圆,切点分别选择三角形的三条边,见图 2-31。

命令:CIRCLE↙

指定圆的圆心或 [三点(3P)/两点(2P)/切点、切点、半径(T)]:3p

指定圆上的第一个点:_tan 到

指定圆上的第二个点:_tan 到

指定圆上的第三个点:_tan 到

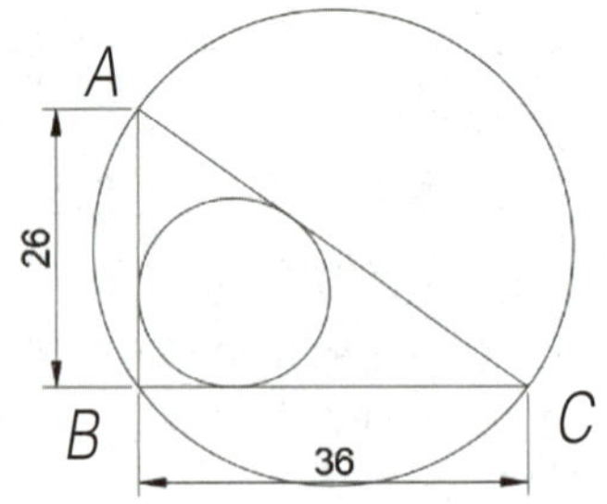

图 2-31　以相切、相切、相切方式画圆示例

2.2.2　绘制圆弧

1. 任务

建筑制图中【圆弧】命令用于绘制各种弧形的图形、轮廓线,如平面图中的门、弧形幕墙、装饰图形、家具等。AutoCAD 提供了多种绘制圆弧的方式,可以指定圆心、端点、起点、半径、角度、弦长和方向值的各种组合形式。绘制圆弧时,弧线的方向有顺时针和逆时针两种。当半径值为正时,将沿顺时针方向画弧;为负时,沿逆时针方向画弧。

2. 命令调用方法

(1)菜单栏:【绘图】→【圆弧】,见图 2-32。

(2)功能区:单击【默认】选项卡下【绘图】面板中的"圆弧"按钮,见图 2-33。

(3)命令行:ARC↙或 A↙。

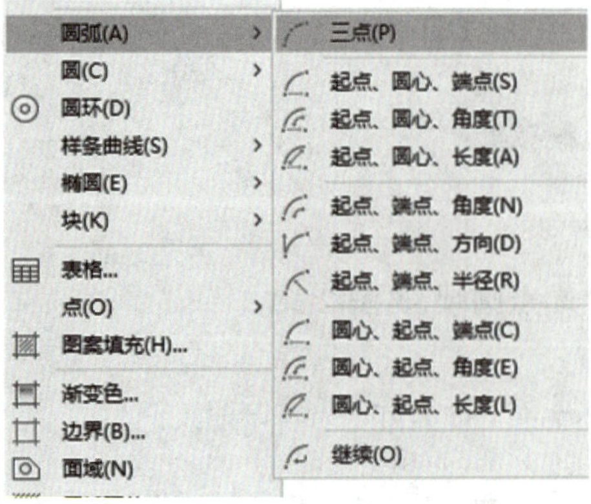

图 2-32　绘制圆弧菜单

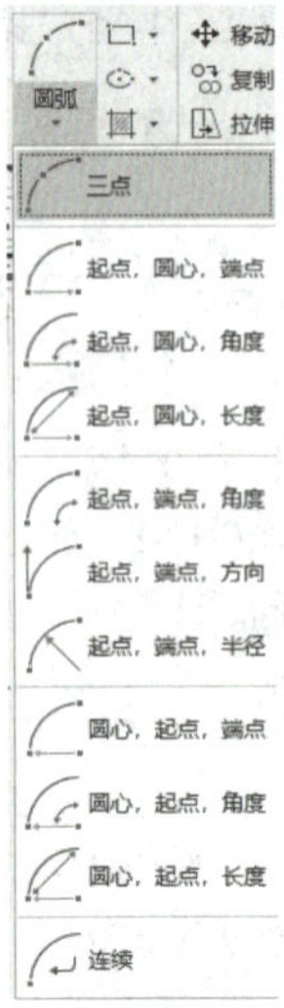

图 2-33　功能区的"圆弧"按钮

3. 命令提示

命令:ARC ↙

指定圆弧的起点或 [圆心(C)]:

指定圆弧的第二个点或 [圆心(C)/端点(E)]:

指定圆弧的端点:

4. 图形绘制示例

绘制图 2-34 所示图形。

1)绘制矩形

命令:REC ↙

RECTANG

指定第一个角点或 [倒角(C)/标高(E)/圆角(F)/厚度(T)/宽度(W)]:

指定另一个角点或 [面积(A)/尺寸(D)/旋转(R)]:@50,900

2)绘制圆弧(图 2-35)

命令:ARC ↙

指定圆弧的起点或 [圆心(C)]:c

指定圆弧的圆心:(拾取 *A* 点)

指定圆弧的起点:*B* 点方向输入 900

指定圆弧的端点(按住【Ctrl】键以切换方向)或 [角度(A)/弦长(L)]:捕捉 *C* 点

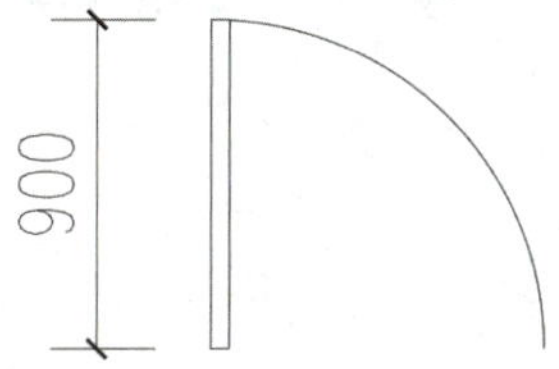

图 2-34　圆弧绘制示例

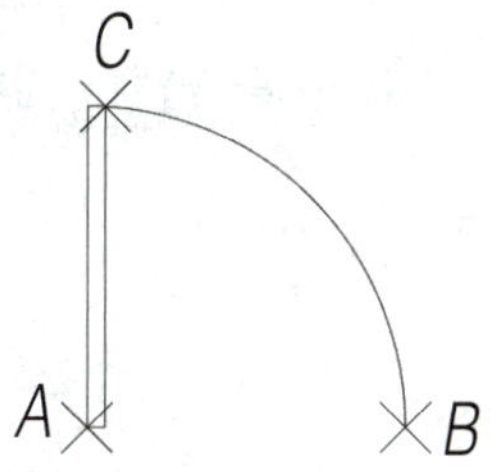

图 2-35　以圆心、起点、端点方式绘制圆弧

2.2.3　绘制圆环

1. 任务

圆环是填充环或实体填充圆。要创建圆环,需指定它的内外直径和圆心。通过指定不同的中心点,可以连续创建具有相同直径的多个副本。要创建实体填充圆,应将内径值指定为 0。圆环内部是否填充取决于【FILL】命令的当前设置,FILL 的当前属性值为"开(ON)",则为填充;FILL 的当前属性值为"关(OFF)",则为不填充。

2. 命令调用方法

(1)菜单栏:【绘图】→【圆环】。

(2)功能区:单击【默认】选项卡下【绘图】面板中的"圆环"按钮。

(3)命令行:DONUT ↙或 DO ↙。

3. 命令提示

命令:DO ↙

DONUT

指定圆环的内径 <1> 0

指定圆环的外径 <1> 100

指定圆环的中心点或 <退出>

2.2.4　绘制椭圆和椭圆弧

1. 任务

【椭圆】命令用于绘制椭圆和椭圆弧。

2. 命令调用方法

(1)菜单栏:【绘图】→【椭圆】,见图 2-36。

(4)功能区:单击【默认】选项卡下【绘图】面板中的“椭圆”按钮,见图 2-37。

(2)命令行:ELLIPSE↙或 EL↙。

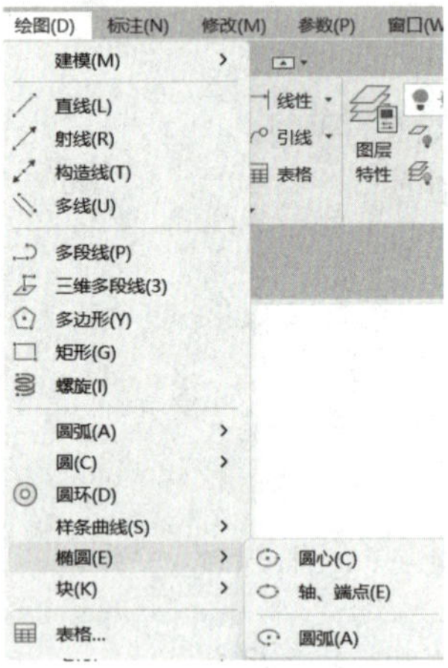

图 2-36　绘制椭圆菜单

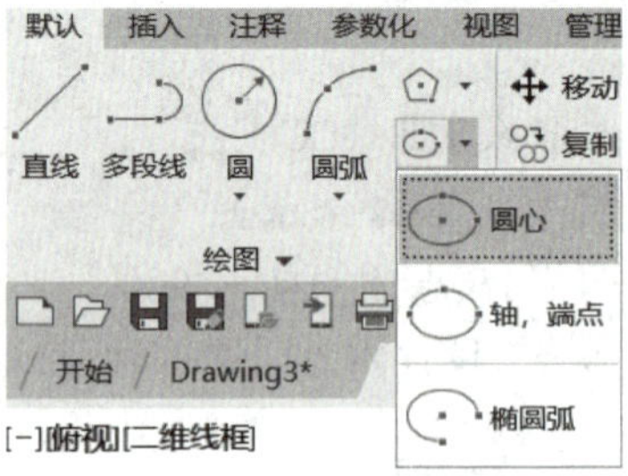

图 2-37　功能区的“椭圆”按钮

3. 命令提示

命令:EL↙

ELLIPSE

指定椭圆的轴端点或[圆弧(A)/中心点(C)]:

指定轴的另一个端点:

指定另一条半轴长度或[旋转(R)]:

4. 图形绘制示例

1)以轴、端点方式绘制椭圆(图 2-38)

命令:EL↙

ELLIPSE

指定椭圆的轴端点或[圆弧(A)/中心点(C)]:任意指定一点为 *A*

指定轴的另一个端点:4000(水平追踪输入距离得到 *B* 点)

指定另一条半轴长度或[旋转(R)]:1000↙

2)以圆心、端点方式绘制椭圆(图 2-39)

命令:ELLIPSE↙

指定椭圆的轴端点或[圆弧(A)/中心点(C)]:c

指定椭圆的中心点:指定 *A* 点

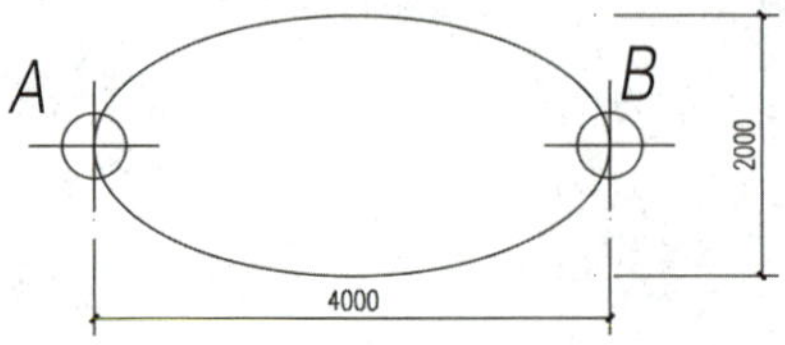

图 2-38　以轴、端点方式绘制椭圆

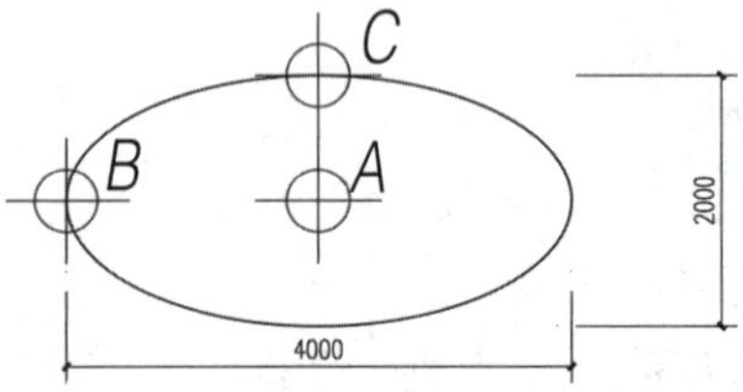

图 2-39　以圆心、端点方式绘制椭圆

指定轴的端点:2000↙(找到 *B* 点)

指定另一条半轴长度或 [旋转(R)]:1000↙(找到 *C* 点)

3)以端点、旋转方式绘制椭圆(图 2-40)

命令:ELLIPSE↙

指定椭圆的轴端点或 [圆弧(A)/中心点(C)]:指定 *A* 点

指定轴的另一个端点:指定 *B* 点

指定另一条半轴长度或 [旋转(R)]:R

指定绕长轴旋转的角度:60

4)椭圆弧绘制(图 2-41)

命令:ELLIPSE↙

指定椭圆的轴端点或 [圆弧(A)/中心点(C)]:a

指定椭圆弧的轴端点或 [中心点(C)]:指定 *A* 点

指定轴的另一个端点:4000↙(得到 *B* 点)

指定另一条半轴长度或 [旋转(R)]:1000↙(得到 *C* 点)

指定起点角度或 [参数(P)]:指定 *A* 点

指定端点角度或 [参数(P)/夹角(I)]:-135

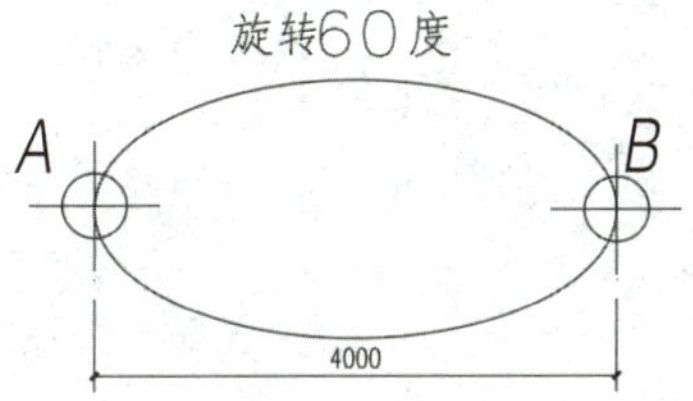

图 2-40　以端点、旋转方式绘制椭圆

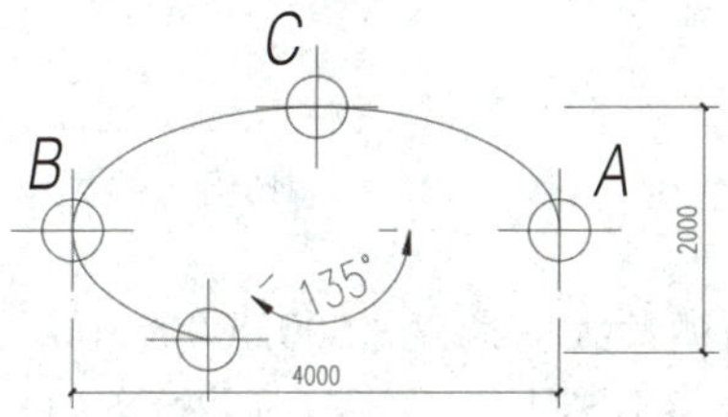

图 2-41　椭圆弧绘制

2.2.5　绘制修订云线

1. 任务

修订云线是由连续圆弧组成的多段线,在检查阶段用于提醒用户注意图形的某个部分。在检查或用红线圈阅图形时,可以使用修订云线功能,以提高工作效率。同时修订云线也可以用于绘制植物图例等。

2. 命令调用方法

(1)菜单栏:【绘图】→【云线】,见图 2-42。

(2)功能区:单击【默认】选项卡下【绘图】面板中的“云线”按钮,见图 2-43。

(3)命令行:REVCLOUD↙。

3. 命令提示

命令:REVCLOUD↙

最小弧长:1000　最大弧长:3000　样式:普通　类型:徒手画

指定第一个点或 [弧长(A)/对象(O)/矩形(R)/多边形(P)/徒手画(F)/样式(S)/修改(M)] <对象> _F

指定第一个点或 [弧长(A)/对象(O)/矩形(R)/多边形(P)/徒手画(F)/样式(S)/修改(M)] <对象>

沿云线路径引导十字光标...

4. 图形绘制示例

(1)利用【修订云线】命令,给某建筑平面图其中的某一节点进行红线圈阅,如图 2-44 所示,单击【默认】选项卡下【绘图】面板中的“矩形修订云线”按钮,命令行提示如下:

命令:REVCLOUD

最小弧长:333.3333　最大弧长:666.6667　样式:普通　类型:矩形

指定第一个角点或 [弧长(A)/对象(O)/矩形(R)/多边形(P)/徒手画(F)/样式(S)/修改(M)] <对象>
_R

指定第一个角点或 [弧长(A)/对象(O)/矩形(R)/多边形(P)/徒手画(F)/样式(S)/修改(M)] <对象> A

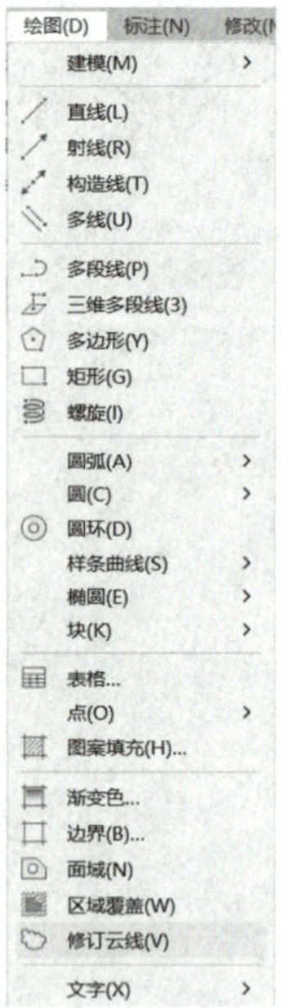

图 2-42 绘制修订云线菜单

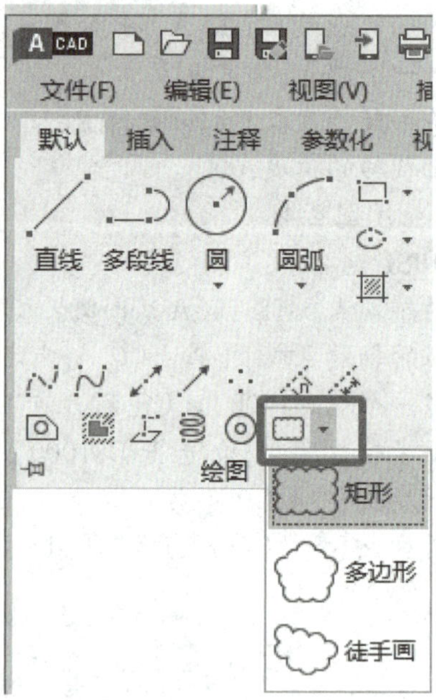

图 2-43 功能区的“修订云线”按钮

指定圆弧的大约长度 <500.0000>500

指定第一个角点或 [弧长(A)/对象(O)/矩形(R)/多边形(P)/徒手画(F)/样式(S)/修改(M)] <对象>

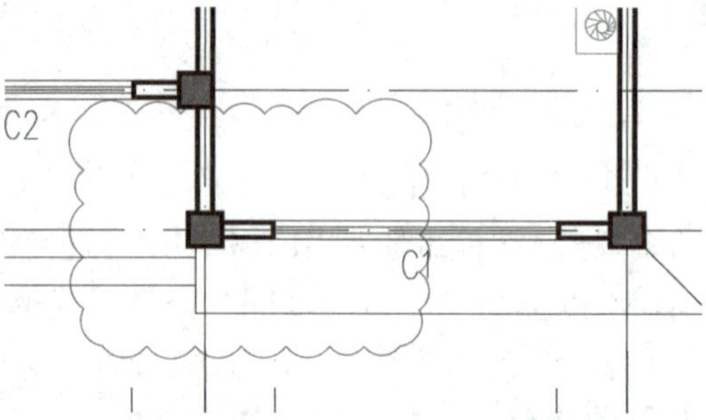

图 2-44 建筑平面图云线圈阅

(2)利用【修订云线】命令,绘制植物图例,步骤如图 2-45 所示。命令行提示如下:

①绘制圆形。

命令:C↙

CIRCLE

指定圆的圆心或 [三点(3P)/两点(2P)/切点、切点、半径(T)]:

指定圆的半径或 [直径(D)]:1000

②转换为修订云线,单击【默认】选项卡下【绘图】面板中的“徒手画修订云线”按钮 徒手画,命令行提示如下:

命令:REVCLOUD

指定第一个角点或 [弧长(A)/对象(O)/矩形(R)/多边形(P)/徒手画(F)/样式(S)/修改(M)] <对象>
_F

最小弧长:66.6667　最大弧长:133.3333　样式:普通　类型:徒手画

指定第一个点或 [弧长(A)/对象(O)/矩形(R)/多边形(P)/徒手画(F)/样式(S)/修改(M)] <对象> A
指定圆弧的大约长度 <100.0000> 200
指定第一个点或 [弧长(A)/对象(O)/矩形(R)/多边形(P)/徒手画(F)/样式(S)/修改(M)] <对象> O
选择对象:选择圆形
反转方向 [是(Y)/否(N)] <否> N

③绘制直线。

从大概中心位置连接若干直线即可完成植物图例创建。

步骤 1:绘制半径为 1 000 的圆形　　步骤 2:转换为修订云线　　步骤 3:绘制直线

图 2-45　绘制植物图例步骤

任务 2.3　绘制样条曲线

任务 2.3

1. 任务

样条曲线是经过或接近一系列给定点的光滑曲线,可控制曲线与点的拟合程度,常用于绘制形状不规则的图形。

2. 命令调用方法

(1)菜单栏:【绘图】→【样条曲线】。

(2)功能区:单击【默认】选项卡下【绘图】面板中的“样条曲线拟合”按钮和“样条曲线控制点”按钮。

(3)命令行:SPLINE↙或 SPL↙。

3. 命令提示

命令:SPL↙
SPLINE
当前设置:方式=拟合　节点=弦
指定第一个点或 [方式(M)/节点(K)/对象(O)]:
输入下一个点或 [起点切向(T)/公差(L)]:
输入下一个点或 [端点相切(T)/公差(L)/放弃(U)/闭合(C)]:

4. 图形绘制示例

在图 2-46 网格图中绘制曲线。运用样条曲线拟合和样条曲线控制点绘制两根闭合曲线,见图 2-47。命令行如下:

命令:SPLINE↙
当前设置:方式=拟合　节点=弦
指定第一个点或 [方式(M)/节点(K)/对象(O)]:M
输入样条曲线创建方式 [拟合(F)/控制点(CV)] <拟合> FIT
当前设置:方式=拟合　节点=弦

指定第一个点或 [方式(M)/节点(K)/对象(O)]:
输入下一个点或 [起点切向(T)/公差(L)]:
输入下一个点或 [端点相切(T)/公差(L)/放弃(U)]:在网格中依次点击拟合点
输入下一个点或 [端点相切(T)/公差(L)/放弃(U)/闭合(C)]:C
命令:_SPLINE
当前设置:方式=拟合　节点=弦
指定第一个点或 [方式(M)/节点(K)/对象(O)]:M
输入样条曲线创建方式 [拟合(F)/控制点(CV)] <拟合> CV
当前设置:方式=控制点　阶数=3
指定第一个点或 [方式(M)/阶数(D)/对象(O)]:
输入下一个点:
输入下一个点或 [放弃(U)]:
输入下一个点或 [闭合(C)/放弃(U)]:在网格中依次点击控制点
输入下一个点或 [闭合(C)/放弃(U)]:C

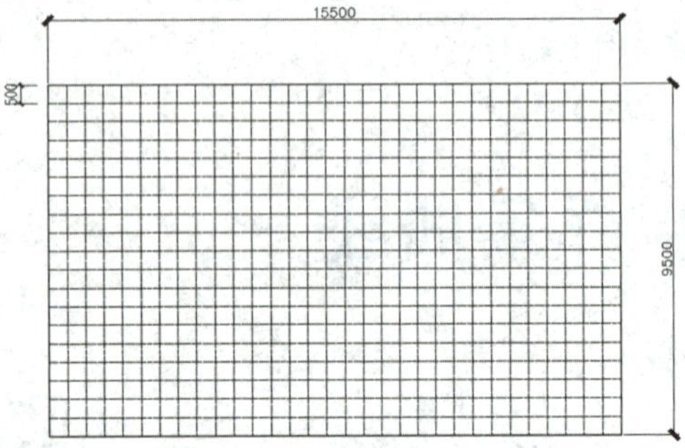

图 2-46　网格图

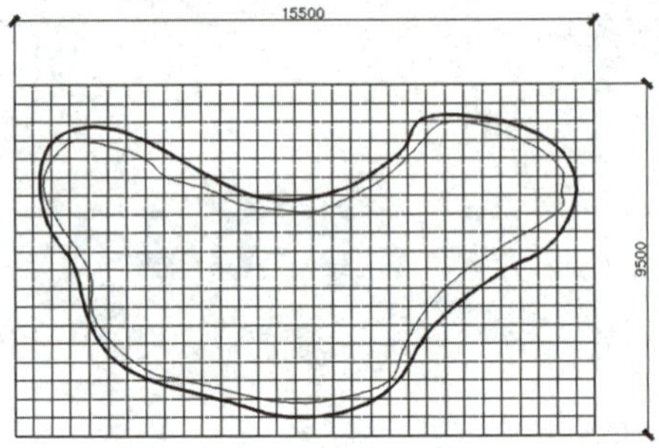

图 2-47　完成曲线绘制

任务 2.4　绘制点对象

任务 2.4

点对象的绘制为 AutoCAD 中最基础的命令，在图形的绘制过程中，点起到辅助工具的作用，可作为捕捉对象的节点。在 AutoCAD 2023 中，点可以作为绘制复杂图形的辅助点使用，也可以作为某项标识使用，还可以作为直线、圆、矩形、圆弧、椭圆的相应特征的划分点使用。可使用【定数等分】和【定距等分】命令来绘制点对象。

2.4.1　绘制单点和多点

1. 任务

在给定的位置绘制一个或多个点对象。

2. 命令调用方法

(1)菜单栏:【绘图】→【点】→【单点】或【多点】(图 2-48)。

(2)功能区:单击【默认】选项卡下【绘图】面板中的“多点”按钮 ∴(图 2-49)，注意功能区只有“多点”按钮没有“单点”按钮。

(3)命令行:POINT 或 PO↙。

3. 命令提示

命令:POINT↙

当前点模式:PDMODE=0　PDSIZE=0
指定点:

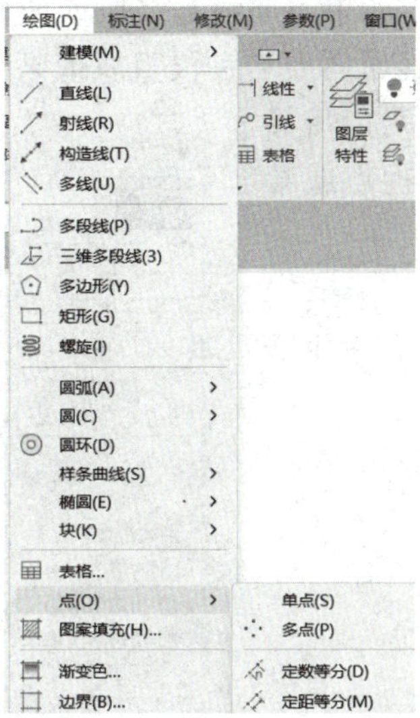

图 2-48　绘制单点和多点菜单

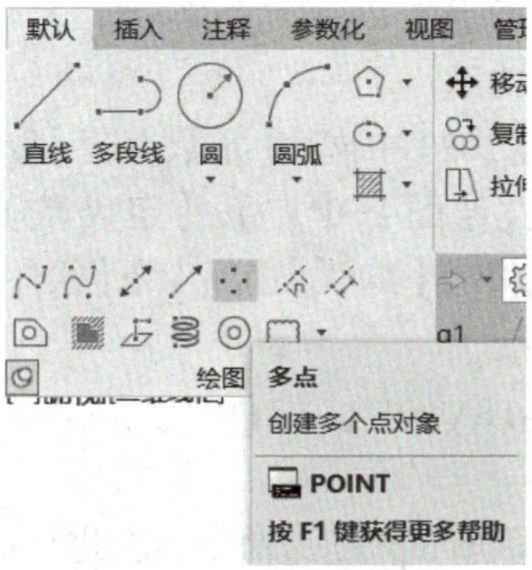

图 2-49　功能区的“多点”按钮

2.4.2　点样式

1. 任务

根据需要设置点的尺寸大小和样式。

2. 命令调用方法

在 AutoCAD 2023 中调用【点样式】命令的方法通常有以下三种。

(1)菜单栏:【格式】→【点样式】(图 2-50)。

(2)功能区:单击【默认】选项卡下【实用工具】面板中的“点样式”按钮(图 2-51)。

(3)命令行:DDPTYPE ↙或 PTYPE ↙。

图 2-50　点样式菜单

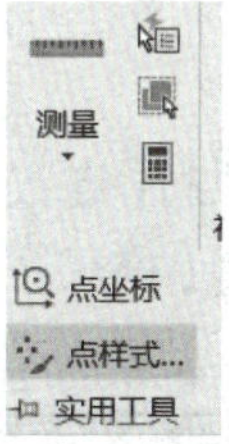

图 2-51　功能区的“点样式”按钮

3.“点样式”对话框

选择【点样式】命令后,屏幕上会弹出“点样式”对话框,如图 2-52 所示。

2.4.3 定数等分点

1. 任务

在指定对象上，用指定长度绘制多个等分点或插入图形块。如果需要将某线段或曲线以确定的长度进行等分就需要执行【定数等分】命令。在建筑工程制图过程中，经常需要将一段直线或某个图形中的一条线段、一个圆等进行等分，并在等分点处设置点标记。定数等分点可以将等分对象的长度或周长等间隔分开，所生成的点通常用作对象捕捉点或某种标识使用的辅助点。

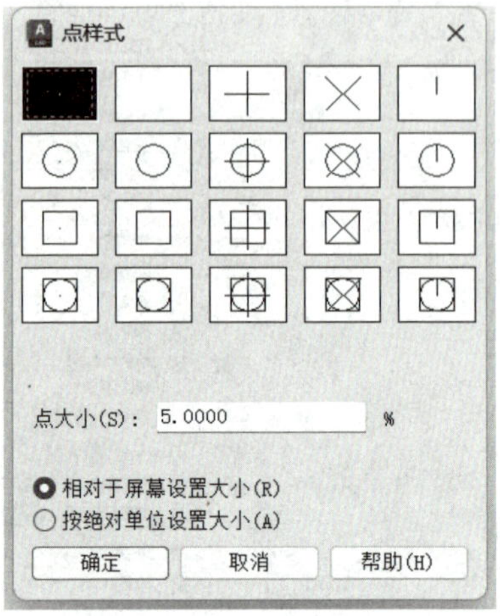

图 2-52 “点样式”对话框

2. 命令调用方法

在 AutoCAD 2023 中调用【定数等分】命令的方法通常有以下三种。

(1)菜单栏：【绘图】→【点】→【定数等分】(图 2-53)。

(2)功能区：单击【默认】选项卡下【绘图】面板中的“定数等分”按钮 (图 2-54)。

(3)命令行：DIVIDE↙或 DIV↙。

3. 命令提示

调用【定数等分】命令后，命令行会进行如下提示：

命令：DIVIDE↙

选择要定数等分的对象：

输入线段数目或 [块(B)]：

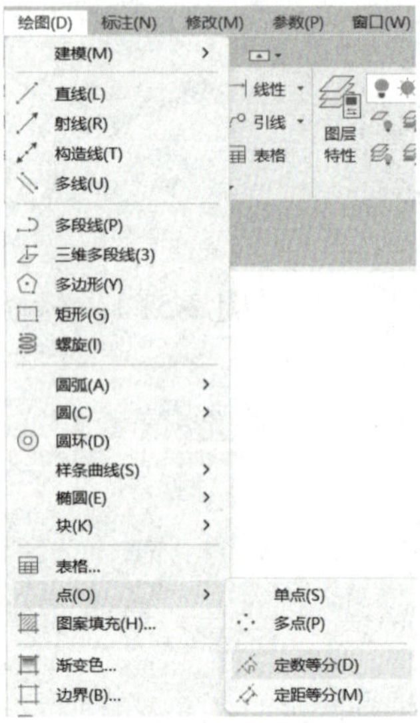

图 2-53 定数等分菜单

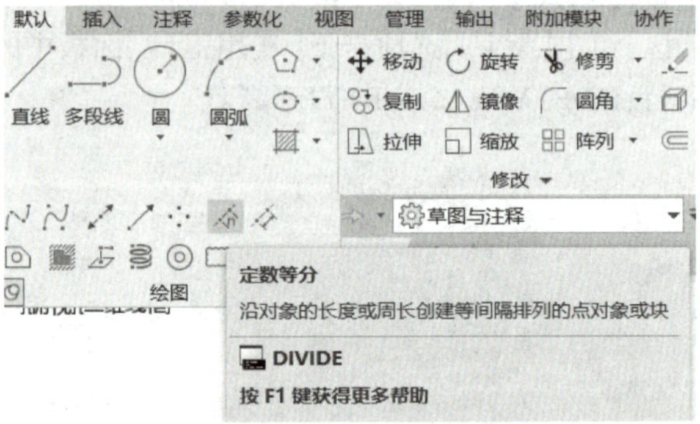

图 2-54 功能区的“定数等分”按钮

4. 图形绘制示例

给图 2-46 网格轮廓执行【定数等分】命令。

(1)设置点样式：选择【格式】→【点样式】菜单命令，在弹出的“点样式”对话框中对点样式进行设置，见图 2-55。

(2)执行【定数等分】命令，选择网格外围矩形，输入线段数目 50，结果见图 2-56，命令行如下：

命令：DIV↙

DIVIDE

选择要定数等分的对象：选择矩形

输入线段数目或[块(B)]：50↙

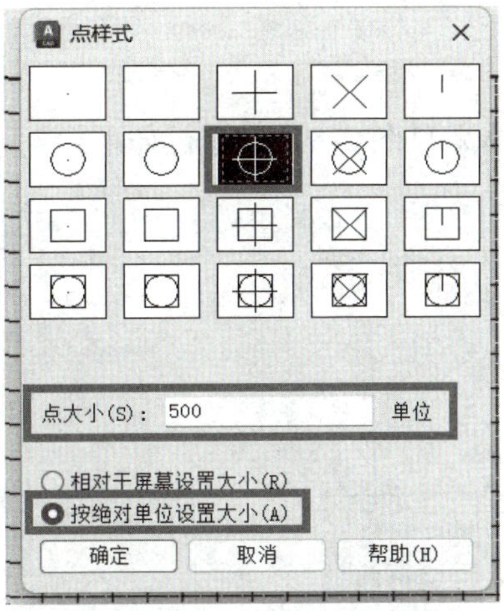

图 2-55　点样式设置

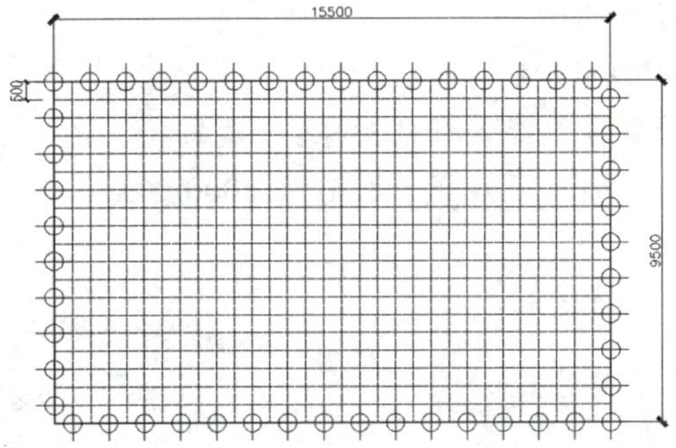

图 2-56　对网格外矩形执行【定数等分】命令的结果

2.4.4　定距等分点

1. 任务

在指定对象上，用指定长度绘制多个等分点或插入图形块。如果需要将某线段或曲线以确定的长度进行等分就需要执行定距等分命令。通过定距等分可以从选定对象的一个端点划分出相等的长度。

2. 命令调用方法

在 AutoCAD 2023 中调用【定距等分】命令的方法通常有以下三种。

（1）菜单栏：【绘图】→【点】→【定距等分】（图 2-57）。

（2）功能区：单击【默认】选项卡下【绘图】面板中的“定距等分”按钮（图 2-58）。

（3）命令行：MEASURE↙或 ME↙。

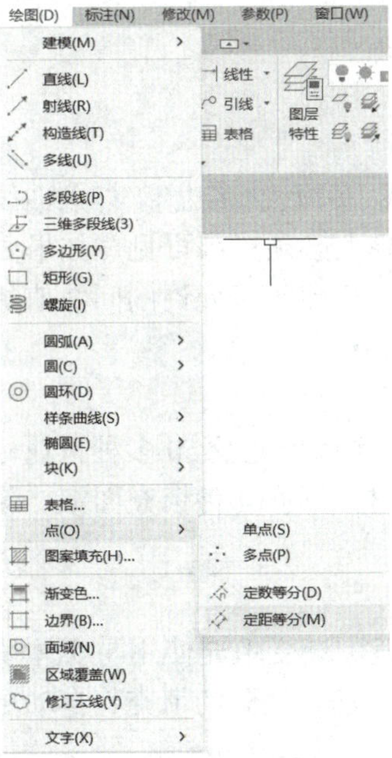

图 2-57　定距等分菜单

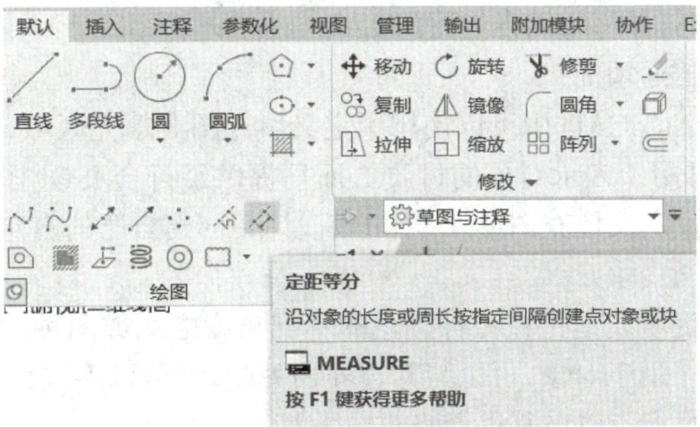

图 2-58　功能区的“定距等分”按钮

3. 命令提示

调用【定距等分】命令后，命令行会进行如下提示：

命令：MEASURE↙

选择要定距等分的对象：

指定线段长度或 [块(B)]:

4. 图形绘制示例

在图 2-47 网格图中的样条曲线上执行【定距等分】命令,结果见图 2-59,命令行如下:

命令:ME↙

MEASURE

选择要定距等分的对象:选择曲线

指定线段长度或 [块(B)]:2000

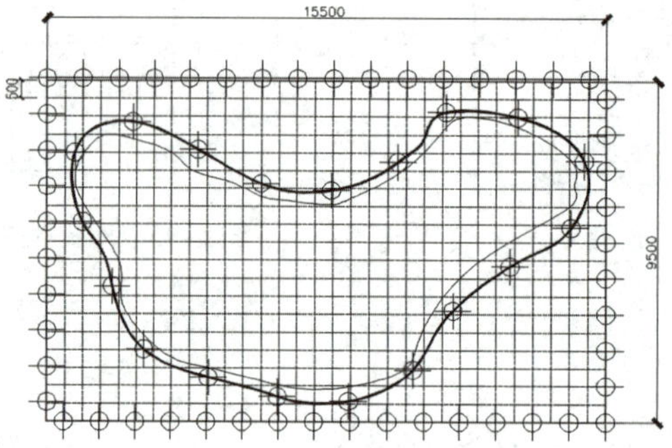

图 2-59　在曲线上执行【定距等分】命令的结果

任务 2.5　图案填充及编辑

使用填充图案、实体填充或渐变填充可以填充封闭区域或选定对象,图案填充常用来表示断面或材料特征。

2.5.1　图案填充基础知识

1. 填充边界

在 AutoCAD 中进行图案填充时,首先要确定填充边界,构造线、射线、多段线、多边形、样条曲线、圆、圆弧、椭圆、椭圆弧、面域等对象可以填充边界,作为填充边界的对象在屏幕上必须全部可见。如果要填充的不是封闭区域,则可以设置允许的间隙(HPGAPTOL,系统变量)。任何小于或等于允许的间隙值的间隙都将被忽略,并将边界视为封闭。

2. 普通填充

在 AutoCAD 中可以使用预定义填充图案填充区域,软件不仅提供了实体填充及 50 多种行业标准填充图案(可用于表示对象的材质),而且提供了符合 ISO(国际标准化组织)标准的 14 种填充图案。除了使用提供的预定义填充图案外,还可以设计并创建自己的自定义填充图案。

3. 渐变填充

渐变填充是指在一种颜色的不同灰度之间或两种颜色之间进行过渡。渐变填充使用与实体填充相同的方式应用于对象,可以与其边界相关联,也可以不进行关联。当边界更改时,关联的填充将自动更新。双击渐变填充可以对其进行修改。

4. 填充方式

(1)定义图案填充的边界。可以指定对象封闭的区域中的点,以指定图案填充的边界,填充图形时,将忽略不在对象边界内的整个对象或局部对象。如果填充线与某个对象(例如文本、属性或实体填充对象)相交,且该对象被选定为边界集的一部分,将围绕该对象来填充。

(2)控制图案填充原点。默认情况下,填充图案始终相互对齐。可在“图案填充和渐变色”对话框中“图案填充原点”区指定新的原点进行调整(图 2-60)。

5. 孤岛

在图案填充中孤岛是决定如何填充图案边界中的封闭区域的方式。如果不存在内部边界，则指定孤岛检测样式没有意义。一般情况下使用“普通”样式，孤岛检测控制是否检测内部闭合边界。设置孤岛只需单击右下角的按钮（图 2-60），展开对话框，如图 2-61 所示，可设置“普通”样式、“外部”样式和“忽略”样式。

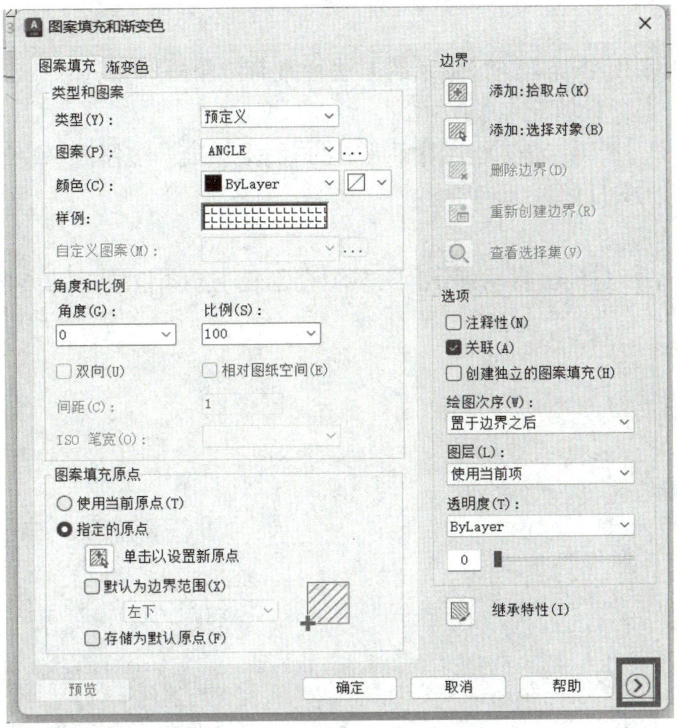

图 2-60　“图案填充和渐变色”对话框（一）

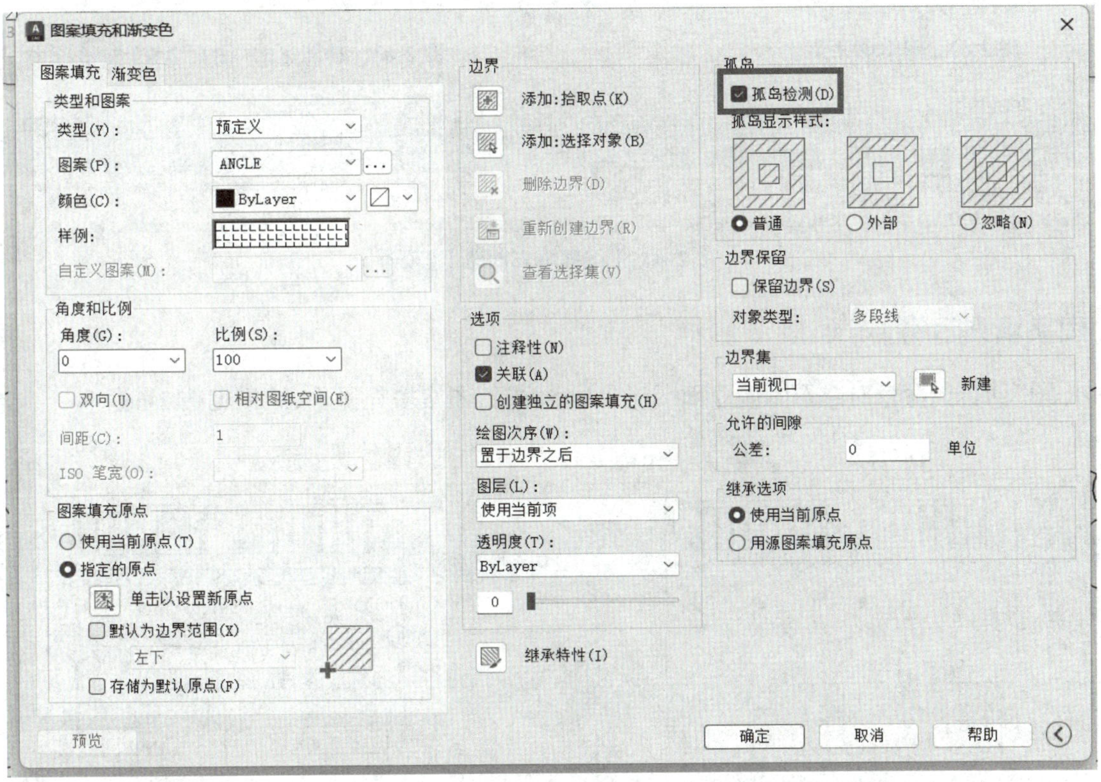

图 2-61　“图案填充和渐变色”对话框（二）

2.5.2 图案填充

任务 2.5

1. 任务

在 AutoCAD 2023 中可以使用预定义填充图案填充区域，或使用当前线型定义简单的线图案。该操作既可以创建复杂的填充图案，也可以创建渐变填充。

2. 命令调用方法

在 AutoCAD 2023 中调用【图案填充】命令的方法通常有以下三种。

（1）菜单栏：【绘图】→【图案填充】（图 2-62）。

（2）功能区：单击【默认】选项卡下【绘图】面板中的“图案填充”按钮（图 2-63）。

（2）命令行：HATCH↙或 H↙。

3. 命令提示

调用【图案填充】命令后，系统会自动弹出【图案填充创建】选项卡，如图 2-64 所示。

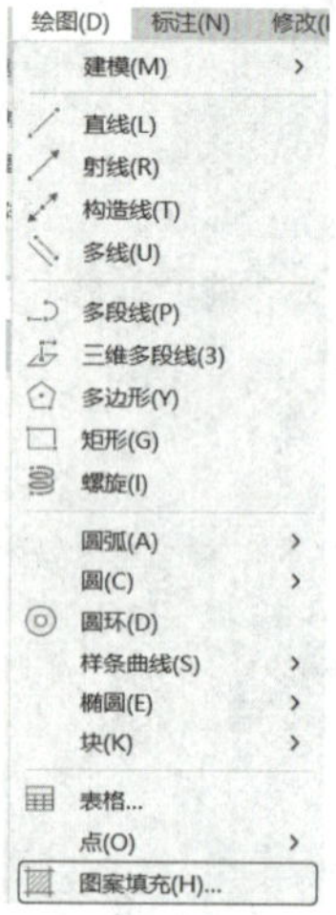

图 2-62 图案填充菜单

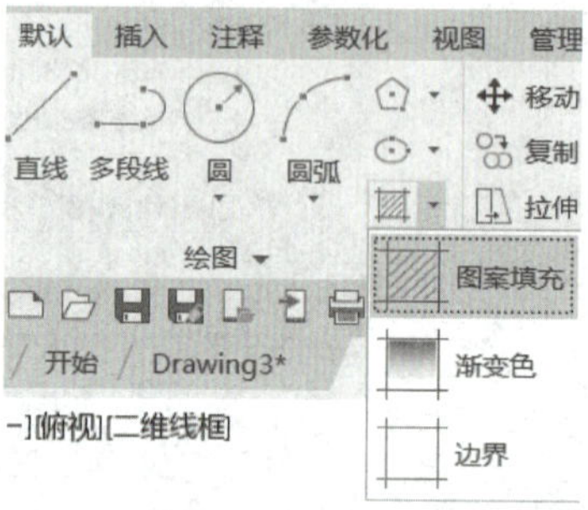

图 2-63 功能区的“图案填充”按钮

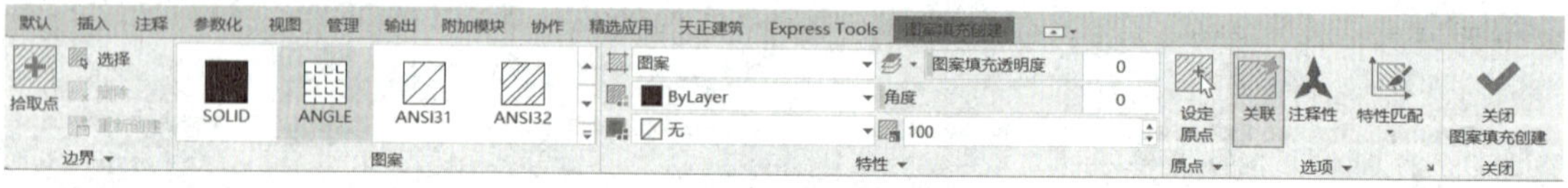

图 2-64 【图案填充创建】选项卡

2.5.3 图案填充示例

利用【图案填充】命令对毛石围墙立面图（图 2-65）进行图案填充操作，结果见图 2-66。

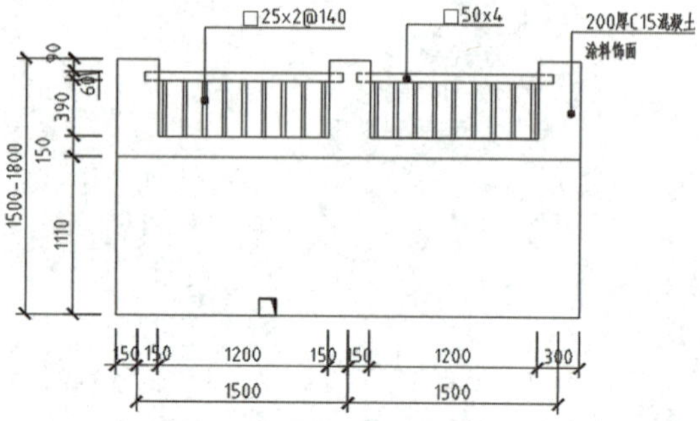

图 2-65 毛石围墙立面图

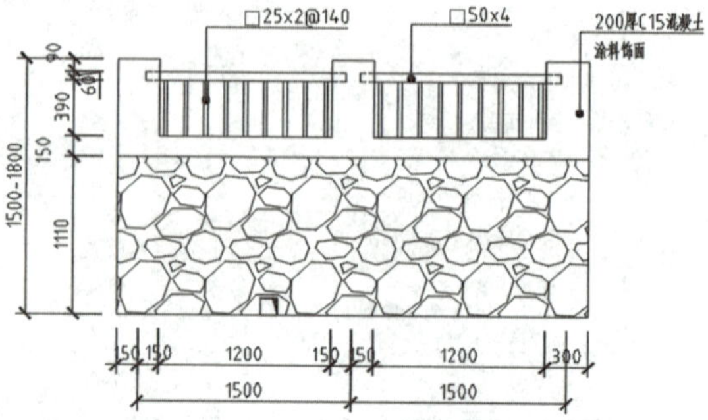

图 2-66 毛石围墙立面图图案填充结果

2.5.4　编辑图案填充

【编辑图案填充】命令用于修改图案填充的特性，例如填充的图案、比例和角度等。

1. 命令调用方法

在 AutoCAD 2023 中调用【编辑图案填充】命令的方法通常有以下三种。

（1）菜单栏：【修改】→【对象】→【图案填充】（图 2-67）。

（2）功能区：单击【默认】选项卡下【修改】面板中的“编辑图案填充”按钮（图 2-68）。

（3）命令行：HATCHEDIT↙或 HE↙。

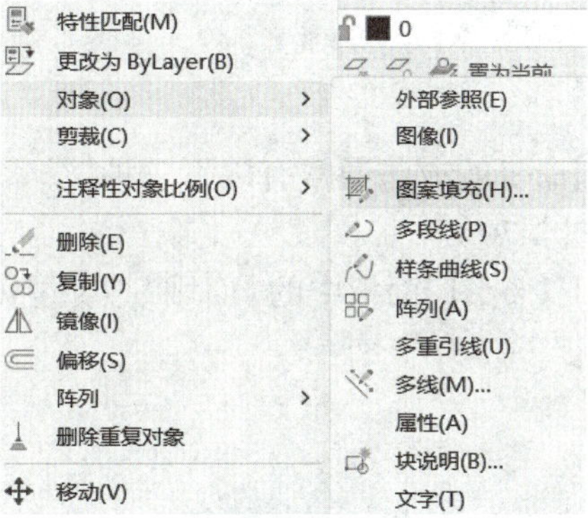

图 2-67　编辑图案填充菜单

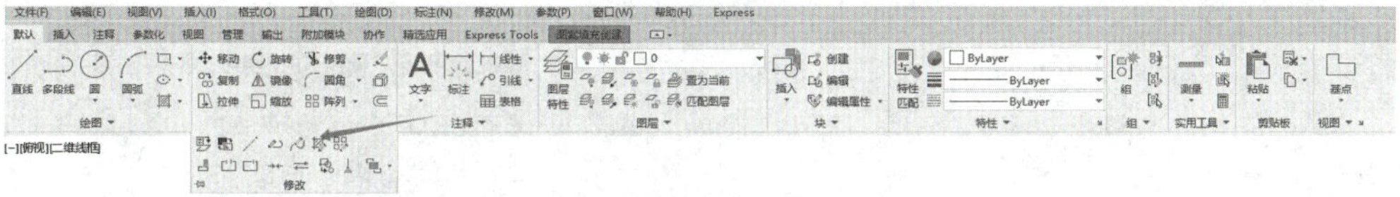

图 2-68　功能区的“编辑图案填充”按钮

2. 命令提示

调用【编辑图案填充】命令后，命令行会进行如下提示：

命令：HATCHEDIT↙

选择图案填充对象：

选择需要编辑的图案填充对象后，系统会弹出“图案填充编辑”对话框，如图 2-69 所示。

图 2-69　“图案填充编辑”对话框

任务 2.6　面域和边界

面域是具有物理特性(例如形心或质量中心)的二维封闭区域,面域的边界由端点相连的曲线组成,曲线上的每个端点仅连接两条边。可以将现有面域组合成单个复杂面域来计算面积。【边界】命令可以从封闭区域创建面域或多段线。

2.6.1　面域

1. 命令调用方法

在 AutoCAD 2023 中调用【面域】命令的方法通常有以下三种。

(1)菜单栏:【绘图】→【面域】(图 2-70)。

(2)功能区:单击【默认】选项卡下【绘图】面板中的“面域”按钮(图 2-71)。

(3)命令行:REGION↙或 REG↙。

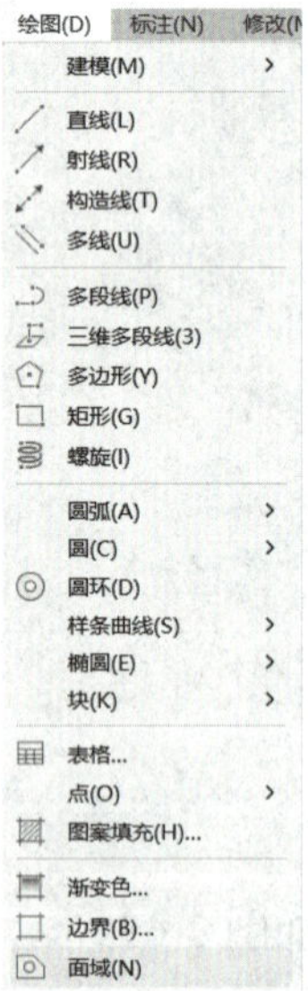

图 2-70　面域菜单

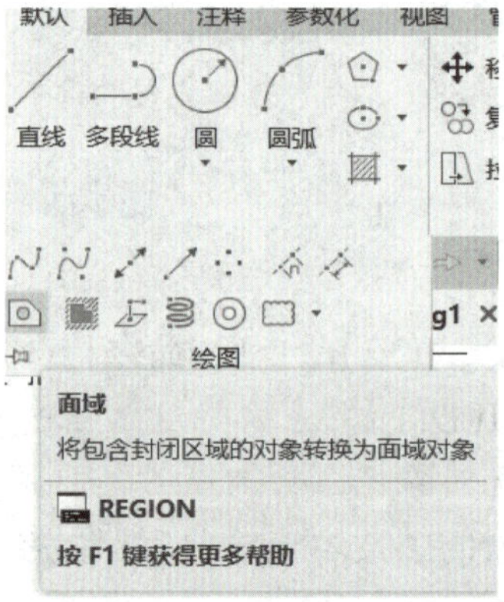

图 2-71　功能区的“面域”按钮

2. 命令提示

调用【面域】命令后,命令行会进行如下提示:

命令:REGION↙

选择对象:

2.6.2　边界

1. 命令调用方法

在 AutoCAD 2023 中调用边界命令的方法通常有以下三种。

(1)菜单栏:【绘图】→【边界】(图 2-72)。

(2)功能区:单击【默认】选项卡下【绘图】面板中的“边界”按钮(图 2-73)。

(3)命令行:BOUNDARY↙或 BD↙。

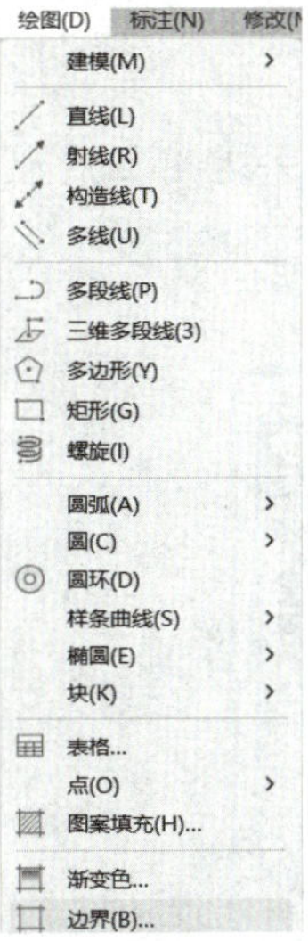

图 2-72　边界菜单

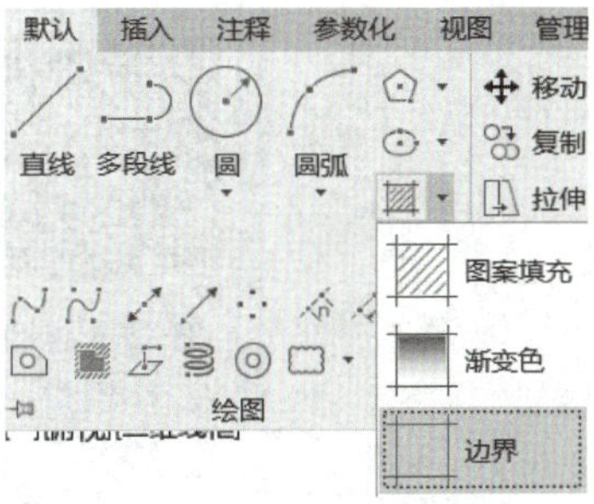

图 2-73　功能区“边界”按钮

2. 命令提示

调用【边界】命令后，系统会自动弹出“边界创建”对话框，如图 2-74 所示。可拾取点确定边界，通过孤岛检测控制是否检测内部闭合边界。可在“对象类型”下拉列表框中选择将边界作为面域或多段线对象进行创建。

图 2-74　“边界创建”对话框

思政小课堂

五角星有“胜利”的含义，许多国家的国旗设计都包含五角星，如中国、埃塞俄比亚、摩洛哥、越南、朝鲜、美国等。五角星也被很多国家的军队作为军官（尤其是高级军官）的军衔标志使用。在中国的阴阳五行里面，五行相生相克的连线刚好是五角星。

红色的五角星被称为红星，红星是共产主义和社会主义的象征性标志，在中国，红星象征着中国共产党及其领导的红色革命，代表着中国共产党的光辉形象，红星寓意奉献、机智、勇敢、爱国、顽强等价值观念，是中国人民奋斗精神和勇往直前精神风貌的象征。

《红星照耀中国》是美国著名记者埃德加·斯诺撰写的一部经典名著，被誉为研究中国革命的“经典的百科全书”，书中真实记录了他自 1936 年 6 月至 10 月在中国西北革命根据地进行实地采访的所见所闻，报道了中国和中国工农红军以及许多红军领袖、红军将领的情况，从多个方面展示了中国共产党为民族解放而艰苦奋斗和牺牲奉献的精神，瓦解了种种歪曲、丑化共产党的谣言。

思考：如何通过所学的绘图知识，使用多种方法绘制红星呢？（提示：综合运用相对坐标输入、直线、多边形、修剪、填充等工具绘制）

注：可扫码看操作视频。

任务 2 思政小课堂

任务 2 作业指导

作业

1. 运用直线和辅助绘图工具（相对直角坐标、相对极坐标）完成下图绘制。

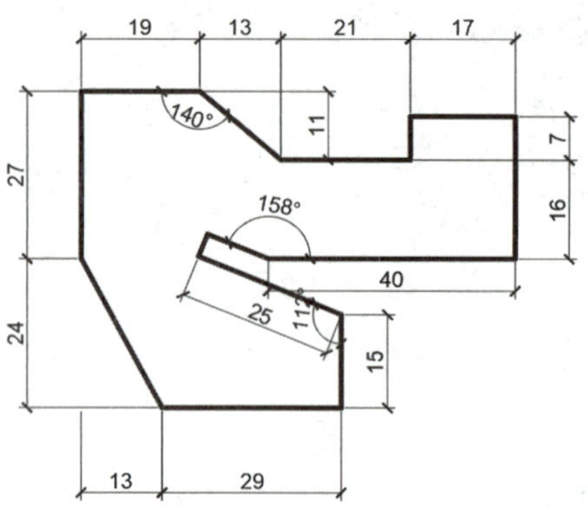

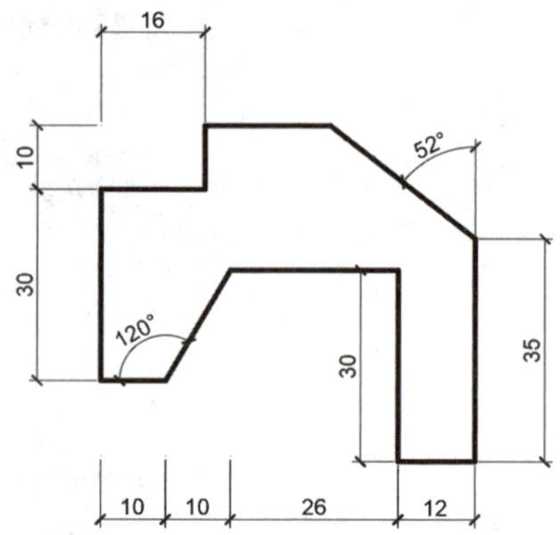

2. 运用绘图工具（直线、矩形、多段线、圆弧、圆、点、圆环）完成下图（足球场）绘制。

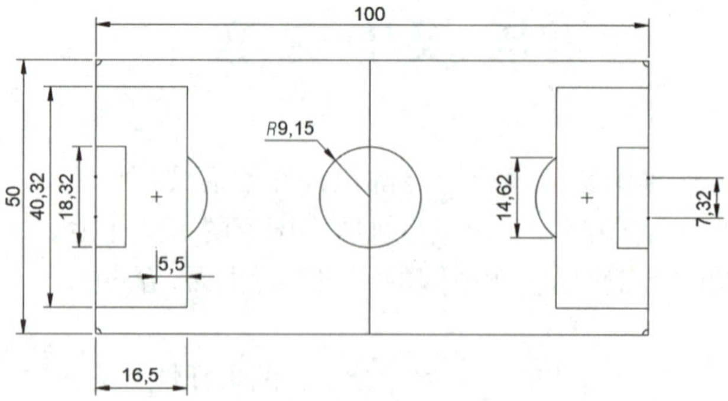

3. 运用绘图工具（椭圆、圆、直线、相对极坐标、构造线）完成下图绘制。

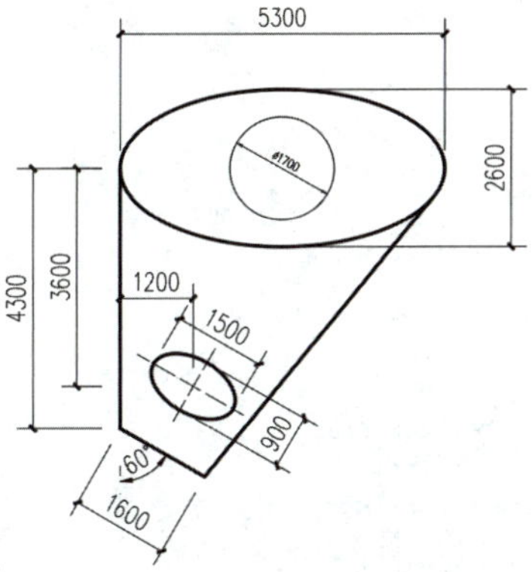

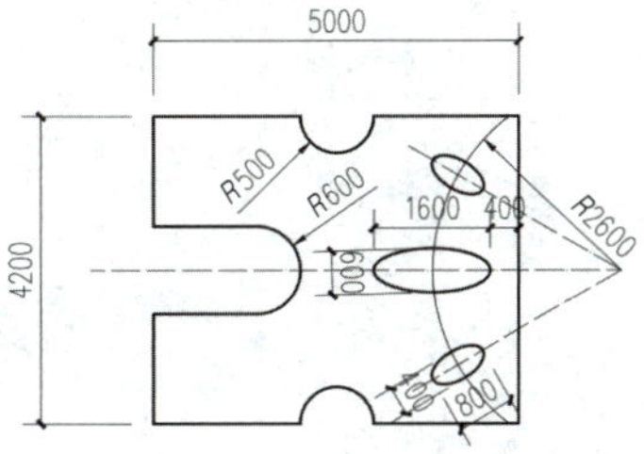

4. 运用绘图工具(云线、多段线)完成下图绘制。

任务 3 二维图形修改

学习目标

1. 掌握选择对象的方法；
2. 掌握二维图形基本编辑命令的基本操作；
3. 掌握夹点的使用方法；
4. 掌握复杂图形编辑命令的使用方法；
5. 掌握图形清理的方法。

思维导图

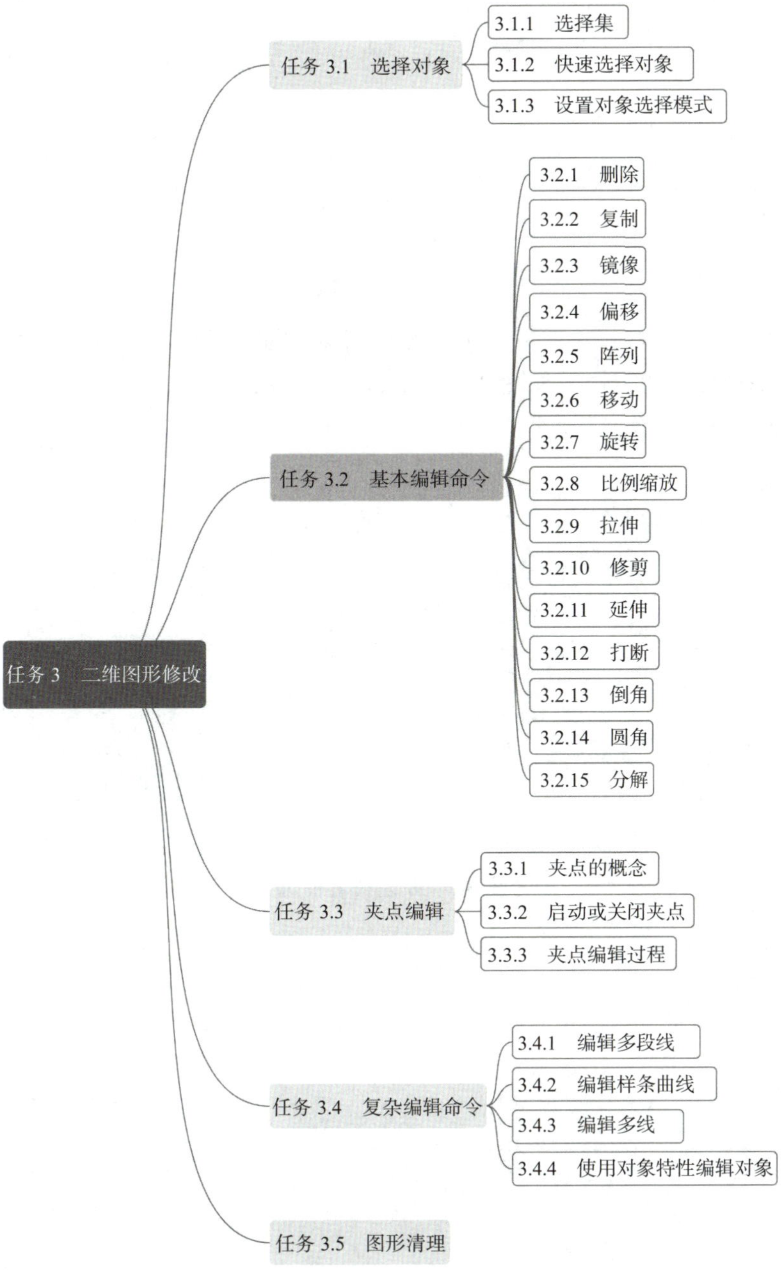

任务 3.1　选择对象

3.1.1　选择集

在 AutoCAD 中，所有被选中的对象将形成一个选择集，一个选择集中可以包含一个或多个图元，以供编辑。要编辑图形对象，首先必须掌握图形对象的选中方法，常见的选中图形对象的方法有以下几种。

（1）点选：用拾取框逐个点取图元，图元呈高亮度显示，表示该对象已被选中，可对其进行编辑，如图 3-1 所示。

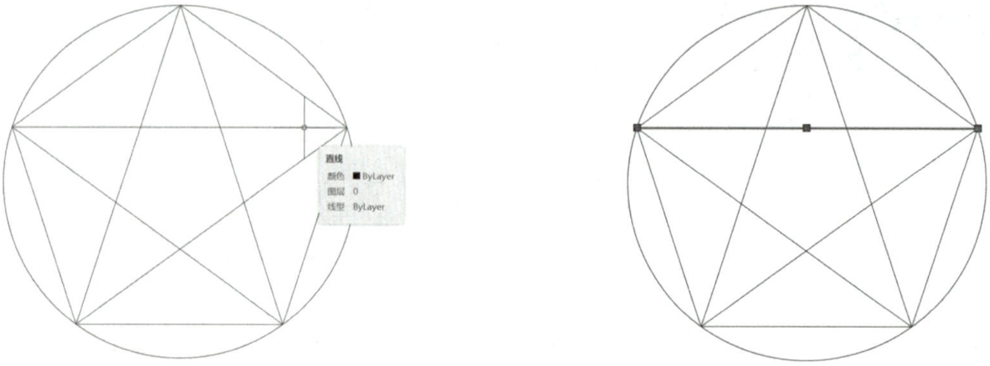

图 3-1　点选

（2）框选：用鼠标拖出一个窗口，选取被包围的图形对象。框选分两种情况：从左到右设置窗口，该线框是实线框，选中的是完全被包围的对象，如图 3-2 所示；从右到左设置窗口，该线框是虚线框，选中的是完全被包围及被边框触及的对象，如图 3-3 所示。

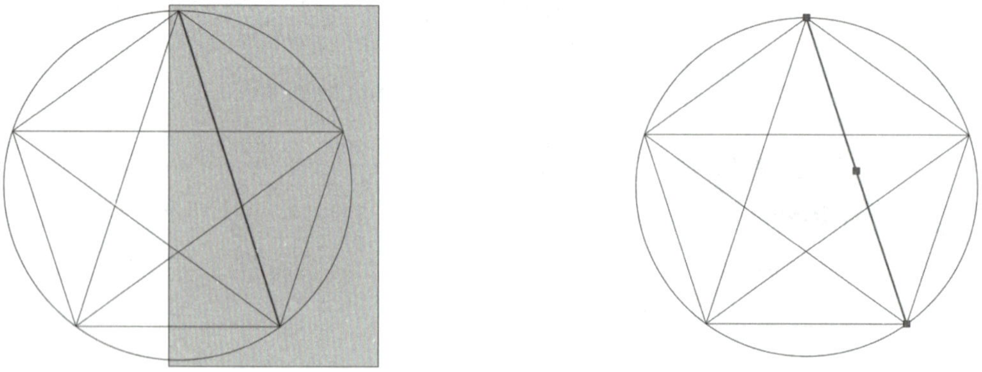

图 3-2　从左往右框选

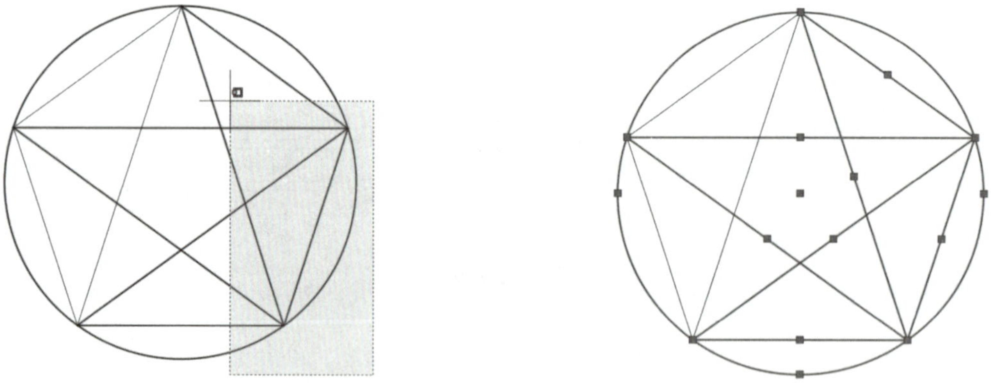

图 3-3　从右往左框选

注意：在绘图区空白处点击鼠标左键即开启【选择对象】命令，按住鼠标左键不松开即为套索选择框，点击鼠标左键后松开即为矩形选择框。

（3）圈选：主要有两种，分别是圈围（WP）和圈交（CP）。在“选择对象”的提示下直接输入 WP，则进入圈围模式，在此情况下，所有圈点围成的部分均为实线圈，实体全部在圈内，才被选中，如图 3-4 所示。当提示“选择对象”时，输入 CP，则进入圈交模式，在此情况下，所有圈点围成的部分均为虚线框，虚线框经过之处，实体无论与其相交或包含在圈内，均被选中，如图 3-5 所示。

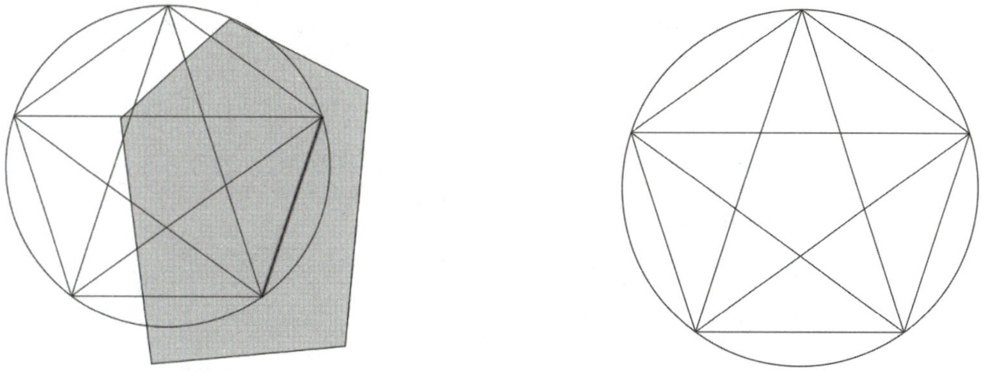

图 3-4　圈围

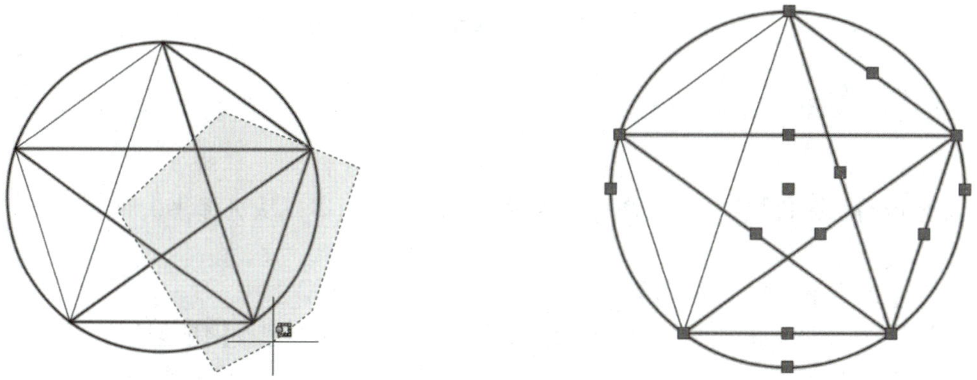

图 3-5　圈交

（4）栏选：栏选的外观类似多段线，仅选择其通过的对象，栏选方法与圈交方法相似，只是栏选不闭合，并且栏选可以自交。当提示“选择对象”时，输入 F，然后绘制一条折线，将选中与其相交的所有图形对象，如图 3-6 所示。此方法可以很容易地从复杂的图形中选择非相邻的对象。

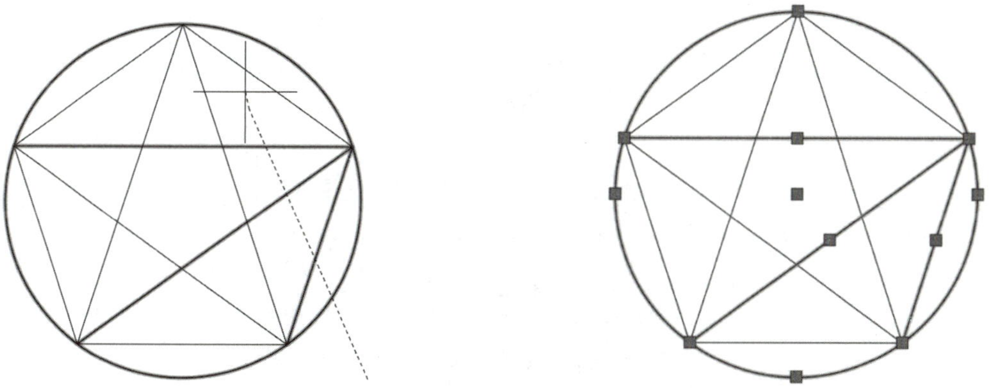

图 3-6　栏选

（5）全选：利用此功能可将当前图形中所有对象作为当前选择集。直接按【Ctrl+A】组合键，AutoCAD 将自动选择所有对象。

（6）用选择过滤器选择：在命令行输入 FILTER 后，将弹出“对象选择过滤器”对话框，如图 3-7 所示，可设置一定的过滤条件并保存，以后直接调用。

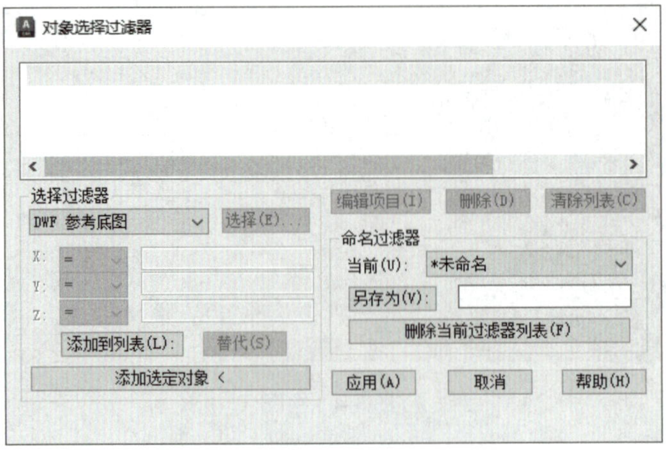

图 3-7 “对象选择过滤器”对话框

3.1.2 快速选择对象

1. 任务

按对象类型或特性条件快速选择对象，这些对象可加入选择集或从选择集中删除。

2. 执行方式

（1）菜单栏：【工具】→【快速选择】。

（2）快捷菜单：在绘图区右击鼠标，弹出快捷菜单，在快捷菜单中选择【快速选择】命令。

（3）命令行：QSELECT↙。

命令执行后，弹出“快速选择”对话框，如图 3-8 所示，根据提示设置对象类型和特性参数。

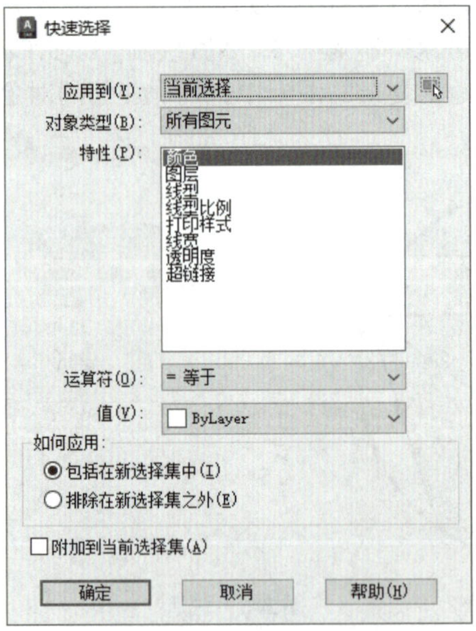

图 3-8 “快速选择”对话框

3. 操作说明

（1）如果当前图形中没有任何可用对象，则【QSELECT】命令不能使用。如果调用该命令，系统将显示警告信息。

（2）对于局部打开的图形，快速选择不考虑未被加载的对象。

（3）对象的颜色、线型或线宽等属性，会出现显示结果相同而属性取值不同的情况。因此，将这些属性作为过滤选择集的条件时，应考虑取值不同导致的不同结果。

3.1.3　设置对象选择模式

1. 任务

通过设置对象选择模式来控制选择对象时的操作方式，可依自己的习惯更灵活地选择对象。

2. 执行方式

（1）菜单栏：【工具】→【选项】→【选择集】。

（2）快捷菜单：在绘图区右击鼠标，弹出快捷菜单，选择【选项】→【选择集】菜单命令。

（3）命令行：OPTIONS↙。

命令执行后，弹出“选项”对话框，根据提示对选择集进行设置。

温馨提示：在 AutoCAD 中，要从一个选择集中取消某个对象，可以在按住【Shift】键的同时单击需要取消的对象；要取消所选择的全部对象时，只需按【Esc】键即可。

任务 3.2　基本编辑命令

3.2.1　删除

1. 任务

在图形文件中，删除指定的实体对象。

2. 执行方式

（1）菜单栏：【修改】→【删除】。

（2）功能区：单击【默认】选项卡下【修改】面板中的“删除”按钮。

（3）命令行：ERASE↙或 E↙。

选择对象，删除对象并回车即可完成操作。调用【删除】命令后，命令行提示选择对象，可以选择一个或者多个要删除的对象，然后按【Enter】键或空格键结束对象选择，同时删除已选择的对象。也可以使用快捷菜单删除对象，先选择需要删除的对象，在绘图区单击右键，从快捷菜单中选择【删除】命令即可。该方法同样适用于复制、移动、旋转等命令。

3. 示例

将图中的原型图形删除后得到一个新的图形，如图 3-9 所示。

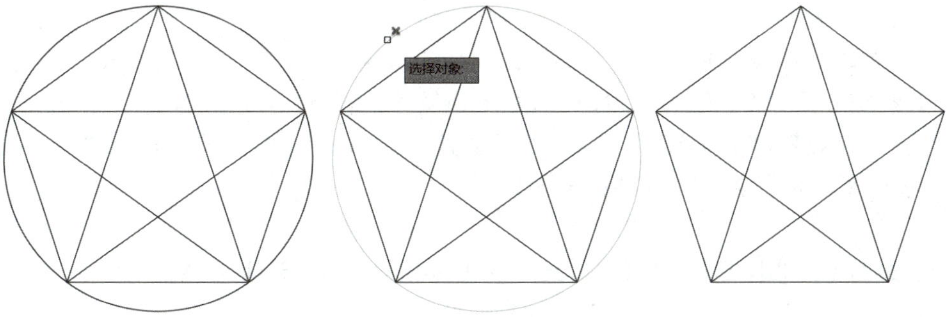

图 3-9　删除图形

3.2.2　复制

1. 任务

在图形文件中复制指定的实体对象。

2. 执行方式

(1)菜单栏:【修改】→【复制】。

(2)功能区:单击【默认】选项卡下【修改】面板中的“复制”按钮。

(3)命令行:COPY↙或 CO↙或 CP↙。

选择复制对象,执行【复制】命令,按下【Enter】键或空格键后指定第二点即可完成对象复制。如果在指定位移的第二点时回车,则以坐标原点为第一点、基点为第二点决定复制对象的方向和距离。

3. 示例

将图中的五角星以右下角为基点,向左移动 100 的距离复制,得到一个完全相同的五角星,如图 3-10 所示。

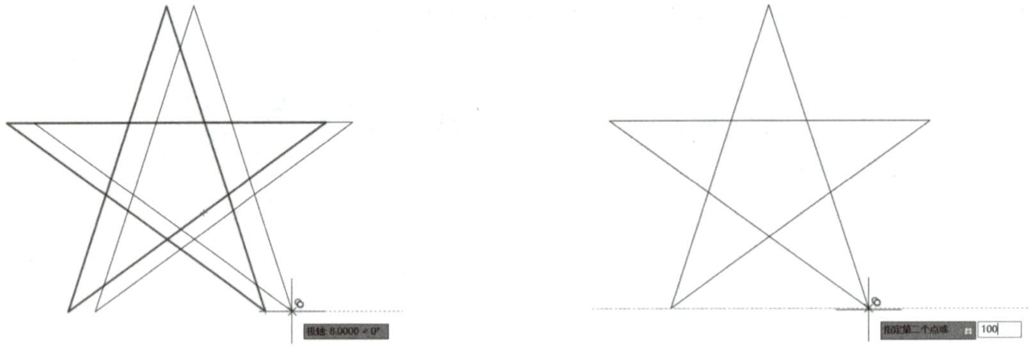

图 3-10　选中基点复制对象

3.2.3　镜像

1. 任务

在图形文件中,将指定的图形以镜像线为对称轴,进行镜像复制,原图既可保留,也可删除。

2. 执行方式

(1)菜单栏:【修改】→【镜像】。

(2)功能区:单击【默认】选项卡下【修改】面板中的“镜像”按钮。

(3)命令行:MIRROR↙或 MI↙。

3. 命令提示

选择对象:(选择镜像对象)按【Enter】键或空格键结束对象选择

指定镜像线的第一点:(输入镜像线上的一点)

指定镜像线的第二点:(输入镜像线上的另一点)

要删除源对象吗? “是(Y)/否(N)”<N>(根据是否保留原图,输入 Y 或 N)

注:系统变量 MIRRTEXT 的数值决定文本对象的镜像方式,数值的默认值为 0,文本为可读镜像,如 MI → MI;数值为 1,文本为完全镜像,如 MI → IM。

4. 示例

将图中的五角星以中间虚线为对称轴,得到另一个五角星,如图 3-11 所示。

3.2.4　偏移

1. 任务

对选择的直线绘制指定间距的平行线,对选择的弧、圆进行指定间距的同心复制。

2. 执行方式

(1)菜单栏:【修改】→【偏移】。

(2)功能区:单击【默认】选项卡下【修改】面板中的“偏移”按钮。

（3）命令行：OFFSET↙或 O↙。

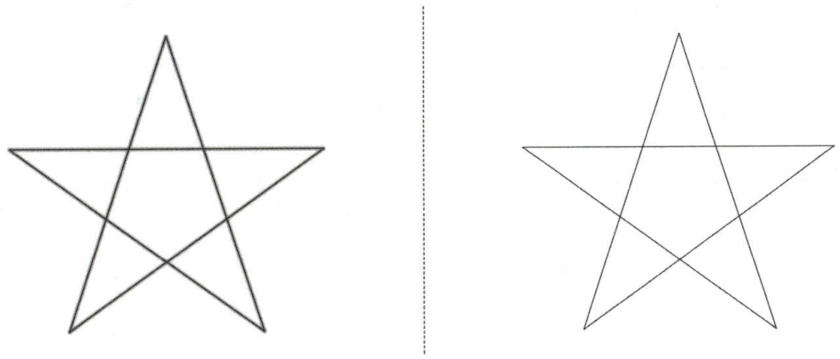

图 3-11　选中轴线镜像对象

3. 命令提示

指定要偏移的距离或[通过（T）/删除（E）/图层（L）]<通过>（输入偏移的距离或 T）

选择要偏移的对象，或[退出（E）/放弃（U）]<退出>

4. 示例

将图 3.12（a）中的圆、矩形、五边形、圆弧各自向图形内部偏移，偏移 20 的距离后得到图 3.12（b）图所示的偏移结果。此法同样适用于直线的平行复制，如图 3-12 所示。

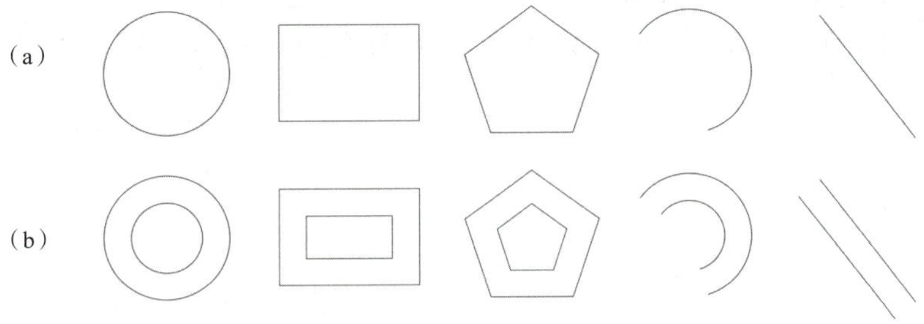

图 3-12　偏移对象举例及偏移结果

（a）偏移对象举例　（b）偏移结果

3.2.5　阵列

1. 任务

按照矩形、环形或路径阵列的方式复制指定对象，并与源对象保持同一特性。

2. 执行方式

（1）菜单栏：【修改】→【阵列】→【矩形阵列】、【路径阵列】或【环形阵列】。

（2）功能区：单击【默认】选项卡下【修改】面板中的“阵列”按钮。

（3）命令行：AR↙。

3. 命令提示

1）ARRAYRECT↙

系统提示：“选择对象”；“选择夹点以编辑阵列：或[关联（AS）/基点（B）/计数（COU）/间距（S）/列数（COL）/行数（R）/数（L）/退出（X）]”。

根据提示，输入行数、列数、间距等参数进行阵列。也可以直接用鼠标点击夹点并拖动直接形成所需阵列。如图 3-13 所示进行矩形阵列时，设置好参数，鼠标直接选择夹点得到 3 行 5 列的矩形阵列结果。

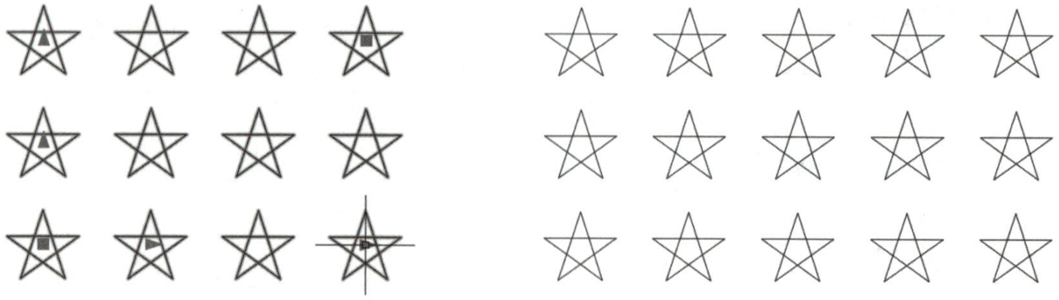

图 3-13　矩形阵列举例及结果

注意：

“关联（AS）”选项是指阵列中创建的项目是否保持关联性。如果保持关联性，则它们作为一个整体存在，这样便于对阵列结果进行修改；如果不关联，则阵列中的各项目保持独立。

“层（L）”选项用于三维中的阵列，用于设置在高度方向上阵列的层数和层间距。

“基点（B）”选项：系统默认基点是对象的质心，如果需要修改基点，执行该选项。

“计数（COU）”选项：选项给出矩形阵列的行数和列数。

2）ARRAYPATH ↙

系统提示：“选择对象：”；“选择路径曲线：”；“选择夹点以编辑阵列或[关联（AS）/方法（M）/基点（B）/切向（T）/项目（I）/行（R）/层（L）/对齐项目（A）/Z 方向（Z）/退出（X）]<退出>”。

根据提示，指定沿路径阵列的方向，指定项目数和阵列间距进行阵列。也可以直接用鼠标点击夹点改变参数值。如图 3-14 所示进行路径阵列时，设置好参数，鼠标直接选择夹点得到沿曲线进行路径阵列的结果。

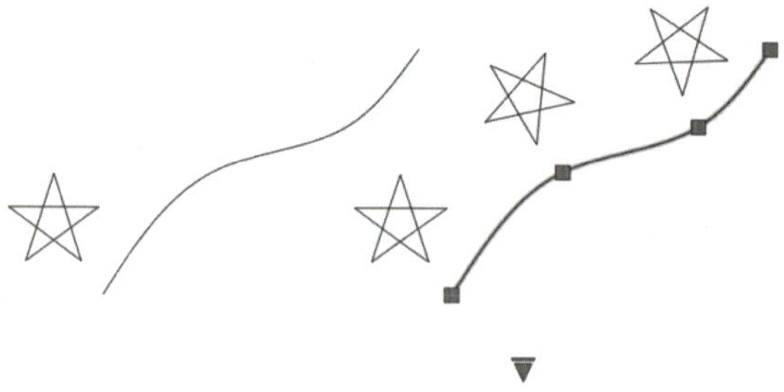

图 3-14　路径阵列举例及结果

3）ARRAYPOLAR ↙

系统提示：“选择对象：”；“指定阵列的中心点或[基点（B）/旋转轴（A）]：”；“选择夹点以编辑阵列或[关联（AS）/基点（B）/项目（I）/项目间角度（A）/填充角度（F）/行（ROW）/层（L）/旋转项目（ROT）/退出（X）]<退出>”。

根据提示输入有关参数进行环形阵列。也可以直接用鼠标点击夹点并拖动直接形成所需阵列。如图 3-15 所示进行环形阵列时，设置好参数，鼠标直接选择夹点得到阵列结果。

4. 操作说明

（1）在矩形阵列中，添加层是用来生成三维阵列的。

（2）在环形阵列中，对于填充角度，正值指定逆时针旋转，负值指定顺时针旋转，根据正负值确定阵列方向。

（3）项目总数和填充角度：按照项目总数和填充角度（圆心角）阵列项目，项目之间夹角由项目总数和填充角度确定，即夹角=填充角度 ÷ 项目总数。

（4）在路径阵列中，项目将均匀地沿路径或部分路径分布。路径可以是直线、多段线、三维多段线、样条曲线、螺旋、圆弧、圆或椭圆。

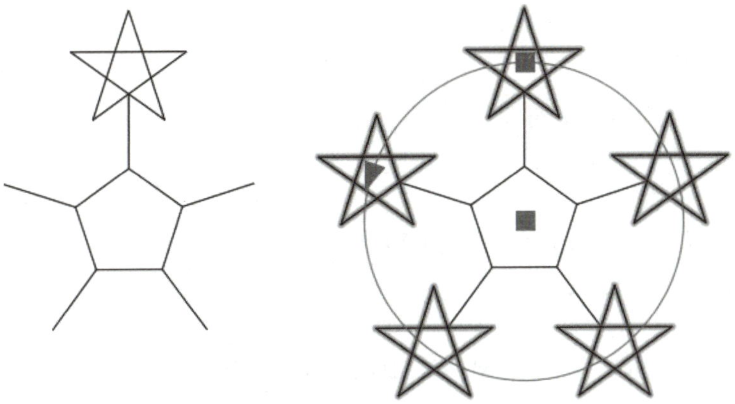

图 3-15　环形阵列举例及结果

（5）在矩形阵列中，拖动三角形夹点，可以更改图形进行排列的项目数。在环形阵列中，拖动三角形夹点可以更改填充角度。

（6）光标悬停在方形基准夹点上时，选项菜单可提供选择。可以选择拉伸半径，然后拖动光标以增大或缩小阵列项目和中心点之间的间距。

（7）在命令行直接输入 ARRAYCLASSIC ↙，可调出经典的“阵列”对话框，如图 3-16 所示，包括了环形阵列与矩形阵列。

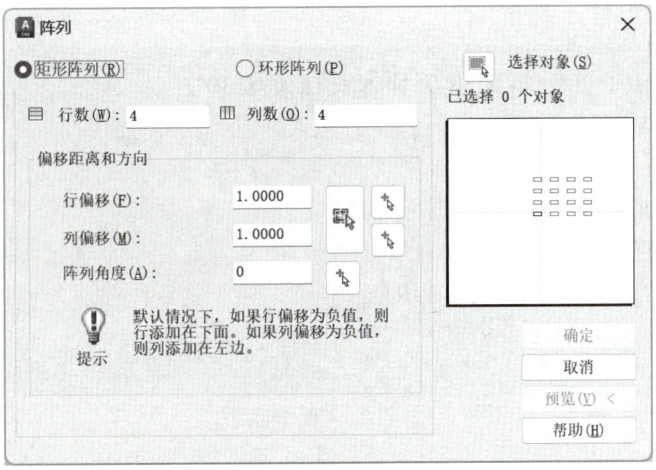

图 3-16　“阵列”对话框

3.2.6　移动

1. 任务

将选择的对象移动到指定位置。

2. 执行方式

（1）菜单栏：【修改】→【移动】。

（2）功能区：单击【默认】选项卡下【修改】面板中的“移动”按钮。

（3）命令行：MOVE ↙或 M ↙。

3. 命令提示

选择对象：（选取要移动的对象）

指定基点或[位移(D)]<位移>（输入基点或位移）

指定第二个点或<使用第一个点作为位移>（输入第二点，或）

注：【移动】命令与【复制】命令相似，不同的是【移动】命令会删除原图形；也可以直接选取要移动的对象，用鼠标拖动蓝色夹点，将所选图形移动到指定位置。

3.2.7 旋转

1. 任务

将选择的对象绕指定点旋转一定角度。

2. 执行方式

（1）菜单栏：【修改】→【旋转】。

（2）功能区：单击【默认】选项卡下【修改】面板中的“旋转”按钮。

（3）命令行：ROTATE ↙或 RO ↙。

3. 命令提示

UCS 当前的正角方向：ANGDIR=逆时针 ANGBASE=0

选择对象：（选取要旋转的对象）

指定基点：（拾取旋转的基点）

指定旋转角度，或[复制（C）/参照（R）]<0>（输入旋转角度或 R）

4. 示例

将矩形向左旋转 90°，按参考角度将图形向右旋转 60°，如图 3-17 所示。

1）旋转矩形（图 3-17（a））

命令：RO ↙

ROTATE

选择对象：选取矩形（虚线）

指定基点：拾取旋转的基点 *A*

指定旋转角度，或[复制（C）/参照（R）]<0>输入旋转角度 30 ↙

2）参照旋转（图 3-17（b））

命令：RO ↙

选择对象：选取矩形（虚线）

指定基点：拾取旋转的基点 *A*

指定旋转角度，或[复制（C）/参照（R）]<0>R ↙

指定参照角<0>90 ↙

指定新角度：30 ↙

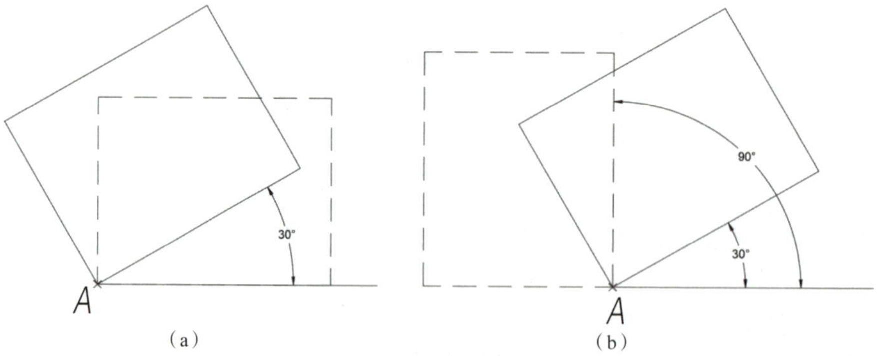

图 3-17 旋转命令操作示例

（a）旋转矩形 （b）参照旋转

3.2.8 比例缩放

1. 任务

将选择的对象按照指定基点和比例进行缩放，各方向上的缩放比例相同。

2. 执行方式

（1）菜单栏:【修改】→【缩放】。

（2）功能区:单击【默认】选项卡下【修改】面板中的“缩放”按钮。

（3）命令行:SCALE ↙或 SC ↙。

3. 命令提示

选择对象:（选取要缩放的对象）

指定基点:（输入基点）

指定比例因子,或[参照（R）]:（输入比例因子或 R）

指定参照长度:（输入参考长度值）

指定新长度:（输入新长度值）

4. 示例

（1）将图形放大一倍,如图 3-18 所示。命令行如下:

命令:SC ↙

SCALE

选择对象:（选取要缩放的门（虚线））

指定基点:拾取缩放的基点 *A*

指定比例因子,或[参照（R）]:2 ↙

（2）将长度为 3 的线段缩放成长度为 5 的线段,如图 3-19 所示。命令行如下:

命令:SC ↙

SCALE

选择对象:（选取要缩放的线段（虚线））

指定基点:（拾取缩放的基点 *A*）

指定比例因子,或[参照（R）]:R ↙

指定参照长度<0>3 ↙

指定新长度:5 ↙

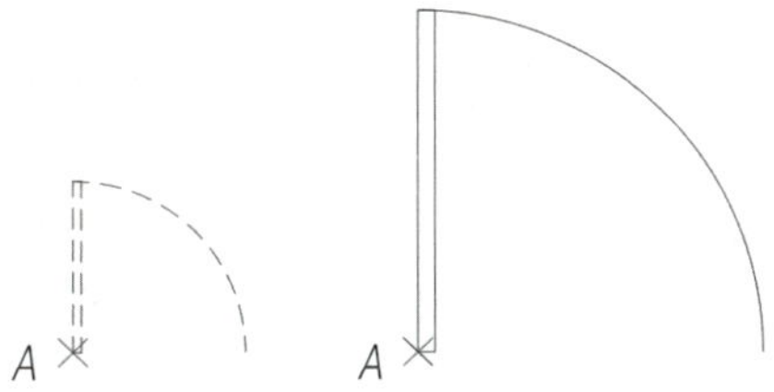

图 3-18　等比放大操作示例

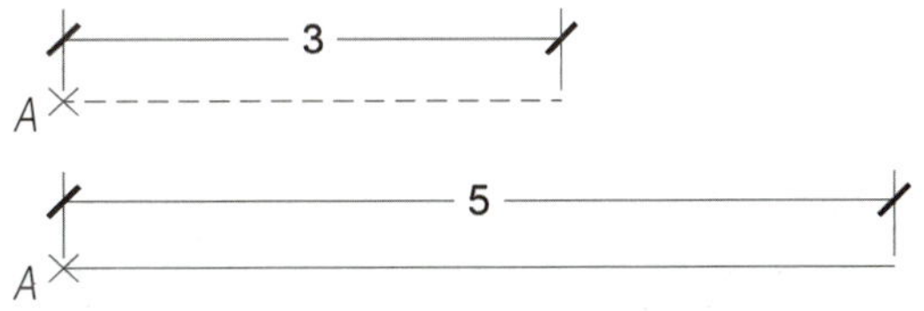

图 3-19　缩放线段操作示例

3.2.9　拉伸

1. 任务

移动图形中的指定对象,保持图形与其他部分相连,与其相连的对象被拉伸或压缩。

2. 执行方式

（1）菜单栏:【修改 M】→【拉伸 S】。

（2）功能区:单击【默认】选项卡下【修改】面板中的“拉伸”按钮。

（3）命令行:STRETCH ↙或 S ↙。

3. 命令提示

以交叉窗口或交叉多边形方式选择要拉伸的对象。

1）选择对象

指定基点或[位移（D）]<位移>（输入基点或位移）

指定第二个点,或<使用第一个点作为位移>*取消*

2)指定基点

通过基点和第二点确定拉伸的长度和方向。

3)位移

输入位移,由交叉选取第一顶点和移动前光标的位置确定基点方向,沿此方向根据位移值确定基点位置,然后提示输入第二点。

注意:选择拉伸对象必须用 C、CP 方式选择。如果选择的实体全部落在选择窗口内,执行结果与【MOVE】命令相同。只能拉伸由【LINE】、【ARC】、【SOLID】、【PLINE】、【TRACE】等命令绘制的带有端点的图形实体。选择窗口内的部分被拉伸,窗口外的部分保持不变。

4. 示例

将一图形由原高度 3 向下拉伸至 4,如图 3-20 所示。命令行如下:

命令:S↙

STRETCH

选择对象:(选取要拉伸的矩形(虚线为拾取框))

指定基点或[位移(D)]:(拾取基点 A)

指定第二个点或<使用第一个点作为位移>(将 A 点向右拖动 1)↙

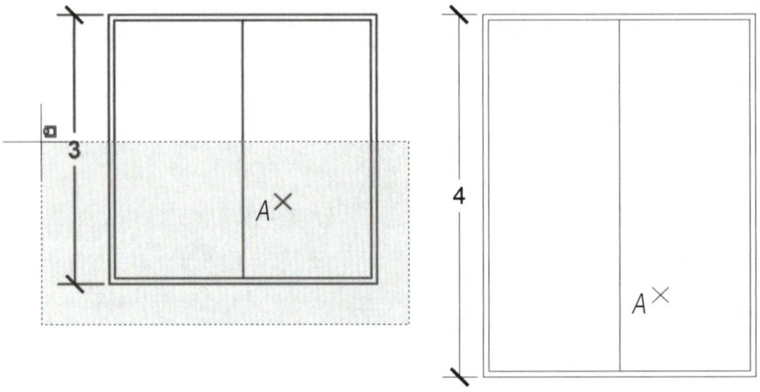

图 3-20 拉伸矩形操作示例

3.2.10 修剪

1. 任务

定义剪切边界,用此边界剪去实体的一部分。

2. 执行方式

(1)菜单栏:【修改】→【修剪】。

(2)功能区:单击【默认】选项卡下【修改】面板中的“修剪”按钮。

(3)命令行:TRIM↙或 TR↙。

3. 命令提示

当前设置:投影=UCS,边=无,模式=标准

选择剪切边...

选择对象或<全部选择>(选取修剪的对象)↙

选择要修剪的对象,或按住 Shift 键选择要延伸的对象,或[栏选(F)/窗交(C)/投影(P)/边(E)/删除(R)/放弃(U)]:(选取被修剪的边将其剪掉,或输入 F、C、P、E、R)

命令行中各选项的含义如下。

(1)栏选(F):以绘制直线的方式剪切对象。

(2)窗交(C):以框选的方式修剪对象。

(3)投影(P):指定修剪对象时使用的投影模式。

(4)边(E):输入 E,指定修剪边与被修剪边是否允许隐含延伸至相交。

4. 示例

在图 3-21 所示窗户的位置(*AB*、*CD*)开出洞口。命令行如下:

命令:TR↙

TRIM

选择对象或 [模式(O)] <全部选择>↙

选择要修剪的对象,或按住【Shift】键选择要延伸的对象,或[栏选(F)/窗交(C)/投影(P)/边(E)/删除(R)/放弃(U)]:F↙

指定第一个栏选点:(在 *AB* 间任意空白位置单击)

指定下一个栏选点或[放弃(U)]:(在 *CD* 间任意空白位置单击)↙

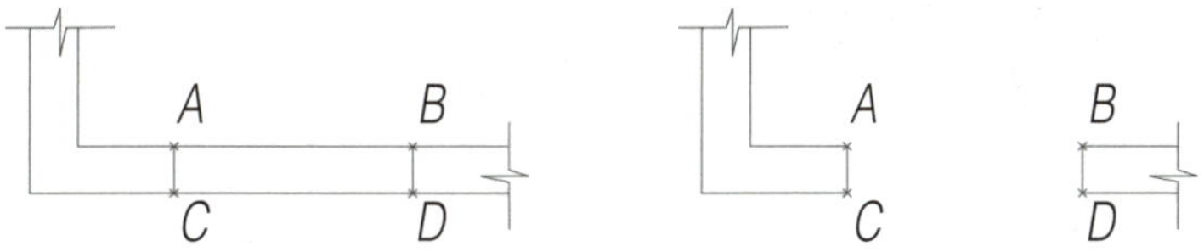

图 3-21　修剪命令操作示例

3.2.11　延伸

1. 任务

确定边界,选择要延伸到该边界的线,并将这条线进行延伸。

2. 执行方式

(1)菜单栏:【修改】→【延伸】。

(2)功能区:单击【默认】选项卡下【修改】面板中的“延伸”按钮。

(3)命令行:EXTEND↙或 EX↙。

3. 命令提示

当前设置:投影=UCS,边=延伸,模式=标准

选择边界的边

选择对象或[模式(O)]<全部选择>(将要延伸的线和延伸边界同时选上)

选择要延伸的对象,或按住 Shift 键选择要修剪的对象,或[栏选(F)/窗交(C)/投影(P)/边(E)/放弃(U)]:(选择延伸对象,或输入 F、C、P、E 或 U)

栏选、窗交、投影、边等选择方式与【TRIM】命令相同。

注意:多段线作为边界线,其中心线为实际的边界边。只有不封闭的多段线可以延伸。对于有宽度的直线段或圆弧,按其倾斜度延伸,若延伸后末端宽度为负值,则该端线宽度为 0。

4. 示例

将图 3-22 所示窗户的位置 *AB*、*CD* 之间的洞口闭合。命令行如下:

命令:EX↙

EXTEND

当前设置:投影=UCS,边=无,模式=标准

选择对象或[模式(O)]<全部选择>:(选取要延伸的对象和边界,此处选择 *AC*,或将要连接的位置画选取框)↙

选择要延伸的对象,或按住 Shift 键选择要修剪的对象,或[栏选(F)/窗交(C)/投影(P)/边(E)/放弃(U)]:(依次单击 *B* 和 *D* 右端的直线)

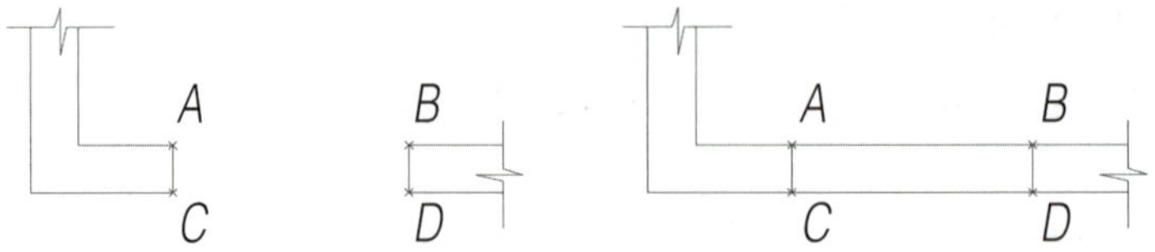

图 3-22　延伸命令操作示例

3.2.12　打断

1. 任务

将实体图形打断,或删除实体上的某一部分。

2. 执行方式

(1)菜单栏:【修改】→【打断】。

(2)功能区:单击【默认】选项下的“打断”按钮。

(3)命令行:BREAK↙或 BR↙。

3. 命令提示

选择对象:(拾取要打断的对象)

指定第二个打断点,或[第一点(F)]:(直接选取第二点或 f)

注意:选取对象时拾取到的点默认为第一点,如果要重新指定删除某一部分的实体的起始点,则输入“f”并回车,命令行出现如下提示:

指定第一个打断点:(拾取第一点)

指定第二个打断点:(拾取第二点)

注意:在 AutoCAD 中,【打断】命令删除对象在两个指定点之间的部分,如果第二个点不在对象上,则 AutoCAD 将选择对象上与之最接近的点,因此要删除直线、圆弧或多段线的一端,应在要删除的一端以外指定第二个打断点。直线、圆弧、圆、多段线、椭圆、样条曲线、圆环及其他几种对象类型都可以拆分为两个对象或者是将其中的一端删除。AutoCAD 按照逆时针方向删除圆上第一个打断点到第二个打断点之间的部分,从而将圆转换成圆弧。

4. 示例

将图 3-23 中窗的位置 *AB*、*CD* 之间的洞口断开。

命令:BR↙

BREAK

选择对象:(拾取要打断的对象直线 *AB*)

指定第二个打断点,或[第一点(F)]:F

指定第一个打断点:(拾取点 *A*)

指定第二个打断点:(拾取点 *B*)

点 *C*、*D* 的打断方法同上。

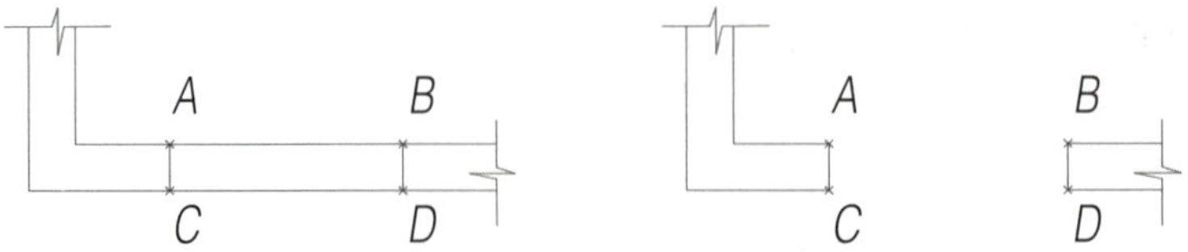

图 3-23　修剪命令操作示例

3.2.13　倒角

1. 任务

将两条不平行的直线进行切角处理。

2. 执行方式

（1）菜单栏：【修改】→【倒角】。

（2）功能区：单击【默认】选项卡下【修改】面板中的“倒角”按钮。

（3）命令行：CHAMFER ↙或 CHA ↙。

3. 命令提示

（“修剪”模式）当前倒角距离 1=0.0000，距离 2=0.0000

选择第一条直线或[放弃（U）/多段线（P）/距离（D）/角度（A）/修剪（T）/方式（E）/多个（M）]：（选取直线或输入 P、D、A、T、E、M）

（1）输入 D，分别输入两条直线的倒角距离。

（2）输入 P，对多段线所有顶角进行倒角。

（3）输入 A，确定第一条直线的倒角距离和相对于第一条直线的角度。

（4）输入 T，确定修剪模式：修剪，输入 T；不修剪，输入 N。

（5）输入 M，确定倒角方式，提示按距离倒角，再输入 D，或按角度倒角，再输入 A。

（6）输入 U，允许连续多次倒角，直至按回车键结束。

注意：第一个倒角距离对应选取的第一条直线，第二个倒角距离对应选取的第二条直线。当两个倒角距离为 0 时，在交点处修剪。

4. 示例

对图 3-24 所示矩形进行倒角，距离 1 为 3，距离 2 为 4。

命令：CHA ↙

CHAMFER

（“修剪”模式）当前倒角距离 1=1，距离 2=2

选择第一条直线或[放弃（U）/多段线（P）/距离（D）/角度（A）/修剪（T）/方式（E）/多个（M）]：D ↙

指定第一个倒角距离<0>3

指定第二个倒角距离<0>4

选择第一条直线或[放弃（U）/多段线（P）/距离（D）/角度（A）/修剪（T）/方式（E）/多个（M）]：（选取矩形上边）

选择第二条直线，或按住 Shift 键选择要应用角点的直线：（选取矩形右边）

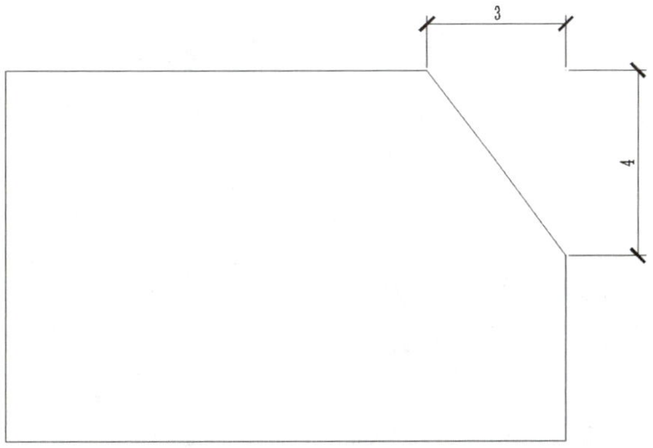

图 3-24　矩形倒角示例

3.2.14　圆角

1. 任务

用指定半径的圆弧连接两对象。

2. 执行方式

（1）菜单栏：【修改】→【圆角】。

（2）功能区：单击【默认】选项卡下【修改】面板中的"圆角"按钮。

（3）命令行：FILLET↙或 F↙。

3. 命令提示

当前设置：模式=修剪，半径=0.000 0

选择第一个对象或[放弃（U）/多段线（P）/半径（R）/修剪（T）/多个（M）]：（选择对象或输入 P、R、T、M）

（1）输入 P，对多段线所有顶角进行圆角。

（2）输入 R，设置圆角半径。

（3）输入 T，确定圆角是否修剪：修剪，输入 T；不修剪，输入 N。

（4）输入 M，允许连续多次圆角，直至按回车键结束。

注意：当圆角半径为 0 时，在交点处修剪，不足部分延伸。对两条平行线倒圆角，圆角半径为两线距离的一半。

4. 示例

给一矩形倒圆角，半径为 3，如图 3-25 所示。命令行如下：

命令：F↙

FILLET

当前设置：模式=修剪，半径=0.0000

选择第一个对象或[放弃（U）/多段线（P）/半径（R）/修剪（T）/多个（M）]：R↙

指定圆角半径<0.0000>3↙

选择第一个对象或[放弃（U）/多段线（P）/半径（R）/修剪（T）/多个（M）]：P↙

选择二维多段线：（选择矩形）

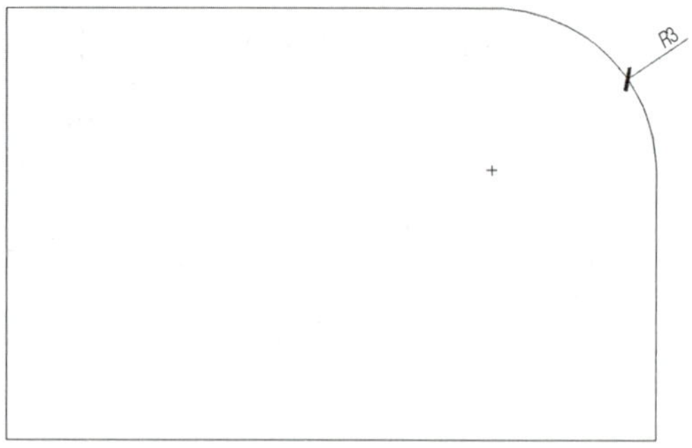

图 3-25　矩形倒圆角示例

3.2.15　分解

1. 任务

将块、尺寸、多段线等组合对象分解成它们的组成部分，分解后可以对各个组成部分进行单独操作。

2. 执行方式

（1）菜单栏：【修改】→【分解】。

（2）功能区：单击【默认】选项卡下【修改】面板中的"分解"按钮。

（3）命令行：EXPLODE↙或 X↙。

3. 命令提示

选择对象：（选取要分解的对象）

注意：复合对象被分解后，变成直线、圆弧等单一对象，但其图层、线型、颜色等属性依旧保留。

任务 3.3　夹点编辑

实际绘图时,除了使用【移动】、【复制】、【偏移】、【修剪】等命令来编辑图形外,通常还可以利用图形的夹点编辑图形。图形对象被选中后,该对象上就会出现用于控制其形状和位置的夹点。如图 3-26 所示,圆包含了圆心和 4 个象限夹点,五边形包含了 5 个角夹点和 5 个边夹点。

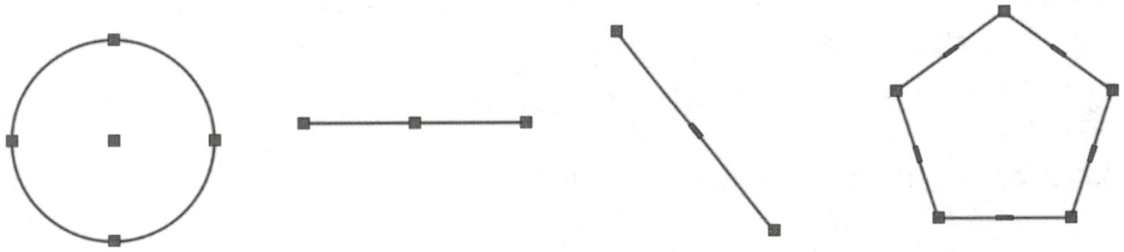

图 3-26　圆和五边形包含的夹点

3.3.1　夹点的概念

每个图形都有若干个几何特征点,一般称这些特征点为“夹点”,也称“夹持点”,直接编辑修改这些夹点可提高编辑效率,快捷、方便地改变图形的对象和位置。不同图形对象的夹点数量和几何特征不同,默认情况下,选取对象后,其夹点以蓝色小方框标记。利用这些夹点既可以控制图形的形状,也可以编辑图形。夹点编辑是一种图形编辑工具,通常与其他图形编辑工具结合使用,多种图形编辑工具共用可达到事半功倍的效果。例如,单击直线的中间夹点或圆的圆心夹点并移动光标,可移动直线或圆的位置;单击直线的端点并移动光标,可拉长或缩短直线;单击圆的象限夹点并移动光标,可调整圆的大小。

3.3.2　启动或关闭夹点

1. 打开夹点的方法

(1)菜单栏:选择【工具】→【选项】菜单命令,在弹出的“选项”对话框的【选择集】选项卡下勾选“启用夹点”复选框,点击“确定”按钮加以确认。

(2)命令行:GRIPS↙,数值输入 1。

2. 取消夹点的步骤

(1)在【选择集】选项卡下取消勾选“启用夹点”复选框。

(2)输入 GRIPS↙,数值改为 0。

3.3.3　夹点编辑过程

使用夹点编辑对象时,在亮显选定夹点后,可以回车遍历夹点模式。夹点模式有拉伸、移动、旋转、比例缩放、镜像等。

1. 拉伸

命令行显示如下:

指定拉伸点或[基点(B)/复制(C)/放弃(U)/退出(X)]:

使用夹点旋转对象的步骤如下。

(1)选择要旋转的对象。

(2)在选择的对象上通过单击选择夹点。亮显选定夹点,激活默认夹点模式“拉伸”。

(3)回车遍历夹点模式,直到显示夹点模式“旋转”。也可以单击鼠标右键,弹出显示模式和选项的快捷菜单。

(4)移动定点设备并单击。选定对象绕夹点旋转。

2. 旋转

命令行显示如下:

指定旋转角度或[基点(B)/复制(C)/放弃(U)/参照(R)/退出(X)]:

使用夹点缩放对象的步骤:

3. 比例缩放

命令行显示如下:

指定比例因子或[基点(B)/复制(C)/放弃(U)/参照(R)/退出(X)]:

使用夹点为对象创建镜像的步骤:

4. 镜像

命令行显示如下:

指定第二点或[基点(B)/复制(C)/放弃(U)/退出(X)]:

任务 3.4　复杂编辑命令

3.4.1　编辑多段线

1. 任务

对多段线进行编辑,可以完成的操作包括:用圆弧曲线拟合多段线;闭合或打开;修改半宽、宽度;编辑长度;将其他直线、圆弧、多段线编辑为一条新的多段线。

2. 执行方式

(1)菜单栏:【修改】→【对象】→【多段线】。

(2)功能区:单击【默认】选项卡下【修改】面板中的“编辑多段线”按钮。

(3)命令行:PEDIT↙或 PE↙。

3. 命令提示

选择多段线或[多条(M)]:(选择编辑对象,可以拾取一条多段线、直线或者圆弧)

输入选项[闭合(C)/合并(J)/宽度(W)/编辑顶点(E)/拟合(F)/样条曲线(S)/非曲线化(D)/线型生成(L)/反转(R)/放弃(U)]:

(1)闭合(C):打开或闭合多段线。如果正在编辑的多段线是非闭合的,上述提示中此选项为“闭合”,可使用此选项进行封闭;反之,如果正在编辑的多段线是闭合的,则选项改为“打开”,可以使用该选项打开闭合的多段线。

(2)合并(J):该选项可以将其他的多段线、直线或圆弧与正在编辑的多段线重新连接组合,从而形成一条新的多段线。选择该选项后,命令行出现选择对象提示,要求用户选择要合并的实体,可选择多个符合条件的实体进行连接,这些实体应该首尾相连。选择完毕后,回车确认,AutoCAD 便将这些实体与原多段线连接。合并前直线与多段线虽然首尾相连接,但选择的时候仍然是两个对象,编辑多段线合并后,形成一条新的多段线,选择时显示为一个对象。

(3)宽度(W):改变多段线的线宽。但只能使一条多段线具有统一的宽度,而不能分段设置。执行该选项后,命令行提示输入所有线段的新宽度。

(4)编辑顶点(E):选择多段线的顶点。该选项可对多段线的顶点、插入点、断点等进行编辑。

(5)拟合(F):对多段线进行曲线拟合,通过多段线的每个顶点建立一些连续的圆弧,这些圆弧彼此在连接点相切。执行该选项后,用圆弧组成的光滑曲线拟合多段线。

(6)样条曲线(S):以原多段线的顶点为控制点生成样条曲线;执行该选项后,用样条曲线拟合多段线。

（7）非曲线化（D）：将多段线的曲线拉成直线，同时保留多段线顶点的所有切线信息。

（8）线型生成（L）：调整线型比例。该选项用来控制多段线为非实线状态时的显示方式，也就是控制虚线或中心线等非实线型的多段线角点的连续性。执行该选项后，系统将提示："输入多段线线型生成选项[开（ON）/关（OFF）]<关>"，输入 ON 或 OFF 来改变多段线的显示方式。

（9）反转（R）：反向多段线，清除弯曲和拟合信息。

（10）放弃（U）：退出多段线的编辑操作。

4. 操作说明

启动【PE】命令后，如果选择的线不是多段线，则系统提示"选定的对象不是多段线，是否将其转换为多段线？<Y>"如果使用默认项 Y，则把选定的对象转变为多段线，然后出现编辑多段线各选项。

3.4.2　编辑样条曲线

1. 任务

编辑修改样条曲线，自动将样条拟合多段线转化为样条曲线。

2. 执行方式

（1）菜单栏：【修改】→【对象】→【样条曲线】。

（2）功能区：单击【默认】项卡下【修改】面板中的"编辑样条曲线"按钮。

（3）命令行：SPLINEDIT↙。

3. 命令提示

选择样条曲线：（选择要编辑的样条曲线）

输入选项[闭合（C）/合并（J）/拟合数据（F）/编辑顶点（E）/转换为多段线（P）/反转（R）/放弃（U）/退出（X）]<退出>

（1）闭合（C）：闭合开放的样条曲线，使其在端点处切向连续。如果样条曲线的起点和端点相同，"闭合"选项使其在两点处都切向连续。对于已闭合的样条曲线，该项被"打开（O）"代替，其作用相反。

（2）拟合数据（F）：拟合数据由所有的拟合点、拟合公差和与样条曲线相关联的切线组成。选择该项时，系统将进一步提示选择如下拟合数据选项：

[添加（A）/闭合（C）/删除（D）/扭折（K）/移动（M）/清理（P）/切线（T）/公差（L）/退出（X）]<退出>：

拟合数据各选项功能介绍如下。

添加（A）：在样条曲线中增加拟合点。AutoCAD 通过新设置的点重新拟合样条曲线。

闭合（C）：将开放的样条曲线闭合，使其切线在端点处连续；对于已闭合的样条曲线，该项被"打开（O）"代替。

删除（D）：从样条曲线中删除指定的拟合点并用其余点重新拟合样条曲线。

扭折（K）：在样条曲线上指定拟合点。

移动（M）：把拟合点移动到新位置。

清理（P）：删除拟合曲线的拟合数据。

切线（T）：编辑样条曲线的起点和端点切向。

公差（L）：修改拟合当前样条曲线的公差，系统根据新公差重新定义样条曲线。

退出（X）：返回前一个提示。

（3）编辑顶点（E）：重新编辑样条曲线的控制顶点。

（4）转换为多段线（P）：将样条曲线转化为多段线。

（5）反转（R）：反转样条曲线的方向。该选项主要由应用程序使用。

（6）放弃（U）：取消上一编辑操作而不退出命令。

3.4.3 编辑多线

1. 任务

对多线进行编辑。

2. 执行方式

（1）菜单栏：【修改】→【对象】→【多线】。

（2）命令行：MLEDIT ↙。

3. 命令提示

执行【MLEDIT】命令后，弹出“多线编辑工具”对话框，如图 3-27 所示，从中选择相应的多线编辑工具后，即可在绘图区编辑多线。

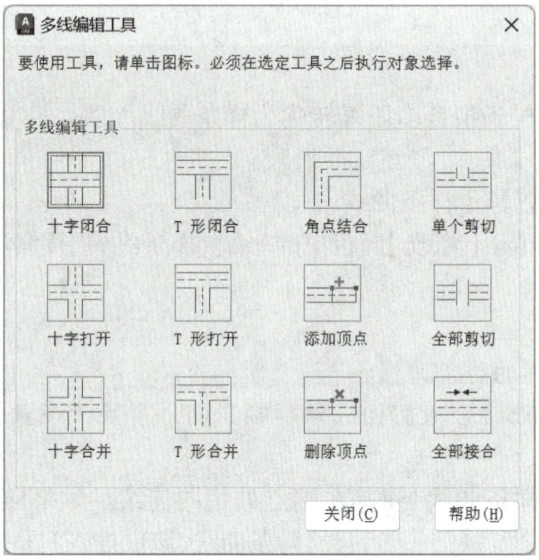

图 3-27 “多线编辑工具”对话框

3.4.4 使用对象特性编辑对象

1. 使用工具栏修改对象特性

通过修改对象图层修改对象特性，操作步骤如下。

（1）选定待修改对象。

（2）在工具栏上点击“图层特性”按钮，打开图层特性管理器，单击选中目标图层，完成修改转换，如图 3-28 所示。

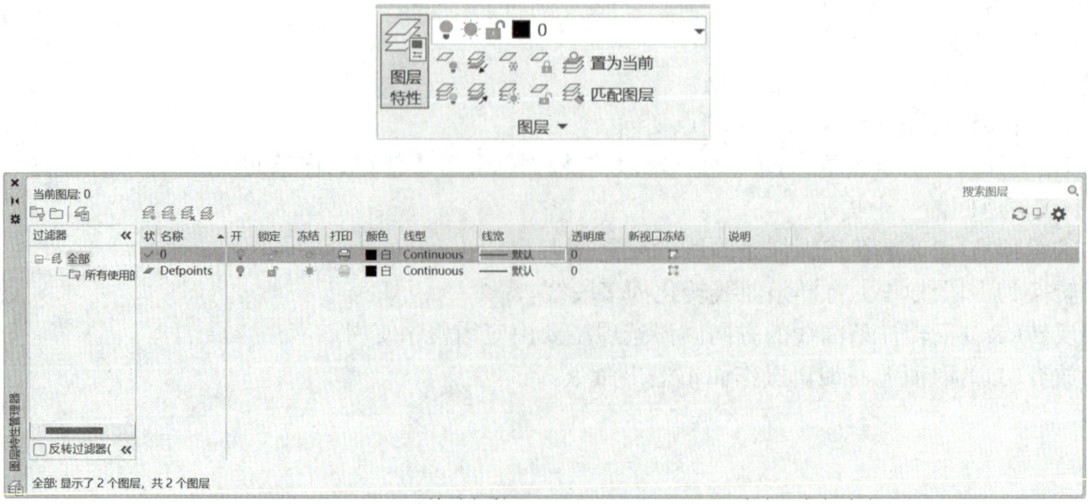

图 3-28 使用工具栏修改对象特性

2. 使用对象特性管理器修改对象特性

1)操作方法

(1)命令行:PROPERYIES ↙。

(2)菜单栏:【修改】→【特性】。

(3)功能区:单击【默认】选项下【特性】面板中的箭头按钮。

(4)快捷键:【Ctrl+1】。

命令执行后,弹出对象特性管理器(即特性选项板),如图 3-29 所示。

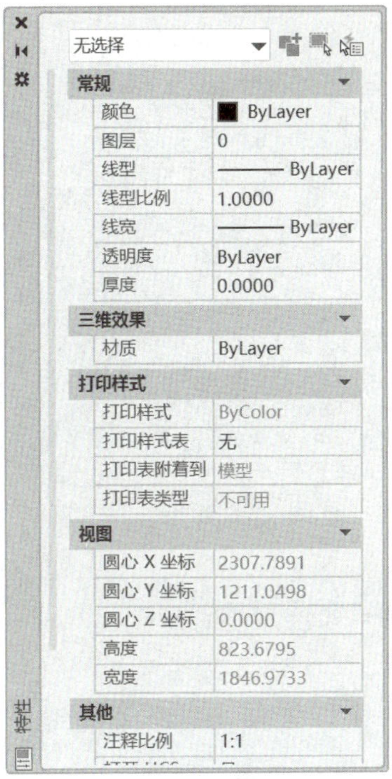

图 3-29　使用对象特性管理器修改对象特性

2)特性选项板说明

(1)特性选项板按类别显示对象的特性,分为“常规”“打印样式”“视图”等多个选项组。各选项组可以根据需要收起或展开。

(2)如果没有选择对象,特性选项板将显示当前的特性,如当前的图层、颜色、线型、线宽和打印样式等。此时,可选中窗口中的项目进行修改,重新赋值。

(3)如果选择了一个对象,特性选项板将显示选定对象的特性,可以使用选项板中的参数控制修改这些项目设置值。

(4)如果选择了多个对象,可以从特性选项板顶部的下拉列表框中选择某一类对象,列表中还会显示当前每一类选定对象的数量。

3)修改对象特性

通过特性选项板可以方便地查看和修改一个或多个对象的特性。以修改线宽为例,步骤如下:

(1)调出特性选项板;

(2)选择待修改对象;

(3)在特性选项板中,单击“线宽”选项,展开线宽下拉列表;

(4)在特性选项板的“线宽”栏中,选择新的适当的线宽数值赋给对象;

(5)显示新的线宽值,完成修改线宽操作。

3. 对象特性匹配

1)任务

将源对象上的指定特性赋予目标对象,以改变目标对象的特性。

2)操作方法

(1)菜单栏:【修改】→【特性匹配】;

(2)功能区:单击【默认】选项卡【特性】面板中的“特性匹配”按钮;

(3)命令行:MA ↙。

3)命令提示

命令行显示如下。

选择源对象:(选取匹配源对象)

当前活动设置:颜色、图层、线型、线型、例、线宽、透明度、厚度、打印样式、标注、文字、图案、填充、多段线、视口、表格材质、阴影显示、多重引线选择目标对象或[设置(S)]:(选取匹配目标对象或输入 S)

4)注意

一旦选择了要修改的目标对象,则从属于源对象的所有可应用的特性都将被自动复制到目标对象上。如果只需要将源对象的部分特性复制到目标对象上,则可以输入 S,打开图 3-30 所示的“特性设置”对话框选择要复制的特性。

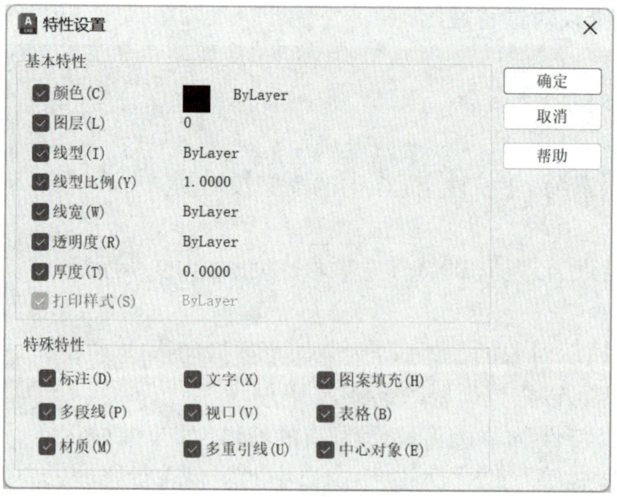

图 3-30 “特性设置”对话框

任务 3.5 图形清理

1. 任务

把图形中没有使用过的块、图层、线型或文字样式等全部删除，以达到减小文件的目的。

2. 执行方式

（1）菜单栏：【文件】→【绘图实用工具】→【清理】。

（2）命令行：PURGE↙或 PU↙。

输入 PURGE 后，弹出“清理”对话框，如图 3-31 所示。

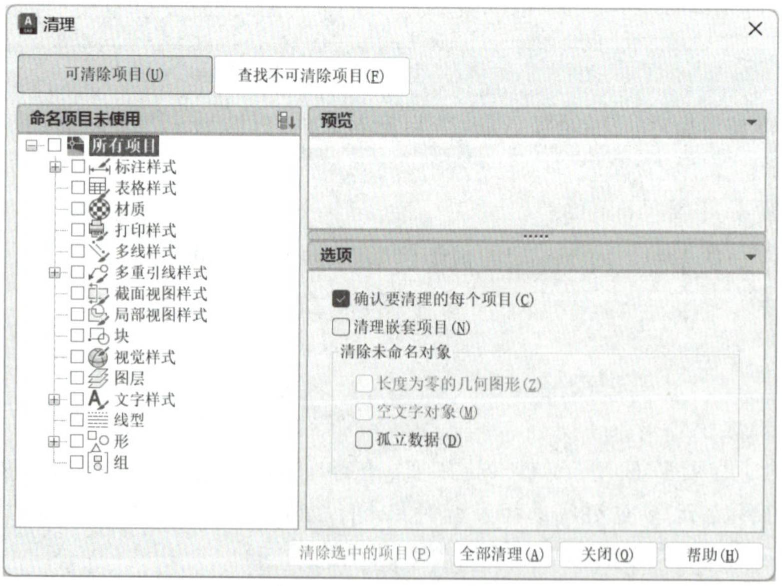

图 3-31 “清理”对话框

对话框中的列表显示了所有可使用【PURGE】命令进行清理的命名对象。主要选项的功能如下。

（1）可清除项目：选择此选项，将在树形列表中显示出不被使用（即可被清理）的对象，树形列表前有“+”符号的，表示该项目下有可被清理的对象。

（2）查找不可清除项目：此选项与上一项相反，将显示图形中被使用而不能清理的对象。

（3）确认要清理的每个项目：如果勾选此选项，在执行命令时，会弹出对话框，经确认后执行清理；如果不勾选此选项，则程序直接执行清理命令，不弹出确认对话框。

（4）清理嵌套项目：勾选此选项，可清理有嵌套结构的对象。

对于列表中选定的项目，可单击“清理选中的项目”按钮进行清除。如果直接单击“全部清理”按钮，将清除图形中所有不被使用的图块、线型等冗余部分。

思政小课堂

中华人民共和国国旗是五星红旗，为中华人民共和国的象征和标志。每个公民和组织，都应当尊重和爱护国旗。中华人民共和国国旗的设计者是曾联松，旗面为红色，长方形，其长与高之比为 3∶2，旗面左上方缀黄色五角星五颗。一星较大，其外接圆直径为旗高的 3/10，居左；四星较小，其外接圆直径为旗高的 1/10，环拱于大星之右侧。中华人民共和国国旗旗面的红色象征革命，旗上的五颗五角星及其相互关系象征共产党领导下的革命人民大团结。五角星用黄色是为了在红地上显出光明，四颗小五角星各有一尖正对着大星的中心点，表示围绕着一个中心而团结。

1949 年 9 月 27 日，全国政协第一届全体会议通过了以五星红旗为国旗的议案。1949 年 10 月 1 日，第一面中华人民共和国国旗由毛泽东主席在天安门广场首次升起。

《中华人民共和国国旗法》是为了维护国旗的尊严，规范国旗的使用，增强公民的国家观念，弘扬爱国主义精神，培育和践行社会主义核心价值观，根据宪法制定的法律，由中华人民共和国第七届全国人民代表大会常务委员会第十四次会议于 1990 年 6 月 28 日通过，自 1990 年 10 月 1 日起施行。2020 年 10 月 17 日第十三届全国人民代表大会常务委员会第二十二次会议通过《全国人民代表大会常务委员会关于修改〈中华人民共和国国旗法〉的决定》，该决定自 2021 年 1 月 1 日起施行。

任务 3 思政小课堂

思考：如何通过所学的知识，绘制五星红旗？（提示：综合运用直线、矩形、多边形、偏移、修剪、旋转等命令绘制）

注：可扫码看操作视频。

作业

1. 用【旋转】命令将如下左图所示图形编辑成右图所示图形。

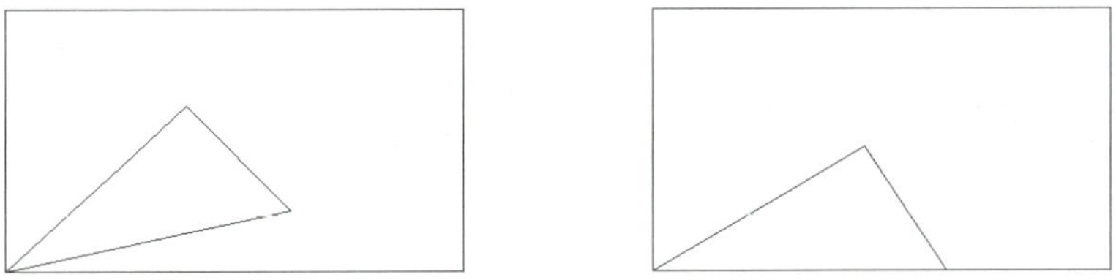

任务 3 作业指导

2. 用【移动】命令将如下左图所示图形编辑成右图所示图形。

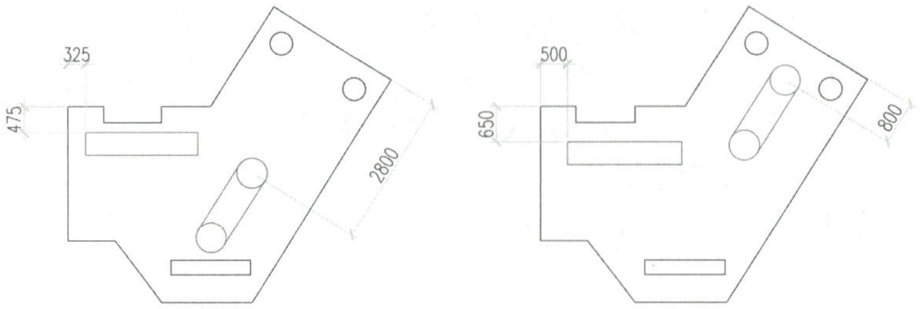

3. 用【 复制 】命令将如下左图所示图形编辑成右图所示图形。

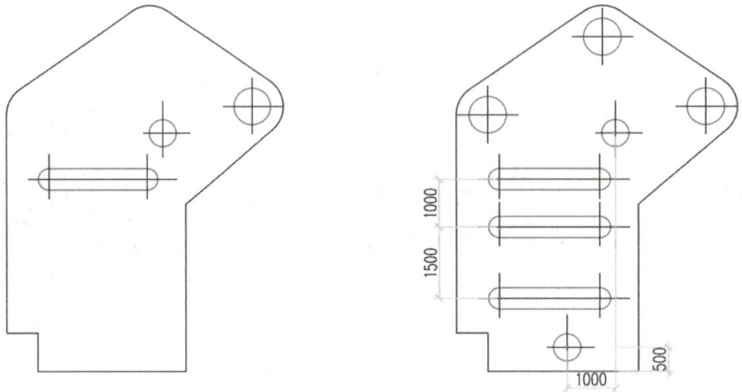

4. 用【 旋转 】和【 对齐 】命令将如下左图所示图形编辑成右图所示图形。

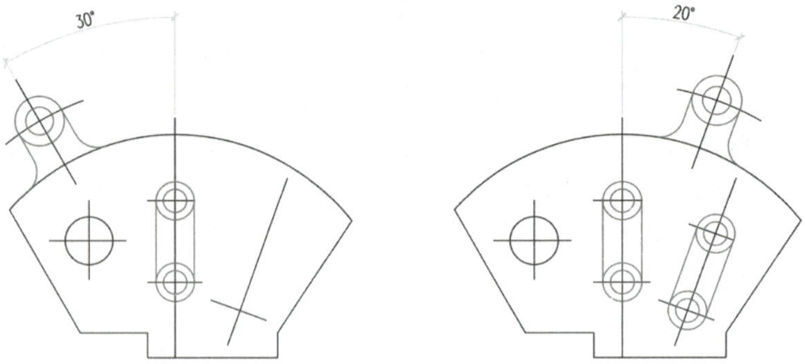

5. 用【 拉伸 】命令将如下左图所示图形编辑成右图所示图形。

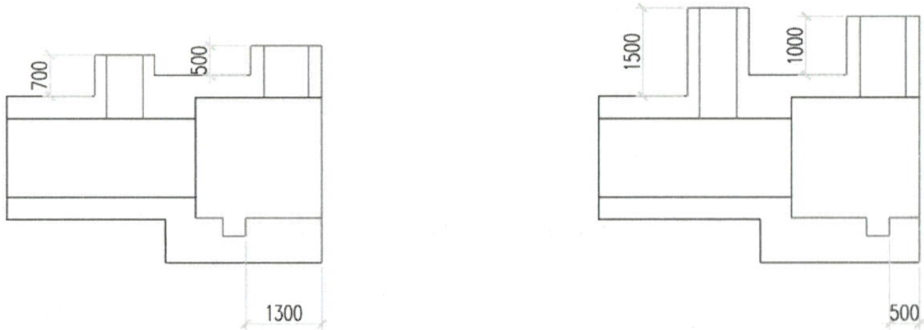

6. 用【 延伸 】和【 修剪 】命令将如下左图所示图形编辑成右图所示图形。

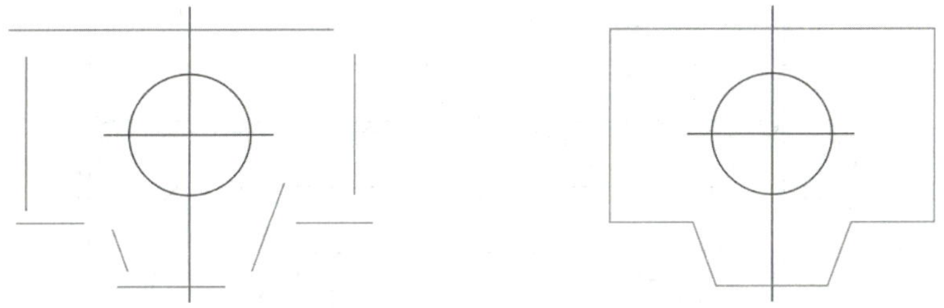

7. 综合运用【矩形】、【圆】、【缩放】、【镜像】等命令绘制如下图形。

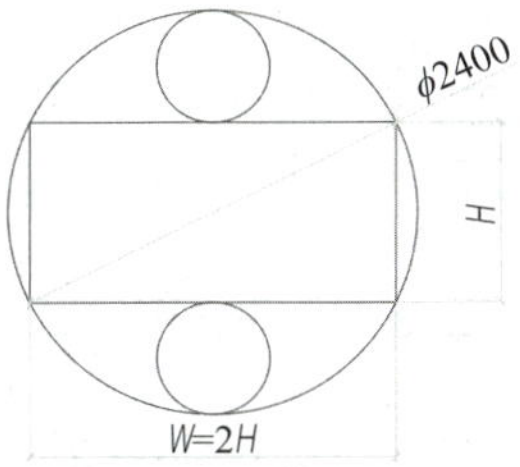

8. 综合运用【直线】、【圆】、【偏移】、【阵列】、【修剪】等命令绘制如下图形。

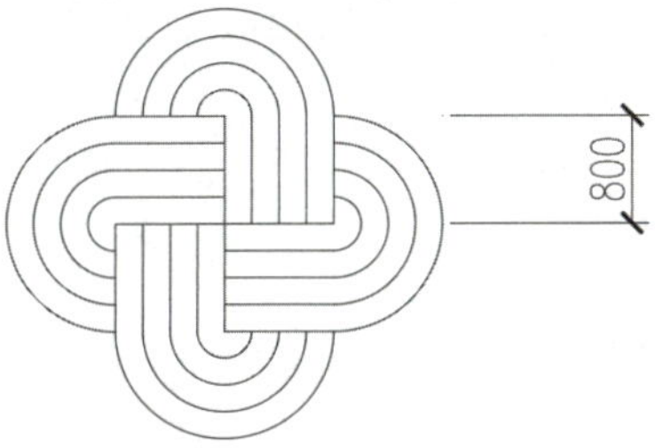

9. 综合运用【直线】、【矩形】、【偏移】、【修剪】等命令绘制如下图形。

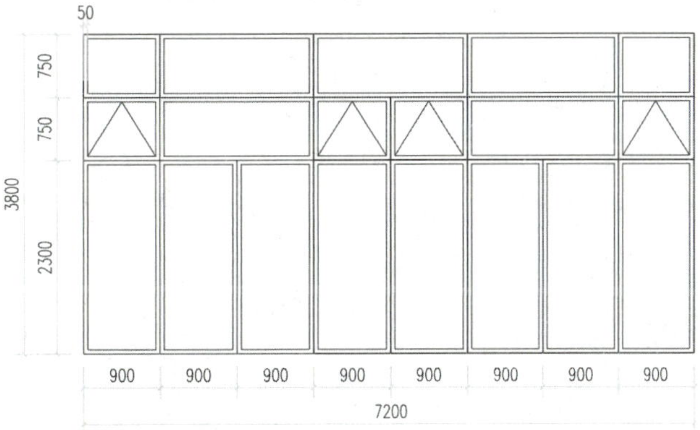

10. 综合运用【多段线】、【矩形】、【偏移】、【阵列】、【倒角】等命令绘制如下图形。

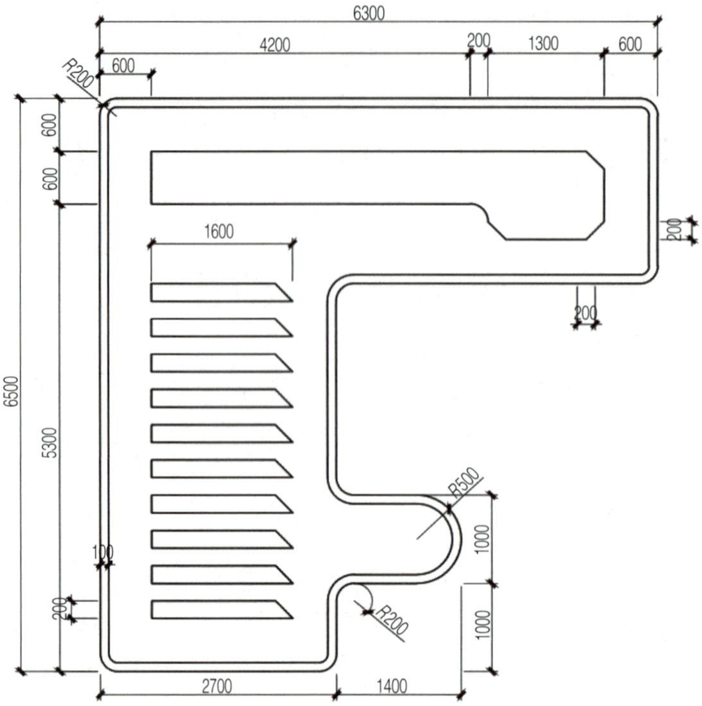
6300
4200
200
1300
600
R200
600
600
600
1600
200
200
6500
5300
R500
1000
100
200
R200
1000
2700
1400

任务 4 文字与表格

学习目标

1. 了解文字、字段、表格的功能和应用；
2. 掌握文字的添加、编辑方法，字段、表格的编辑方法；
3. 能根据图纸的需要创建合适的文字样式；
4. 熟练注写单行文字和多行文字；
5. 熟练使用字段、表格；
6. 熟练编辑文字、表格。

思维导图

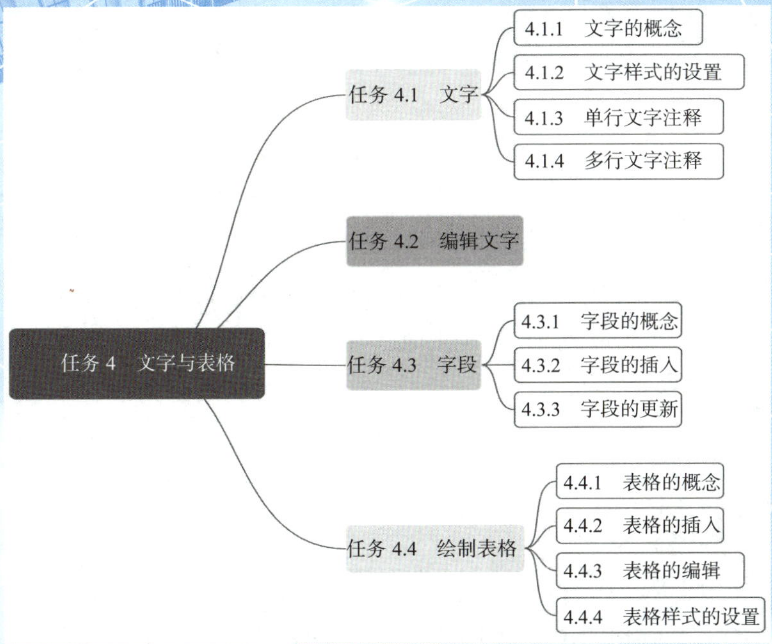

任务 4.1 文字

4.1.1 文字的概念

在 AutoCAD 2023 中，文字是由西文字母、汉字或特殊符号组成的字符串，字符由相应的字体文件和用户设定的文字特征来控制。注释文字字符时，还涉及顶线、中线、基线、底线、文字类型、字高、字宽、起点、终点等概念，如图 4-1 所示。

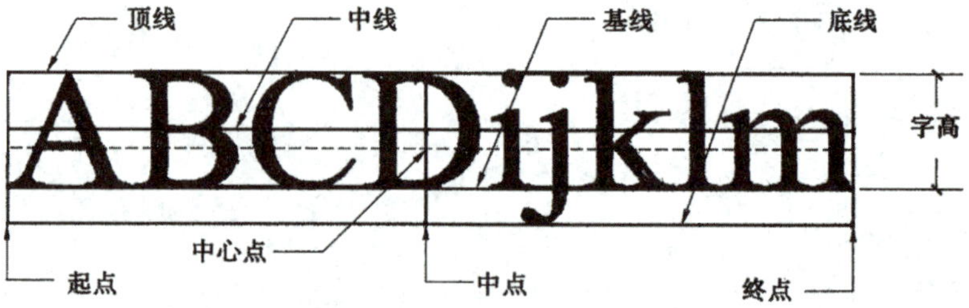

图 4-1 文字示例

文字的起点、中点和终点均可以在顶线、中线、基线、底线上，注释文字时依设定的对齐方式而定。汉字底部边缘比基线略低，汉字顶部边缘比顶线略高，因此顶线、中线、基线和底线对汉字有一定的误差，注写文字时可做参考。

图纸中的文字一般有两种形式：一种是较短的字词等总在一行出现的文字，称为单行文字；另一种是大段注释文字或带有内部格式（如上、下标或斜体、加粗等特殊格式）的较长的输入项，称为多行文字。

AutoCAD 2023 中的文字操作可通过编辑【默认】选项卡下【注释】面板（图 4-2（a））或【注释】选项卡下【文字】面板（图 4-2（b））中各选项完成。

（a） （b）

图 4-2 【注释】和【文字】面板

（a）【注释】面板 （b）【文字】面板

4.1.2 文字样式的设置

1. 任务

创建、修改或设置各文字样式。

2. 执行方式

（1）菜单栏：【格式】→【文字样式】。

（2）功能区：单击【注释】选项卡下【文字】面板中的 ↘ 按钮，选择“文字样式”。

（3）命令行：STYLE↙或 ST↙。

3. 文字样式管理器与文字效果参数

执行文字格式命令，打开“文字样式”对话框，如图 4-3 所示。

图 4-3　“文字样式”对话框

对话框中各项的含义如下。

（1）“样式”区用于显示文字样式名、添加新样式以及重命名和删除现有样式。“样式”列表可显示创建的样式，默认样式名为“Standard”。

单击“新建”按钮，可弹出“新建文字样式”对话框，如图 4-4 所示。通过该对话框可创建新的文字样式，默认的新建样式名为“样式 1”，样式名最长可达 255 个字符，包括字母、数字以及特殊字符，例如，美元符号“$”、下画线“_”和连字符“-”。

在“样式”区选中新创建的文字样式名后按【F2】键或再次单击已选中样式可重命名样式。

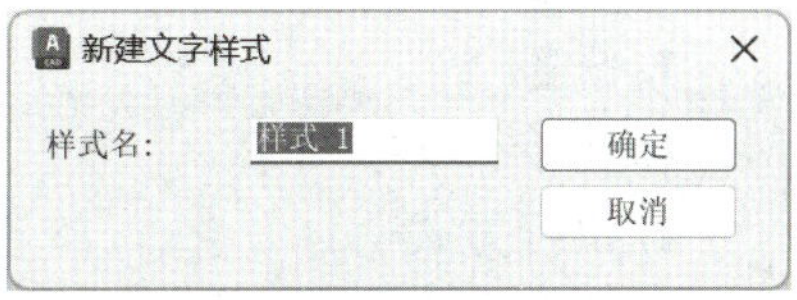

图 4-4　创建文字样式

单击“删除”按钮可删除当前文字样式。

（2）“字体”区可用于更改样式的字体。其中：“字体名”下拉列表框列出了所有的 True Type 字体（以 ttf 为扩展名，多数存放在 Windows 的 Fonts 文件夹中）和 AutoCAD 安装目录下 Fonts 文件夹中的形文件字体（以 shx 为扩展名）；通过“字体样式”下拉列表框可指定字体格式，如斜体、粗体或常规字体；勾选“使用大字体”复选框可指定亚洲语言的大字体文件，只有在指定了形文件字体后，才能使用大字体。勾选“使用大字体”复选框后，“字体样式”显示“大字体”，用于选择大字体文件。

在“字体名”下拉列表框中，能找到带“@”的字体名，这类字体下的文字是竖排文字。

（3）“大小”区用于设置文字的高度或指定文字为“注释性”。

如果高度值设置成一个非零的正数，则这种文字样式在使用时的高度默认为所设置的值。如果文字样式中高度设定为 0，则每次创建文字时都默认为上次使用的高度。如果字体设置为 True Type 字体，则此高度值略大于大写英文字母的高度。如果字体设置的是形字体，则此高度值等于大写英文字母的高度。

“注释性”在建筑制图中用途非常广，被指定为“注释性”的文字，其高度要设置为图纸文字高度，系统会根据比例尺和所设置的图纸文字高度值自动计算文字高度。

（4）“效果”区用于修改字体的特性，如宽度因子、倾斜角度以及是否颠倒、反向显示或垂直对齐。其中垂直效果只有在选定字体支持双向时才可用。True Type 字体的垂直效果是不可用的。

（5）“所有样式”下拉列表框列出正在使用或已经创建的样式名。通过下方的预览框可对创建的样式名或各种效果进行实时预览。

（6）“应用”按钮用于将对话框中所有的样式更改应用于图形中具有当前样式的文字。

4. 创建新文字样式的步骤

（1）执行文字样式命令，打开“文字样式”对话框。

（2）单击“新建”按钮，为新样式命名，如 FS3.5，表示字体为仿宋，文字高度为 3.5。

（3）选择字体名，设置文字高度。

（4）设置或选择默认的各种特殊效果，如图 4-5 所示。

(5)在预览框对创建的文字样式效果进行预览。

(6)预览正确后,依次单击“应用”和“关闭”按钮。

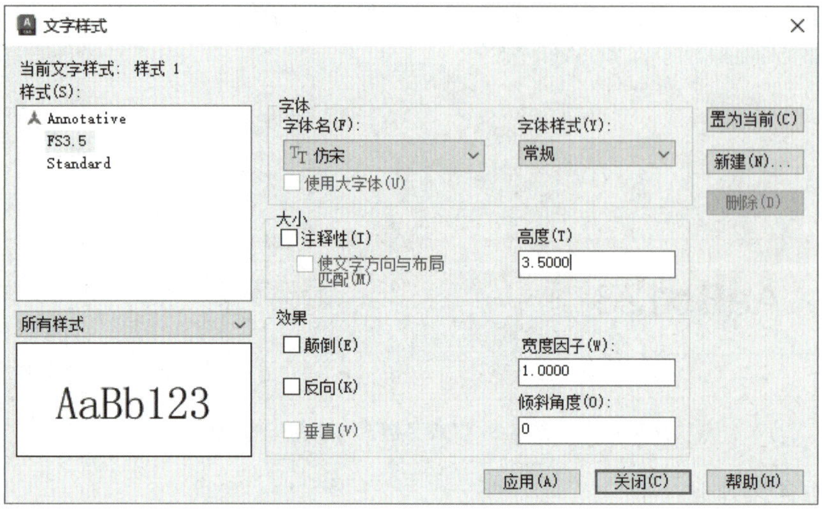

图 4-5 “文字样式”对话框

4.1.3 单行文字注释

1. 任务

创建单行文字对象。

2. 执行方式

(1)菜单栏:【常用】→【注释】→【多行文字】→【单行文字】。

(2)功能区:单击【注释】选项卡下【文字】面板中的 按钮,在弹出的菜单中选择【单行文字】命令。

(3)命令行:DTEXT↙或 DT↙。

3. 示例

按以下方式标注单行文本,文字标注结果如图 4-6 所示。

命令行如下:

命令:DTEXT↙

指定文字的起点或[对正(J)/样式(S)]:J↙

输入选项[对齐(A)/调整(F)/中心(C)/中间(M)/右(R)/左上(TL)/中上(TC)/右上(TR)/左中(ML)/正中(MC)/右中(MR)/左下(BL)/中下(BC)/右下(BR)]:bc↙

指定文字的中下点:(指定如图 4-6 中的第一条直线的中点,其中两条直线为事先绘制,以供参考)

指定高度 <0.2000> 60↙

指定文字的旋转角度<0.0000>↙

输入文字:单行文本

输入文字后按【Esc】键退出命令。

图 4-6 文字标注示例

4. 控制码与特殊符号

在 AutoCAD 2023 中可以通过以下几种方式实现特殊文字的插入。

(1)输入“两个百分号+控制码”,可实现三个符号的插入,其中“%%c”表示直径符“ϕ”,“%%d”表示角度符号“°”,“%%p”表示正负号“±”。

（2）在【文字编辑器】选项卡下单击【插入】面板中的“符号”按钮，在下拉菜单中单击符号项可插入对应的符号。

（3）在“符号”下拉菜单中选择【其他】命令，可弹出“字符映射表”对话框。在该对话框中选中需要的字符，单击“选择”按钮后再单击“复制”按钮，然后在多行文字编辑器中执行【粘贴】命令即可。

4.1.4 多行文字注释

1. 任务

创建多行文字对象。

2. 执行方式

（1）菜单栏：【绘图】→【文字】→【多行文字】。

（2）功能区：单击【注释】选项卡下【文字】面板中的按钮，在弹出的菜单中选择【多行文字】命令。

（3）命令行：MTEXT↙或 MT↙。

3. 多行文字编辑器

双击输入的多行文字，可打开【文字编辑器】选项卡，如图 4-7 所示。【文字编辑器】选项卡由【样式】、【格式】、【段落】、【插入】、【拼写检查】、【工具】、【选项】和【关闭】等面板组成。

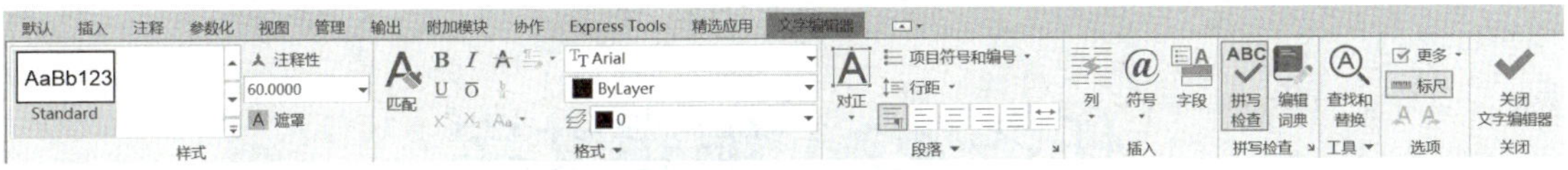

图 4-7 【文字编辑器】选项卡

4.“文字格式”工具栏

双击输入的多行文字，在【文字编辑器】选项卡下【选项】面板中单击“更多”按钮，在弹出的菜单中选择【编辑器设置】→【显示工具栏】命令（图 4-8），弹出“文字格式”工具栏，如图 4-9 所示。

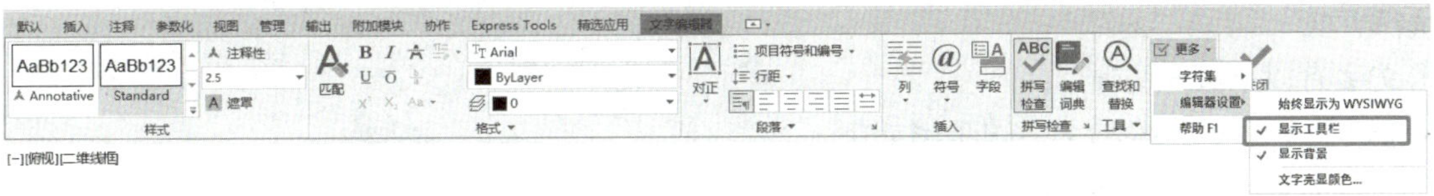

图 4-8 “文字格式”工具栏打开方式

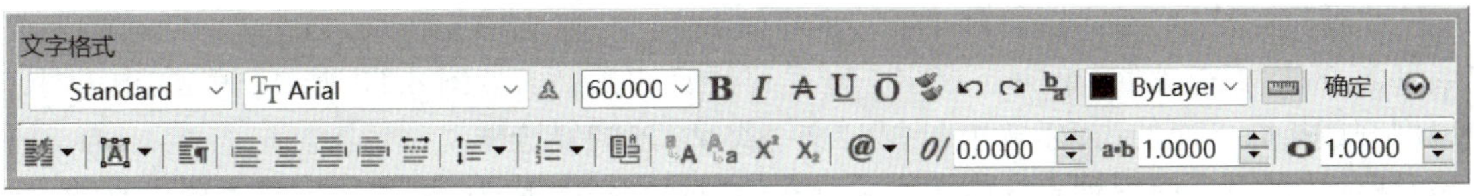

图 4-9 “文字格式”工具栏

“文字格式”工具栏用于控制多行文字对象的文字样式和选定文字的字符格式。其中“文字样式”“字体”“文字高度”等项与“文字样式”对话框中含义相同；“加粗”“倾斜”“删除线”“下画线”“上画线”“堆叠”和“颜色”等项用于设置文字的特殊格式；“标尺”用于设置段落缩进、首行缩进标记和制表位。

5. 特殊符号输入格式

在【文字编辑器】选项卡下【插入】面板中单击“符号”按钮，选择下拉菜单中的【其他】命令，弹出“字符映射表”对话框，如图 4-10 所示。

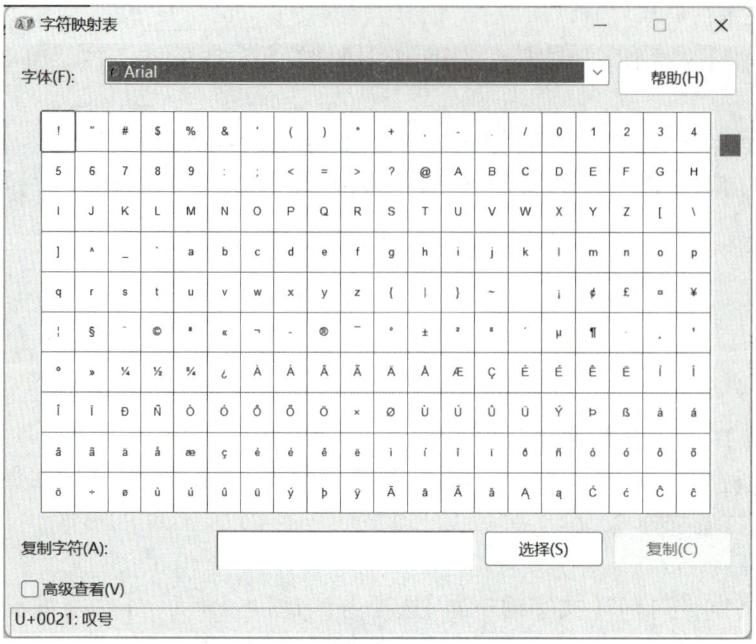

图 4-10 “字符映射表”对话框

任务 4.2 编辑文字

1. 任务

在 AutoCAD 2023 中对文字可进行内容、文字样式或字体等的编辑操作。编辑操作可以通过文字编辑器、查找与替换、对象特征和检查拼写等方式完成。

2. 执行方式

编辑文字有以下几种方式。

(1)通过文字编辑器编辑文字的步骤如下。

①命令行为空时选中需要编辑的文字对象。

②将光标置于文字的笔画上，双击鼠标左键，弹出文字编辑窗口或“文字格式”工具栏。

③单击“确定”按钮。

(2)通过“查找和替换”对话框编辑文字的步骤如下。

①执行【编辑】→【查找】菜单命令，弹出“查找和替换”对话框，如图 4-11 所示。单击图中“下拉/折叠”按钮，可以展开或折叠下面的“搜索选项”区和“文字类型”区的复选框。

②在对话框中的查找内容列表框内输入要查找的内容，在“替换为”列表框内输入要更改的内容。如果勾选“列出结果”复选框，则会弹出一个列表框，里面会出现查找和替换过的结果。

③单击“查找”按钮，在找到需要更改的对象后单击“替换”或“全部替换”按钮。

④从“查找位置”下拉列表框中可以选择查找的区域。

(3)通过特性选项板编辑文字的步骤如下。

①命令行为空时选中需要编辑的文字对象。

②单击【默认】选项卡下【特性】面板中的 按钮，弹出特性选项板，如图 4-12 所示。在该选项板中可对需要更改的文字样式、文字高度或文字内容进行编辑。一般说来，双击一个对象会打开这个对象的特性选项板，但是双击文字会进入文字编辑窗口。选择对象，单击鼠标右键打开快捷菜单，在快捷菜单中选择【特性】命令也是一种打开文字特性选项板的方法。

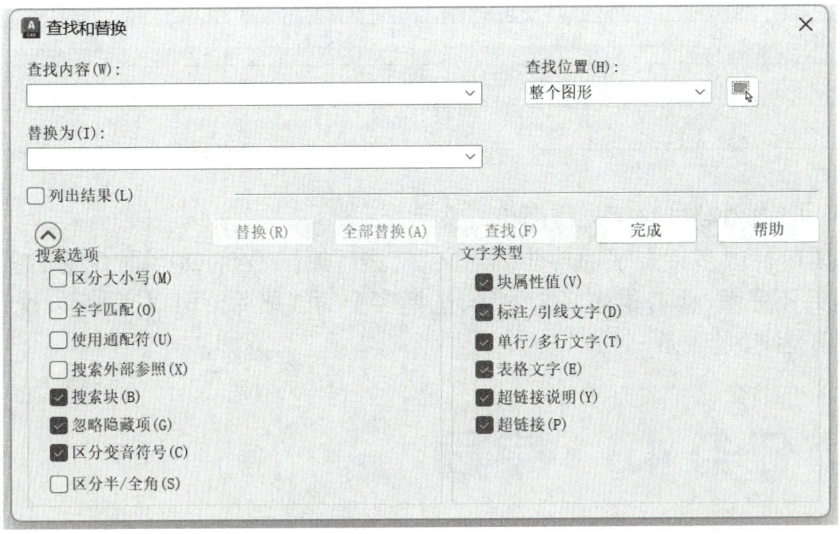

图 4-11 “查找和替换”对话框

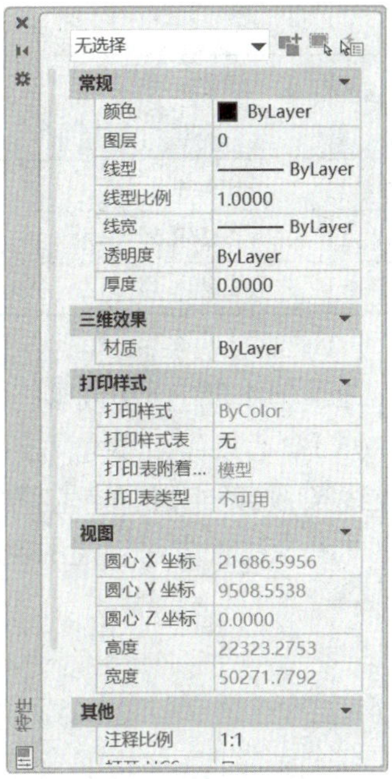

图 4-12 特性选项板

(4)检查拼写。

①执行【工具】→【拼写检查】菜单命令或在命令行输入 SPELL 并回车。

②选择需要检查的拼写对象,单击“开始”按钮进行检查。

③如果单词拼写错误, AutoCAD 2023 会进行提示,并给出建议,可从中选择需要更改的单词或选择忽略。图 4-13 为一个英语单词的拼写检查。

④点击“忽略”按钮或选择要修改的单词之后点击“修改”按钮,系统会自动检查下一个认为有误的拼写,全部检查完成后或中断检查时,可以点击“关闭”按钮退出此项功能。

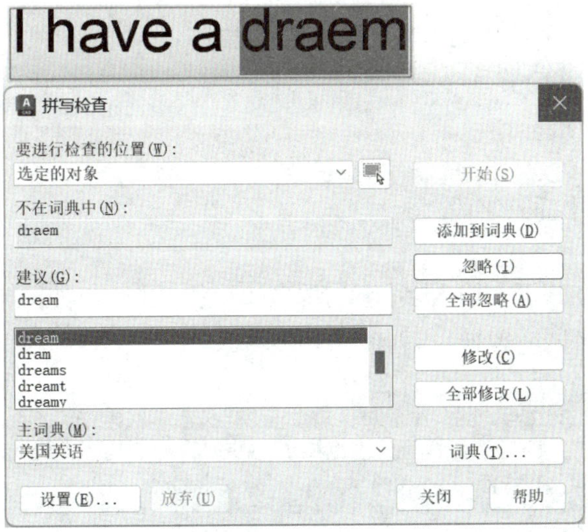

图 4-13 英语单词的拼写检查示例

3. 操作说明

为了方便文字的标注和编辑,在创建文字时需注意以下事项。

(1)文字样式的命名应具有可读性,一般采用字体名与文字高度及宽度比例相结合的方式,表 4.1 给出了一些建筑工程制图中采用的文字样式命名示例。

表 4-1　工程制图中的文字样式命名示例

序号	中文样式名	符号样式名	意义		
			字体名	文字高度	宽度比例
1	黑体 8	HT8	黑体	8	1（默认）
2	仿宋 5	FS5-0.75	仿宋 2312	5	0.75
3	楷体 4	KT4	楷体 2312	4	1（默认）

（2）当用单行文字或多行文字均可完成操作时，优先使用单行文字。

（3）空心汉字的创建方法是先用单行或多行文字的功能创建文字，然后用【TEXTEXP】命令把文字分解成线条，线条组成了空心汉字，但并不完美，会有很多多余的线，选择多余的线删除就可以了，所以说，严格意义上说这种方法创建的空心字不是字，是线条。

任务 4.3　字段

4.3.1　字段的概念

字段是包含说明的文字，这些说明用于显示可能会在图形生命周期中修改的数据。

4.3.2　字段的插入

1. 任务

字段可以插入到任意种类的文字（包括表单元格、属性和属性定义中的文字，公差除外）中。

2. 执行方式

（1）菜单栏：【插入】→【字段】。

（2）功能区：【插入】选项卡→【数据】面板→“字段”按钮。

（3）命令行：FIELD↙。

3. 示例

（1）在文字中插入字段。

例如在“多边形的面积=”中插入字段。

操作步骤如下。

①绘制一个正五边形，并在其下方输入多行文字“多边形的面积=”，如图 4-14 所示。

②双击文字，显示相应的文字编辑窗口，如图 4-15 所示。

图 4-14　在文字中插入字段

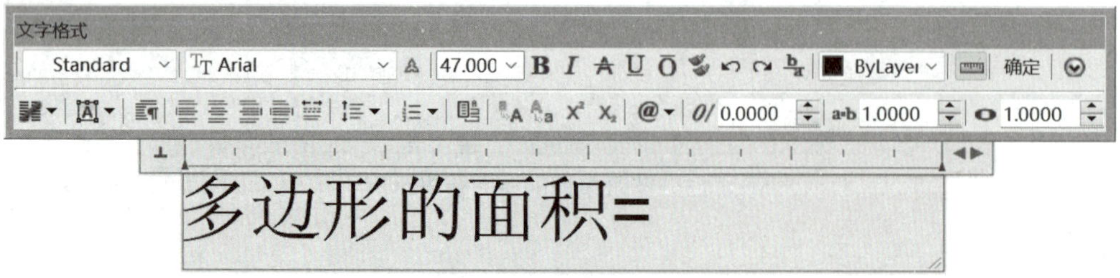

图 4-15　文字编辑窗口

将光标放在要显示字段的文字的位置，然后单击鼠标右键，弹出如图 4-16 所示的菜单。单击【插入字段】命令或单击“文字格式”工具栏上的按钮，打开“字段”对话框，如图 4-17 所示。

图 4-16　单击鼠标右键弹出菜单

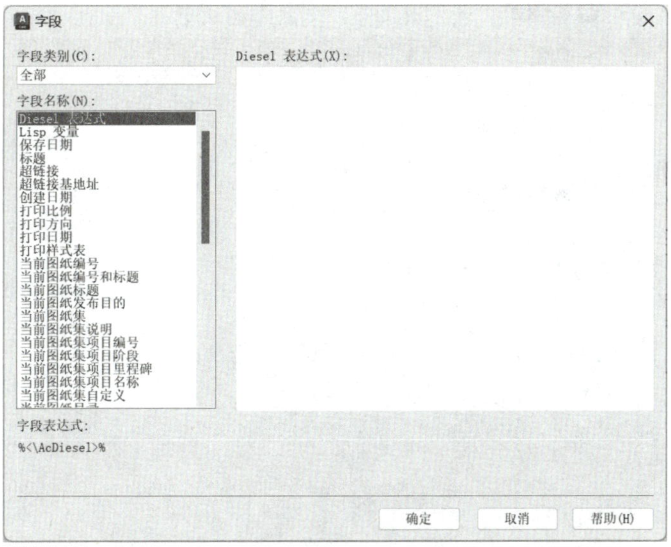

图 4-17　“字段”对话框

③在“字段”对话框的“字段类别”下拉列表框中，选择“全部”（或者五边形所在的其他类别，比如“对象”）。接着，在“字段名称”列表框中选择对象字段。

④单击“对象类型”文本框后的对象拾取按钮，然后在绘画窗口中选择多边形。

⑤在“特性”列表中选择“面积”特性，在“格式”列表中选择字段数据显示的格式，如图 4-18 所示。

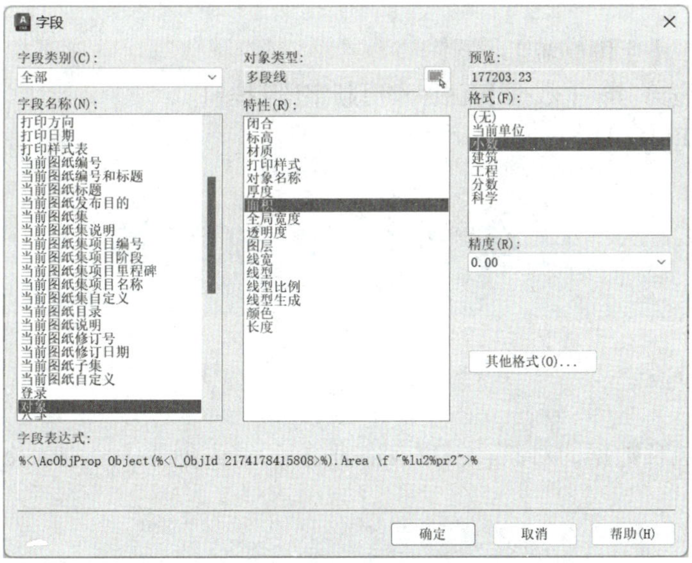

图 4-18　选择字段数据显示的格式

⑥单击“其他格式”按钮打开“其他格式”对话框，进一步设置字段的特性系数、前缀、后缀等格式，如图 4-19 所示。

⑦单击“确定”按钮插入字段。

⑧关闭“字段”对话框时，字段将在文字中显示其当前值。

⑨单击“文字格式”工具栏上的“确定”按钮，退出文字编辑，多边形的面积值显示在绘画窗口中，如图 4-20 所示。

（2）在表格中插入字段。

在编辑单元格文字的右键菜单中选择【插入字段】命令。操作方法与插入字段的方法相似。

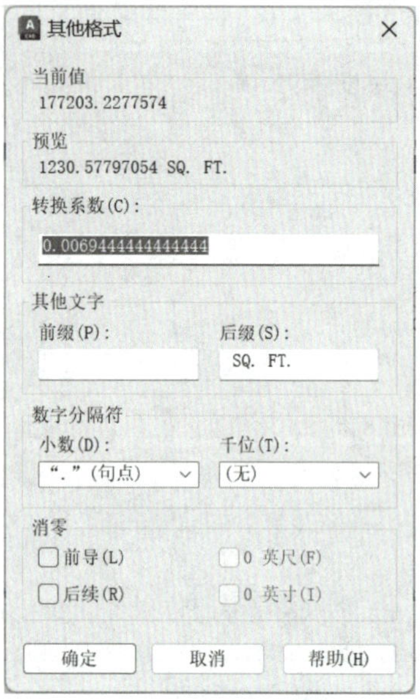

图 4-19 “其他格式”对话框

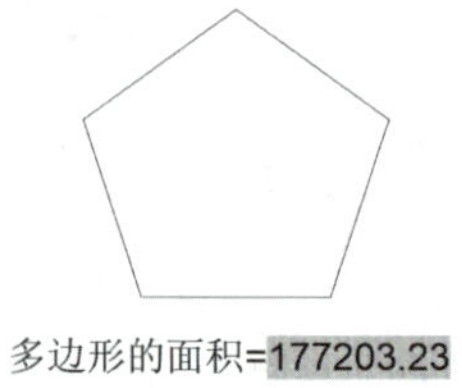

图 4-20 插入字段示例

4.3.3 字段的更新

1. 任务

当字段所代表的特性内容发生变化时，可以对字段进行更新。更新后的字段内容与实际特性相符。

2. 执行方式

（1）菜单栏：【插入】→【字段更新】。

（2）功能区：【默认】选项卡→【数据】面板→“更新字段”按钮。

（3）命令行：UPDATEFIELD↙。

任务 4.4　绘制表格

4.4.1 表格的概念

表格是在行和列中包含数据的对象。创建表格对象时，首先创建一个空表格，然后在表格的单元中添加内容。

4.4.2 表格的插入

1. 任务

在图形中创建空表格对象。

2. 执行方式

（1）菜单栏：【绘图】→【表格】。

（2）功能区：【注释】选项卡→【表格】面板→“表格”按钮。

（3）命令行：TABLE↙。

3. 说明

执行表格命令，打开“插入表格”对话框，如图 4-21 所示。该对话框由“表格样式”“插入选项”“插入方式”“列和行设置”“设置单元样式”和“预览”六个区组成。

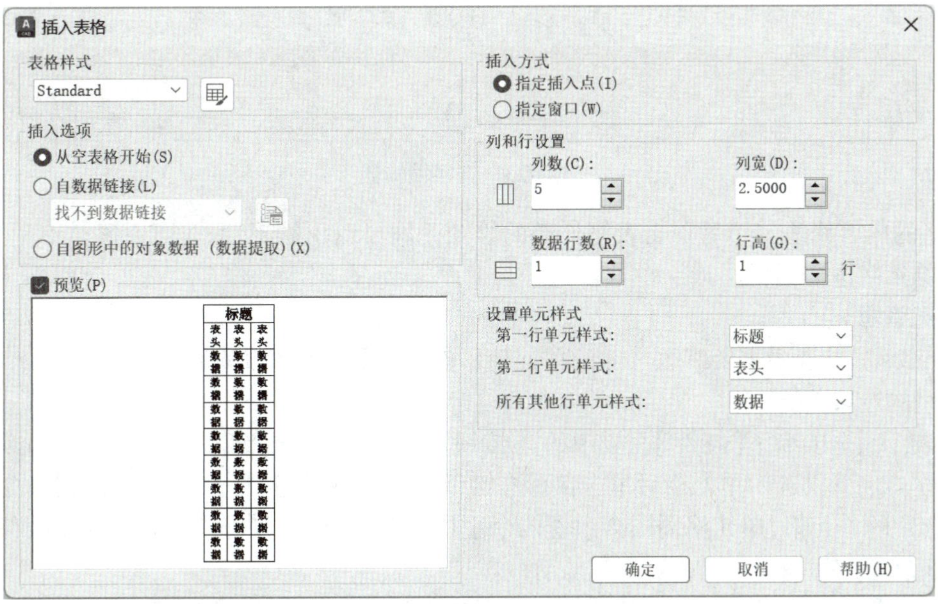

图 4-21　“插入表格”对话框

(1)“表格样式”区用于设置插入表格的样式。单击“表格样式”下拉列表框右侧的按钮打开“表格样式”对话框，如图 4-22 所示。

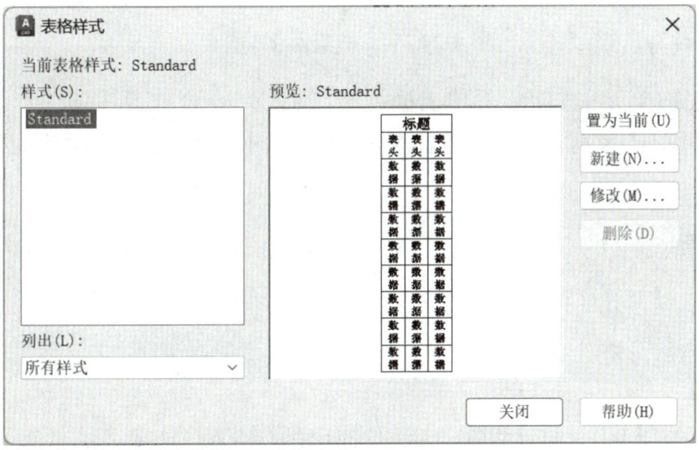

图 4-22　“表格样式”对话框

(2)“插入选项”区用于指定表格的创建起始方式。如已有数据，可选中“自数据链接”单选钮。

(3)“插入方式”区用于指定表格的插入方式。“指定插入点”方式通过指定表左上角的位置插入表格；“指定窗口”方式通过指定表的左上角点和右下角点插入表格。

(4)“列和行设置”区用于设置列和行的数目和大小。选中“指定窗口”单选钮并指定行高时，“数据行数”选定“自动”选项，且行数由表的高度控制。带有标题行和表头行的表样式最少应有三行，最小行高为一行。“行高”按照文字行高设置，文字行高决定表的行高。文字行高基于文字高度和单元边距，这两项均在表样式中设置。选中“指定窗口”单选钮并指定行数时，“行高”选定“自动”选项，且行高由表的高度控制。

(5)“设置单元样式”区用于设置前三行或全部行的属性。

(6)“预览”区用于对用所选中的表格样式创建的表格进行预览。

4.4.3　表格的编辑

1. 表格数据编辑

(1)选中需要修改的内容，可激活表格。

(2)在选中的单元格内双击鼠标左键，弹出文字编辑器，可修改相应的单元格内容，如图 4-23 所示。

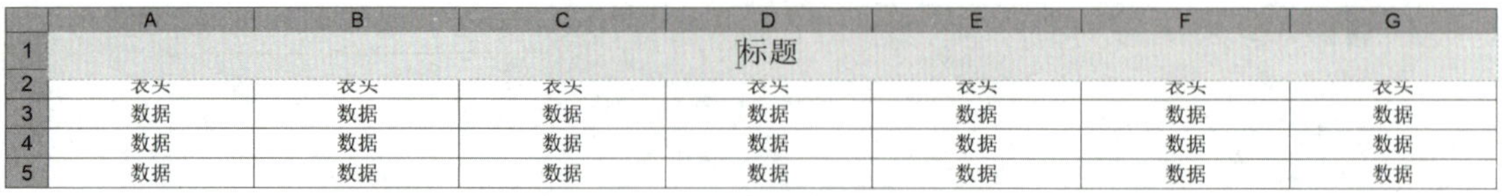

图 4-23　文字编辑器

（3）单元格的内容修改完毕后单击表格外部的绘图区即可退出编辑，回车可以确认本单元格的修改，自动进入下一个单元格进行编辑。

2. 表格结构编辑

（1）命令行为空时，选中需要修改尺寸的单元格（单击单元格内部或单元格线条均可，结合【Shift】键可实现多个单元格的选取）。

（2）单击【默认】选项卡下【特性】面板中的 按钮，弹出特性选项板，在“单元”区进行单元宽度或单元高度等项的修改。也可以选中单元格后单击鼠标右键调出快捷菜单，选择其中的【特性】命令。

（3）单击选中的单元格，单元格周围会出现四个手柄，拖动手柄可以修改单元格的宽度与高度。

3. 表格单元编辑

（1）在表格线条上双击鼠标左键，弹出【表格单元】选项卡，如图 4-24 所示。

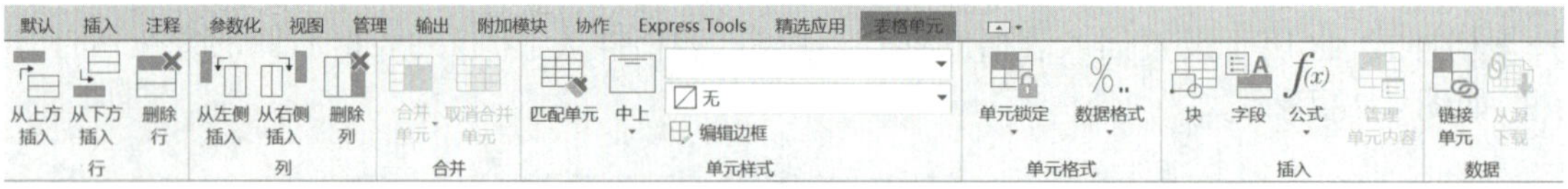

图 4-24　【表格单元】选项卡

（2）根据需要，在【表格单元】选项卡下单击插入行、插入列或合并等按钮。

以上操作也可以通过单击鼠标右键，在弹出的快捷菜单中选择相应的命令完成，结合【Shift】键可选中多个单元格或多行。

4.4.4　表格样式的设置

1. 任务

定义新表格样式。

2. 执行方式

（1）菜单栏：选择【绘图】→【表格】菜单命令，在弹出的“插入表格”对话框中，点击“表格”下拉样式列表框右侧的 按钮，如图 4-25 所示；或者选择【格式】→【表格样式】菜单命令。

图 4-25　“插入表格”对话框

（2）命令行：TABLESTYLE↙。

3. 说明

执行【表格样式】命令，打开“表格样式”对话框，在“表格样式”对话框中单击“新建”按钮，弹出“创建新的表格样式”对话框，如图 4-26 所示，可创建新的表格样式。在“新样式名”文本框中输入新的样式名称后单击“继续”按钮，可打开“新建表格样式：Standard 副本”对话框，如图 4-27 所示。“新建表格样式”对话框由“起始表格”“常规”“单元样式”及“单元样式预览”四个区组成。在“单元样式”区的“数据”列表框中列出了“数据”“标题”“表头”等项目；【常规】、【文字】、【边框】三个选项卡分别用于对所有单元格或标题、表头、数据等项目的对齐方式、边框格式及文字样式进行设置。

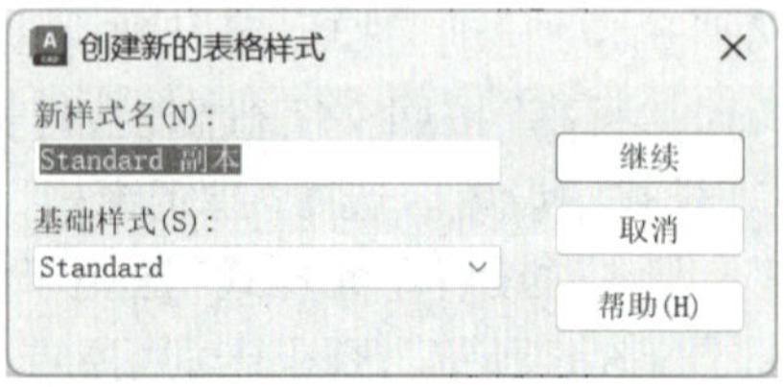

图 4-26　“创建新的表格样式”对话框

在“表格样式”对话框中单击“修改”按钮，可对创建好的表格样式进行修改。

4. 示例

创建如图 4-28 所示的表格，操作步骤如下。

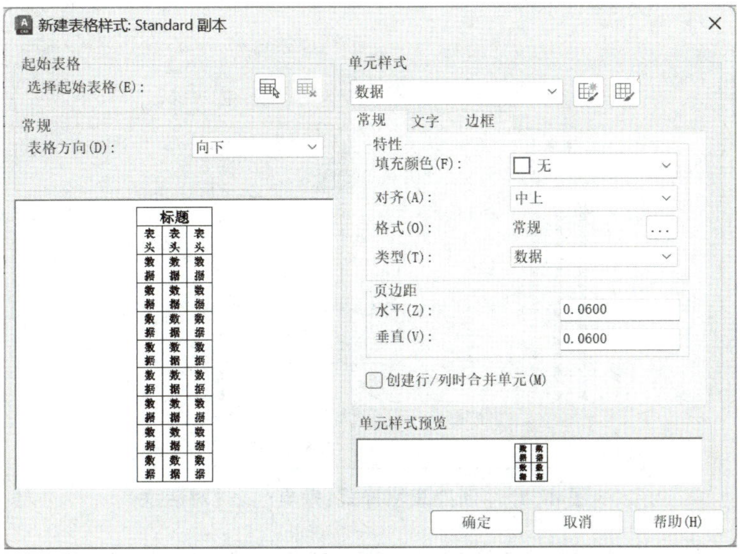

图 4-27　“新建表格样式：Standard 副本”对话框

序号	办公桌	书柜	沙发椅	空调
1	3	6	1	1
2	5	10	2	2
3	6	12	2	2
小计	14	28	5	5

图 4-28　创建表格示例

（1）单击【注释】选项卡下【表格】面板右下角的按钮，在打开的“表格样式”对话框中单击“新建”按钮，如图 4-29 所示，打开“创建新的表格样式”对话框。

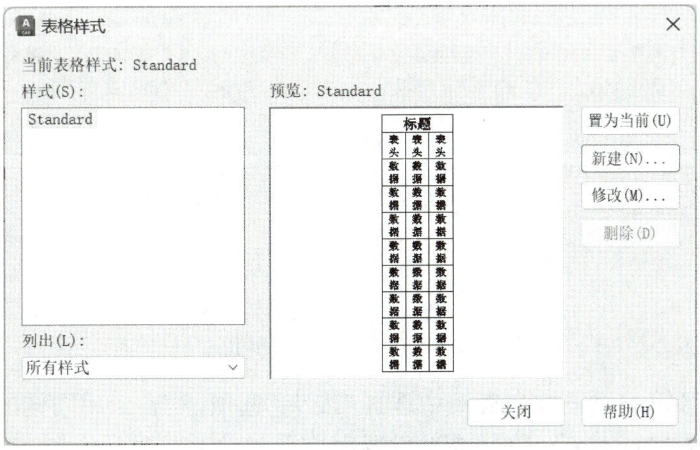

图 4-29　“表格样式”对话框

（2）在“新样式名”文本框中输入新表格样式的名称，如“家具列表”，如图 4-30 所示，采用系统默认的基础样式并单击“继续”按钮，打开“新建表格样式：家具列表”对话框，在“表格方向”下拉列表框中选择“向下”选项。

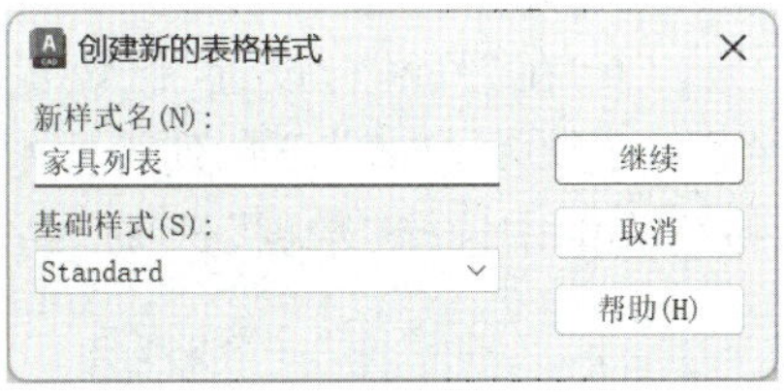

图 4-30　“创建新的表格样式”对话框

“选择起始表格”按钮：如图 4-31 所示，单击此按钮，可通过在绘图区指定一个已有表格来设置表格样式。

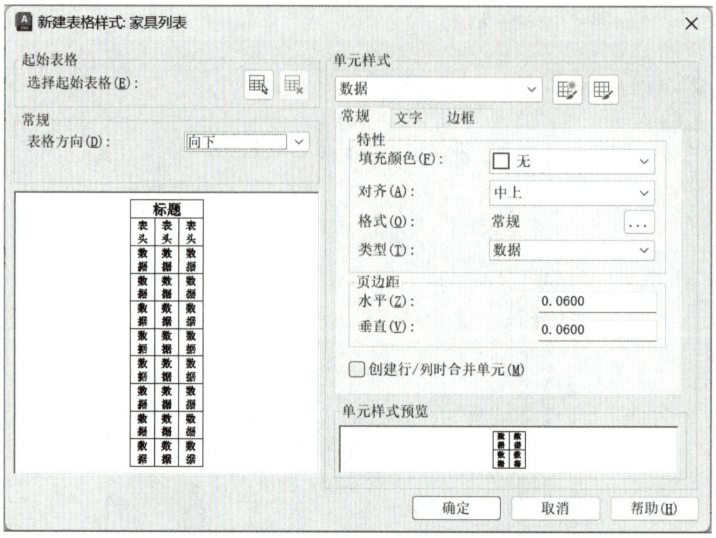

图 4-31 “新建表格样式:家具列表”对话框

“表格方向”下拉列表框:用于设置表格内容的方向,如图 4-32 所示。“向下”表示创建由上向下读取的表格,标题行和表头行均位于表格的顶部。“向上”表示创建由下向上读取的表格,标题行和表头行均位于表格的底部。

(3)在“单元样式”区第一个下拉列表框中选择“数据”选项,然后单击【常规】选项卡,接着在“对齐”下拉列表框中选择“正中”选项,如图 4-33(a)所示。

图 4-32 “表格方向”下拉列表框

(4)单击【文字】选项卡下“文字样式”下拉列表框后的…按钮,在打开的“文字样式”对话框中将“Standard”样式的字体设置为“宋体”,宽度因子设置为“0.7”,依次单击“应用”和“关闭”按钮,返回“新建表格样式:家具列表”对话框,接着在“文字高度”文本框中输入“5”,如图 4-33(b)所示。

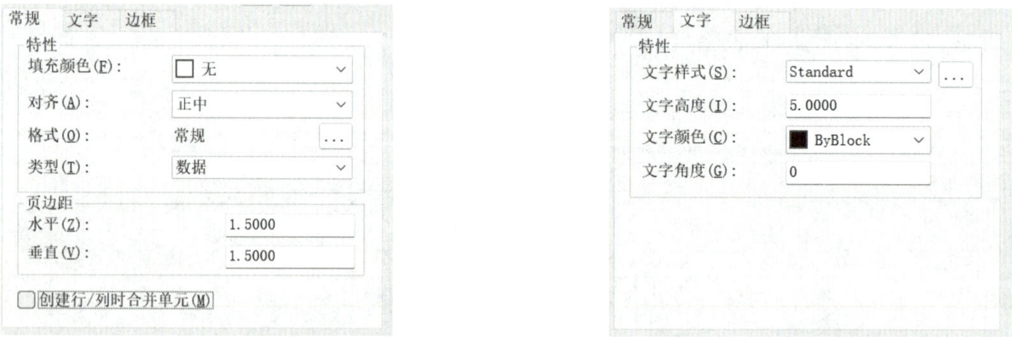

(a) (b)

图 4-33 编辑文字

(a)【常规】选项卡 (b)【文字】选项卡

(5)在“单元样式”区第一个下拉列表框中选择“表头”选项,然后采用同样的方法将对齐方式设置为“正中”,文字样式设置为“Standard”,文字高度设置为“5”,其余采用默认设置,依次单击“应用”和“关闭”按钮,完成表格样式“家具列表”的创建。

(6)在“列和行设置”区设置表格列数为“5”,列宽为“25”,数据行数为“3”;然后在“设置单元样式”区“第一行单元样式”下拉列表框中选择“表头”选项,接着在“第二行单元样式”和“所有其他行单元样式”下拉列表框中选择“数据”选项,如图 4-34 所示。

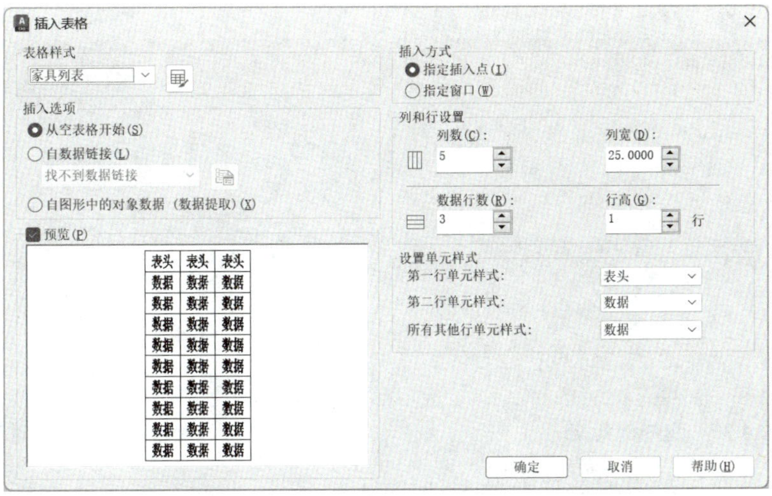

图 4-34　设置表格

（7）单击“确定”按钮，然后在绘图区的合适位置单击以放置表格。此时，系统将自动进入表格文字编辑状态，如图 4-35 所示。

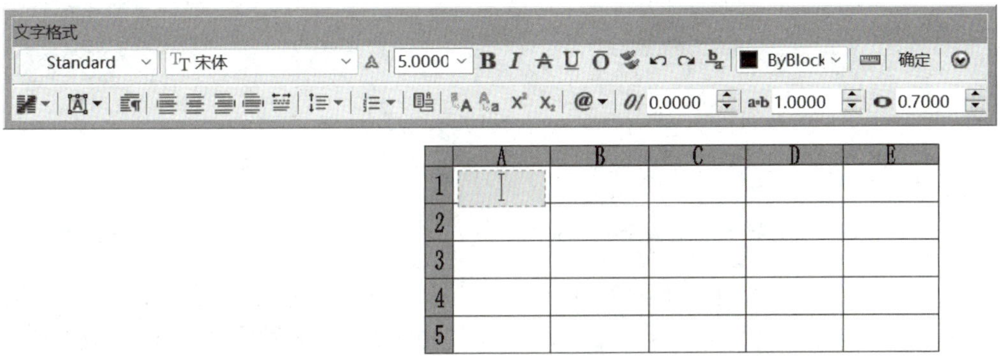

图 4-35　表格文字编辑状态

（8）在当前表格单元中输入所需内容后，可通过按【Tab】键或【←】、【↑】、【↓】、【→】方向键移动光标，然后在其他表格单元中输入相应的文字，如图 4-36 所示。

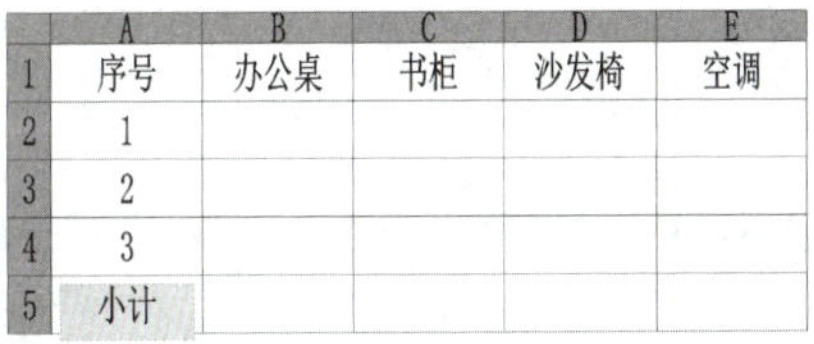

	A	B	C	D	E
1	序号	办公桌	书柜	沙发椅	空调
2	1				
3	2				
4	3				
5	小计				

图 4-36　在表格中输入文字

提示：如果所绘制的表格太小而不便输入表格内容时，可先按两次【Esc】键或在绘图区其他位置单击，退出表格编辑状态，然后滚动鼠标滚轮将其放大显示，最后在要输入文字的表格单元中双击，再输入所需内容即可。

AutoCAD 中表格单元的编号为“列号+行号”，列号用 A、B、C 等大写字母表示，行号用 1、2、3 等数字表示。例如，C2 表示列号为 C、行号为 2 的表格单元。

（9）表格内容输入完成后，可按两次【Esc】键或在表格外的任意空白处单击，退出表格编辑状态。

（10）若要使表格中的所有数字位于其所在表格单元的正中间，可先在 A2 单元格中单击，然后按住【Shift】键并在 E4 单元格中单击选中该单元格，如图 4-37 所示，接着在【表格单元】选项卡下【单元样式】面板中单击“对齐”按钮，在弹出的下拉菜单中选择【正中】命令，如图 4-38 所示，最后在表格外的任意空白处单击，退出表格编辑状态。

	A	B	C	D	E
1	序号	办公桌	书柜	沙发椅	空调
2	1	3	6	1	1
3	2	5	10	2	2
4	3	6	12	2	2
5	小计				

图 4-37　选中单元格

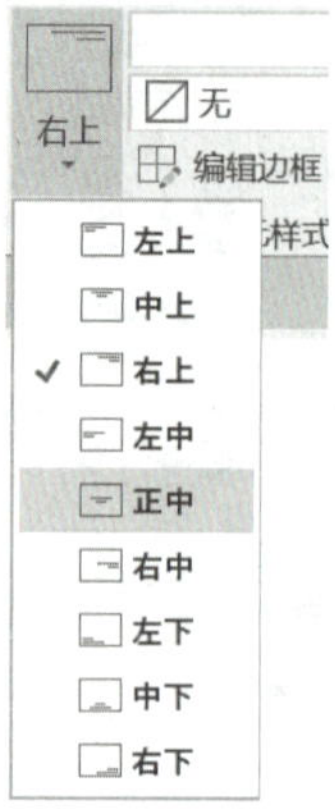

图 4-38　选择对齐方式

（11）在要放置求和数据的表格单元中单击，如图 4-39 所示，此时系统将自动显示【表格单元】选项卡。单击该选项卡下【插入】面板中的“公式”按钮，在弹出的下拉菜单中选择【求和】命令，如图 4-40 所示。

	A	B	C	D	E
1	序号	办公桌	书柜	沙发椅	空调
2	1	3	6	1	1
3	2	5	10	2	2
4	3	6	12	2	2
5	小计				

图 4-39　在要放置求和数据的表格单元中单击

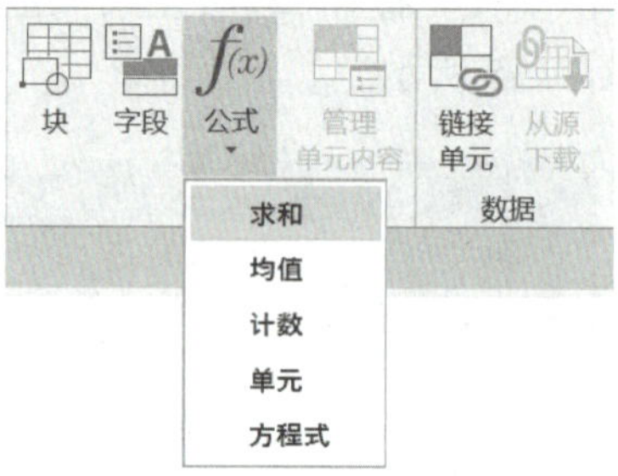

图 4-40　选择【求和】命令

（12）根据命令行提示选取要进行求和运算的表格单元，这里我们可依次单击 B4 和 B2 表格单元，从而选中这两个表格单元之间的所有表格单元，此时表格如图 4-41 所示，最后按【Enter】键或在绘图区任意空白处单击，即可完成求和运算。

	A	B	C	D	E
1	序号	办公桌	书柜	沙发椅	空调
2	1	3	6	1	1
3	2	5	10	2	2
4	3	6	12	2	2
5	小计	=Sum(B2:B4)			

图 4-41　选取要进行求和运算的单元格

（13）采用同样的方法分别对“书柜”“沙发椅”和“空调”列进行求和运算，最终结果如图 4-42 所示。

序号	办公桌	书柜	沙发椅	空调
1	3	6	1	1
2	5	10	2	2
3	6	12	2	2
小计	14	28	5	5

图 4-42　单元格求和示例

思政小课堂

任务 4 思政小课堂

2012 年 11 月，党的十八大报告明确提出“三个倡导”，即“倡导富强、民主、文明、和谐，倡导自由、平等、公正、法治，倡导爱国、敬业、诚信、友善”，强调以此为内容，积极培育社会主义核心价值观；2013 年 12 月，中共中央办公厅印发《关于培育和践行社会主义核心价值观的意见》，明确提出，以“三个倡导”为基本内容的社会主义核心价值观。

富强、民主、文明、和谐是国家层面的价值目标，自由、平等、公正、法治是社会层面的价值取向，爱国、敬业、诚信、友善是公民个人层面的价值准则。社会主义核心价值观与中国特色社会主义发展要求相契合，与中华优秀传统文化和人类文明优秀成果相承接，是我们党凝聚全党全社会价值共识作出的重要论断。回答了我们要建设什么样的国家、构建什么样的社会、培育什么样的公民的重大问题。

2017 年 10 月 18 日，习近平总书记在党的十九大报告中指出，要培育和践行社会主义核心价值观。要以培养担当民族复兴大任的时代新人为着眼点，强化教育引导、实践养成、制度保障，发挥社会主义核心价值观对国民教育、精神文明创建、精神文化产品创作生产传播的引领作用，把社会主义核心价值观融入社会发展各方面，转化为人们的情感认同和行为习惯。坚持全民行动、干部带头，从家庭做起，从娃娃抓起。深入挖掘中华优秀传统文化蕴含的思想观念、人文精神、道德规范，结合时代要求继承创新，让中华文化展现出永久魅力和时代风采。

2018 年 3 月 11 日，第十三届全国人民代表大会第一次会议通过了《中华人民共和国宪法修正案》，将“国家提倡爱祖国、爱人民、爱劳动、爱科学、爱社会主义的公德”修改为“国家倡导社会主义核心价值观，提倡爱祖国、爱人民、爱劳动、爱科学、爱社会主义的公德”。

富强、民主、文明、和谐是我国在社会主义初级阶段的奋斗目标，体现了社会主义核心价值观在发展目标上的规定，是立足国家层面提出的要求。在当代中国，实现国家昌盛、人民幸福和民族复兴，符合近代以来中国人民寻求民族复兴的共同愿景，是一个能够凝聚起亿万人民群众智慧和力量的宏伟目标。

自由、平等、公正、法治体现了社会主义核心价值观在价值导向上的规定，是立足社会层面提出的要求，反映了社会主义社会的基本属性，始终是我们党和国家奉行的核心价值理念。我们党是马克思主义政党，马克思主义追求的终极目标是人的自由和全面的发展，我们党从成立之初就将其写在自己的旗帜上，并为之不懈奋斗，在实践上极大发展了人民的自由和平等，极大发展了社会的公正和法治。

爱国、敬业、诚信、友善体现了社会主义核心价值观在道德准则上的规定，是立足公民个人层面提出的要求，体现了社会主义价值追求和公民道德行为的本质属性，涵盖了社会主义公民道德行为各个环节，贯穿了社会公德、职业道德、家庭美德、个人品德各方面，继承了中华民族传统美德、中国共产党人革命道德和社会主义新时期道德的精华，具有很强的全面性和系统性。

思考：如何通过所学的知识，绘制表格并将社会主义核心价值观填入其中？（提示：用表格、文字等工具绘制）

注：可扫码看操作视频。

作业

任务 4 作业指导

根据已知条件，完成下面 A4 绘图框的绘制，并填写“课程名称”“作业名称”“学号”“姓名”“图号”等内容。要求：表格中的汉字字体为“仿宋_GB3212”，宽度因子为“0.7”，字高为“5”；数字和字母的字体为“Simplex.shx”，宽度因子为“1”。

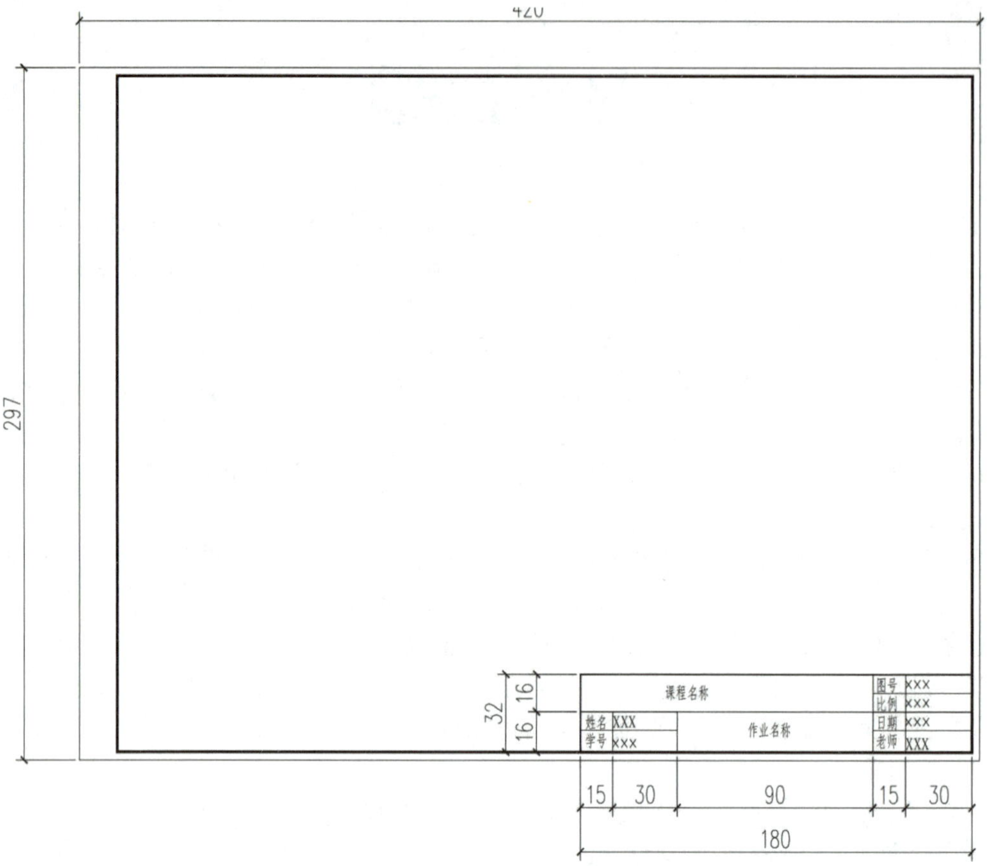
420
297
课程名称
图号 XXX
比例 XXX
日期 XXX
老师 XXX
姓名 XXX
学号 XXX
作业名称
32
16
16
15
30
90
15
30
180

任务5 尺寸标注与编辑

学习目标

1. 了解尺寸标注及标注样式设置；
2. 掌握基本尺寸标注命令的运用；
3. 掌握尺寸标注的编辑。

思维导图

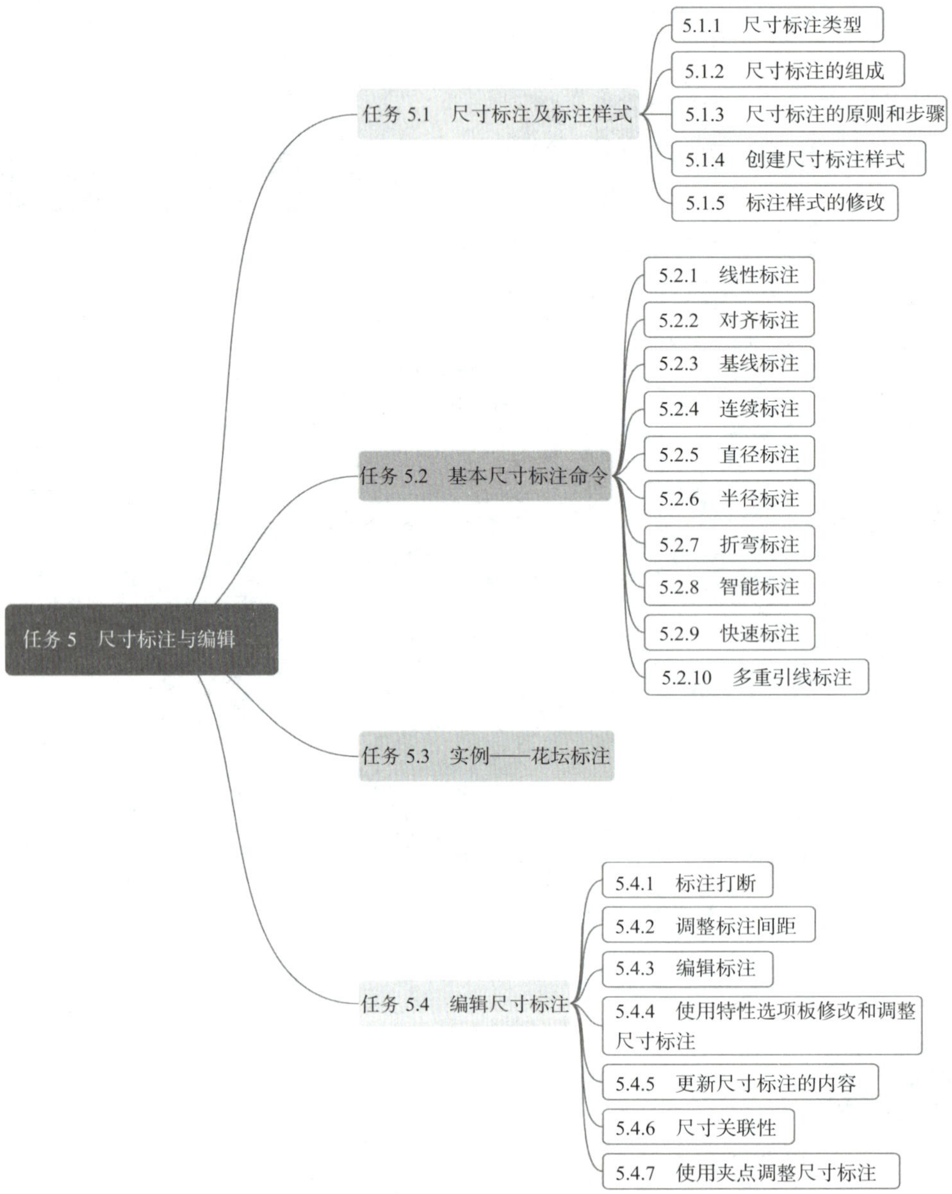

任务 5.1　尺寸标注及标注样式

5.1.1　尺寸标注类型

尺寸标注是对图形对象形状和位置的量化说明，为方便快捷地标注图纸中的各种尺寸，AutoCAD 提供了线性型、径向型、指引型、坐标型等多种尺寸标注类型，可灵活地完成各类设计图纸的尺寸标注要求。可单击【注释】选项卡下【标注】和【引线】面板中的各种功能按钮完成各种尺寸标注和引线标注，如图 5-1 和图 5-2 所示。也可输入快捷命令，启用各标注命令对图形对象快速、准确地进行尺寸标注。在 AutoCAD 中进行尺寸标注时，尺寸标注的外观是由当前标注样式控制的。因此在标注尺寸前，要先创建所需要的尺寸标注样式，然后再标注尺寸。为了使所标注的尺寸符合国家制图标准的相关规定，在学习尺寸标注前有必要先了解一下尺寸标注的组成及标注样式的设置等知识。

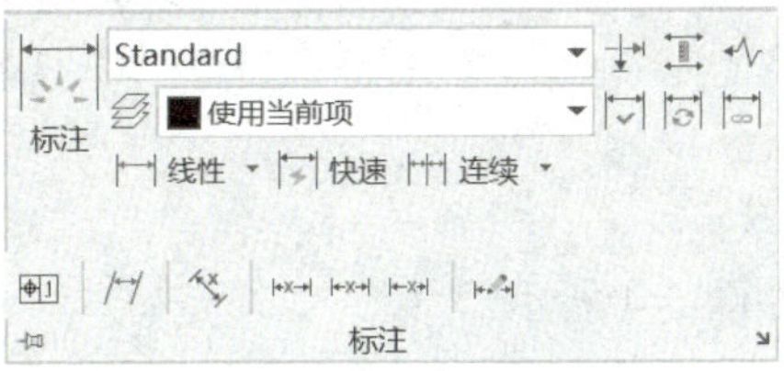

图 5-1 【标注】面板

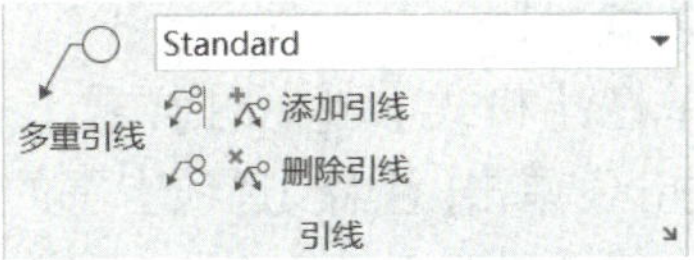

图 5-2 【引线】面板

5.1.2 尺寸标注的组成

在 AutoCAD 中，一个完整的尺寸标注由尺寸线、尺寸界线、尺寸数字和尺寸起止符号四部分组成，如图 5-3 所示。

尺寸界线：从图形的轮廓线或轴线处引出。必要时，轮廓线和轴线也可作为尺寸界线。

尺寸线：用于表示尺寸标注的方向和范围。通常情况下，AutoCAD 将尺寸线放置在测量区域内，如果空间不足，则将尺寸线和尺寸数字延伸到测量区域的外部，这主要取决于标注样式的设置。对于角度标注，尺寸线是一段圆弧。

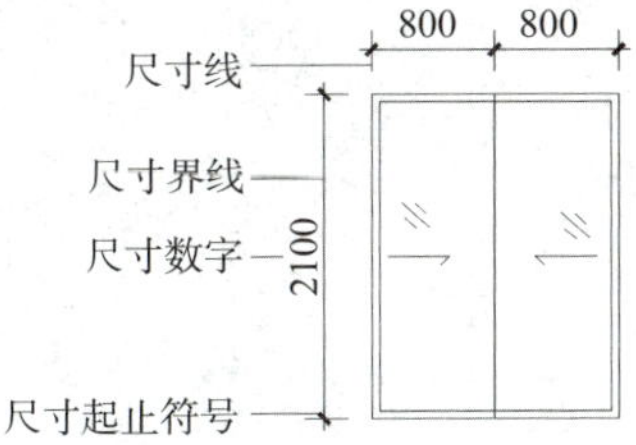

图 5-3 尺寸标注的组成

尺寸数字：位于尺寸线上方或中断处，用于表示物体的实际大小。尺寸数字应按标准字体书写，且同一张图纸上的文字高度应一致。

尺寸起止符号：尺寸起止符号显示在尺寸线的两端，用于表示尺寸线的起止位置。在建筑制图中，通常情况下线性尺寸的起止符号为“建筑标记”，而表示角度、半径和直径的尺寸起止符号为“实心闭合”。

5.1.3 尺寸标注的原则和步骤

1. 尺寸标注的原则

在 AutoCAD 中，对图形进行尺寸标注时应遵循以下原则。

（1）物体的真实大小应以图形上所标注的尺寸数值为依据，与图形的大小及绘图的准确度无关。

（2）图样中的尺寸以毫米（mm）为单位时，不需要标注计量单位，否则必须注明计量单位的代号或名称。

（3）所标注的尺寸值为该图样所表示的构件实物（或机件）的最后完工尺寸，否则应予以说明。

（4）尺寸标注要简明，一个尺寸只标注一次，且应标注在反映该结构形体特征的图形上。

（5）标注文字中的字体必须按照国家制图标准规定书写。汉字选用长仿宋字，数字选用阿拉伯数字或罗马数字，字母选用拉丁字母或希腊字母；字高从 2.5、3.5、5、7、10、14、20 等规格中选取。

（6）尺寸数字一般注写在尺寸线上方，也可以注写在尺寸线的中断处。

2. 尺寸标注的步骤

在 AutoCAD 中，对图形进行尺寸标注时，通常按以下步骤进行。

（1）创建或设置尺寸标注的图层并将该图层置为当前。

（2）创建符合该图形出图比例的文字样式和尺寸标注样式并置为当前。

（3）开启对象捕捉功能，在绘图窗口中对图形对象进行尺寸标注。

（4）对某些尺寸标注进行必要的修改。

5.1.4 创建尺寸标注样式

虽然 AutoCAD 提供了缺省的标注样式 ISO-25，但为了使尺寸标注符合国标的规定，在标注尺寸前，一般都要创建标注样式。标注样式用于控制尺寸标注的外观，主要定义尺寸线、尺寸界线、尺寸起止符号的外观，以及尺寸数字的字体、字高和精度等方面内容。

1. 任务

建立出图比例为 1 : 100 的尺寸标注样式。

2. 执行方式

（1）菜单栏：【格式】→【标注样式】。

（2）功能区：单击【注释】选项卡下的“标注样式”按钮，如图 5-4 所示。

（3）命令行：DIMSTYLE ↙、D ↙或 DST ↙。

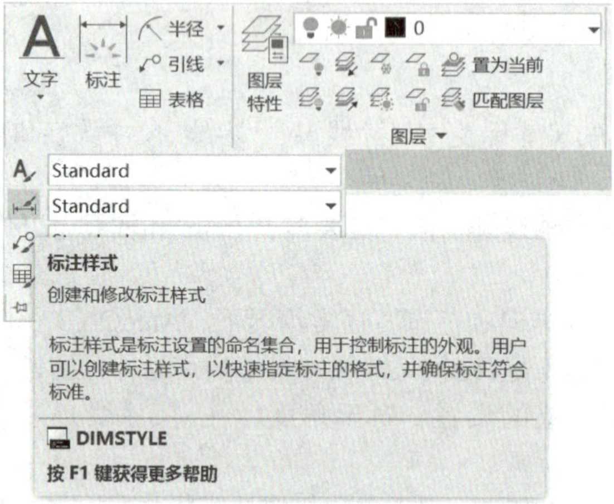

图 5-4　标注样式按钮

3. 操作步骤

（1）单击“标注样式”按钮，打开“标注样式管理器”对话框，如图 5-5 所示。

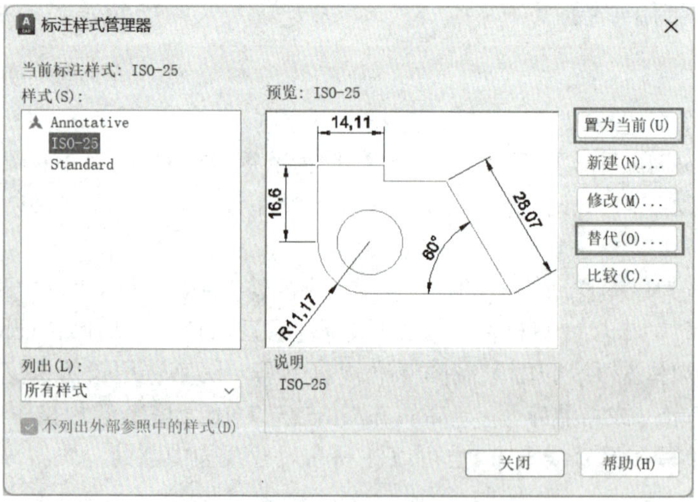

图 5-5　“标注样式管理器”对话框

在该对话框的“样式”列表框中选中某种样式，然后单击“置为当前”按钮，可将所选样式设置为当前样式，此时标注的尺寸将使用该样式。

单击“替代”按钮，可为当前标注样式创建临时替代样式。临时替代样式只影响后面所标注的尺寸，而对已经使用当前样式标注的尺寸不产生影响

单击“新建”按钮，打开“创建新标注样式”对话框。

（2）在“新样式名”文本框中输入名称“建筑标注 100”。“基础样式”下拉列表框中默认为“ISO-25”，在“用于”下拉列表框中选择“所有标注”，如图 5-6 所示。

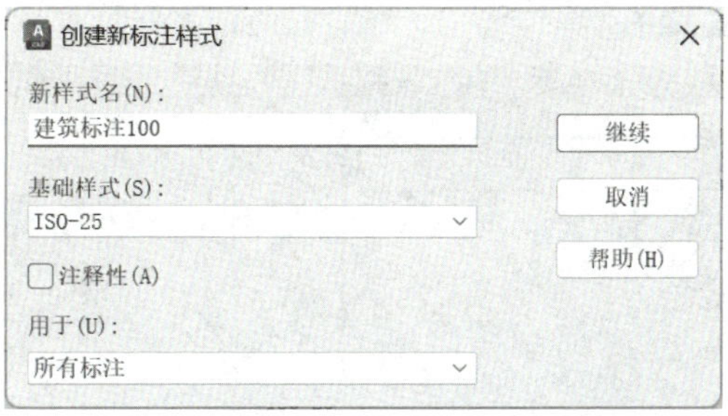

图 5-6　“创建新标注样式”对话框

（3）单击“继续”按钮，打开“新建标注样式：建筑标注 100”对话框，可在该对话框中设置新样式的参数（包括尺寸线、标注文字、全局比例、单位等）。

①在【线】选项卡下的“基线间距”“超出尺寸线”和“起点偏移量”文本框中分别输入 7、2 和 3，如图 5-7 所示。

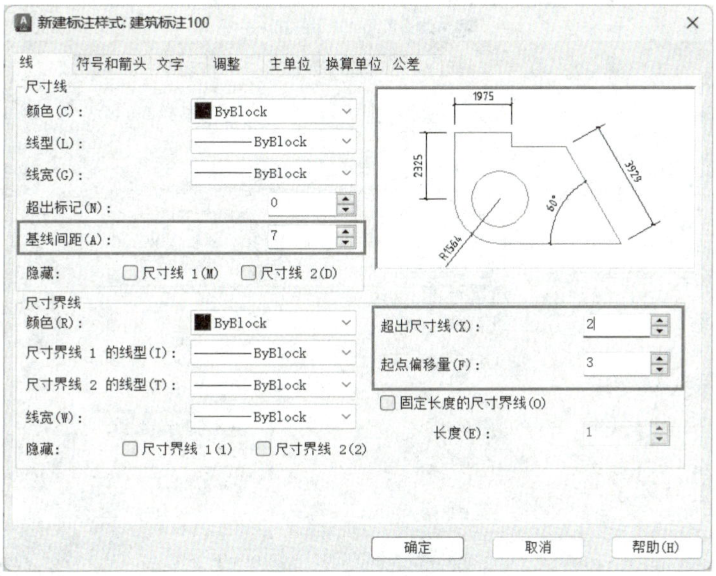

图 5-7　【线】选项卡

②选择【文字】选项卡，点击“文字样式”下拉列表框右侧的按钮（图 5-8），弹出“文字样式”对话框，新建“标注”文字样式，“字体名”选择“simplex.shx”，“宽度因子”选“0.7”，如图 5-9 所示。

③在【调整】选项卡下“标注特征比例”区的“使用全局比例”编辑框中输入“100”（图 5-10）。在【调整】选项卡下“文字位置”区，默认情况下，尺寸数字位于两尺寸界线之间。当两尺寸界线间的距离太小时，可利用三个单选钮设置尺寸数字的放置位置。

④选择【主单位】选项卡，在“线性标注”区的“精度”下拉列表框中选择“0”，“小数分隔符”下拉列表框中选择“句点”；在“角度标注”区的“精度”下拉列表框中选择“0”，如图 5-11 所示。

（4）单击“确定”按钮，完成新标注样式的建立。在“标注样式管理器”对话框中点击“置为当前”按钮将新样式置为当前样式。

（5）重复步骤（1），新样式名为默认名称，从“基础样式”下拉列表框中选择“建筑标注 100”，从“用于”下拉列表框中选择“线性标注”。重复步骤（3），选择【符号和箭头】选项卡，在“箭头”区的“第一个”“第二个”下拉列表框中选择“建筑标记”，在“箭头大小”文本框中输入“2”，点击“确定”按钮，完成线性标注设置，如图 5-12 所示。

（6）重复步骤（1），新样式名为默认名称，从“基础样式”下拉列表框中选择“建筑标注 100”，从“用于”下拉列表框中选择“引线标注”。重复步骤（3），选择【符号和箭头】选项卡，在“箭头”区的“引线和公差”下拉列表框中选择“无”，点击“确定”按钮，完成引线标注设置，如图 5-13 所示。

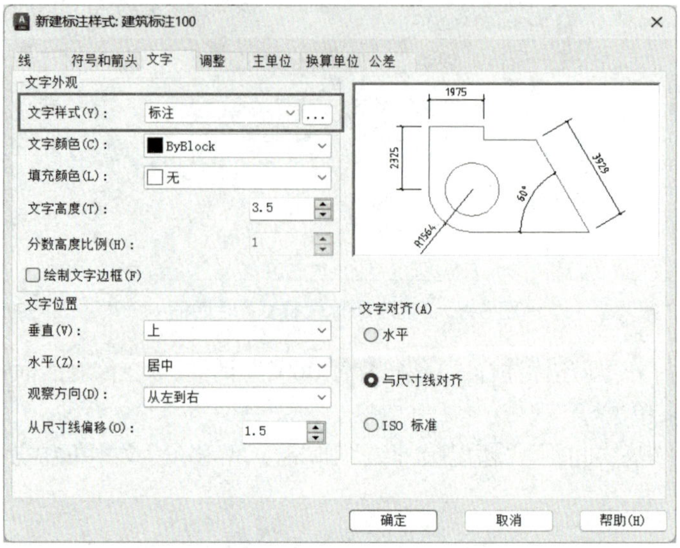

图 5-8 【文字】选项卡

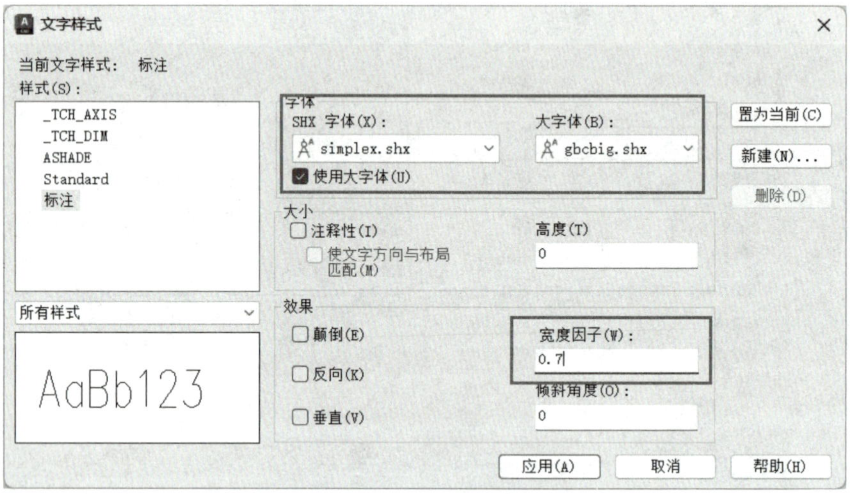

图 5-9 “文字样式”对话框

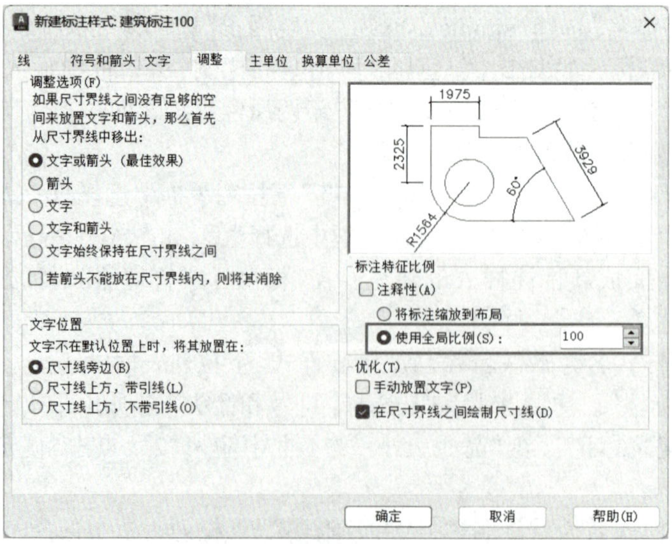

图 5-10 【调整】选项卡

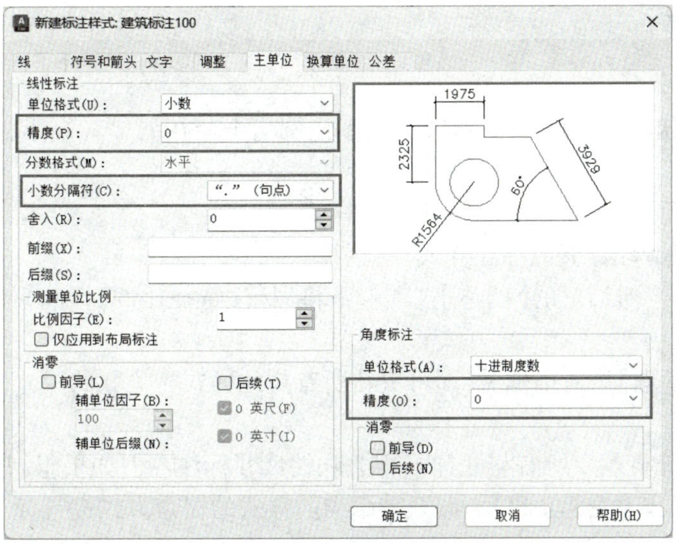

图 5-11 【主单位】选项卡

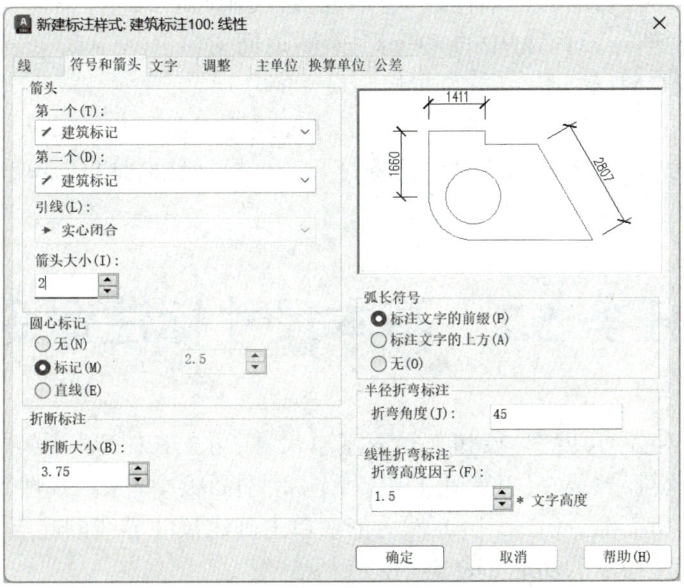

图 5-12　设置符号和箭头

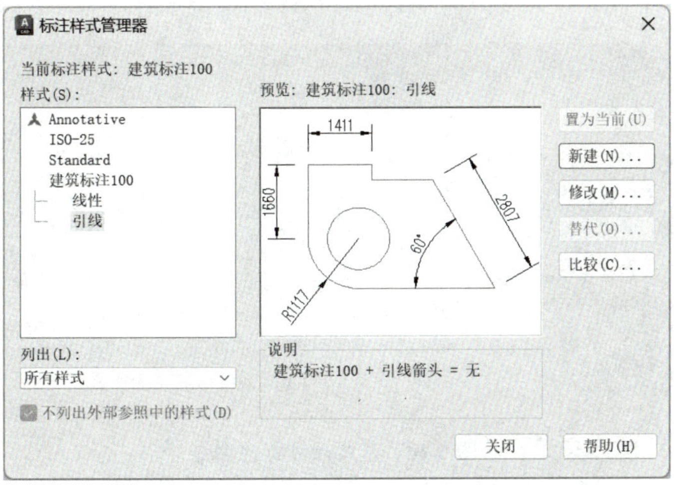

图 5-13　建立新样式后的标注样式管理器

5.1.5 标注样式的修改

1. 任务

将上例中创建的“建筑标注 100”样式修改为出图比例为 1 ∶ 50。

2. 操作步骤

(1)在“标注样式管理器”对话框中选择“建筑”样式。

(2)单击“修改”按钮,弹出“修改标注样式”对话框。

(3)在“修改标注样式”对话框的【调整】选项卡下将“标注特征比例”区的“使用全局比例”文本框中的“100”改为“50”。

(4)关闭“标注样式管理器”对话框后,即可更新所有与此样式相关联的尺寸标注。

3. 临时修改标注样式

修改标注样式后,系统将改变所有与此样式相关联的尺寸标注。但如果想创建个别特殊形式的尺寸标注,如将标注文字水平放置、改变起止符号等,只需用当前样式的覆盖方式进行标注就可以了。

操作步骤如下。

(1)打开“标注样式管理器”对话框。

(2)单击“替代”按钮,打开“替代当前样式”对话框,修改样式中的尺寸变量。

(3)单击“标注样式管理器”对话框中的“关闭”按钮,返回主窗口。

(4)进行标注时,AutoCAD 暂时用新的变量控制尺寸的外观。

(5)如果要恢复原来的尺寸样式,可再次进入“标注样式管理器”对话框,从“样式”列表框中选择要恢复的样式;然后单击“置为当前”按钮。此时系统将打开一个提示性对话框,单击“确定”按钮,系统会忽略对原标注样式所做的修改。

任务 5.2 基本尺寸标注命令

要为图形标注线性、对齐、角度、半径和直径等基本尺寸,可先在【默认】选项卡下【注释】面板中单击“线性”按钮右侧的倒三角符号,或在【注释】选项卡下【标注】面板中单击“线性”按钮右侧的倒三角符号,在弹出的下拉菜单中选择所需命令(图 5-14),然后依次单击确定尺寸界线的起点、终点,以及尺寸数字的放置位置。这些基本尺寸标注命令的功能如表 5-1 所示。

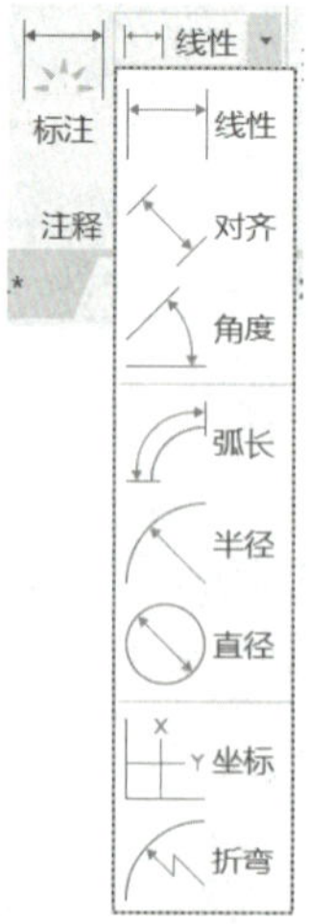

图 5-14 基本尺寸标注命令

表 5-1　基本尺寸标注命令的功能

命令	功能	标注方法
线性	用于标注两点之间的水平或垂直方向的距离	依次单击尺寸界线的起点、终点和尺寸文本的位置
对齐	用于标注两点间的直线距离，且所标注的尺寸中的尺寸线始终与标注点之间的连线平行	
角度	用于标注圆弧的角度、两条直线间的角度和三点间的夹角	单击角度的两个边界对象，然后指定尺寸文本的位置
弧长	用于标注圆弧的长度。弧长标注包含一个弧长符号，以便与其他标注区分开来	直接选择要标注的对象，然后指定尺寸文本的位置
半径、直径	可分别标注圆弧或圆的半径、直径尺寸	
坐标	基于当前坐标系标注任意点的 X 或 Y 坐标	指定要标注的点，然后向 X 或 Y 方向移动光标并单击
折弯	用于标注半径过大，或圆心位于图纸或布局之外的圆弧尺寸	直接选择标注对象，然后依次指定圆心的替代位置和两个折弯位置

5.2.1　线性标注

1. 任务

应用【线性标注】命令，标注两点间的水平尺寸、垂直尺寸或旋转投影尺寸。

2. 执行方式

（1）菜单栏：【标注】→【线性】。

（2）功能区：【注释】选项卡→【标注】面板→ 线性 按钮。

（3）命令行：DIMLINEAR ↙或 DIM ↙。

命令执行后，命令行提示如下：

指定第二条尺寸界线原点：

指定尺寸线位置或[多行文字（M）/文字（T）/角度（A）/水平（H）/垂直（V）/旋转（R）/]：

3. 操作说明

（1）多行文字（M）：使用该选项将打开多行文字编辑器，利用此编辑器可输入新的标注文字。

（2）文字（T）：使用此选项可在命令行上输入新的尺寸文字。

（3）角度（T）：用于设置文字的放置角度。

（4）水平（H）/垂直（V）：用于创建水平或垂直型尺寸。也可以通过移动鼠标光标指定创建何种类型的尺寸。若左右移动鼠标光标，则生成垂直尺寸；若上下移动鼠标光标，则生成水平尺寸。

（5）旋转（R）：使用此选项可使尺寸线倾斜一个角度，因此可用来标注倾斜对象。

4. 技术提示

若修改尺寸标注的文字，就会失去尺寸标注的关联性，即尺寸数字不随标注对象的改变而改变。

5.2.2　对齐标注

1. 任务

应用【对齐标注】命令，标注与指定直线、圆、圆弧或两点间连线平行的尺寸。

2. 执行方式

（1）菜单栏：【标注】→【对齐】。

（2）功能区：【注释】选项卡→【标注】面板→ 已对齐 按钮。

（3）命令行：DIMALIGNED ↙或 DAL ↙。

3. 操作说明

有“多行文字”、“文字”和“角度”三个命令行选项，其含义与线性标注中的一致。

5.2.3 基线标注

1. 任务

应用【基线标注】命令，标注基于同一尺寸界线定义点的多个平行尺寸，平行尺寸线间的间距由尺寸标注样式变量决定。使用基线命令可以创建一系列由同一尺寸界线处引出的多个相互平行且间距相等的线性标注或角度标注。在进行基线标注前，必须先选择一个尺寸界线作为基准线。

2. 执行方式

(1)菜单栏:【标注】→【基线】。

(2)功能区:【注释】选项卡→【标注】面板→  按钮。

(3)命令行:DIMBASELINE↙或 DBA↙。

3. 技术提示

在标注基线尺寸前，我们可通过单击【注释】选项卡下【标注】面板中的对应按钮，在打开的对话框中调整使用【基线】命令所标注的两条相邻尺寸线间的距离，即单击“修改”按钮，在打开的对话框中选择【线】选项卡，然后修改“基线间距”编辑框中的数值。

5.2.4 连续标注

1. 任务

连续标注用于进行连续尺寸标注。使用【连续标注】命令，可以创建与前一个或指定尺寸首尾相连的一系列线性尺寸或角度尺寸。要使用该命令标注尺寸，必须先指定一个尺寸界线作为连续尺寸的第一条尺寸界线的起点，然后根据命令行提示，依次选择其他点作为连续尺寸的第二条尺寸界线的原点。

2. 执行方式

(1)菜单栏:【标注】→【连续】。

(2)功能区:【注释】选项卡→【标注】面板→ 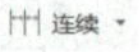 按钮。

(3)命令行:DIMCONTINUE↙或 DCO↙。

3. 技术提示

若标注某个线性或角度尺寸后执行【连续标注】命令，系统会自动将最后一次标注的尺寸的第二条尺寸界线作为连续尺寸的第一条尺寸界线。若要重新指定连续尺寸的第一条尺寸界线，可在执行【连续标注】命令后直接按【Enter】键，然后在绘图区单击选择所需尺寸界线。

5.2.5 直径标注

1. 任务

应用【直径标注】命令，标注圆、圆弧的直径尺寸。

2. 执行方式

(1)菜单栏:【标注】→【半径】。

(2)功能区:【注释】选项卡→【标注】面板→  按钮。

(3)命令行:DIMDIAMETER↙或 DIMDIA↙。

5.2.6 半径标注

1. 任务

应用【半径标注】命令，标注圆、圆弧的半径尺寸。

2. 执行方式

(1)菜单栏:【标注】→【半径】。

(2)功能区:【注释】选项卡→【标注】面板→  按钮。

(3)命令行:DIMRADIUS↙或 DIMRAD↙。

5.2.7 折弯标注

1. 任务

当圆弧或圆的中心位于布局外部，且无法在其实际位置显示时，可通过【折弯标注】命令创建折弯半径标注，也称为“缩放的半径标注”。标注时可以另外指定一个点来代替尺寸线的中心点，且标注后的尺寸线会产生折弯，可以在更方便的位置指定标注的原点。

2. 执行方式

（1）菜单栏：【标注】→【折弯】。

（2）功能区：【注释】选项卡→【标注】面板→ 已折弯 按钮

（3）命令行：DIMJOGGED↙。

5.2.8 智能标注

1. 任务

应用【智能标注】命令，可在同一命令任务中创建多种类型的标注。根据需要，可以使用命令行选项更改标注类型。

1. 执行方式

（1）功能区：【注释】选项卡→【标注】面板→“标注”按钮。

（2）命令行：DIM↙。

命令行提示如下：

选择对象或指定第一个尺寸界线原点或[角度（A）/基线（B）/连续（C）/坐标（O）/对齐（G）/分发（D）/图层（L）/放弃（U）]：输入选项或选择图形或标注对象

将光标悬停在标注对象上时，【DIM】命令将自动为所选对象选择合适的标注类型，并显示与该标注类型相对应的提示。选择对象、线或点进行标注，然后单击绘图区任意位置创建标注。

2. 命令行中各选项的含义

（1）角度（A）：创建一个角度标注来显示三点或两条直线之间的角度（同 DIMANGULAR 命令）。

（2）基线（B）：从上一个或选定标注的第一条界线开始创建线性、角度或坐标标注（同 DIMBASELINE 命令）。默认情况下，最近创建的标注将用作基准标注。

（3）连续（C）：从选定标注的第二条尺寸界线开始创建线性、角度或坐标标注（同 DIMCONTINUE 命令）。

（4）坐标（O）：创建坐标标注（同【DIMORDINATE】命令）。

（5）对齐（G）：将多个平行、同心或同基准的标注与选定的基准标注对齐。

（6）分发（D）：指定可用于分发一组选定的孤立线性标注或坐标标注的方法。其一是“相等”，即均匀分发所有选定的标注，此方法要求至少三条标注线。其二是“偏移”，即按指定的偏移距离分发所有选定的标注。

（7）图层（L）：在指定的图层指定新标注，以替代当前图层。输入图层名称或选择对象来指定图层放置标注，以使用当前设置。

5.2.9 快速标注

快速标注是从选定对象快速创建一系列标注，用于一次标注多个对象间的尺寸，是一种较常用的复合标注工具。

其执行方式如下。

（1）菜单栏：【标注】→【快速标注】。

（2）功能区：【注释】选项卡→【标注】面板→“快速标注”按钮 快速。

（3）工具栏：单击“标注”工具栏中的“快速标注”按钮。

（4）命令行：QDIM↙。

命令执行后，命令行提示如下：

选择要标注的几何图形：指定对角点：找到 9 个

选择要标注的几何图形：

指定尺寸线位置或[连续(C)/并列(S)/基线(B)/坐标(O)/半径(R)/直径(D)/基准点(P)/编辑(E)/设置(T)]<连续>

输入选项，移动鼠标，确定尺寸线位置，完成标注。

5.2.10 多重引线标注

多重引线一般由带箭头或不带箭头的直线或样条曲线（又称引线）、一条短水平线（又 称基线），以及处于引线末端的文字或块组成。在建筑制图中，多重引线标注通常用于为图形添加文字说明、注释及定位轴线与编号等，如图 5-15 所示。

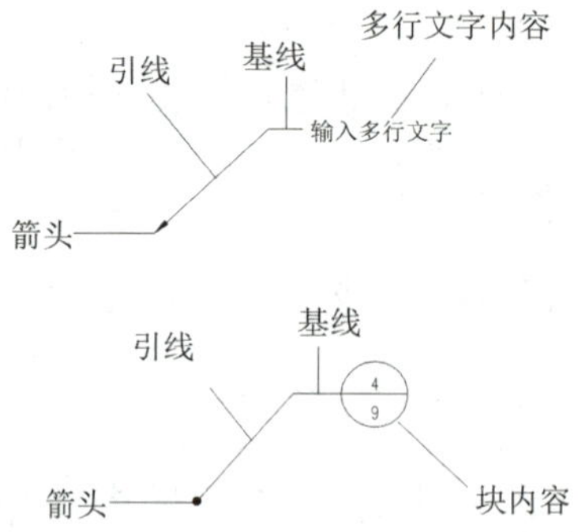

图 5-15 多重引线标注

1. 设置多重引线样式并注释图形

与尺寸标注相似，多重引线标注中的字体和线型都由其样式决定。因此，标注前，我们可根据需要预先定义合适的多重引线样式，即指定引线、箭头和注释内容的格式等。

在 AutoCAD 中，系统默认提供了一个名为“Standard”的多重引线样式，该样式由闭合的实心箭头、直线引线和多行文字组成。如果需要新建或修改引线样式，可在【注释】选项卡下【引线】面板中单击相应按钮，然后在打开的“多重引线样式管理器”对话框中进行操作，如图 5-16 所示。单击“修改”按钮，可打开“修改多重引线样式：引线”对话框，下面对该对话框的选项卡做简单说明。

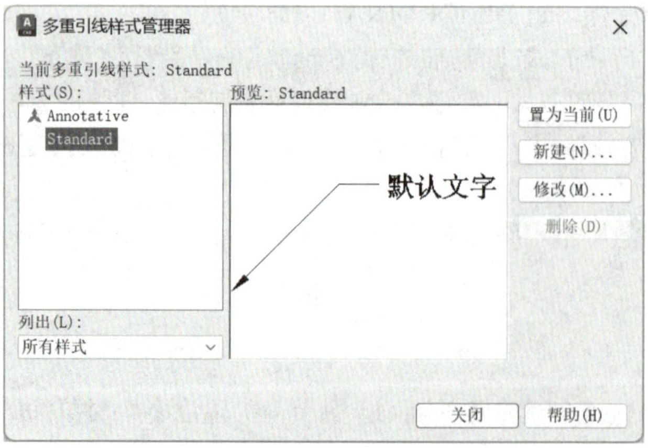

图 5-16 “多重引线样式管理器”对话框

【引线格式】选项卡主要用于设置引线的类型、线型、线宽，以及引线箭头的形状和大小等，如图 5-17 所示。

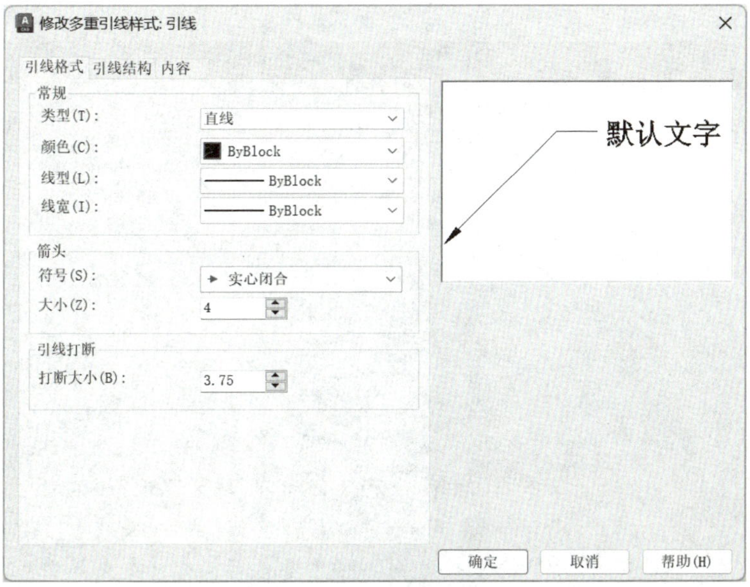

图 5-17 【引线格式】选项卡

【引线结构】选项卡用于设置引线的段数、引线每一段的倾斜角度、基线距离以及多重引线的缩放比例等，如图 5-18 所示。【引线结构】选项卡下的“最大引线点数”编辑框中的数值用于确定引线的折弯次数，即数值 2 或 3 均表示引线折弯一次（即一条引线），数值 4 表示折弯两次（即两条引线），数值 5 表示折弯三次，依此类推。

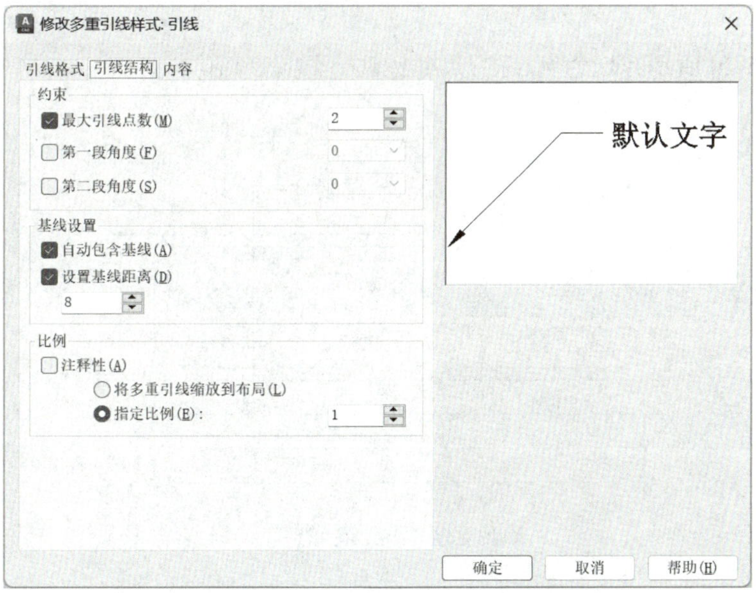

图 5-18 【引线结构】选项卡

2. 编辑多重引线

标注多重引线后，若要修改多重引线中的文字内容，可在命令行输入 ED 并按【Enter】键，然后选择要修改的多重引线，在弹出的文本编辑框中进行修改；若要修改多重引线中箭头的大小、基线距离或文字的高度等特性，可通过修改多重引线的样式进行修改，或利用特性选项板进行修改，如图 5-19 所示。

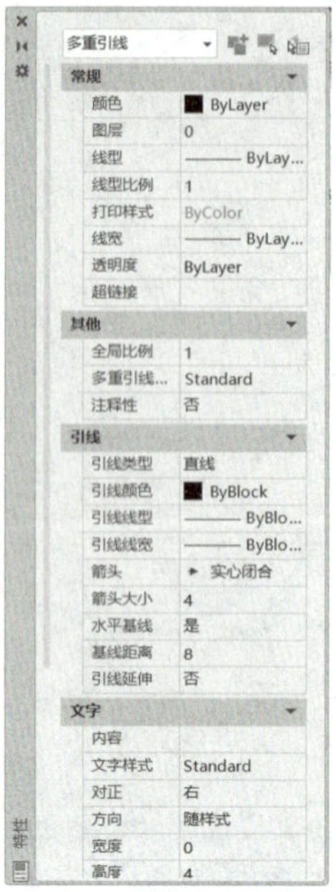

图 5-19　特性选项板

任务 5.3　实例——花坛标注

下面以标注如图 5-20 所示花坛为例，练习尺寸标注。详见二维码。

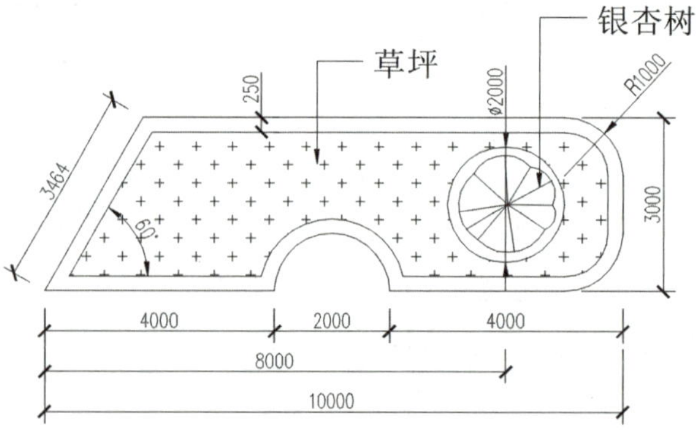

任务 5.3

图 5-20　花坛

任务 5.4　编辑尺寸标注

创建尺寸标注后如需修改，可用尺寸标注编辑命令来调整。编辑尺寸标注包括编辑文字的内容、位置，更新尺寸样式和关联标注等。

5.4.1　标注打断

该命令可在标注和延伸线与其他对象的相交处打断或恢复标注和延伸线。

1. 命令启动方式

(1)菜单栏:【标注】→【标注打断】。

(2)功能区:单击【注释】选项卡下【标注】面板中的“标注打断”按钮。

(3)工具栏:单击“标注”工具栏中的“标注打断”按钮。

(4)命令行:DIMBREAK↙。

命令执行后,命令行提示如下:

选择要添加/删除折断的标注或[多个(M)]:选择标注对象

选择要折断标注的对象或[自动(A)/手动(M)/删除(R)]<自动>↙

2. 命令行中各选项的含义

(1)自动(A):用于在标注相交位置自动生成打断。

(2)手动(M):由用户指定两个打断点,将两个点之间的标注线打断。

(3)删除(R):用来删除已创建的打断。

5.4.2　调整标注间距

该命令可自动调整互相平行的线性尺寸或角度尺寸之间的距离,使间距相等或对齐。

命令启动方式如下。

(1)菜单栏:【标注】→【调整间距】。

(2)功能区:单击【注释】选项卡下【标注】面板中的“调整间距”按钮。

(3)工具栏:单击“标注”工具栏中的“标注间距”按钮。

(4)命令行:DIMSPACE↙。

5.4.3　编辑标注

利用【编辑标注】命令(等效命令为【DIMTEDIT】)可编辑标注文字和延伸线。可旋转、修改或恢复标注文字,或更改延伸线的倾斜角或移动文字和尺寸线。

1. 命令启动方式

(1)菜单栏:【标注】→【倾斜】(或【标注】→【对齐文字】→【默认】、【角度】、【左】、【居中】或【右】)。

(2)命令行:DIMDIAMETER↙、DED↙或 DIMED↙。

命令执行后,命令行提示如下:

输入标注编辑类型[默认(H)/新建(N)/旋转(R)/倾斜(O)]<默认>(输入编辑类型所代表的字母选项)

2. 命令行中各选项的含义

(1)默认(H):用于将指定对象中的标注文字移回到缺省位置。

(2)新建(N):选择该项将调用多行文字编辑器,用于修改指定对象的标注文字。

(3)旋转(R):用于旋转指定对象中的标注文字,选择该项后系统将提示用户指定旋转角度,如果输入“0”,则把标注文字按缺省方向放置。

(4)倾斜(O):用于调整线性标注尺寸界线的倾斜角度。

5.4.4　使用特性选项板修改和调整尺寸标注

利用特性选项板不仅可以查看对象特性,还可以对其参数进行修改。

1. 命令启动方式

(1)双击要编辑的尺寸标注。

(2)选择要编辑的尺寸标注,再按【Ctrl+1】组合键或单击特性功能区的“特性”按钮。

特性选项板包含了此尺寸标注的所有属性,可方便地在各选项卡下进行尺寸标注的编辑修改,如同时选择多个标注对象,那么特性选项板将对多个尺寸标注同时进行修改。

2. 技术提示

根据所选对象的不同，特性选项板中显示的属性项目一部分是所有对象所共有的，如颜色、图层及线型等，一部分是单独具有的。当在绘图区选择单个对象时，特性选项板就会显示此对象的特性。若选择多个对象，则特性选项板中将显示它们共有的特性。

5.4.5 更新尺寸标注的内容

【标注更新】命令用于更改尺寸样式，利用此命令，可实现两个尺寸样式间的互换。

1. 命令启动方式

(1)菜单栏：【标注】→【更新】。

(2)命令行：DIMSTYLE↙。

进行标注更新时，要先将要修改的标注样式置为当前样式，而后启动命令，此时命令行弹出如下提示：

命令：DIMSTYLE↙

当前标注样式：ISO-25　注释性：否

输入标注样式选项

[注释性(AN)/保存(S)/恢复(R)/状态(ST)/变量(V)/应用(A)/]<恢复>：_apply

选择对象：指定对角点：找到 1 个

2. 命令行中各选项的含义

(1)注释性(AN)：创建注释性标注样式。

(2)保存(S)：将标注系统变量的当前设置保存到标注样式；用输入的名称将标注系统变量的当前设置保存到新标注样式。新的标注样式成为当前样式。

(3)恢复(R)：将标注系统变量设置恢复为选定标注样式的设置。

(4)状态(ST)：显示所有标注系统变量的当前值。列出变量后，DIMSTYLE 命令将结束。

(5)变量(V)：列出某个标注样式或选定标注的标注系统变量设置，但不修改当前设置。

(6)应用(A)：将当前尺寸标注系统变量设置应用于选定标注对象，永久替代应用于这些对象的任何现有标注样式。

5.4.6 尺寸关联性

尺寸关联性是指尺寸对象及其标注的对象之间建立了联系，当图形对象位置、形状和大小等发生改变时，其尺寸对象也会随之动态更新。

1. 尺寸关联

在模型窗口中标注尺寸时，尺寸会自动关联，无须进行关联设置。如果在输入尺寸文字时不使用系统的测量值，而是手动输入数值，则尺寸文字不会与图形对象关联。

2. 解除标注关联

对于已经建立了的尺寸对象及其图形对象，可以使用【解除关联】命令解除尺寸与图形的关联性。解除关联后，如果对图形进行修改，尺寸对象不会发生任何变化。

命令行提示如下：

命令：DDA↙

DIMDDISASSOCIATE

选择要解除关联的标注…

选择对象：

选择要解除关联的对象，回车即可解除关联。

3. 重建标注关联

对于没有关联或已解除了关联的尺寸对象和图形对象，可以通过【重新关联】命令，重新关联。

1)命令启动方式

(1)菜单栏:【标注】→【重新关联标注】;

(2)命令行:DRE↙。

2)技术提示

除上述尺寸标注编辑方法外,还可以使用 AutoCAD 的编辑命令或夹点来编辑标注的位置。如可以使用夹点或者【STRETCH】命令拉伸标注,可以使用【TRIM】和【EXTEND】命令修剪和延伸标注。

5.4.7　使用夹点调整尺寸标注

在 AutoCAD 中选中某个尺寸标注后,可显示该尺寸标注上的所有夹点。使用尺寸标注上的夹点可以调整尺寸数字、尺寸线和尺寸界线的位置。不同类型的尺寸标注,其夹点的个数和功能也有所不同。

尺寸标注中各夹点的功能如下。

(1)尺寸数字夹点:单击尺寸数字的夹点并沿与尺寸线垂直的方向移动光标,可改变尺寸线的放置位置,若沿与尺寸线平行的方向移动光标,可移动尺寸数字的位置。

(2)尺寸线夹点:单击尺寸线夹点并移动光标,可同时改变尺寸线和尺寸数字的位置。

(3)尺寸界线夹点:单击尺寸界线的夹点并移动光标,可调整尺寸标注的范围。

思政小课堂

如图所示为中国青年志愿者标志,又名“心手标”,是经共青团中央批准的中国青年志愿者和青年志愿者组织的象征和标志,整体构图为心的造型,同时也是“青年”英文单词(Youth)第一个字母 Y;图案中央既是手也是鸽子的造型。

中国志愿者的由来可以追溯到 20 世纪 80 年代。当时,随着改革开放的深入,社会发展和人民生活水平不断提高,人们对于志愿服务的需求也逐渐增加。同时,随着国际交流的增多,国外志愿服务理念和经验也逐渐传入中国。

在这样的背景下,中国志愿者行动应运而生。1994 年,中国青年志愿者协会成立,标志着中国青年志愿者行动正式启动。此后,中国志愿者行动不断发展壮大,成为我国志愿服务事业的重要组成部分。

中国志愿者的特点在于其广泛的参与性和服务领域的多样性。无论是环境保护、助老扶幼、扶贫济困还是文化传播等方面,都有志愿者的身影。他们用自己的行动,为社会和人民做出了积极的贡献。

同时,中国志愿者行动也注重规范化和制度化建设。通过制定相关法规和政策,规范志愿服务行为,保障志愿者的权益和利益。通过建立完善的注册制度和培训机制,提高志愿者的服务能力和素质。

总之,中国志愿者的由来是中国社会发展和人民需求变化的产物。他们用自己的行动践行着“奉献、友爱、互助、进步”的志愿精神,为我国志愿服务事业的发展做出了重要贡献。

任务 5 思政小课堂

思考:通过所学的知识,绘制中国青年志愿者标志,并标注尺寸。(提示:综合运用直线、圆、偏移、修剪等工具绘制)

注:可扫码看操作视频。

作业

任务 5 作业
指导

1. 尺寸标注由________、________、________和________几部分组成。
2. 标注样式的作用是什么？
3. 如何设定标注全局比例因子？它有何作用？
4. 按下图所示绘制图形并进行标注。

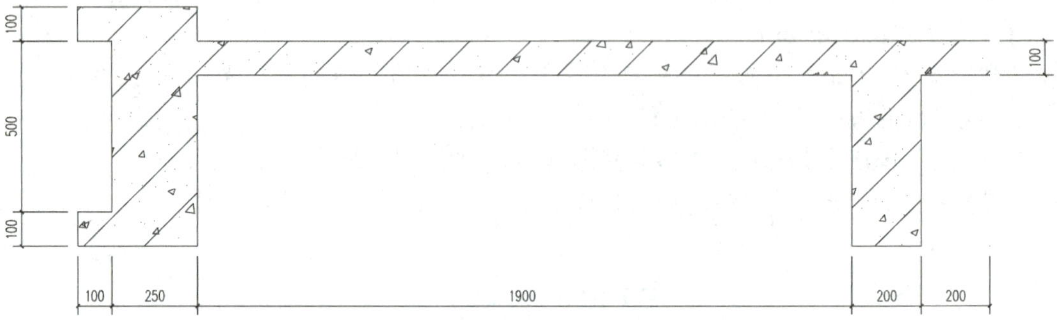

5. 按下图所示，绘制长城某段立面图，并进行标注。

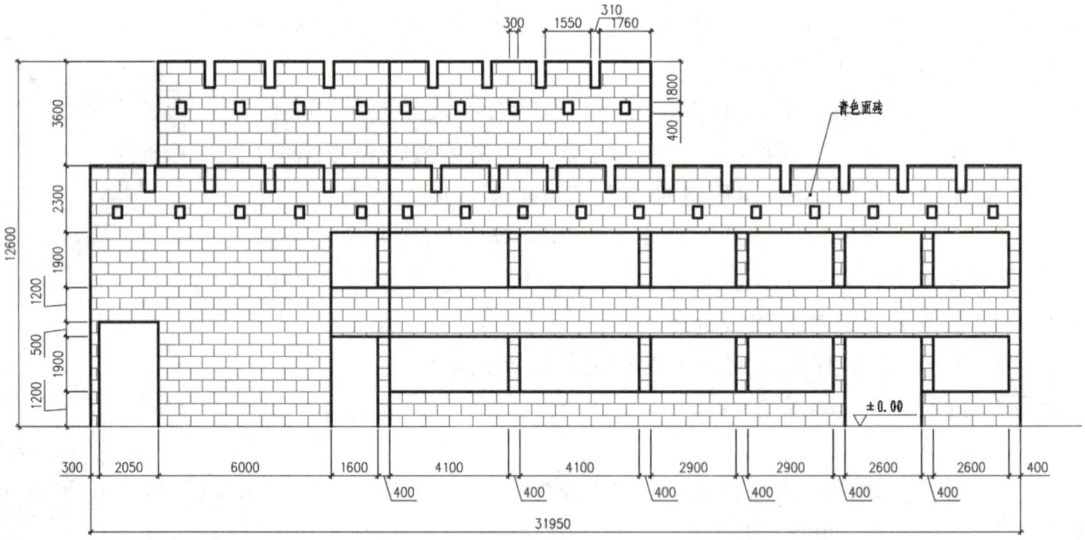

任务 6 图块、属性、外部参照

学习目标

1. 了解块和外部参照；
2. 掌握创建块的方法；
3. 掌握块编辑器的运用；
4. 掌握块属性的定义及编辑方法；
5. 掌握外部参照的使用。

思维导图

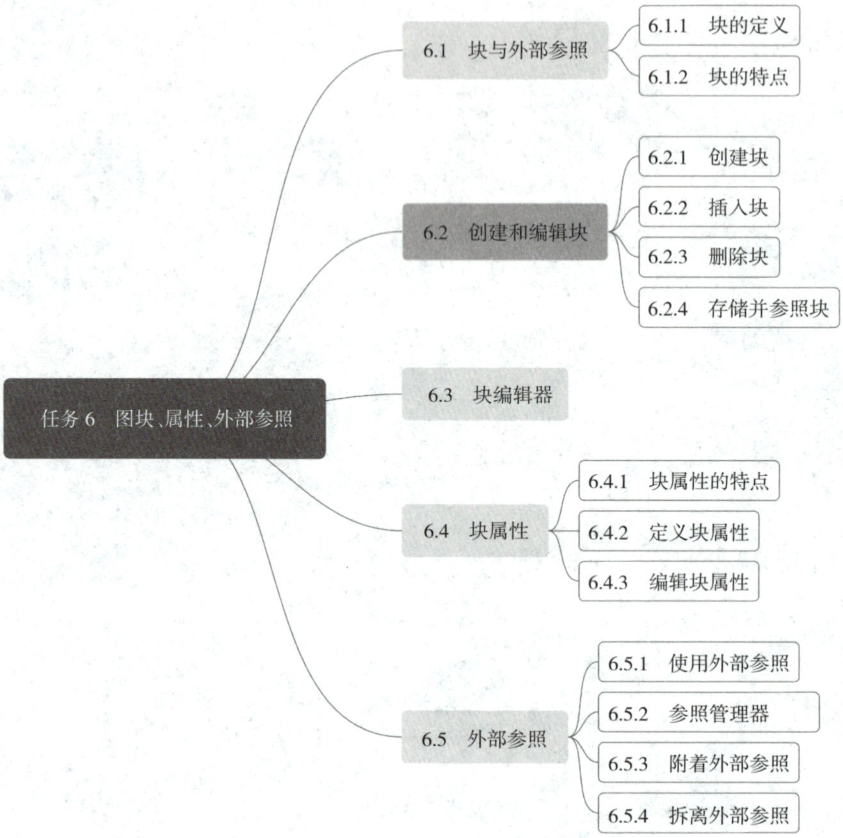

任务 6.1　块与外部参照

块与外部参照有相似的地方,它们的主要区别是:一旦插入了块,该块就永久性地插入当前图形中,成为当前图形的一部分;而以外部参照方式将图形插入某一图形(称为主图形)后,被插入的图形文件的信息并不直接加入主图形中,主图形只是记录参照的关系。在功能区中,用于创建块和参照的【插入】选项卡如图 6-1 所示。

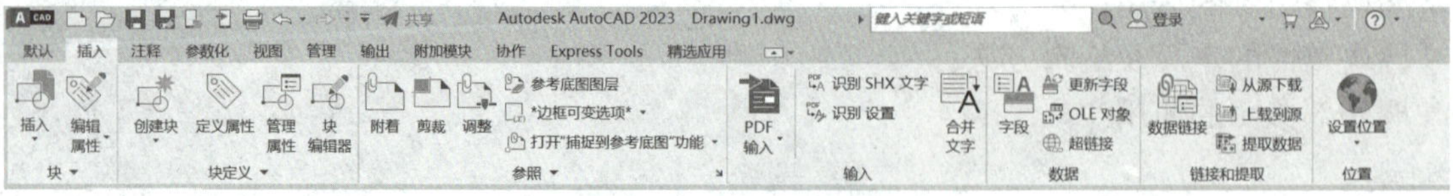

图 6-1　【插入】选项卡

6.1.1　块的定义

块是绘制在几个图层上的不同颜色、线型和线宽特性的对象的组合。尽管块总是在当前图层上,但块参照保存了包含在该块中的对象的原图层、颜色和线型特性的信息。

块的定义方法主要有以下几种。

(1)合并对象以在当前图形中创建块定义。

（2）使用块编辑器将动态行为添加到当前图形中的块定义。
（3）创建一个图形文件，随后将它作为块插入其他图形中。
（4）使用若干种相关块定义创建一个图形文件以用作块库。

6.1.2 块的特点

在 AutoCAD 中，使用块可以提高绘图速度，节省存储空间，便于修改图形，能够为块添加属性，还可以控制块中的对象是保留其原特性还是继承当前的图层、颜色、线型或线宽设置。例如，在建筑施工图中，常用的轴号、柱子、门窗等标准件都可以定义为块。在定义为块时，需指定块名、块中对象、块插入基点和块插入单位等。

1. 提高绘图效率

使用 AutoCAD 绘图时，常常要绘制一些重复出现的图形对象，若是把这些图形对象定义成块保存起来，再次绘制该图形时就可以插入定义的块，以避免大量重复性的工作，从而提高制图效率。

2. 节省存储空间

AutoCAD 要保存图中每一个对象的相关信息，如对象的类型、位置、图层、线型及颜色等，这些信息占据了大量的存储空间。如果在一幅图中绘制大量相同的图形，势必会导致操作系统运行缓慢，应对方法是把这些相同的图形定义成块，需要该图形时直接插入，可节省大量磁盘空间。

3. 便于修改图形

一张施工图往往要经过多次修改。如在建筑立面图绘制中，一旦窗户尺寸发生变化，就需要对图纸上的每一扇窗户进行修改，这样既费时又不方便。但如果门窗是通过插入块的方法绘制的，那么只要简单地修改块的定义，图中的所有块图形都会相应更新。

4. 可以添加属性

很多块还要求有文字信息以进一步解释其用途。AutoCAD 允许为块创建文字属性，可以选择在插入的块中显示或不显示这些属性，也可以从图中提取这些信息并将它们传送到数据库中。

任务 6.2 创建和编辑块

块常用于绘制复杂、重复的图形。一旦一组对象组合成块，就可以根据作图需要将这组对象插入图中任意指定位置，而且可以按不同的比例和旋转角度插入。本节将介绍创建块、插入块、删除块、存储并参照块、嵌套块、间隔插入块、多重插入块及创建块库等内容。

6.2.1 创建块

通过选择对象、指定插入点，然后为其命名，可创建块定义。可以创建自己的块，也可以使用设计中心或工具选项板中提供的块。

可通过以下方式执行此操作。

1. 菜单栏

执行【绘图】→【块】→【创建】菜单命令。

2. 功能区

在【默认】选项卡下【块】面板中单击“创建”按钮，或者在【插入】选项卡下【块定义】面板（图 6-2）中单击“创建块”按钮。

图 6-2 【块定义】面板

3. 命令行

输入 BLOCK↙。

执行 BLOCK 命令，弹出“块定义”对话框，如图 6-3 所示。

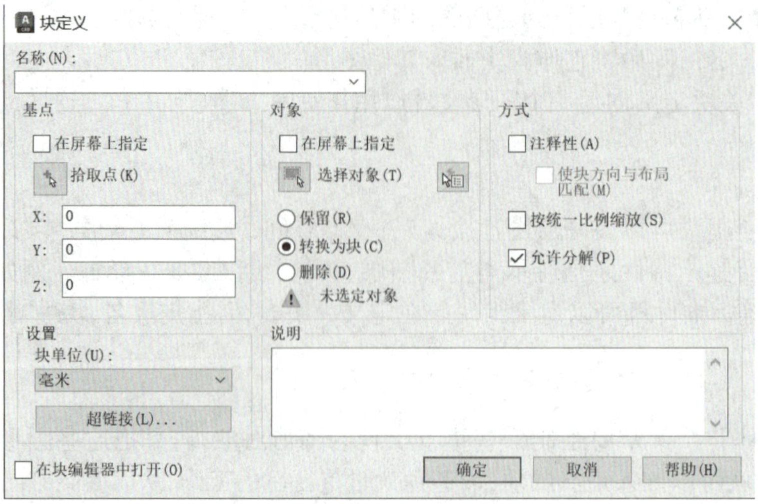

图 6-3 “块定义”对话框

该对话框中各项的含义如下。

(1)名称:指定块的名称。名称最多可以包含 255 个字符,包括字母、数字、空格,以及操作系统或程序未作他用的任何特殊字符(注意:不能用 DIRECT、LIGHT、AVE_RENDER、RM_SDB、SH_SPOT 和 OVERHEAD 作为有效的块名称)。

(2)“基点”区:指定块的插入基点,默认值是(0,0,0)。(注意:此基点是图形插入过程中旋转或移动的参照点。)

①在屏幕上指定:在屏幕窗口上指定块的插入基点。

②拾取点:单击此按钮,可暂时关闭对话框,以便在当前图形中拾取插入基点。

③ X:指定基点的 X 坐标值。

④ Y:指定基点的 Y 坐标值。

⑤ Z:指定基点的 Z 坐标值。

(3)“设置”区:指定块的设置。

①块单位:指定块参照插入单位。

②超链接:单击此按钮,可打开“插入超链接”对话框,如图 6-4 所示。使用该对话框可将某个超链接与块定义相关联。

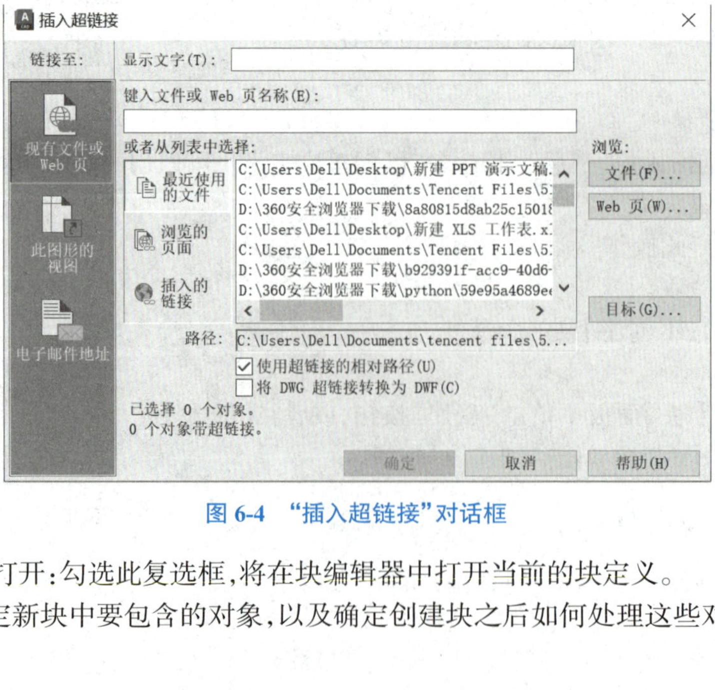

图 6-4 “插入超链接”对话框

(4)在块编辑器中打开:勾选此复选框,将在块编辑器中打开当前的块定义。

(5)“对象”区:指定新块中要包含的对象,以及确定创建块之后如何处理这些对象,是保留还是删除选定的对象,或者将它们转换成块实例。

①在屏幕上指定:勾选此复选框,将在屏幕中选择块包含的对象。

②选择对象:单击此按钮,将暂时关闭“块定义”对话框,允许选择块对象。选择对象后,按【Enter】键重新打开“块定义”对话框。

③快速选择:单击此按钮,将打开“快速选择”对话框,如图 6-5 所示。使用该对话框可以定义选择集。

④保留:创建块以后,将选定对象保留在图形中作为区别对象。

⑤转换为块:创建块以后,将选定对象转换成图形中的块实例。

⑥删除:创建块以后,从图形中删除选定的对象。

⑦未选定对象:此区域将显示选定对象的数目。

(6)“方式”区:指定块的生成方式。

①注释性:指定块为注释性。单击信息图标可以了解有关注释性对象的更多信息。

②使块方向与布局匹配:指定在布局空间视口中块参照的方向与布局的方向匹配。如果未勾选“注释性”复选框,则该选项不可用。

③按统一比例缩放:指定块参照是否按统一比例缩放。

④允许分解:指定块参照是否可以被分解。

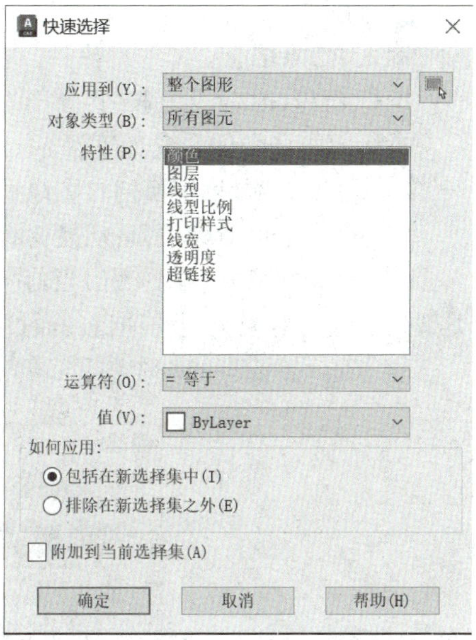

图 6-5　“快速选择”对话框

每个块定义必须包括块名、一个或多个对象、用于插入块的基点坐标值和所有相关的属性数据。插入块时,将基点作为放置块的参照。(建议指定基点为块对象的左下角点。在插入块时系统会提示指定插入点,此插入点即块对象的基点。)

6.2.2　插入块

插入块时,需要创建块参照并指定它的位置、缩放比例和旋转角度。插入块操作将创建一个称作块参照的对象,因为参照了存储在当前图形中的块定义。

可通过以下方式来执行此操作。

1. 功能区

单击【默认】选项卡下【块】面板中的“插入”按钮,可打开块插入选项板,见图 6-6。

2. 命令行

输入 INSERT↙。

该选项板中各项的含义如下。

(1)插入点:控制块的插入点。

(2)比例:指定插入块的缩放比例。如果指定负的 X、Y、Z 缩放比例因子,则插入块的镜像图像。

(3)旋转:在当前 UCS 中指定插入块的旋转角度。

(4)分解:分解块并插入该块的各个部分。勾选该复选框,只能指定统一的比例因子。

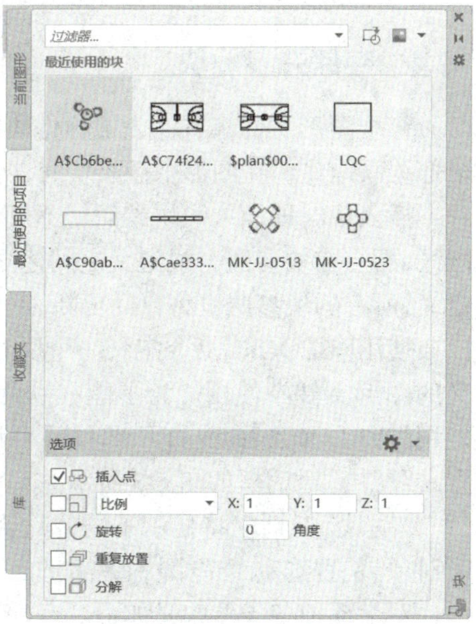

图 6-6　块插入选项板

6.2.3　删除块

要删除未使用的块定义并减小图形尺寸,在绘图过程中可使用【清理】命令。【清理】命令主要用于删除图形中未使用的命名项目,例如块定义和图层。

可通过以下方式来执行此操作。

1. 菜单栏

执行【文件】→【图形实用程序】→【清理】命令。

2. 命令行

输入 PURGE ↙。

执行 PURGE 命令，程序将弹出“清理”对话框，如图 6-7 所示。该对话框中显示可被清理的项目。

对话框中各项的含义如下。

（1）可清除项目：切换树状图以显示当前图形中可以清理的命名对象的概要。

（2）查找不可清除项目：切换树状图以显示当前图形中不能清理的命名对象的概要。

（3）命名项目未使用：列出当前图形中未使用的、可被清理的命名对象。可以通过单击加号或双击对象类型列出任意对象类型的项目。通过选择要清理的项目来清理项目。

（4）确认要清理的每个项目：若勾选该项，则清理项目时会出现“清理—确认清理”对话框。

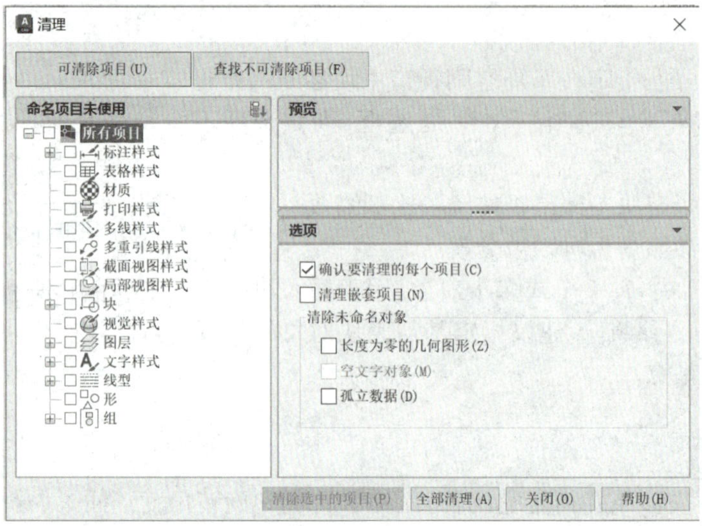

图 6-7 “清理”对话框

（5）清理嵌套项目：若勾选该项，则从图形中删除所有未使用的命名对象，即使这些对象包含在其他未使用的命名对象中或被这些对象所参照。

6.2.4 存储并参照块

每个图形文件都有一个被称作块定义表的不可见数据区域。块定义表中存储着全部块定义，包括块的全部关联信息。在图形中插入块时，所参照的就是这些块定义。

插入块时即插入了块参照。不仅将信息从块定义复制到绘图区，而且在块参照与块定义之间建立链接。因此，如果修改块定义，所有的块参照也将自动更新。

使用【BLOCK】命令定义一个块时，该块只能在存储该块定义的图形文件中使用。为了能在别的文件中再次引用块，必须使用【WBLOCK】命令打开“写块”对话框来进行文件的存放设置。“写块”对话框如图 6-8 所示。

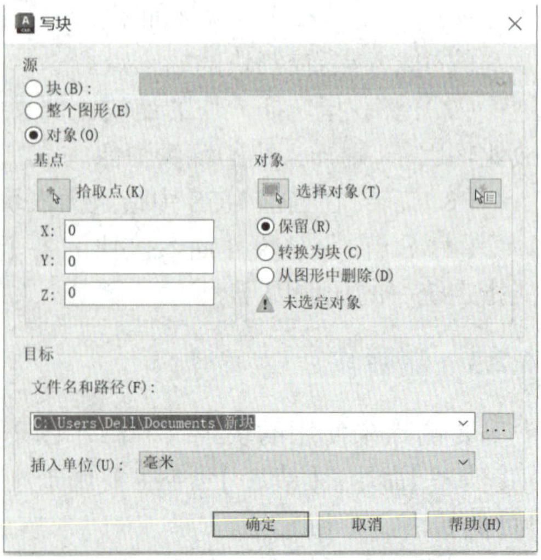

图 6-8 “写块”对话框

“写块”对话框将显示不同的默认设置，这取决于是否选定了对象、是否选定了单个块、是否选定了非块的其他对象。

对话框中各项的含义如下。

（1）块：指明存入图形文件的是块。可以从列表中选择已定义的块的名称。

（2）整个图形：将当前图形文件看成一个块，将该块存储于指定的文件中。

(3)对象:将选定对象存入文件,此时要求指定块的基点,并选择块所包含的对象。

(4)“基点”区:指定块的基点,默认值是(0, 0, 0)。拾取点:暂时关闭对话框以便在当前图形中拾取插入基点。

(5)“对象”区:设置用于创建块的对象上的块创建的效果。

①选择对象:临时关闭该对话框,以便选择一个或多个对象保存至文件。

②快速选择:单击此按钮,打开“快速选择”对话框,从中可以过滤选择集。

③保留:将选定对象另存为文件后,在当前图形中仍保留它们。

④转换为块:将选定对象另存为文件后,在当前图形中将它们转换为块。

⑤从图形中删除:将选定对象另存为文件后,从当前图形中删除。

⑥未选定的对象:该区域显示未选定对象或选定对象的数目。

(6)“目标”区:指定文件的新名称和新位置,以及插入块时所用的测量单位。

①文件名和路径:指定目标文件的路径。单击右侧的“浏览”按钮,显示“浏览文件夹”对话框。

②插入单位:设置将此处创建的块文件插入其他图形时所使用的单位。该下拉列表框中包括多种可选单位。

任务 6.3　块编辑器

在 AutoCAD 2023 中,可以使用块编辑器来创建块定义和添加动态行为。可通过以下方式来执行此操作。

(1)菜单栏:【工具】→【块编辑器】。

(2)功能区:在【插入】选项卡下【块定义】面板中单击“块编辑器”按钮。

(3)命令行:BEDIT↙。

执行【BEDIT】命令,程序将打开“编辑块定义”对话框,如图 6-9 所示。

在该对话框的“要创建或编辑的块”文本框中输入新的块名称,如“A”,单击“确定”按钮,程序自动显示【块编辑器】选项卡,同时打开块编写选项板。

【块编辑器】选项卡和块编写选项板提供绘图区,可以像在主绘图区一样在此区域绘制和编辑几何图形,也可以指定块编辑器绘图区的背景色。【块编辑器】选项卡下块编写选项板如图 6-10 所示。

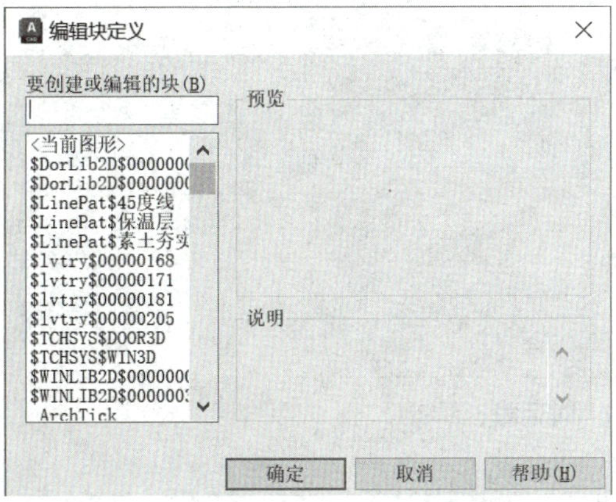

图 6-9　“编辑块定义”对话框

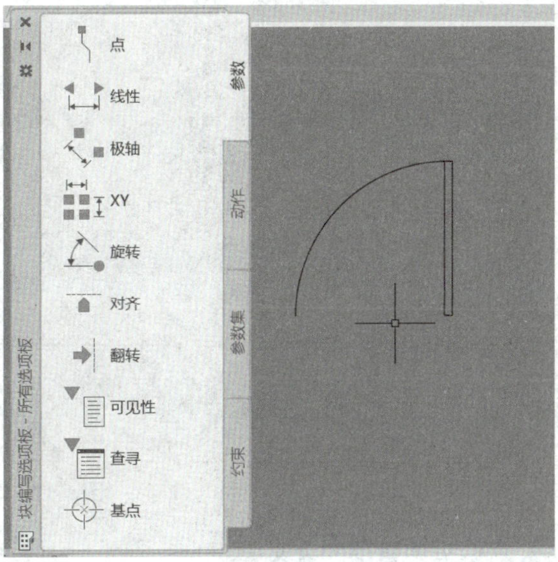

图 6-10　块编写选项板

任务 6.4　块属性

块属性是附属于块的非图形信息，是块的组成部分，包含在块定义中的文字对象。在定义一个块时，属性必须预先定义而后选定。通常属性用于在块的插入过程中进行自动注释。

6.4.1　块属性的特点

图形绘制完成后（甚至在绘制完成前），使用【ATTEXT】命令将块属性数据从图形中提取出来，并将这些数据写入一个文件中，这样就可以从图形数据库文件中获取块数据信息。块属性具有以下特点。

（1）块属性由属性标记名和属性值两部分组成。

（2）定义块前，应先定义该块的每个属性，即规定每个属性的标记名、属性提示、属性默认、属性的显示格式（可见或不可见）及属性在图中的位置等。

（3）定义块时，应将图形对象和表示属性定义的属性标记名一起用于定义块对象。

（4）插入有属性的块时，系统将提示用户输入需要的属性值。插入块后，属性用它的值表示。

（5）插入块后，可以改变属性的可见性，对属性做修改，把属性单独提取出来写入文件，供统计、制表使用，还可以与其他高级语言或数据库进行数据通信。

6.4.2　定义块属性

要创建带有属性的块，可以先绘制希望作为块元素的图形，然后创建希望作为块元素的属性，最后同时选中图形及属性，将其统一定义为块或保存为块文件。

块属性是通过“属性定义”对话框来设置的。

1. 对话框打开方式

可通过以下方式打开“属性定义”对话框。

（1）菜单栏：【绘图】→【块】→【定义属性】。

（2）功能区：在【插入】选项卡下【块定义】面板中单击“定义属性”按钮。

（3）命令行：ATTDEF↙。

执行【ATTDEF】命令，程序将弹出“属性定义”对话框，如图 6-11 所示。

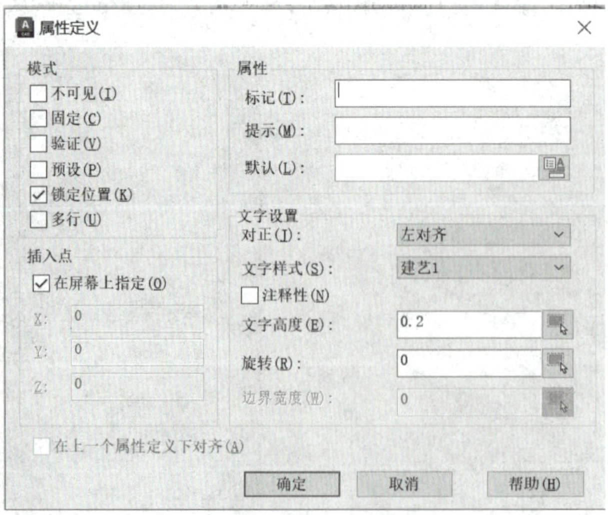

图 6-11　“属性定义”对话框

2. 对话框中各项的含义

对话框中各项的含义如下。

(1)“模式”区：在图形中插入块时，设置与块关联的属性值选项。

①不可见：指定插入块时不显示属性值。

②固定：设置属性的固定值。

③验证：插入块时提示验证属性值是否正确。

④预设：插入包含预设属性值的块时，将属性设置为默认值。

⑤锁定位置：锁定块参照中属性的位置。解锁后，属性可以相对于使用夹点编辑的块的其他部分移动，并且可以调整多行文字属性的大小。

⑥多行：指定属性值可以包含多行文字。勾选此复选框后，可以指定属性的边界宽度。

提醒：在动态块中，由于属性的位置包括在动作的选择集中，因此必须将其锁定。

(2)“插入点”区：指定属性位置。输入坐标值或者勾选“在屏幕上指定”复选框，使用定点设备根据与属性关联的对象指定属性的位置。

(3)“属性”区：设置块属性的数据。

①标记：标识图形中每次出现的属性。

②提示：指定在插入包含该属性定义的块时显示提示。如果不输入提示，属性标记将用作提示。

③默认：设置默认的属性值。

(4)“文字设置”区：设置属性文字的对正方式、样式、高度和旋转角度。

①对正：指定属性文字的对正方式。

②文字样式：指定属性文字的预定义样式。

③注释性：勾选此复选框，指定属性为注释性。

④文字高度：设置文字的高度。

⑤旋转：设置文字的旋转角度。

⑥边界宽度：指定多行文字属性中文字行的最大长度。

(5)在上一个属性定义下对齐：将属性标记直接置于之前定义的属性下面。如果之前没有创建属性定义，则此选项不可用。

6.4.3 编辑块属性

可以像修改其他对象一样对块属性进行编辑。例如，单击选中块后，系统将显示块及属性夹点，单击属性夹点即可移动属性的位置。

要编辑块的属性，可执行【修改】→【对象】→【属性】→【单个】菜单命令，然后在图形区域中选择属性块，弹出“增强属性编辑器”对话框，如图 6-12 所示。

在该对话框中可以修改块的属性值、属性的文字选项、属性所在图层，以及属性的线型、颜色和线宽等。执行【修改】→【对象】→【属性】→【块属性管理器】菜单命令，然后在图形区域中选择属性块，弹出“块属性管理器”对话框，如图 6-13 所示。

“块属性管理器”对话框的主要特点如下。

(1)可在“块”下拉列表框中选择要编辑的块。

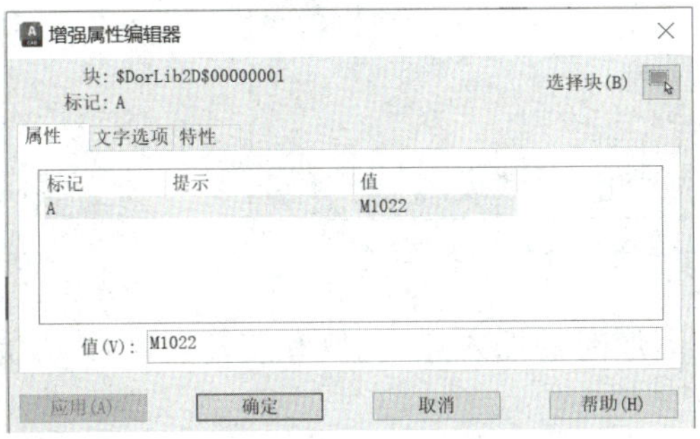

图 6-12 “增强属性编辑器”对话框

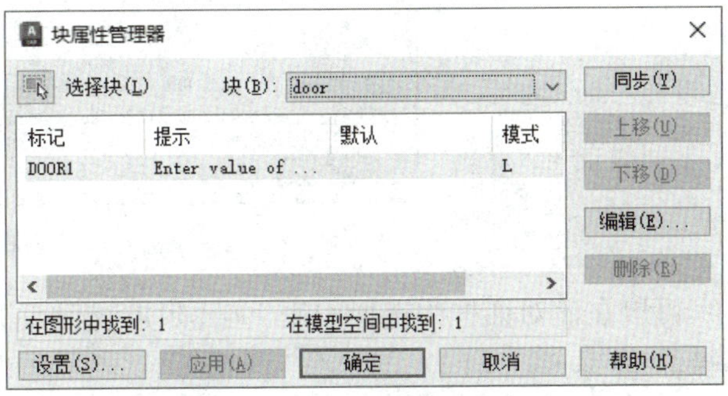

图 6-13 “块属性管理器”对话框

（2）在属性列表中选择某属性后，单击“上移”或“下移”按钮，可以调整其在列表中的位置。

（3）在属性列表中选择某属性后，单击“编辑”按钮，可以修改属性模式、标记、提示与默认值。

（4）在属性列表中选择某属性后，单击“删除”按钮，可以将其删除。

任务 6.5　外部参照

外部参照是指在一幅图形中对另一幅外部图形进行引用。外部参照有两种基本用途：通过外部参照，参照图形中所做的修改将反映在当前图形中；附着的外部参照链接至另一图形，并不真正插入，因此使用外部参照可以生成图形而不会显著增加图形文件的大小。使用外部参照，可以使用户获得良好的设计效果。

6.5.1　使用外部参照

外部参照与块在很多方面都很类似，二者不同之处在于块的数据存储于当前图形中，而外部参照的数据存储于一个外部图形中，当前图形数据库中仅存放外部文件的一个引用。

可通过以下方式来执行此操作。

（1）菜单栏：【插入】→【外部参照】。

（2）命令行：EXTERNALREFERENCES↙。

执行【EXTERNALREFERENCES】命令，程序弹出【外部参照】面板，如图 6-14 所示。

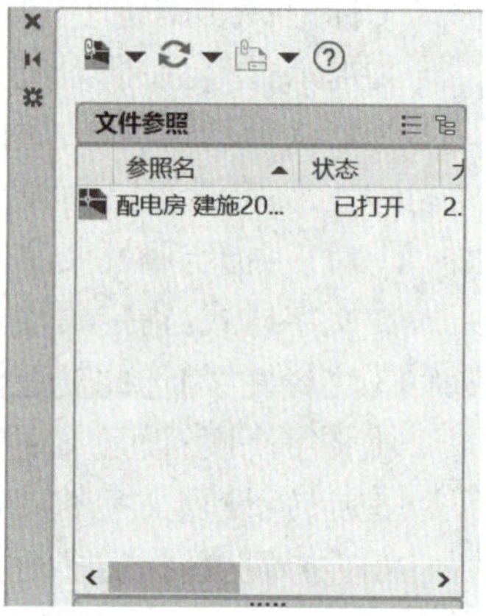

图 6-14 【外部参照】面板

通过【外部参照】面板，可以载入 DWG、DWF、DGN、PDF、点云及 BMP 等图形图像文件附着到当前图形中。单击面板中的“附着”按钮，将打开“选择参照文件”对话框，可以通过该对话框选择要作为外部参照的图形文件。

选定文件后，单击“打开”按钮，程序弹出如图 6-15 所示的“附着外部参照”对话框。

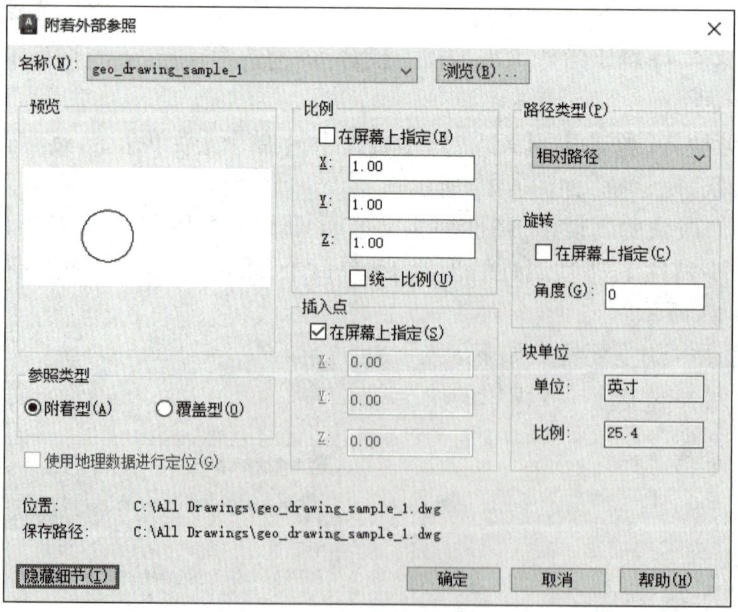

图 6-15 “附着外部参照”对话框

可以在该对话框中选择引用类型（附加或覆盖），加入图形时的插入点、比例和旋转角度，以及是否包含路径。

如果附着一个图形，而此图形中包含附着的外部参照，则附着的外部参照将显示在当前图形中。用户可以选择多个 DWG 文件进行附着。附着的外部参照与块一样是可以嵌套的。如果当前另一个人正在编辑此外部参照，则附着的图形将为最新保存的版本。

“附着外部参照”对话框中各项的含义如下。

（1）名称：附着一个外部参照后，该外部参照的名称将出现在此列表中。当在列表中选择一个附着的外部参照时，它的路径将显示在“保存路径”或“位置”处。

（2）浏览：单击“浏览”按钮，弹出“选择参照文件”对话框，可以为当前图形选择新的外部参照。

（3）附着型：将图形作为外部参照附着时，会将该参照图形链接到当前图形。打开或重载外部参照时，对参照图形所做的任何修改都会显示在当前图形中。

（4）覆盖型：覆盖外部参照用于在网络环境中共享数据。通过覆盖外部参照，无须通过附着外部参照来修改图形便可以查看图形与其他编组中的图形的相关方式。

（5）“插入点”区：指定所选外部参照的插入点。

在屏幕上指定：显示命令提示并使 X、Y 和 Z 比例因子选项不可用。

（6）“比例”区：指定所选外部参照的比例因子。

统一比例：勾选此复选框，将使 Y 和 Z 的比例因子等于 X 的比例因子。

（7）“旋转”区：为外部参照引用指定旋转角度。

角度：指定外部参照实例插入当前图形时的旋转角度。

（8）“块单位”区：显示有关块单位的信息。

6.5.2　参照管理器

参照管理器是一个独立的应用程序，可方便用户轻松地管理图形文件和附着参照（包括图形、图像、字体和打印样式等由 AutoCAD（或基于 AutoCAD 产品）生成的内容），还能很容易地识别和修正图形中未解决的参照。在 Windows 操作系统中执行【开始】→【所有程序】→【Autodesk】→【AutoCAD 2023—Simplified Chinese】→【参照管理器】命令，即可打开参照管理器窗口，如图 6-16 所示。

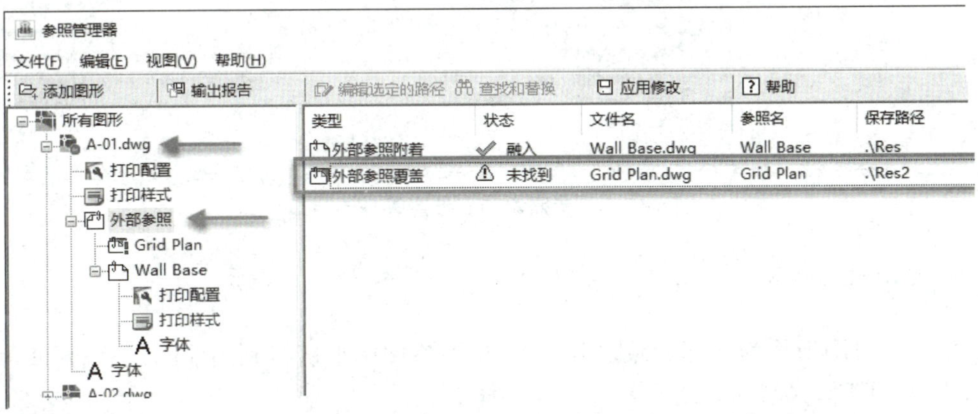

图 6-16　参照管理器窗口

如果参照文件缺少或在预期路径中找不到它，图形文件图标会显示为 ，表示检测到存在问题。参照管理器的主界面分为两个窗格，其中左侧窗格用于选定图形并显示它们参照的外部文件的树状视图。树状视图帮助用户在右侧窗格显示的参照列表中查找和添加内容，该列表显示用户选择和编辑的保存参照的路径信息。用户还可以控制树状视图的显示样式，在树状视图中单击加号或减号来展开或收拢项目或节点。

如果要向参照管理器树状视图中添加一个图形，可以单击窗口中的“添加图形”按钮，然后在打开的对话框中，浏览要打开文件的位置，选择文件后，单击“打开”按钮，会弹出如图 6-17 所示的“添加外部参照”信息提示对话框。

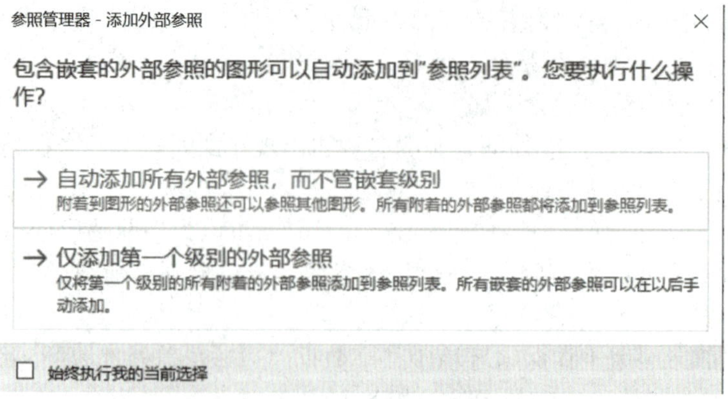

图 6-17 “添加外部参照”信息提示对话框

若勾选该对话框中的“始终执行我的当前选择”复选框，则下次添加外部参照时不会再弹出此对话框。单击“添加外部参照”信息提示对话框中的“自动添加所有外部参照，而不管嵌套级别”按钮后，用户所选择的外部参照图形将被添加到参照管理器窗口中，如图 6-18 所示。

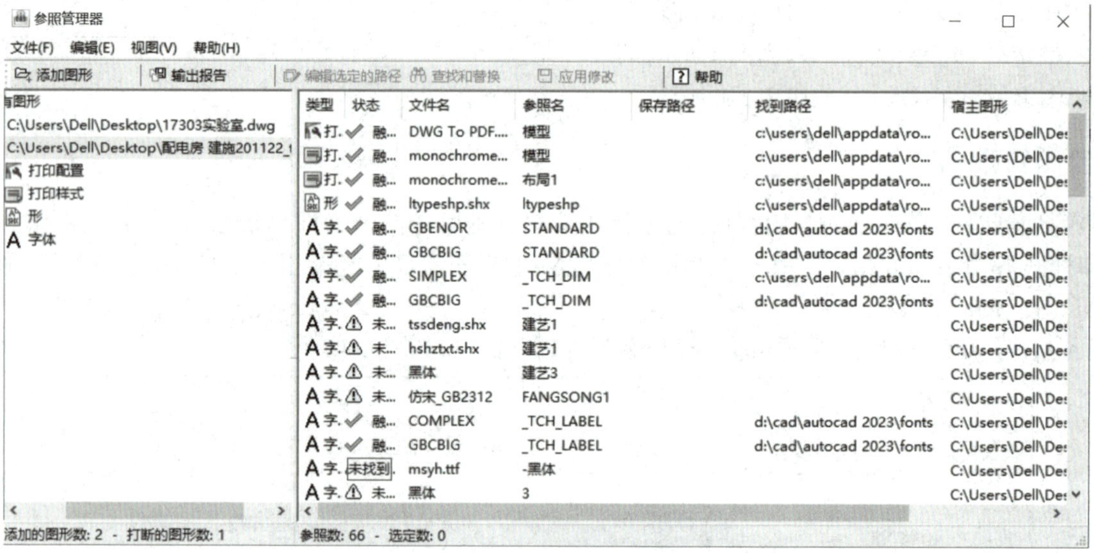

图 6-18 将参照添加到参照管理器窗口

6.5.3 附着外部参照

在 AutoCAD 中，将图形作为外部参照附着时，会将该参照图形链接到当前图形；打开或重载外部参照时，对参照图形所做的任何修改都会显示在当前图形中。

可通过以下方式来执行此操作。

（1）菜单栏：【插入】→【外部参照】；

（2）命令行：XATTACH↙。

执行【XATTACH】命令，所弹出的操作对话框及使用外部参照的操作过程与执行 EXTERNALREFERENCES 命令是完全相同的。当外部参照附着到图形时，应用程序窗口的右下角（状态栏托盘）将显示一个外部参照图标，如图 6-19 所示。

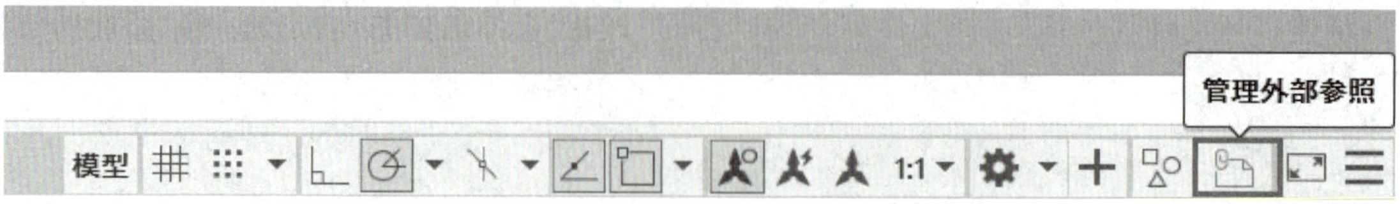

图 6-19 状态栏中的“管理外部参照”按钮

6.5.4　拆离外部参照

要从图形中彻底删除 DWG 参照（外部参照），需要拆离它们而不是删除。因为删除外部参照不会删除与其关联的图层定义。

（1）单击【视图】选项卡下【选项板】面板中的“外部参照选项板”按钮（图 6-20）。

（2）在外部参照选项板中，选择 DWG 参照。

（3）在选定的 DWG 参照上单击鼠标右键，在弹出的快捷菜单中选择【拆离】命令（图 6-21）。

图 6-20　功能区的“外部参照选项板”按钮

外部参照在 AutoCAD 图形中被广泛使用。当打开和编辑包含外部参照的文件时，用户将发现改进的性能。为了获得更好的性能，AutoCAD 使用线程同时运行一些外部参照处理而不是按加载序列处理外部参照。

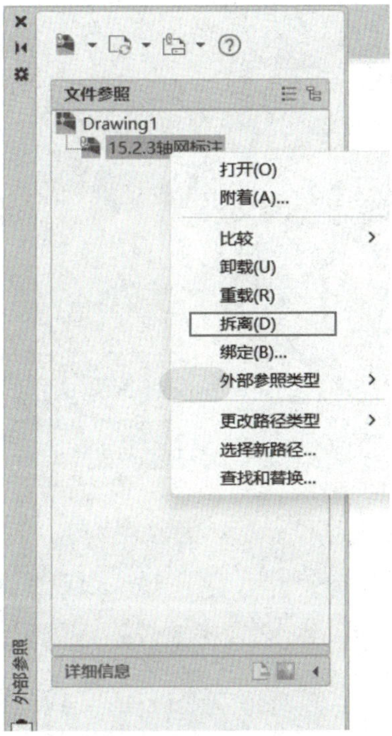

图 6-21　拆离外部参照

作业

1. 将图 2-45 植物图例创建为图块，名称为“桂花”。

任务 6 作业指导

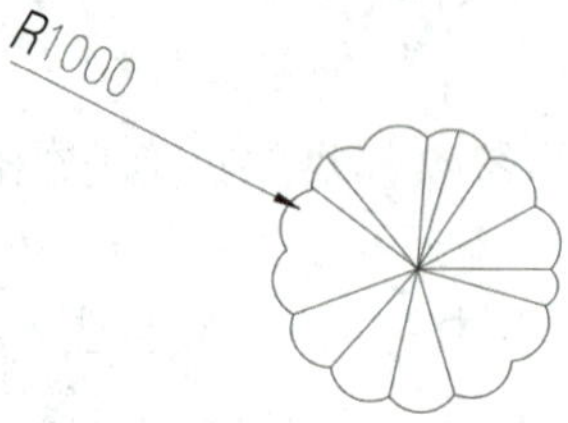

2. 将任务 2 课后作业 5 中图形创建为图块,名称为“竹子”。

任务 7 设计中心、图纸集、CAD 标准文件

学习目标

1. 了解 AutoCAD 设计中心、图纸集、图层转换器的作用；
2. 熟悉创建、管理图纸集的方法；
3. 掌握 AutoCAD 设计中心管理图纸资源、附着外部参照等功能；
4. 掌握图层转换器统一图层标准的方法。

思维导图

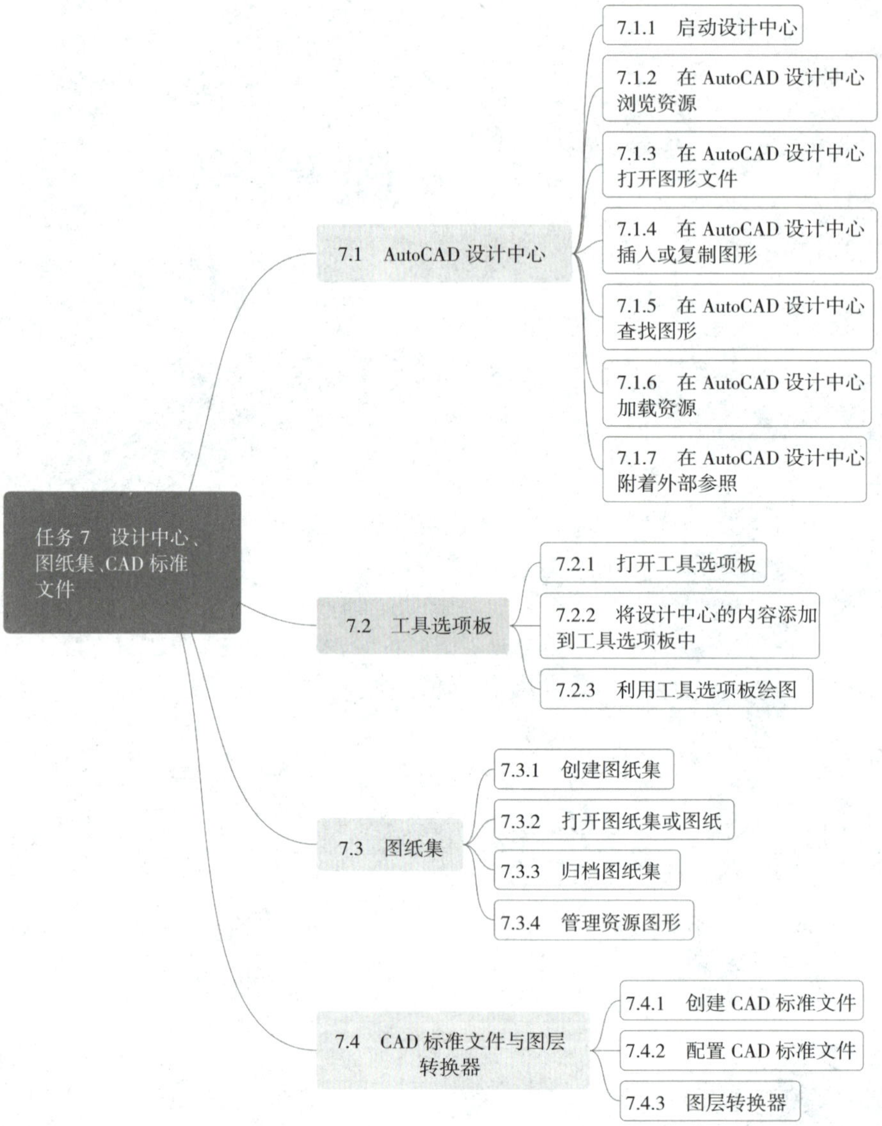

任务 7.1 AutoCAD 设计中心

AutoCAD 设计中心是 AutoCAD 提供的一个直观、高效的工具，与 Windows 资源管理器类似。其功能如下。

（1）浏览用户计算机、网络驱动器和 Web 页上的图形内容（如图形或符号库）。

（2）查看任意图形文件中块和图层的定义表，然后将定义插入、附着、复制和粘贴到当前图形中。

（3）更新（重定义）块定义。

（4）创建指向常用图形、文件夹和 Internet 网址的快捷方式。

（5）向图形中添加内容（如外部参照、块和图案填充）。

（6）在新窗口中打开图形文件。

（7）将图形、块和图案填充拖动到工具选项板上以便于访问。

(8)在打开的图形之间复制和粘贴内容(如图层定义、布局和文字样式)。

7.1.1　启动设计中心

1. 执行方式

(1)命令行:ADCENTER↙。

(2)菜单栏:【工具】→【设计中心】。

(3)工具栏:单击“标准”工具栏中的“设计中心”按钮。

(4)功能区:单击【视图】选项卡下【选项板】面板中的“设计中心”按钮。

(5)快捷键:【Ctrl+2】。

2. 操作步骤

执行上述命令,打开设计中心。第一次启动设计中心时,默认打开的选项卡为【文件夹】,内容显示区采用大图标显示,左边的资源管理器采用树视图方式显示系统的树形结构。在浏览资源管理器中的资源时,内容显示区会显示所浏览资源的有关细目或内容,如图 7-1 所示。同时可以搜索资源,方法与 Windows 资源管理器类似。

7.1.2　在 AutoCAD 设计中心浏览资源

设计中心的一个重要功能就是浏览资源。可以重复利用和共享的图形内容称为设计资源,包括图块、图层、标注样式、文字样式、表格样式、布局、线型等。在树状图中找到要浏览的文件夹,双击文件夹,则在内容区内显示该文件夹的内容,如图 7-2 所示。

7.1.3　在 AutoCAD 设计中心打开图形文件

(1)将图形文件(.dwg)从内容显示区拖放到绘图区即可打开图形:用鼠标左键在内容显示区点住要打开的图形文件并按下【Ctrl】键拖动至绘图区的图形区放开鼠标。

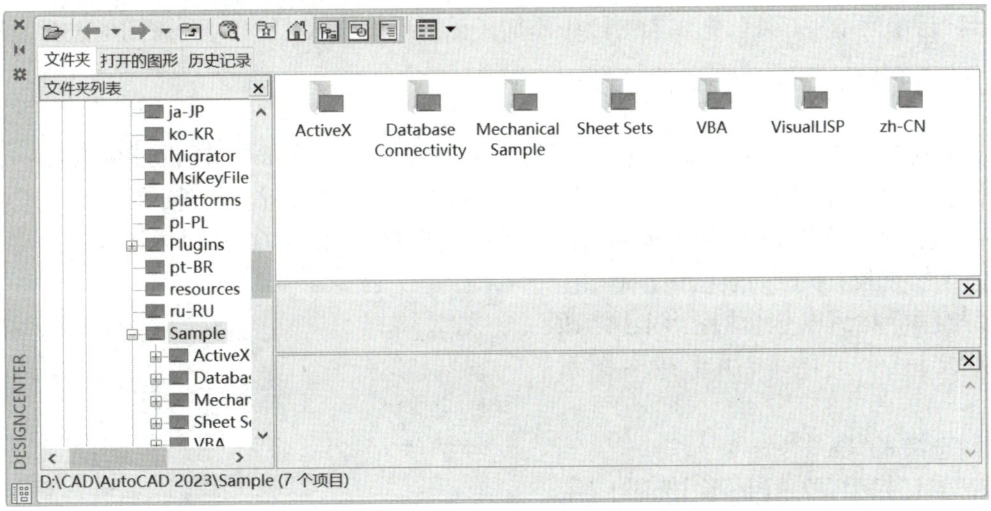

图 7-1　AutoCAD 2023 设计中心

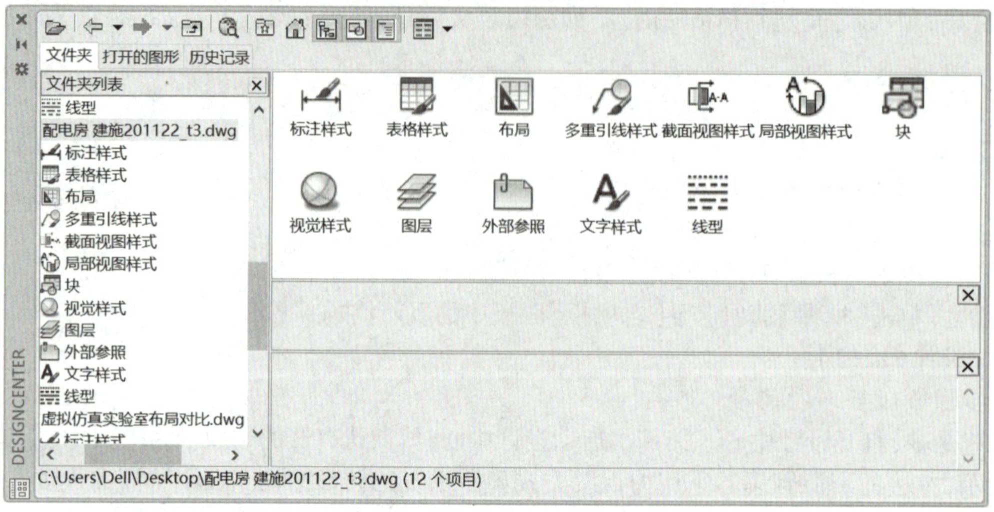

图 7-2　在设计中心浏览资源

（2）在内容显示区将鼠标放在要打开的图形文件上单击鼠标右键，出现快捷菜单，选择【在应用程序窗口中打开】命令即可打开该图形。

7.1.4　在 AutoCAD 设计中心插入或复制图形

设计中心的另一个重要功能是查看图形文件对象的定义，将定义插入、附着、复制和粘贴到当前图形中。

（1）将内容显示区某图形拖动到当前图形的图形区，则该图形按照默认设置插入到当前图形中。

（2）将内容显示区某个图形的设计资源块中需要的相应的图块，拖动到当前图形的图形区需要的位置，则该块按照默认设置插入到当前图形中。

（3）将内容显示区某个图形的设置样式（如图层、标注样式、文字样式、表格样式、布局、线型等）中需要的内容拖动到当前图形的图形区，则在当前图中添加了该图形的样式，无须打开该图形进行复制等操作。

7.1.5　在 AutoCAD 设计中心查找图形

利用 AutoCAD 设计中心，可以查找所需要的图形内容。单击 AutoCAD 设计中心“查找”按钮，打开“查找”对话框。可快速查找图形、块、图层、尺寸样式等图形内容或设置。另外，在查找时还可以设置查找条件来缩小搜索范围。在“搜索”对话框的“查找”下拉列表框中设置的查找对象不同，“搜索”对话框的形式也不相同。在“查找”下拉列表框中选择“图形”选项后，“搜索”对话框包含【图形】、【修改日期】和【高级】三个选项卡，用于搜索图形文件。

1.【图形】选项卡

在“搜索”对话框中，单击【图形】选项卡后，对话框形式如图 7-3 所示。在该对话框形式中，可根据指定搜索路径、搜索文字和搜索字段等条件查找图形文件。

2.【修改日期】选项卡

在“搜索”对话框中，单击【修改日期】选项卡，在相应的对话框形式中，可根据指定图形文件的创建日期或上一次修改日期，或指定日期范围等条件查找图形文件。

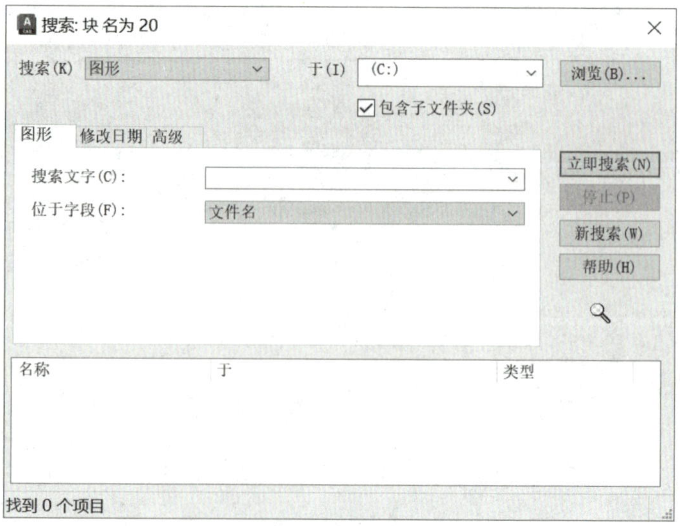

图 7-3　【图形】选项卡

3.【高级】选项卡

在“搜索”对话框中，单击【高级】选项卡，在相应的对话框形式中，可根据指定其他参数（如输入文字说明或文件的大小范围）等条件查找图形文件。

7.1.6　在 AutoCAD 设计中心加载资源

AutoCAD 设计中心可以从 Windows 桌面、收藏夹或通过 Internet 加载图形文件。使用以下方法可以在内容显示区向当前图形添加内容。

（1）单击“加载”按钮，AutoCAD 弹出“加载控制板”对话框，通过该对话框选择欲加载的文件。

（2）将某个项目拖动到某个图形的图形区，按照默认设置（如果存在）将其插入。

（3）选择内容显示区的某个项目，单击鼠标右键，将显示包含若干命令的快捷菜单，可插入为块。

7.1.7　在 AutoCAD 设计中心附着外部参照

如果附着一个图形，该图形包含附着的外部参照，则该外部参照将显示在当前图形中。可以选择多个 DWG 文件进行附着。附着的外部参照与块一样可以嵌套。如果当前有其他人正在编辑此外部参照，则附着的图形将为最新保存的版本。“附着外部参照”对话框见图 7-4。

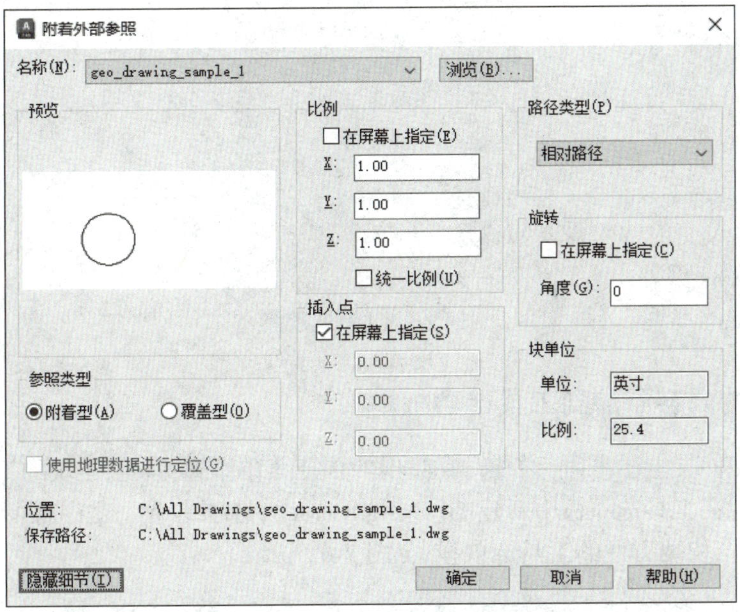

图 7-4　“附着外部参照”对话框

任务 7.2　工具选项板

7.2.1　打开工具选项板

1. 执行方式

（1）命令行：TOOLPALETTES↙。

（2）菜单栏：【工具】→【选项板】→【工具选项板】。

（3）工具栏：单击“标准”工具栏中的“工具选项板”按钮。

（4）功能区：单击【视图】选项卡下【选项板】面板中的“工具选项板”按钮。

（5）快捷键：【Ctrl+3】。

2. 操作步骤

执行上述操作后，自动打开工具选项板，如图 7-5 所示。单击鼠标右键，在弹出的快捷菜单中选择【新建选项板】命令，系统会新建一个空白选项板，可以命名该选项板。

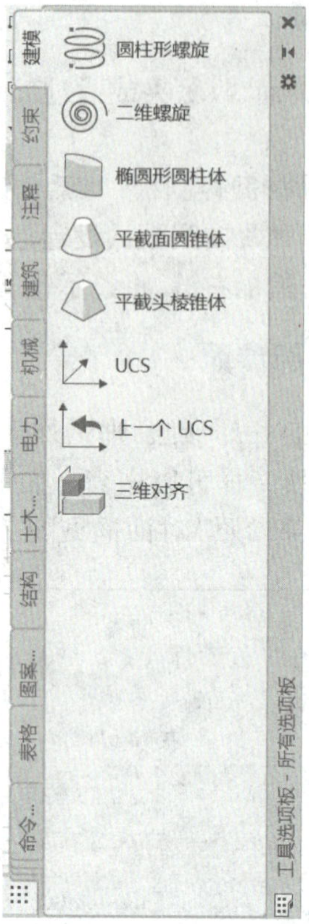

图 7-5　工具选项板

7.2.2　将设计中心的内容添加到工具选项板中

在 DesignCenter 文件夹上单击鼠标右键，在弹出的快捷菜单中选择【创建块的工具选项板】命令。设计中心中存储的图元出现在工具选项板中新建的【DesignCenter】选项卡下。这样就可以将设计中心与工具选项板结合起来，创建一个快捷方便的工具选项板，见图 7-6。

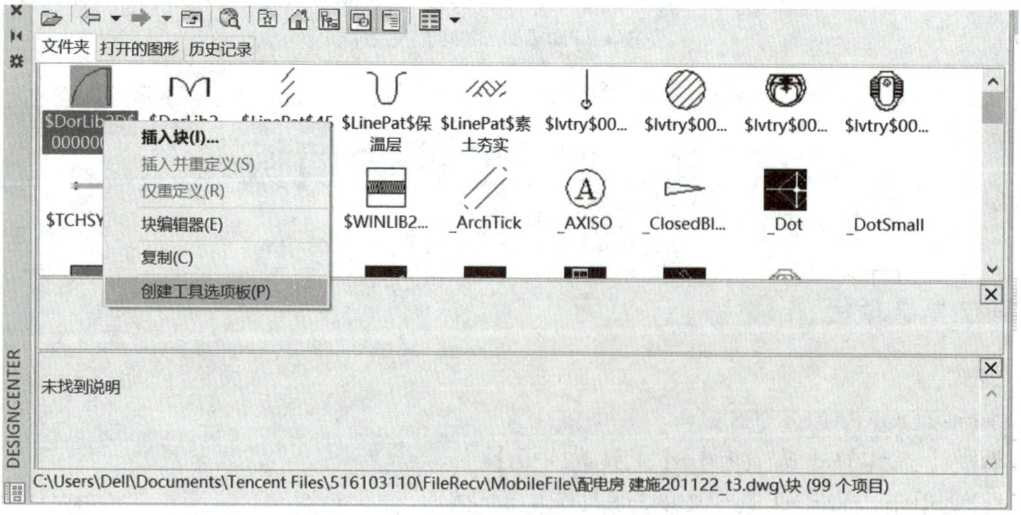

图 7-6　在设计中心创建工具选项板

7.2.3　利用工具选项板绘图

将工具选项板中的图形单元拖动到当前图形，该图形单元会以图块的形式插入到当前图形中。如图 7-7 所示为将工具选项板中【建筑】选项卡下“车”图形单元拖曳到当前图形。

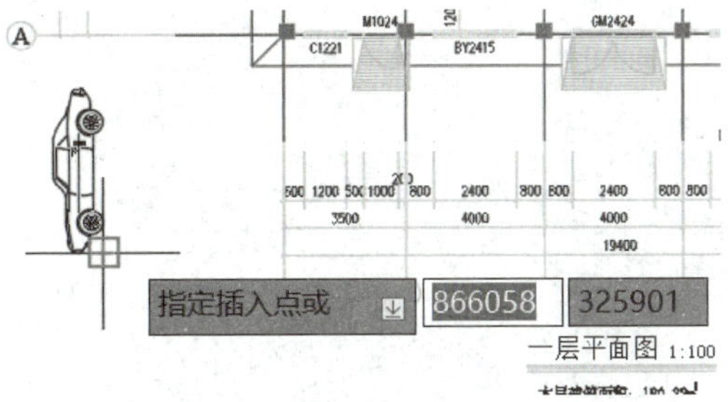

图 7-7　利用工具选项板绘图

任务 7.3　图纸集

在 AutoCAD 中，图纸集是来自一些图形文件的一系列图纸的有序集合，可以从任何图形中将布局作为图纸输入到图纸集中，图纸集用于传达项目的总体设计意图并为该项目提供文档和说明，使用图纸集管理器，可以将图纸集作为一个单元进行管理、传递、发布和归档，见图 7-8。在【图纸列表】选项卡下，可以将图纸整理为集合，这些集合被称作子集，见图 7-9。

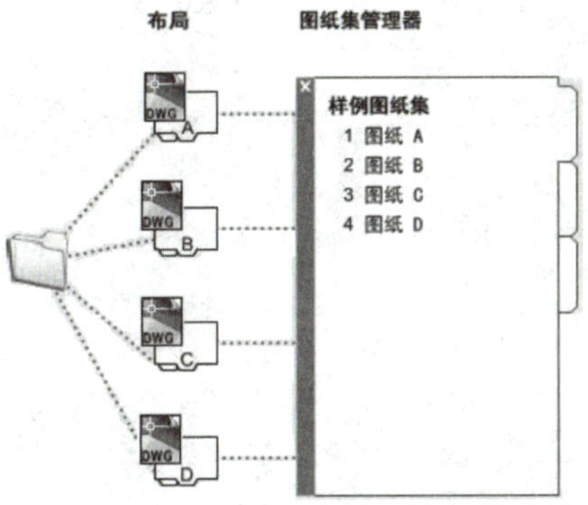

图 7-8　图纸集管理

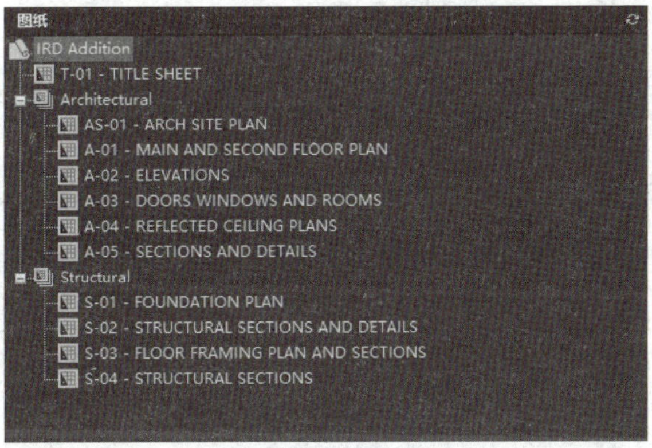

图 7-9　图纸子集

7.3.1　创建图纸集

在 AutoCAD 2023 中，可通过图纸集管理器（图 7-10）来管理图纸集，在图纸集管理器中可以通过将布局输入到图纸集中来添加图纸，方便项目负责人将各专业设计人员的图纸快捷、完整地组织起来。可以为图纸集指定专门的样板图，用图纸集管理器来创建新图纸。在图纸集管理器中，还可以创建子集对图纸进行分类管理、管理图纸中的命名视图、创建图纸一览表、将全部图纸归档、完整地打印或发布图纸等。

在命令行直接输入 NEWSHEETSET，或单击视图选项板上的“图纸集管理器”按钮，在弹出的图纸集管理器窗口的“打开”下拉列表框中选择“新建图纸集”，均可激活【创建图纸集】命令，如图 7-11 所示。可使用“样例图形集”和“现有图形”两种工具来创建图纸集。

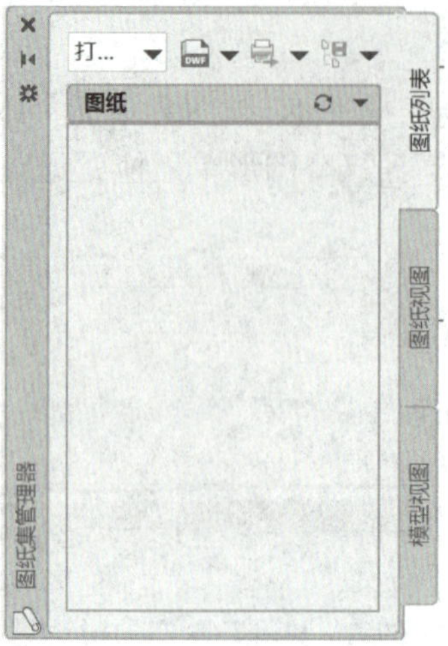

图 7-10　图纸集管理器

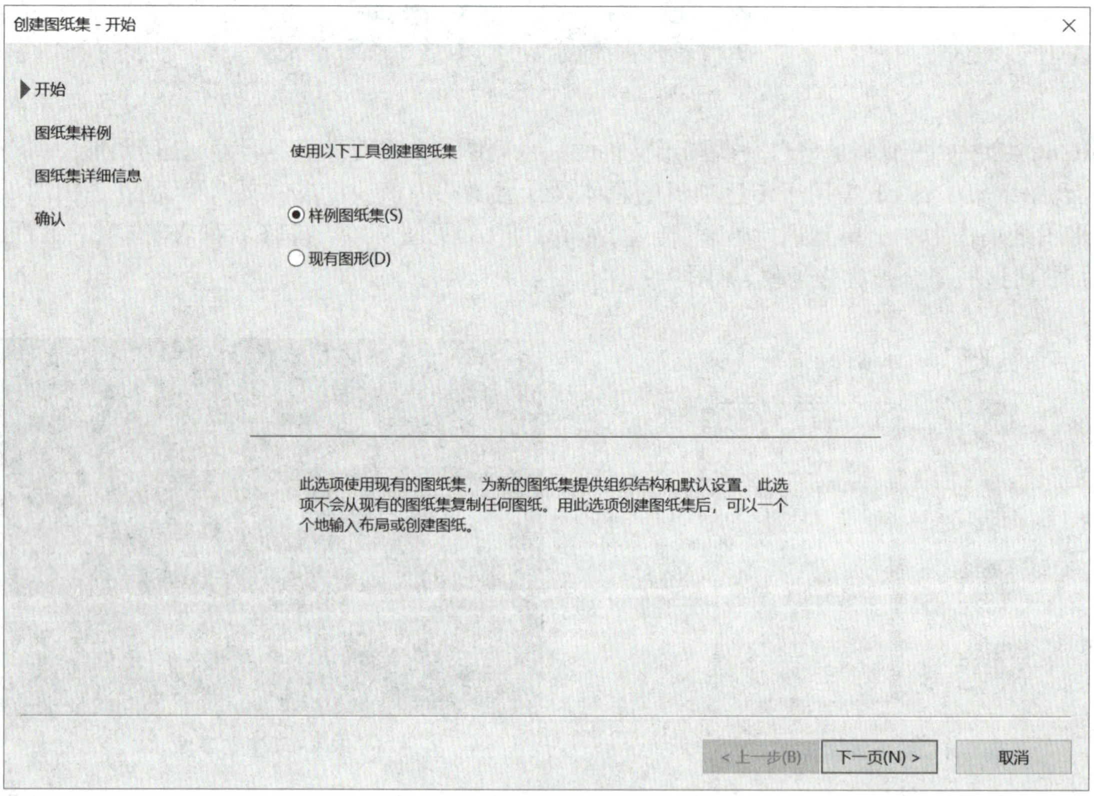

图 7-11　创建图纸集

7.3.2　打开图纸集或图纸

在之前所打开的图纸集管理器中的“打开”下拉列表框中选择“打开”项或使用快捷键【Ctrl+4】即可打开“打开图纸集”对话框。找到图纸集文件存放的项目文件夹下的 DST 文件，即可在图纸集管理器中看到这个项目的整个图纸集图纸列表。

7.3.3　归档图纸集

当项目完成后，图纸集可以自动将全部图纸进行归档，将图纸集或部分图纸集打包以便存储。这与传递集打包类似，不同的是需要为归档内容指定一个文件夹且不需要传递该包。图纸集中的图纸可来自多个不同的文件夹，甚至局域网内其他计算机中的链接，通常情况下，归档操作会把所有的图纸集中到同一个目录下或放置到一个压缩包中。归档图纸集可以保存图纸集的所有特性，包括布局、字体等的设置，方便维护全套图纸在修改浏览时的完整性。执行归档图纸集有三种方式。

（1）菜单栏：【应用程序菜单】→【发布】→【归档】。

（2）快捷菜单：在顶层图纸集上单击鼠标右键，在弹出的快捷菜单中选择【归档】命令。

（3）命令行：ARCHIVE↙。

7.3.4　管理资源图形

图纸集管理器的【模型视图】选项卡显示可用于当前图纸集的文件夹、图形文件以及模型空间视图的列表。从中可以添加和删除文件夹位置，以控制哪些图形文件与当前图纸集相关联。在模型空间中管理命名视图的操作相对要复杂一些，在 AutoCAD 中只是将其作为资源图形管理，并不直接将其置于图纸集中，仅在需要时调用。通过模型视图可方便地管理资源图形。此选项卡包括以下按钮。

1.“刷新”按钮

单击“刷新”按钮，可更新存储在图纸集数据（DST）文件中的所有信息，检查每个资源位置的所有文件夹中有无新的或删除的图形文件，检查所有展开的图形文件有无新的或删除的模型空间视图。也可以在选定【模型视图】选项卡时，按【F5】键进行刷新。

2.“添加新位置”按钮

单击“添加新位置”按钮，可显示“浏览文件夹”“标准文件选择”对话框，从中可以将文件夹位置添加到图纸集中。注意：创建命名的模型空间视图后，必须保存图形，以将该视图添加到【模型视图】选项卡下。

任务 7.4　CAD 标准文件与图层转换器

7.4.1　创建 CAD 标准文件

在绘制复杂图形时，参与绘制图形的所有人员都遵循一个共同的标准，这使大家在绘制图形中的协调工作变得十分容易。AutoCAD 标准文件对图层、文本式样、线型、尺寸式样及属性等命名对象定义了标准设置，以保证同一单位、部门、行业及合作伙伴在所绘制的图形中对命名对象设置的一致性。

当用 CAD 标准文件来检查图形文件是否符合标准时，图形文件中的所有命名对象都会被检查到。如果确定了一个对象使用了非标准文件，那么这个非标准对象将会被清除出当前图形。任何一个非标准对象都有被转换成标准对象的可能。创建 CAD 标准文件的步骤如下。

（1）新建一个图形文件，根据约定的标准创建图层、标注式样、线型、文本式样及属性等。

（2）保存文件，弹出“图形另存为”对话框，在“文件类型”下拉列表框中选择“AutoCAD 图形标准（*.dws）”，在“文件名”文本框中输入文件名，单击“保存”按钮，即可创建一个与当前图形文件同名的 CAD 标准文件，如图 7-12 所示。

7.4.2　配置 CAD 标准文件

1. 任务

配置 CAD 标准，并使当前图形文件与标准文件建立关联。

2. 执行方式

（1）功能区：单击【管理】选项卡下【CAD 标准】面板中的“配置”按钮。

（2）命令行：STANDARDS↙。

命令执行后，弹出“配置标准”对话框，见图 7-13。

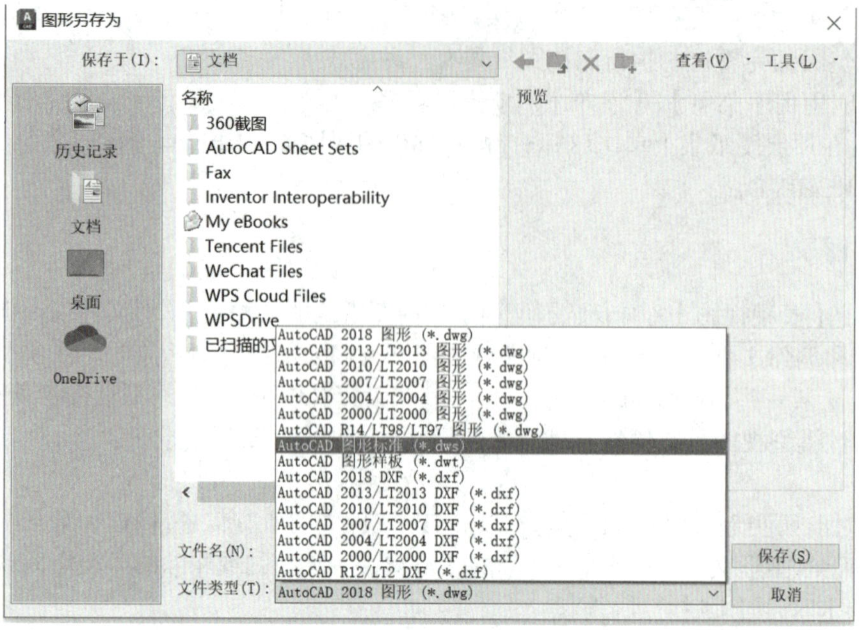

图 7-12　创建 CAD 标准文件

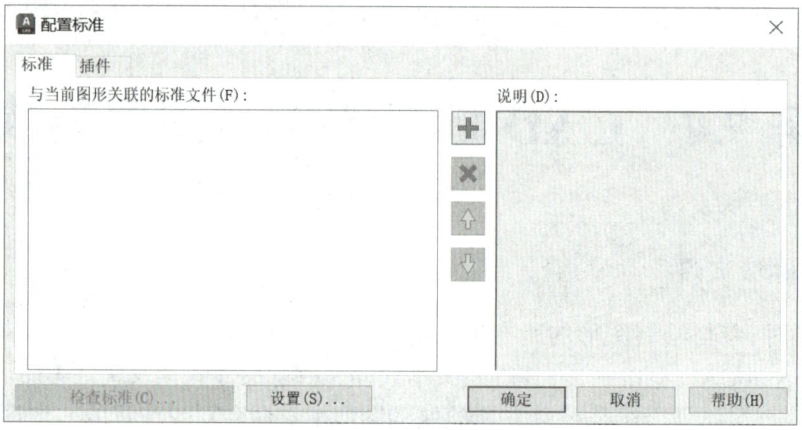

图 7-13　“配置标准”对话框

3. 操作说明

1)【标准】选项卡

(1)“与当前图形关联的标准文件”列表框:列出与当前图形建立关联关系的全部标准文件。可以根据需要给当前图形添加新标准文件,或从当前图形中消除某个标准文件。

(2)“添加标准文件”按钮:单击该按钮,弹出“选择标准文件”对话框,可给当前图形添加新标准文件。

(3)“删除标准文件”按钮:单击该按钮,将在“与当前图形关联的标准文件”列表框中选中的某标准文件删除,即取消关联关系。

(4)“上移”和“下移”按钮:单击该按钮,将在“与当前图形关联的标准文件”列表框中选择的标准文件上移或下移一个。

(4)“说明”栏:对选中的标准文件进行简要说明。

如果当前还没有建立关联,那么【标准】选项卡下的“与当前图形关联的标准文件”列表框将是空白的。如果要选择和当前图形建立关联的标准文件,可单击“添加标准文件”按钮,打开“选择标准文件”对话框,然后选择一个 CAD 标准文件,单击“打开文件”按钮即可将其添加到“配置标准”对话框中。

2)【插件】选项卡

在“配置标准”对话框中,单击【插件】选项卡,可显示当前标准文件中的所有命名对象。通过勾选命名对象前的复选框，可选择性配置所需标准对象。

7.4.3　图层转换器

图层转换器可用于对当前图形对象中的图层进行变更，以使其符合其他文件或 CAD 标准文件中的图层定义。可以将其他文件的图层属性，依照一定的标准来转换图层名称和性质。如果从一家不遵循我方规定图层标准的公司接收到一个图形，可以将该图形的图层名称和特性转换为我方规定的标准。将当前图形中使用的图层映射到其他图层，然后使用这些映射转换当前图层。如果图形包含同名的图层，图层转换器可以自动修改当前图层的特性，使其与其他图层中的特性相匹配。

1. 任务

用图层转换器把不符合标准的图层转换成规定标准图层。

2. 执行方式

（1）功能区：单击【管理】选项卡下【CAD 标准】面板中的“图层转换器”按钮。

（2）命令行：LAYTRANS↙。

3. 提示

转换图层文件可以是任何有效的 DWG、DWT、LAY 或 LXT 文件。LAY 和 LXT 文件类型分别为图层管理器和图层转换器文件。

4. 操作说明

（1）打开包含要修改的图层特性的图形，启动图层转换器，如图 7-14 所示。

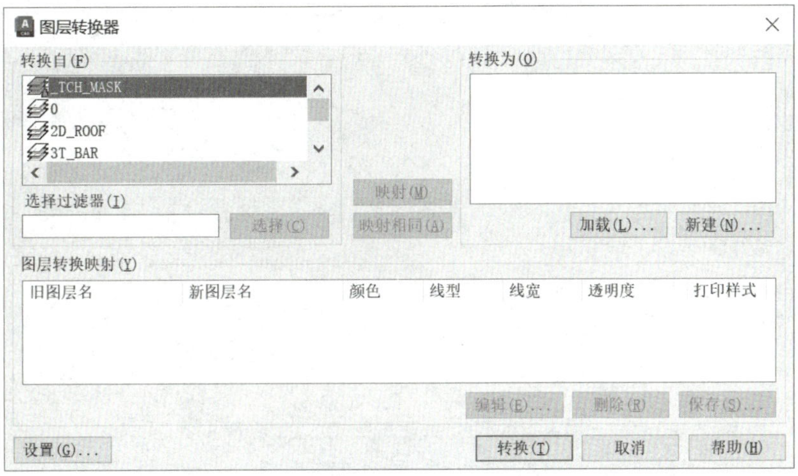

图 7-14　图层转换器

（2）左侧“转换自”列表框显示原始图层，右侧“转换为”显示区最初为空。可通过“加载”和“新建”按钮，在“转换为”框中创建图层。

（3）从左侧“转换自”列表框中选择一个要转换的图层，从右侧“转换为”显示区拾取其对应的参照图层，然后单击“映射”按钮。映射后可点击“编辑”按钮，对目标图层进行进一步的调整和编辑。

（4）单击“转换”按钮完成图层转换。

（5）使用“新建”按钮或在“转换为”区单击右键，从头创建一个新的图层标准。系统会提示输入名称、线型、颜色和线宽。

（6）从左侧列表控制区拾取一个要转换的图层，从右侧列表控制区拾取对应的参照图层，然后单击“映射”按钮。映射后可点击“编辑”按钮，对目标图层进行进一步的调整和编辑。

（7）对当前图形中选定图层上的图元的转换进行排队。图层（标识为“旧图层”）上的所有图元被指定为右边参照图层（标识为“新图层”）的名称和特性。

（8）单击“确定”按钮以执行转换。

作业

1. 指定图形文件的(　　)将输入到图纸集中。

A. 视图　　B. 图纸　　C. 布局　　D. 模型

2.(　　)用于定义图纸集的关联和信息,存储在图纸集数据文件中。

A. DST　　B. SDT　　C. ADT　　D. TDS

3. 哪两种方法是创建图纸集的正确方法?(　　)

A. 从图纸集样例和图纸集类别创建图纸集。

B. 从图纸集类别和现有图形文件创建图纸集。

C. 从现有图形文件和单个图纸创建图纸集。

D. 从图纸集样例和现有图形文件创建图纸集。

4. 下列选项中,(　　)不是图纸集管理器中的命令或功能。

A. 创建图纸集　　B. 打开图纸　　C. 发布图纸集　　D. 绘制图形

5. 在插入图纸一览表时,列设置中的数据类型不可能为(　　)。

A. 图纸编号　　B. 图纸标题　　C. 子集名称　　D. 图纸说明

任务 8 图形文件的数据转换与打印输出

学习目标

1. 了解文件输入、输出的功能；
2. 了解模型空间、图纸空间、视口布局、图形输出的概念和相关知识；
3. 了解如何创建布局和打印样式；
4. 了解图形打印输出的常用方法；
5. 能根据需要对文件进行输入和输出；
6. 掌握图形空间切换、多视口显示的方法。

思维导图

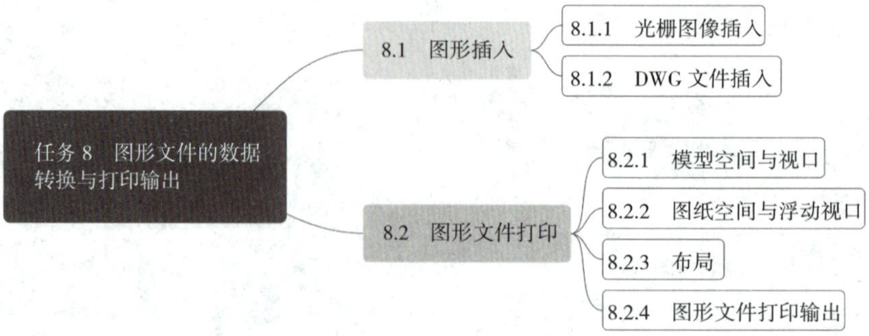
任务 8　图形文件的数据转换与打印输出
8.1　图形插入
8.1.1　光栅图像插入
8.1.2　DWG 文件插入
8.2　图形文件打印
8.2.1　模型空间与视口
8.2.2　图纸空间与浮动视口
8.2.3　布局
8.2.4　图形文件打印输出

任务 8

AutoCAD
建筑施工图篇

任务 9

AutoCAD 建筑工程图样设置

任务 9

学习目标

1. 掌握 AutoCAD 绘图单位、精度和图形界限的设置；
2. 掌握 AutoCAD 建筑工程绘图图层的设置；
3. 掌握 AutoCAD 文字样式和标注样式的设置。

思维导图

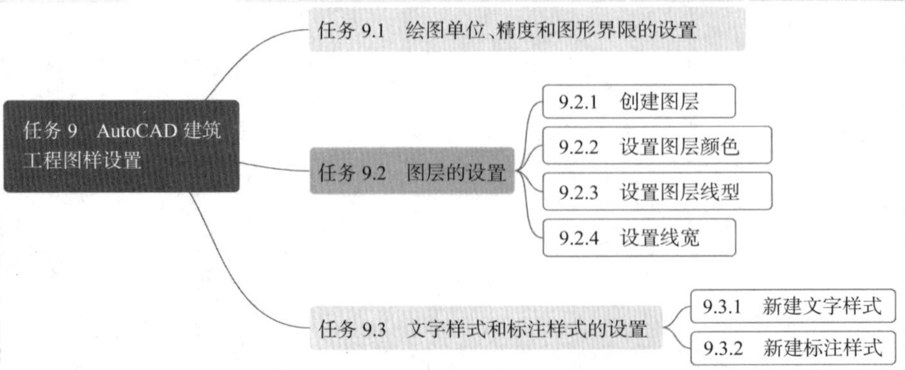

任务 9.1　绘图单位、精度和图形界限的设置

9.1.1　绘图单位的设置

应用 AutoCAD 软件绘制建筑施工图时，绘图单位一般采用十进制，可以按 1:1 的比例绘图，即所有的直线、圆和其他对象都按真实大小以毫米为单位进行绘制。

9.1.2　绘图精度的设置

应用 AutoCAD 软件绘制建筑施工图时，长度单位类型选“小数”，精度为“0”。角度可选“十进制度数”。

9.1.3　图形界限的设置

应用 AutoCAD 软件绘制建筑施工图时，常用图纸规格为 0~5 号，图形界限应设置为与选定图纸的大小相等或略大。

任务 9.2　图层的设置

9.2.1　创建图层

打开图层特性管理器，选中“0”图层，按【Enter】键，分别创建“轴线”“墙体”“柱子”“门窗”“文字”“尺寸标注”“楼梯、坡道”“图案填充”等图层，结果如图 9-1 所示。

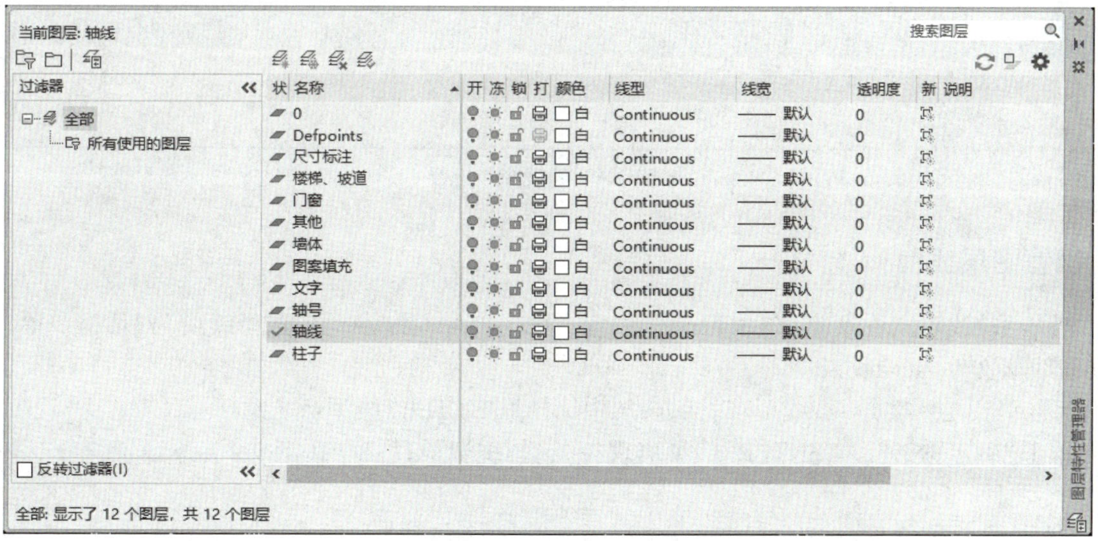

图 9-1　图层创建对话框

9.2.2　设置图层颜色

（1）选择刚创建的“轴线”层将其激活，在其颜色图标上单击，弹出“选择颜色”对话框，在“选择颜色”对话框中选择红色。

（2）单击“确定”按钮，“轴线”层颜色设置为红色（图 9-2）。

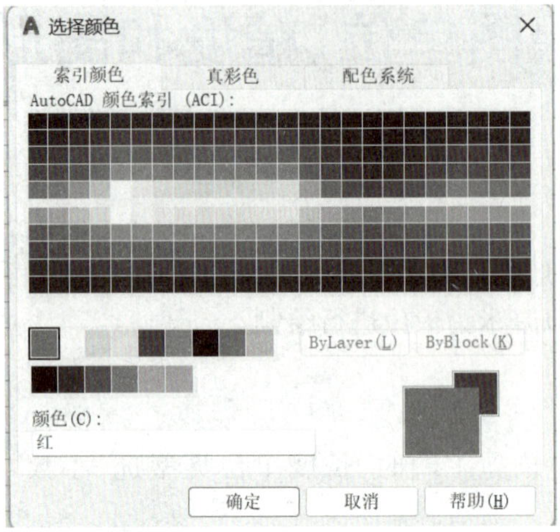

图 9-2 “选择颜色”对话框

（3）采用同样方法，分别激活其他图层，在打开的“选择颜色”对话框中选择颜色，完成图层颜色设置，见图 9-3。

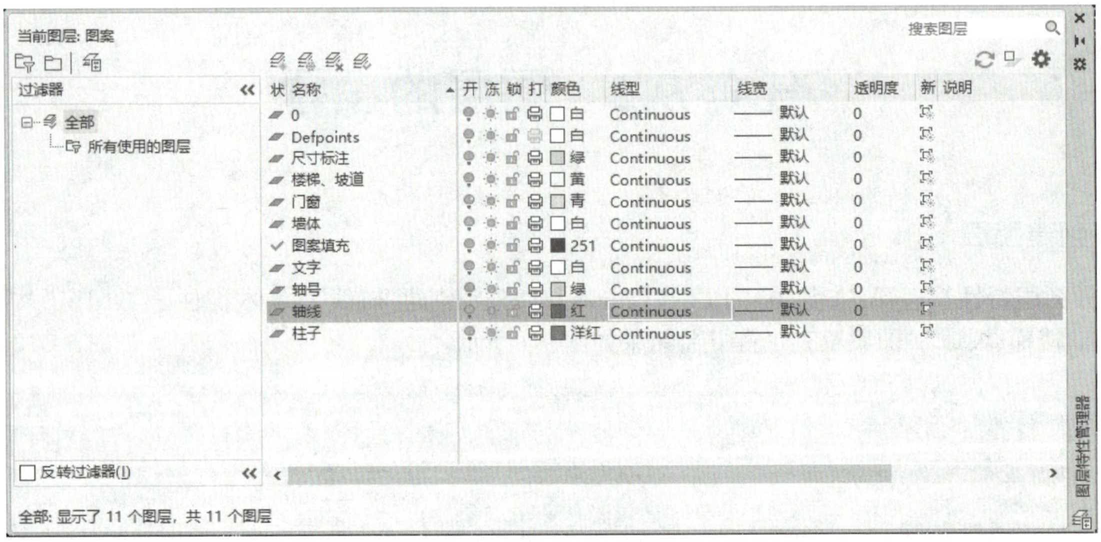

图 9-3 图层颜色设置

9.2.3 设置图层线型

（1）激活“轴线”层，在线型“Continuous”位置上单击鼠标左键，弹出“选择线型”对话框。单击“加载”按钮，加载线型文件“acadiso.lin”。

（2）系统弹出“加载或重载线型”对话框，从中选择“CENTER”线型。

（3）单击“确定”按钮，“CENTER”线型出现在“选择线型”对话框内（图 9-4）。

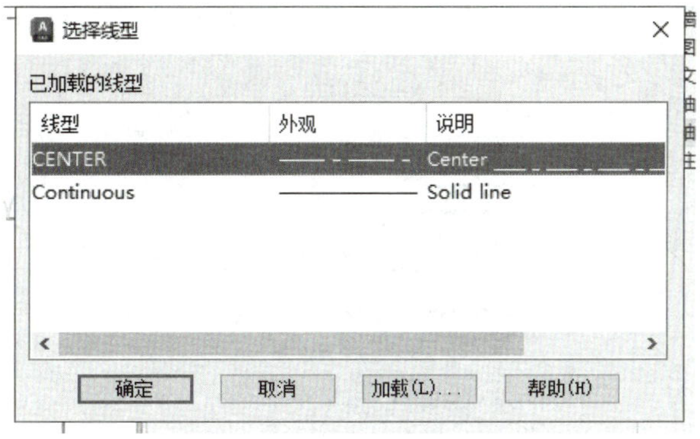

图 9-4　“选择线型”对话框

（4）在“选择线型”对话框内，选中“CENTER”线型，然后单击“确定”按钮，返回图层特性管理器，“轴线”层的线型被更改为“CENTER”，如图 9-5 所示。

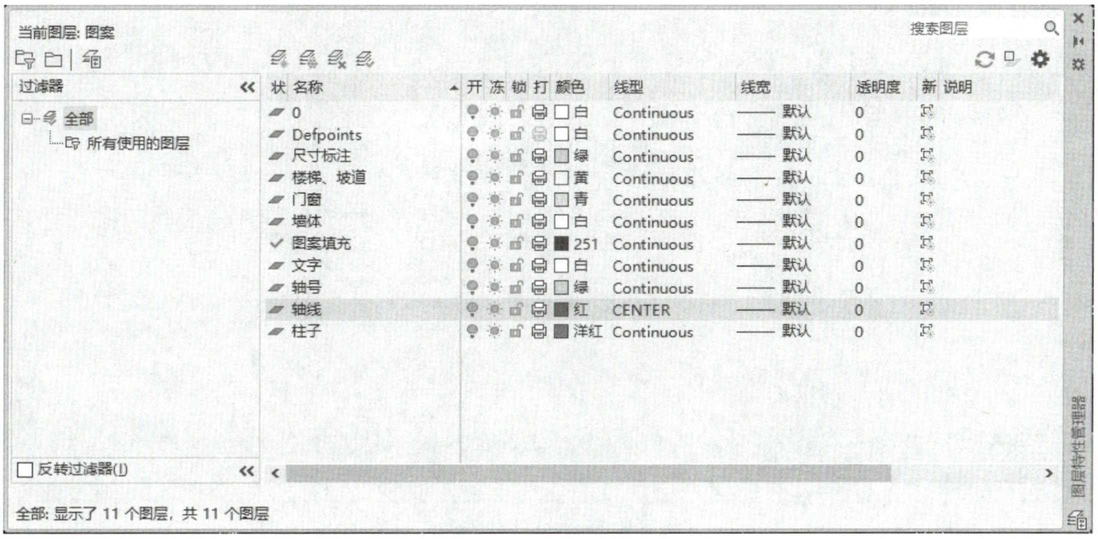

图 9-5　图层线型设置

9.2.4　设置线宽

AutoCAD 默认线宽为 0.25 mm。选择【格式】→【线宽设置】命令。打开“线宽设置”对话框，检查线宽是否为 0.25 mm，见图 9-6。

单击“确定”按钮，打开图层特性管理器，激活“墙体”层，在线宽默认位置上单击鼠标左键，弹出“线宽”对话框，见图 9-7。选择 0.50 mm 线宽，使用同样方法设置轴线和图案填充图层线宽为 0.13 mm，设置完成见图 9-8。

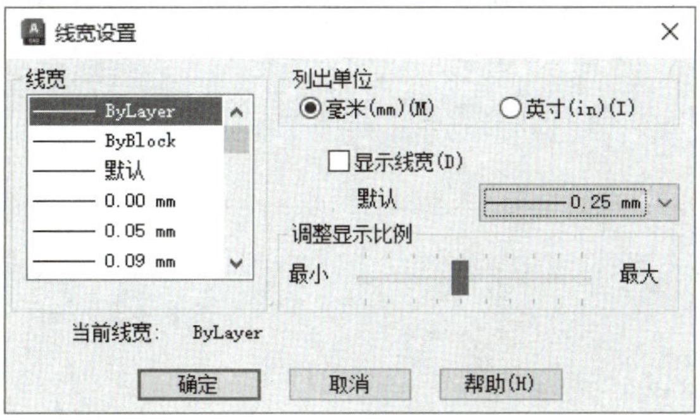

图 9-6　线宽设置

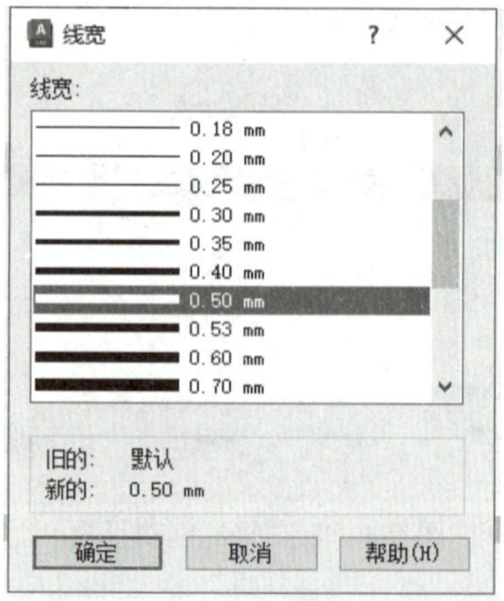

图 9-7 “线宽”对话框

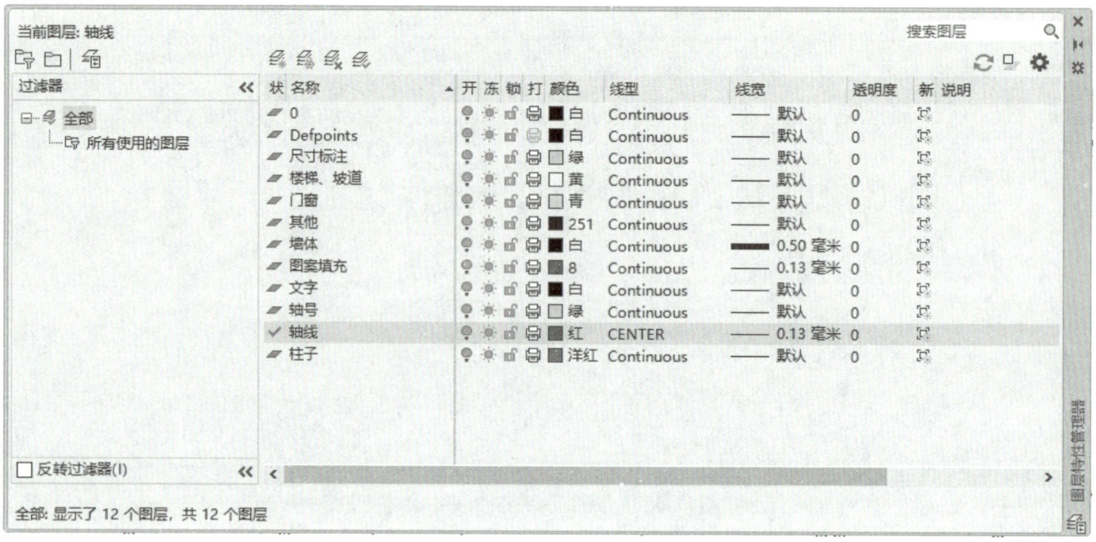

图 9-8 “线宽”设置完成

任务 9.3 文字样式和标注样式的设置

9.3.1 新建文字样式

选择【格式】→【文字样式】菜单命令或在命令行输入 ST 并回车,系统弹出“文字样式”对话框,在对话框中单击“新建”按钮,在弹出的“新建文字样式”对话框中输入文字样式名称“标注文本”,见图 9-9、图 9-10,然后单击“确定”按钮,关闭“新建文字样式”对话框。

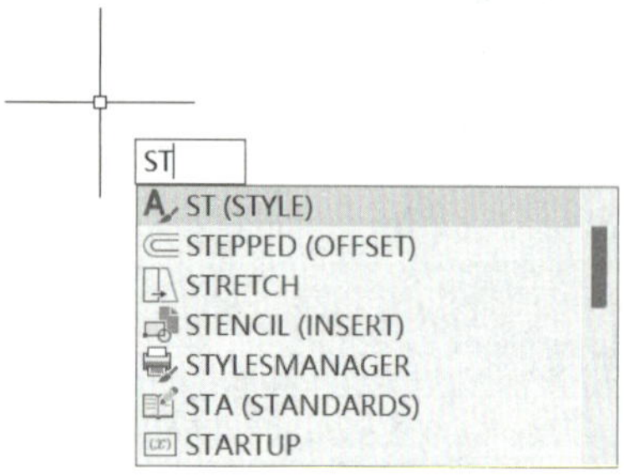

图 9-9 文字样式命令

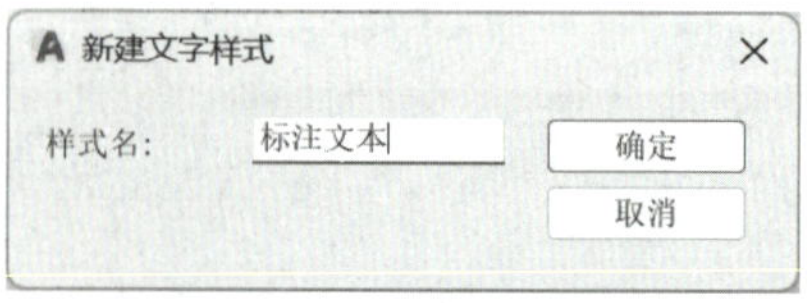

图 9-10 创建文字样式

在“文字样式”对话框的“字体名”下拉列表框中选择“仿宋_GB2312”，在“宽度因子”编辑框中输入“0.7”，最后单击“应用”和“关闭”按钮，完成文字样式创建，见图 9-11。用同样的方法创建“门窗标记”，设置见图 9-12。

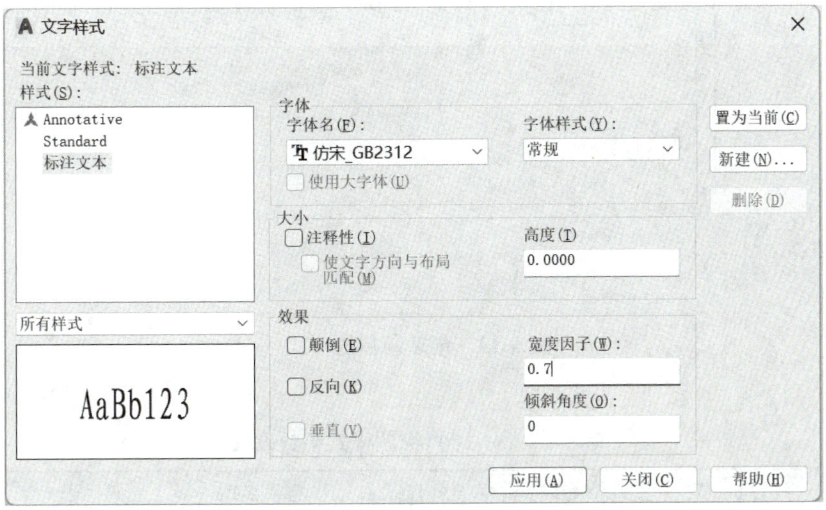

图 9-11　“标注文本”文字样式设置

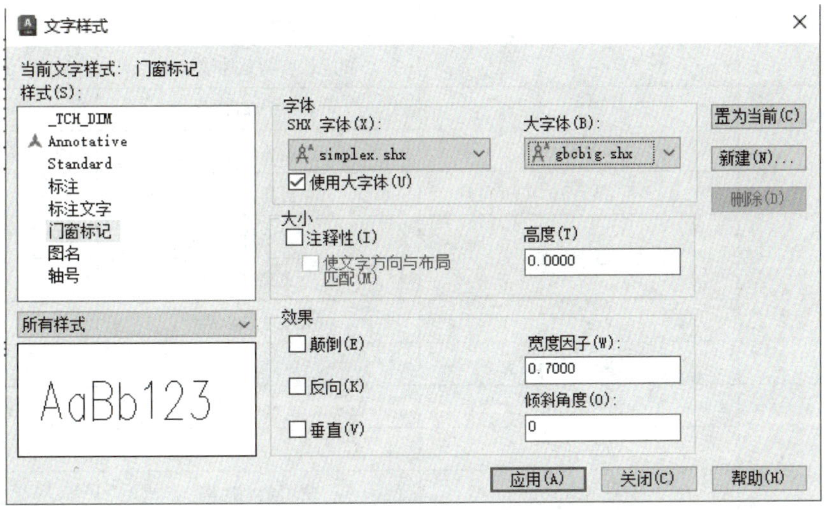

图 9-12　“门窗标记”文字样式设置

9.3.2　新建标注样式

（1）选择【格式】→【标注样式】菜单命令，弹出“标注样式管理器”对话框，单击“新建”按钮，弹出“创建新标注样式”对话框，输入新样式名“S1-100”，见图 9-13。

（2）单击“继续”按钮，弹出“新建标注样式”对话框，按表 9-1 在各选项卡下填入相应参数的数值。

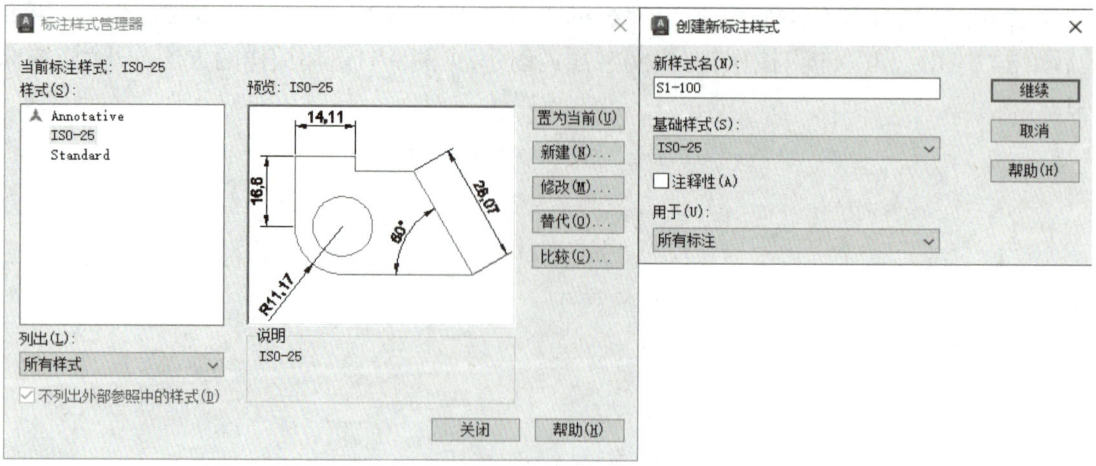

图 9-13　创建新标注样式

表 9-1　“S1-100”标注样式参数设置

选项卡名称	分区名称	参数名称	设置值
线	尺寸线	基线间距	3.75
	延伸线	超出尺寸线	0
		起点偏移量	0.625
		固定长度的延伸线长度	1
符号和箭头	箭头	第一个/第二个	建筑标记
		箭头大小	1
	半径折弯标注	折弯角度	45°
文字	文字外观	文字样式	标注样式
		文字高度	3.5
	文字位置	从尺寸线偏移	0.625
	文字对齐		与尺寸线对齐
调整	调整选项		文字或箭头（最佳效果）
	文字位置		尺寸线上方，不带引线
	标注特征比例	使用全局比例	100
	优化		在尺寸界限之间绘制尺寸线
主单位	线性标注	单位格式	小数
		单位精度	0
		小数分隔符	句点
	测量单位比例	比例因子	1

（3）在“新建标注样式”对话框中，单击“确定”按钮，回到“标注样式管理器”对话框，“S1-100”标注样式创建完成。

（4）单击“新建”按钮，创建“S1-50”标注样式，基础样式为“S1-100”，将【调整】选项卡下“标注特征比例”区的“使用全局比例”调整为 50，单击“确定”按钮完成创建。

采用 1∶25、1∶20、1∶10 等绘图比例的图形，其标注样式的创建方法大致相同，只是比例因子分别设置为 25、20、10。

任务 10 AutoCAD 建筑平面图绘制

学习目标

了解并掌握 AutoCAD 建筑平面图的绘制方法与步骤。

思维导图

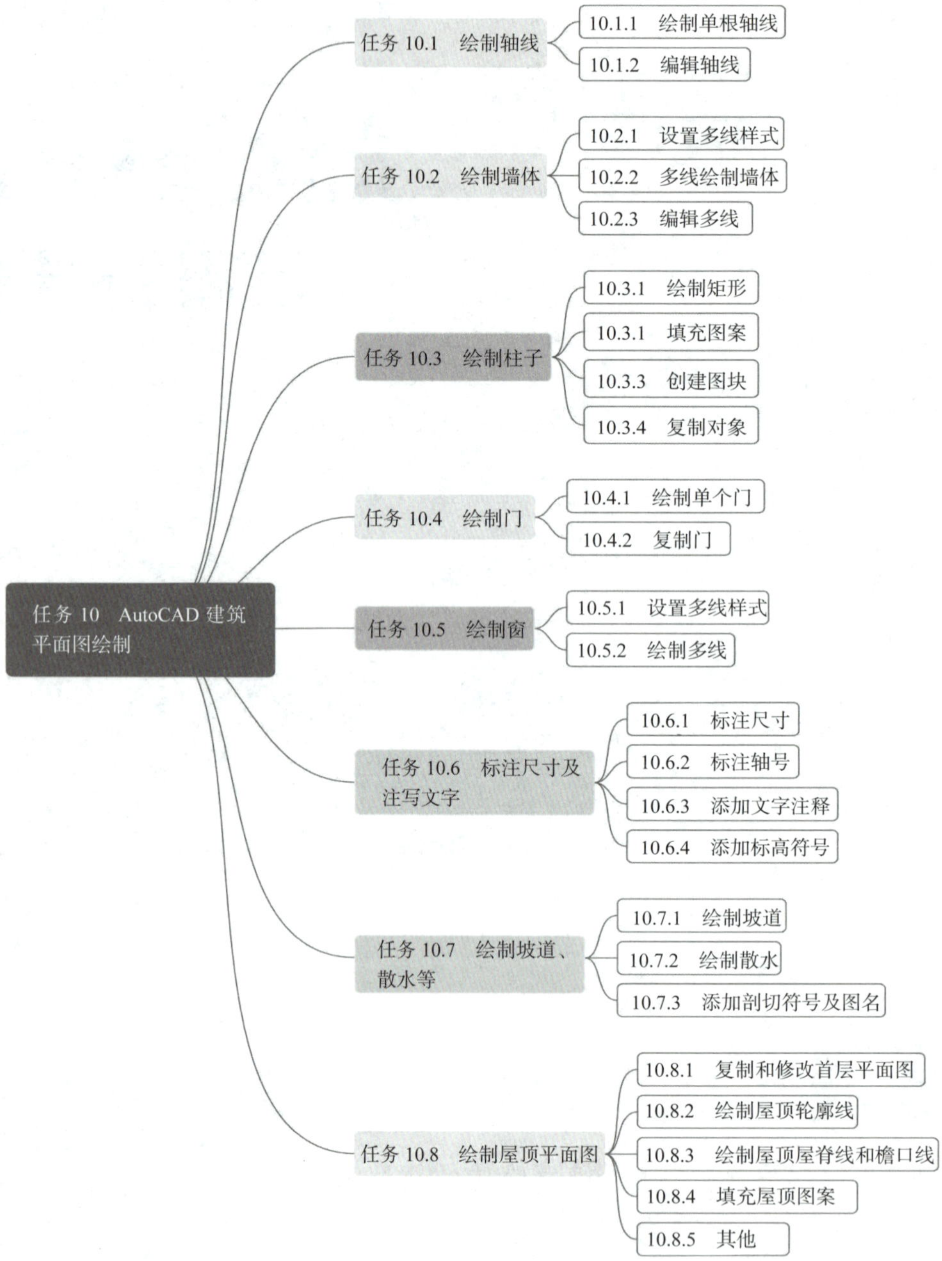

任务 10.1 绘制轴线

任务 10.1

10.1.1 绘制单根轴线

打开设置完成的 AutoCAD 建筑工程图样文件后，将“轴网”图层置为当前图层，运用直线工具，绘制水平和竖直方向单根轴线，线段长度超过建筑总长宽 3 000~4 000，本任务绘制水平轴线长度为 21 000，垂直轴线长度为 13 000，目的是预留出尺寸标注的位置，如图 10-1 所示。

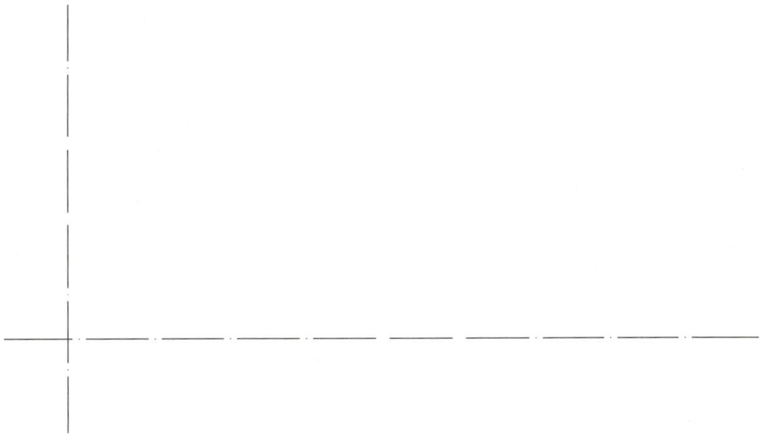

图 10-1　绘制水平和竖直单根轴线

执行【偏移】命令，选择“通过”选项，设置见图 10-2，垂直轴线按照 3 500、2 000、2 000、4 000、4 000、600、3 500 的顺序向右进行偏移，水平轴线按照 5 500、1 700、1 800 的顺序向上偏移，完成效果如图 10-3 所示。

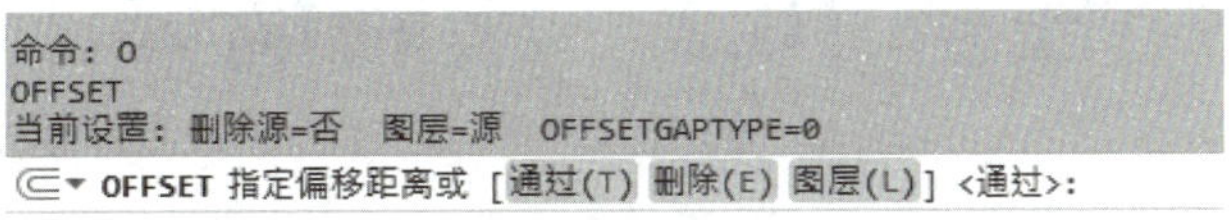

命令：O
OFFSET
当前设置：删除源=否　图层=源　OFFSETGAPTYPE=0
OFFSET 指定偏移距离或 [通过(T) 删除(E) 图层(L)] <通过>:

图 10-2　【偏移】命令设置

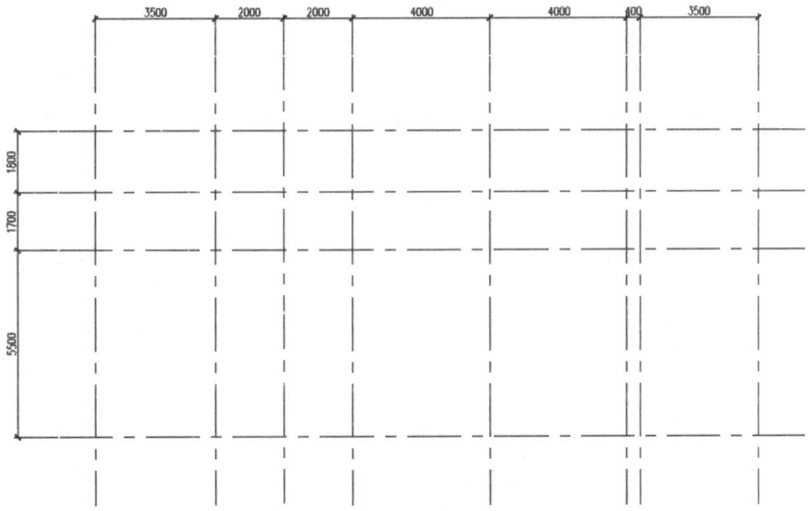

图 10-3　轴网偏移

10.1.2　编辑轴线

根据图纸尺寸，使用直线工具绘制卫生间轴线，并对部分轴线执行拉伸等操作，完成轴线编辑，见图 10-4。

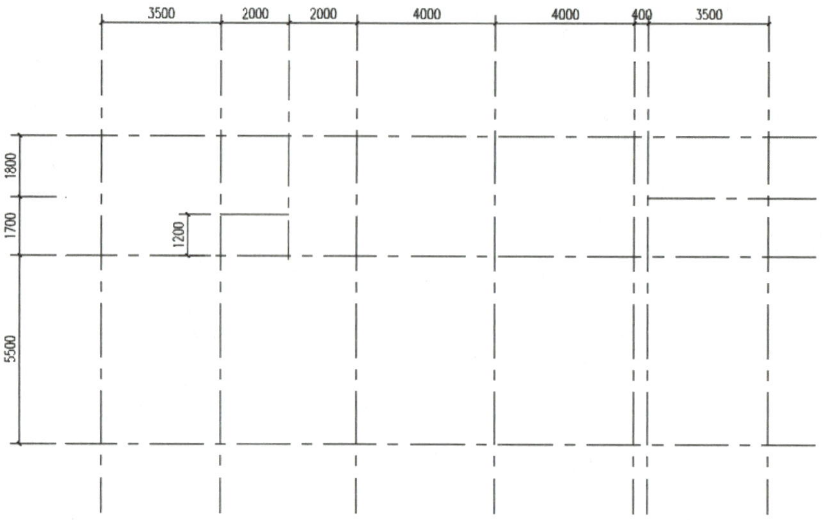

图 10-4　轴网编辑完成

任务 10.2　绘制墙体

任务 10.2

在 AutoCAD 中绘制墙线有两种方法：第一种是先用直线工具绘制出墙体一侧直线，再用【偏移】命令得到另外一条直线；第二种是用【多线】命令绘制墙体，再编辑多线。本例采用第二种方法。

10.2.1　设置多线样式

将“墙”图层设为当前图层，在状态栏打开对象捕捉工具，选择“端点”和“交点”等对象捕捉模式。

1. 新建多线样式

选择【格式】→【多线样式】命令，弹出“多线样式”对话框，见图 10-5，单击“新建”按钮，弹出“创建新的多线样式”对话框，见图 10-6，根据图纸中墙体厚度将新样式名称命名为“墙 200”；单击“继续”按钮，进入“修改多线样式”对话框。

图 10-5　“多线样式”对话框

图 10-6　创建新的多线样式

2. 编辑多线样式

在“新建多线样式”对话框的“图元”区，设置两个图元，分别偏移 100、-100，然后在“封口”区勾选直线的“起点”和“端点”选项，如图 10-7 所示，点击“确定”按钮后回到“多线样式”对话框，在“样式”列表框中选择“墙 200”样式，单击“置为当前”按钮，即完成多线样式编辑。

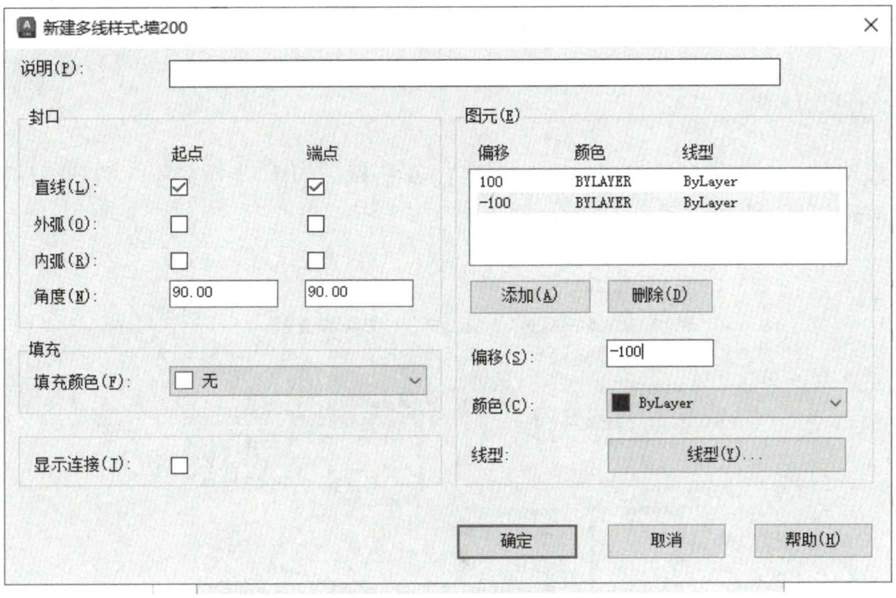

图 10-7　编辑多线样式

10.2.2　多线绘制墙体

1. 多线绘制设置

将多线绘制设置的“对正方式”调整为“无”，“比例”调整为“1”，“样式”调整为“墙 200”。命令行输入如下：

命令：MLINE ↙

设置：对正=无，比例=1.00，样式=墙 200

指定起点或[对正(J)/比例(S)/样式(ST)]：

(捕捉轴网交点)

指定下一点：

2. 绘制多线

墙线绘制效果绘制时预留出门窗洞口位置，先绘制外墙再绘制内墙，结合对象捕捉、对象追踪、极轴追踪等辅助工具，进行多线绘制。墙线绘制效果如图 10-8 所示。

3. 技术提示

用多线绘制墙体时也可直接使用 AutoCAD 的多线样式，此时需要根据墙线间距设置比例的大小，如 240 墙可设为 240，370 墙则设为 370。

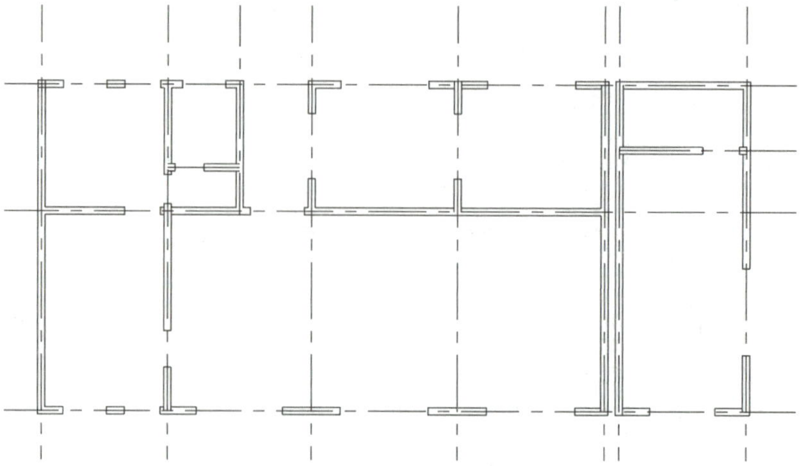

图 10-8　墙线绘制效果

10.2.3　编辑多线

双击任意一段多线，可打开多线编辑工具，如图 10-9 所示，运用“十字打开”“T 形打开”和“角点结合”等工具对多线进行编辑，完成效果见图 10-10。

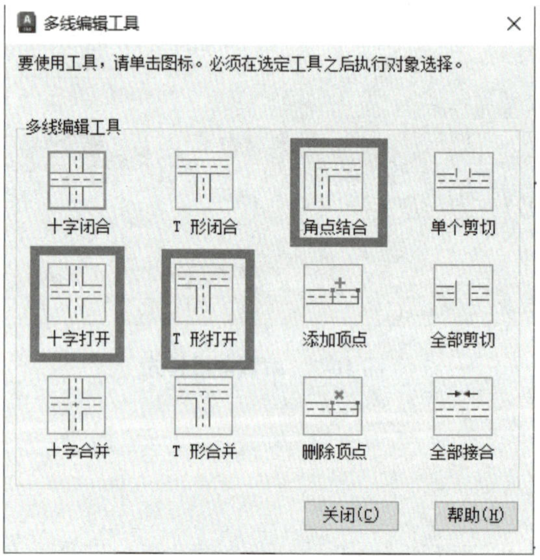

图 10-9　“多线编辑工具”对话框

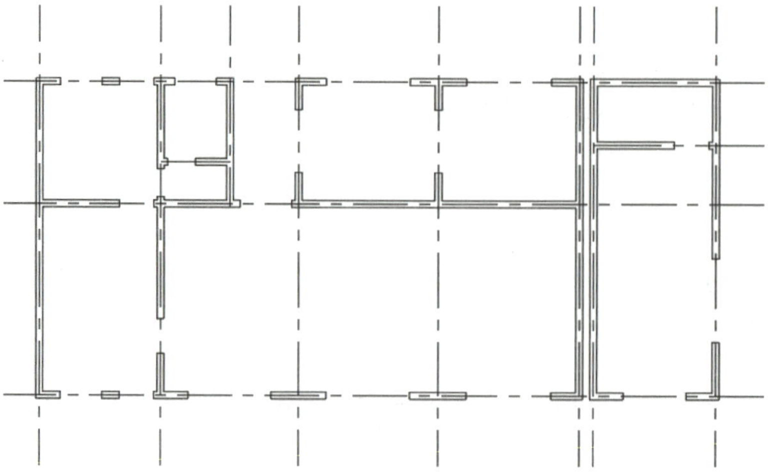

图 10-10　多线编辑完成效果

技术提示：用多线编辑工具“T 形打开”和“T 形合并”时，需先选择要修剪的多线，然后选择与之相交的多线，否则可能出现意外的修剪效果。

任务 10.3　绘制柱子

任务 10.3

10.3.1　绘制矩形

本例中的柱网共有 3×7=21 根柱子，其尺寸均为 400 mm×400 mm，可以通过【矩形】命令来绘制，具体步骤如下。

（1）将“柱”图层设为当前图层，同时将状态栏中对象捕捉工具打开，选择“端点”和“交点”等对象捕捉模式。

（2）执行【矩形】命令，在绘图区任意拾取一点作为矩形的第一个角点，另一个角点的相对坐标为（@400，400），完成一个矩形绘制。

10.3.2　填充图案

启动【图案填充】命令，对矩形执行“SOLID”（即实体颜色）填充，设置见图 10-11。选择矩形对象即可完成填充。

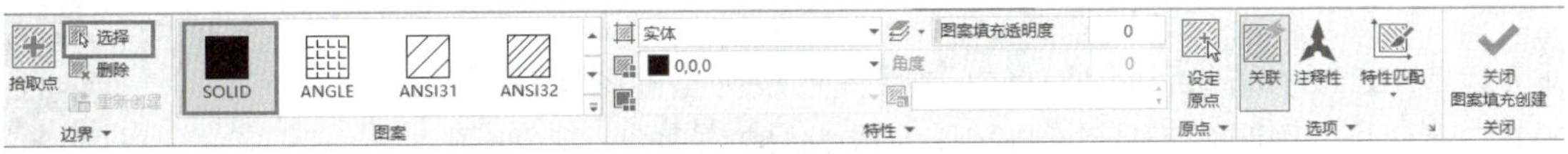

图 10-11　图案填充设置

10.3.3　创建图块

将完成的矩形填充图形创建为图块，基点选择矩形中心，图块命名为“柱子”，见图 10-12。

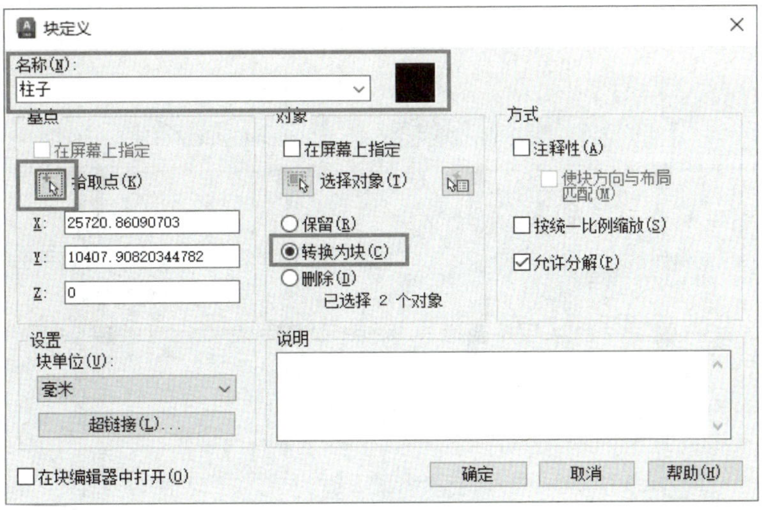

图 10-12　图案填充设置

10.3.4　复制对象

通过复制工具的多个复制功能将柱子复制到对应的位置即可完成柱子的绘制，效果见图 10-13。

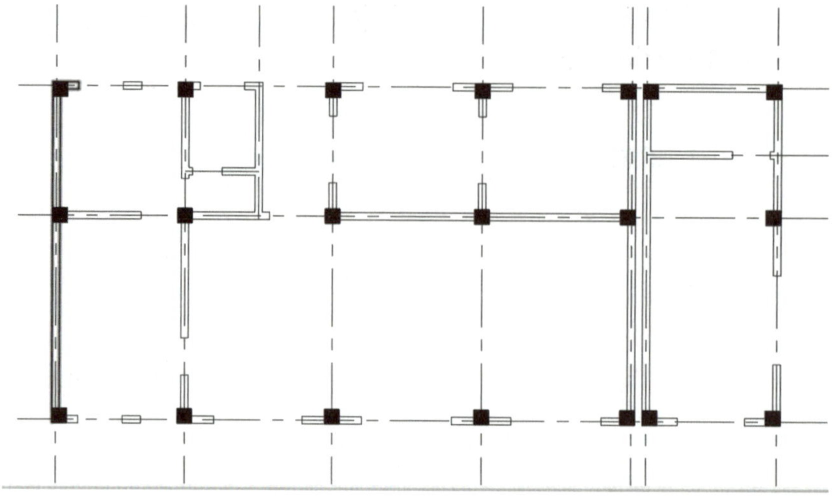

图 10-13　柱子绘制效果

任务 10.4　绘制门

任务 10.4

10.4.1　绘制单个门

本任务以 M1024 为例进行讲解。将“门窗”图层设为当前图层，绘制 20×1000 的矩形，并运用圆弧工具绘制圆弧，完成 M1024 门的绘制，如图 10-14 所示，将其定义为图块，名称为“M1024”，运用同样方法完成其他门的绘制并定义图块。

图 10-14　绘制门样式

10.4.2　复制门

通过复制、旋转等工具将各种门图块放置到相应位置，完成门的绘制，如图 10-15 所示。

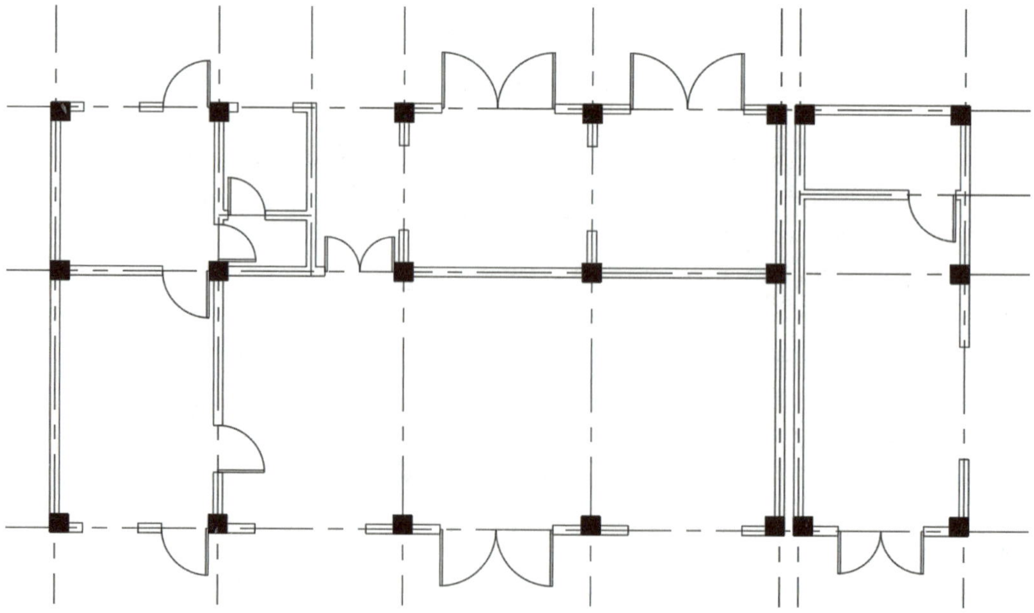

图 10-15　完成门的绘制

任务 10.5　绘制窗

10.5.1　设置多线样式

将“门窗”图层设为当前图层，在状态栏打开对象捕捉工具，选择“端点”和“交点”等对象捕捉模式。

1. 新建多线样式

选择【格式】→【多线样式】菜单命令，弹出“多线样式”对话框，新建“窗户”样式，单击“继续”按钮，进入“修改多线样式:窗户”对话框。

2. 编辑多线样式

在“修改多线样式:窗户”对话框中对图元选项进行修改，见图 10-16。点击“确定”按钮后将“窗户”样式置为当前。

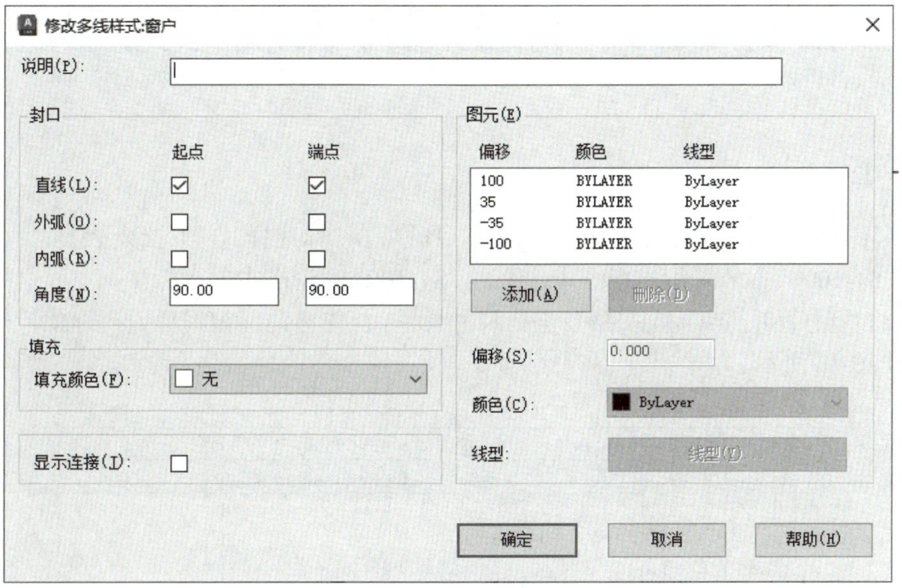

图 10-16　编辑多线样式

10.5.2　绘制多线

多线绘制窗户和绘制墙体步骤基本一致，在预留的窗户位置指定起点和端点，即可完成窗户的绘制，如图 10-17 所示。

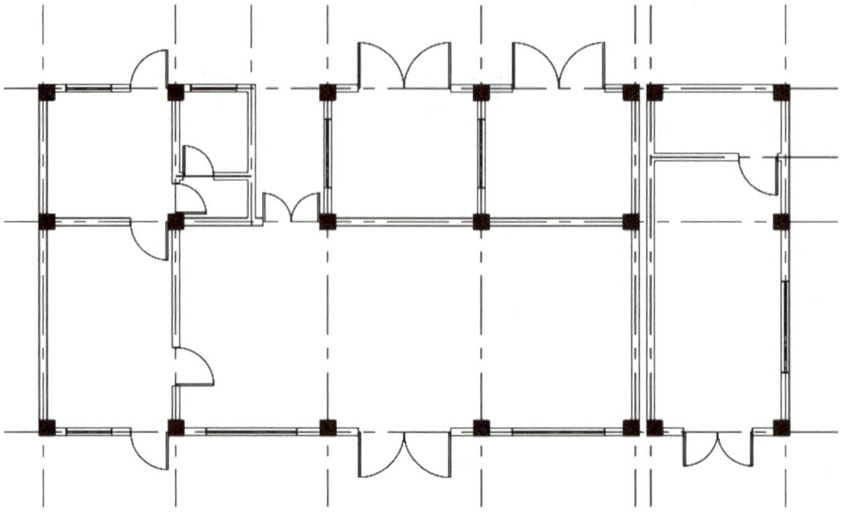

图 10-17　完成窗户的绘制

任务 10.6　标注尺寸及注写文字

任务 10.6

10.6.1　标注尺寸

（1）将“标注”图层设为当前图层，调出“标注”工具栏，在“标注样式”下拉列表框中选择标注样式“S1-100”，本节采用样板图中定义的“S1-100”标注样式进行标注。

（2）使用【线性标注】和【连续标注】命令进行尺寸标注，首先标注门窗，然后标注轴网和总尺寸，如图 10-18 所示。

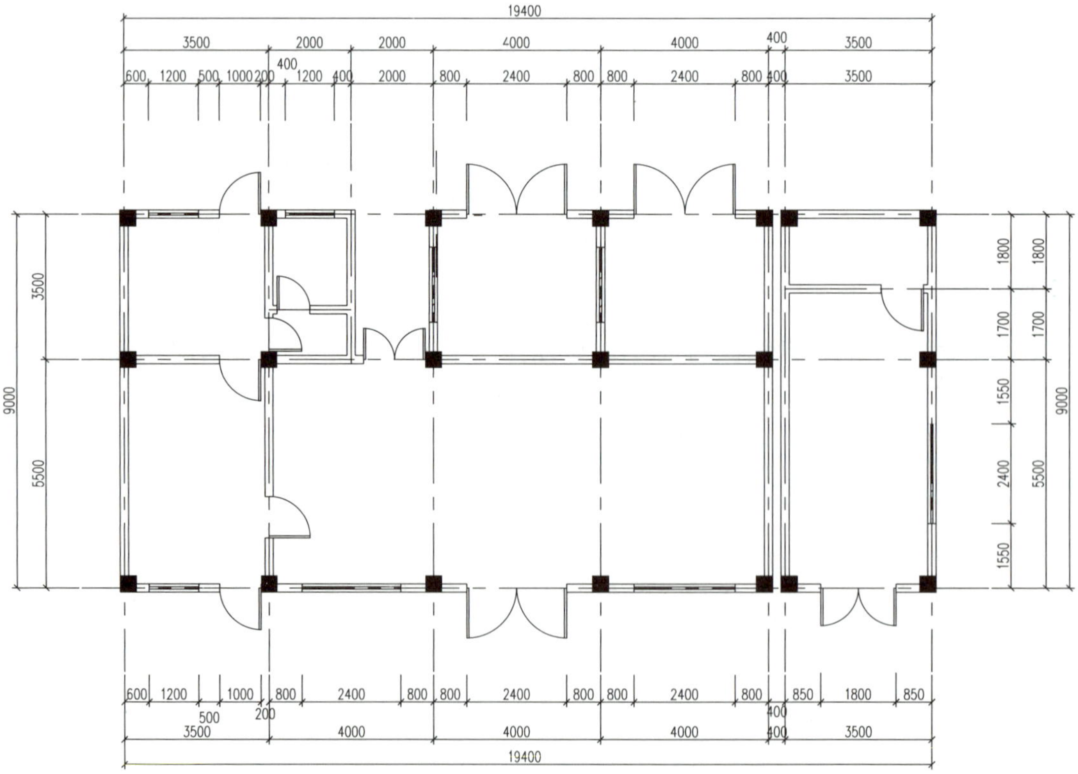

图 10-18　添加尺寸标注

10.6.2 标注轴号

本任务以轴线 A 为例进行讲解。在轴线 A 位置一侧端点，绘制长度为 2 000 的水平线，通过两点画圆方法绘制直径为 800 的圆，见图 10-19。选择【绘图】→【块】→【定义属性】命令，给轴号线定义属性文字，设置见图 10-20。点击“确定”按钮后，将起点指定在圆心位置，见图 10-21。将直线、圆形和属性文字一起选择，定义为图块，名称为“轴号”，基点选择直线端点，图块定义设置见图 10-22。

通过【复制】、【旋转】等命令将轴号放置在相应位置，通过双击图块打开“增强属性编辑器”对话框（图 10-23），修改轴号内容，同时对有重叠的轴号进行分解，调整位置，完成轴号绘制，如图 10-24 所示。

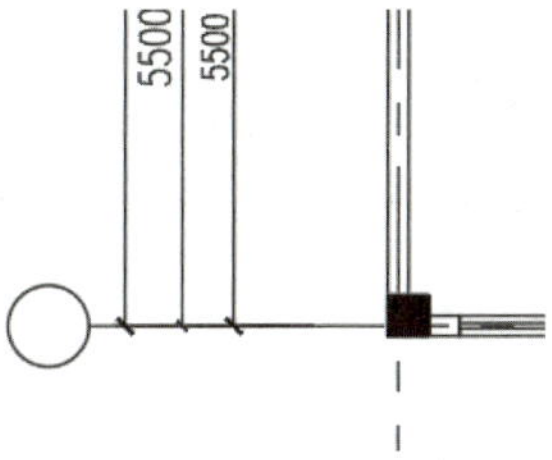

图 10-19 绘制轴号图形

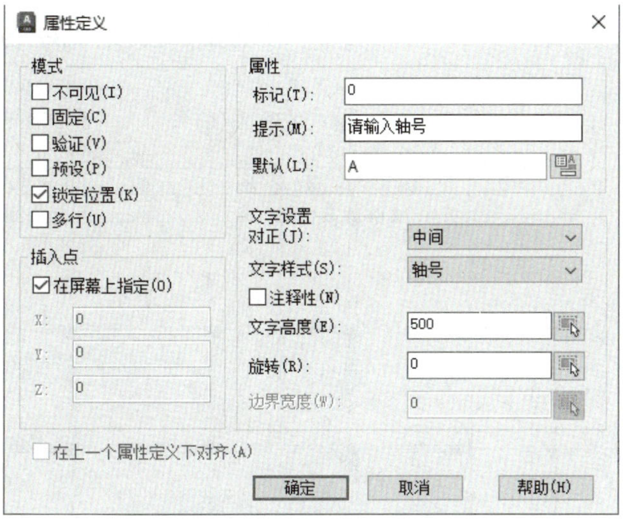

图 10-20 “属性定义”对话框

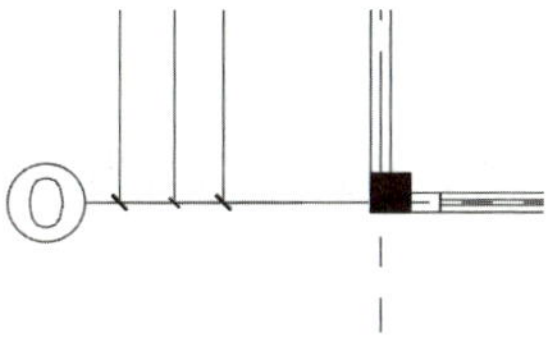

图 10-21 指定属性文字位置

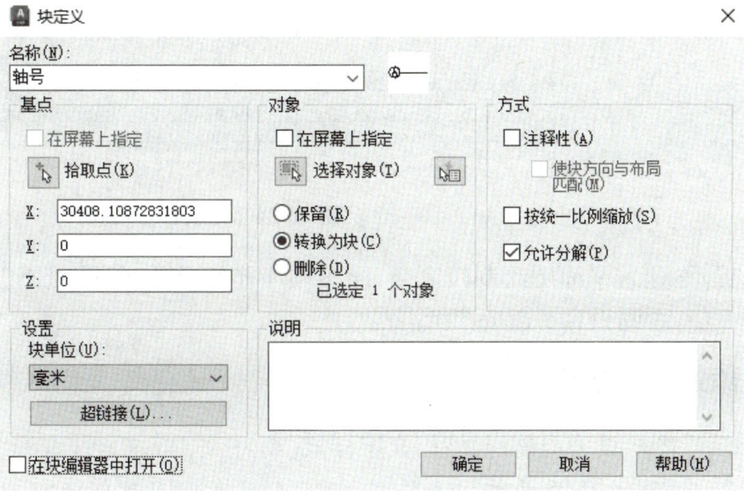

图 10-22 图块定义设置

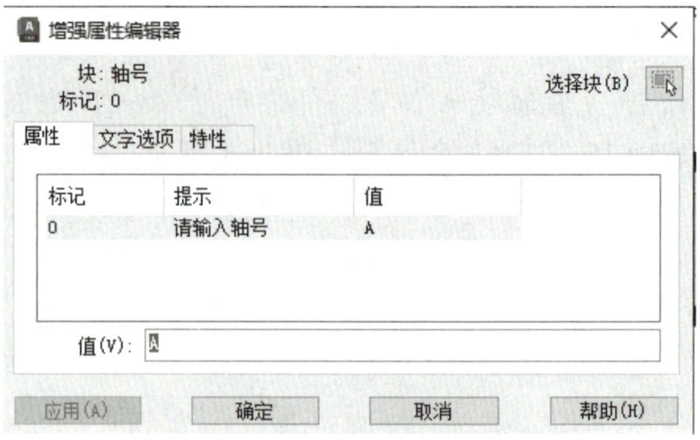

图 10-23　定义为“轴号”图块

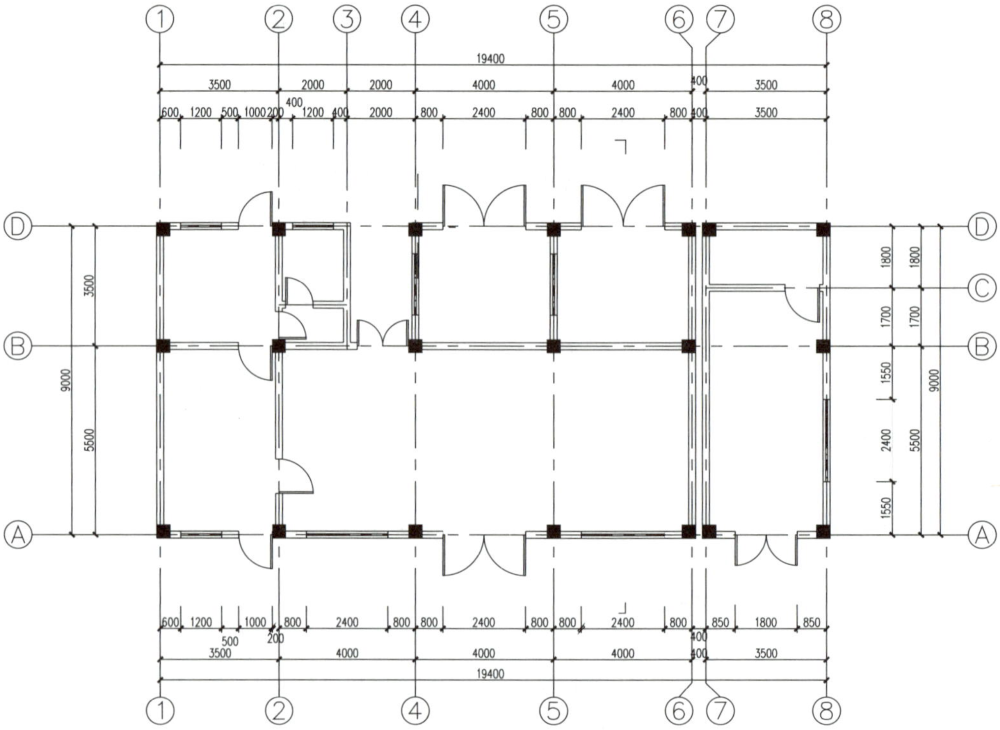
图 10-24　完成轴号绘制

技术提示：建筑平面图绘制较复杂，绘图顺序非常重要，绘图时不能急躁，不能跳过某些必要的步骤直接进入下一步，否则很容易造成图纸混乱。

10.6.3　添加文字注释

将“文字”图层设为当前层，使用文字样式“标注文本”，执行【单行文字】命令，字高为 350，插入房间功能的说明文字，如图 10-25 所示。

10.6.4　添加标高符号

标高创建方法与轴号一致，先绘制图形，再添加标高属性定义文字，创建为标高图块，放置在相应位置即可。尺寸及属性定义设置见图 10-26。

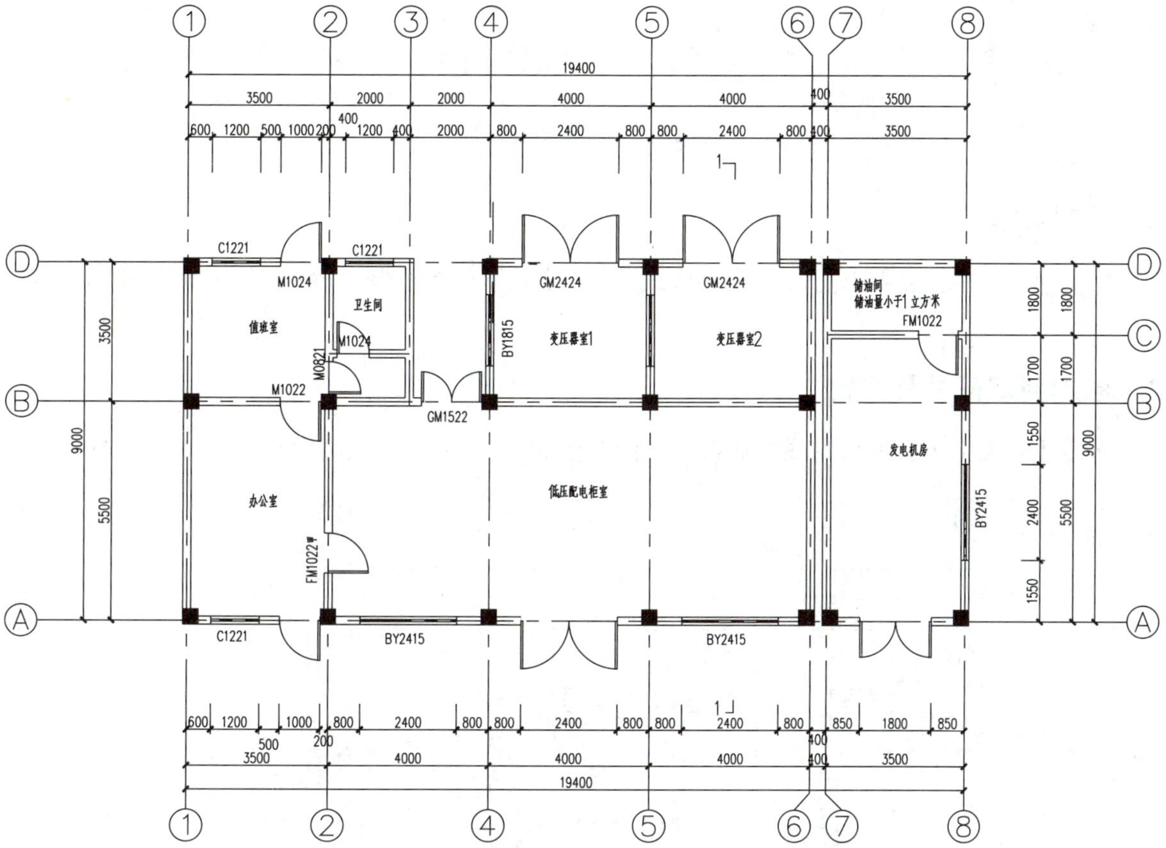

图 10-25　添加文字注释

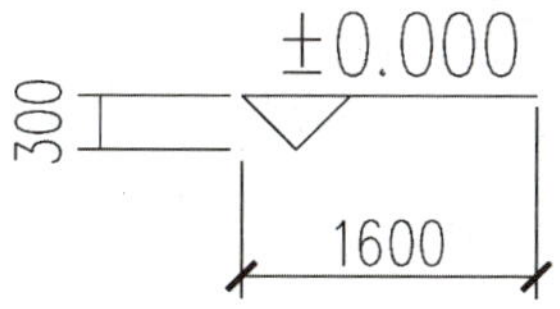

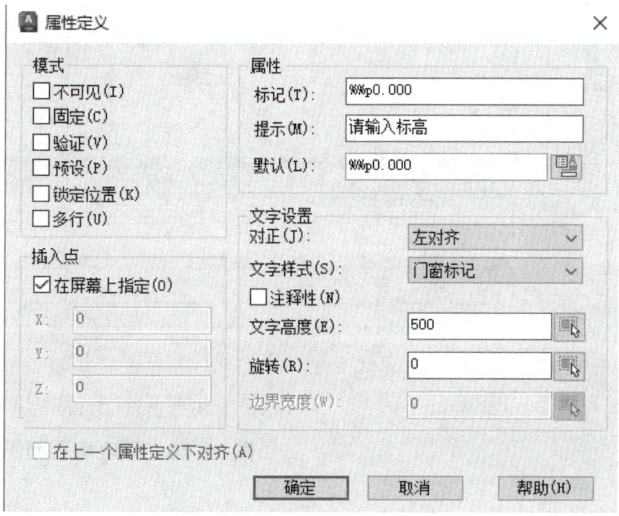

图 10-26　属性定义设置

任务 10.7　绘制坡道、散水等

任务 10.7

10.7.1　绘制坡道

将“楼梯、坡道”图层置为当前，运用多段线绘制。坡道长 1 500，超出门宽 300，运用图案填充工具进行部分填充，参数见图 10-27。

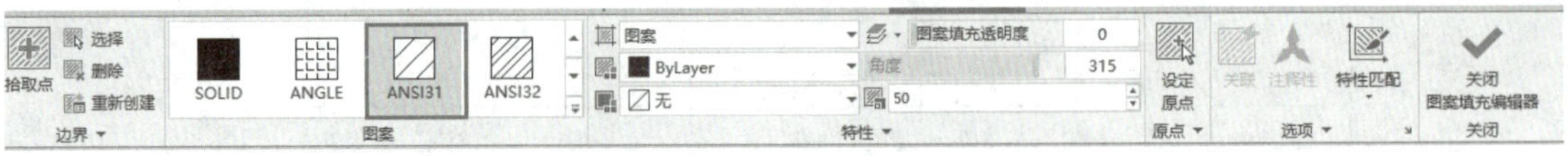

图 10-27　图案填充设置

10.7.2　绘制散水

将“楼梯、坡道”图层置为当前，运用【多段线】命令绕外墙外侧绘制多段线，向外侧偏移 800，然后进行修剪。

10.7.3　添加剖切符号及图名

运用多段线和文字工具即可完成剖切符号及图名的添加，从而完成配电房平面图（图 10-28）。

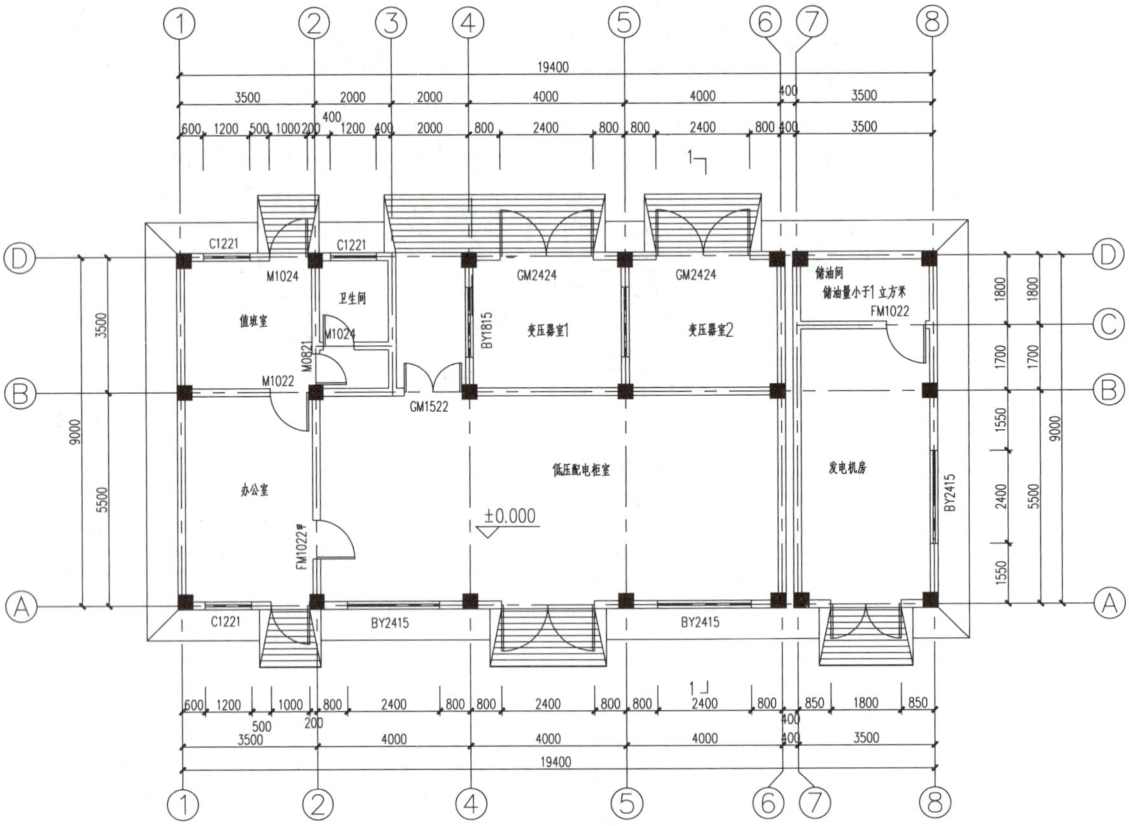

一层平面图　1:100

图 10-28　配电房平面图

任务 10.8　绘制屋顶平面图

复制一层平面图并进行修改从而完成其他层平面图是一种省时省力的方法。

任务 10.8

10.8.1　复制和修改首层平面图

垂直复制首层平面图，使复制的平面图和原图垂直对齐，删除墙柱、门窗、坡道、散水等，结果见图 10-29。

10.8.2　绘制屋顶轮廓线

新建“屋顶”图层，其颜色、线型、线宽与“0”图层一致。将“屋顶”图层置为当前，运用【矩形】命令以轴线①和Ⓓ的交点作为第一个角点，以轴线Ⓐ和⑧的交点作为另一个角点绘制矩形，并向外偏移 1 000，得到屋顶轮廓线，见图 10-30。

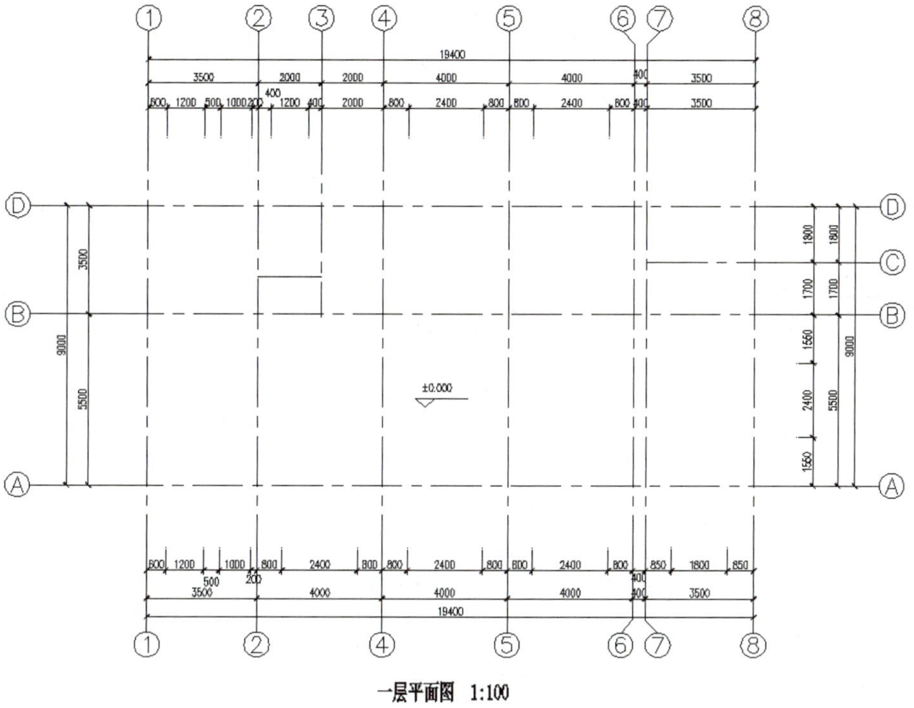

图 10-29　复制和修改首层平面图

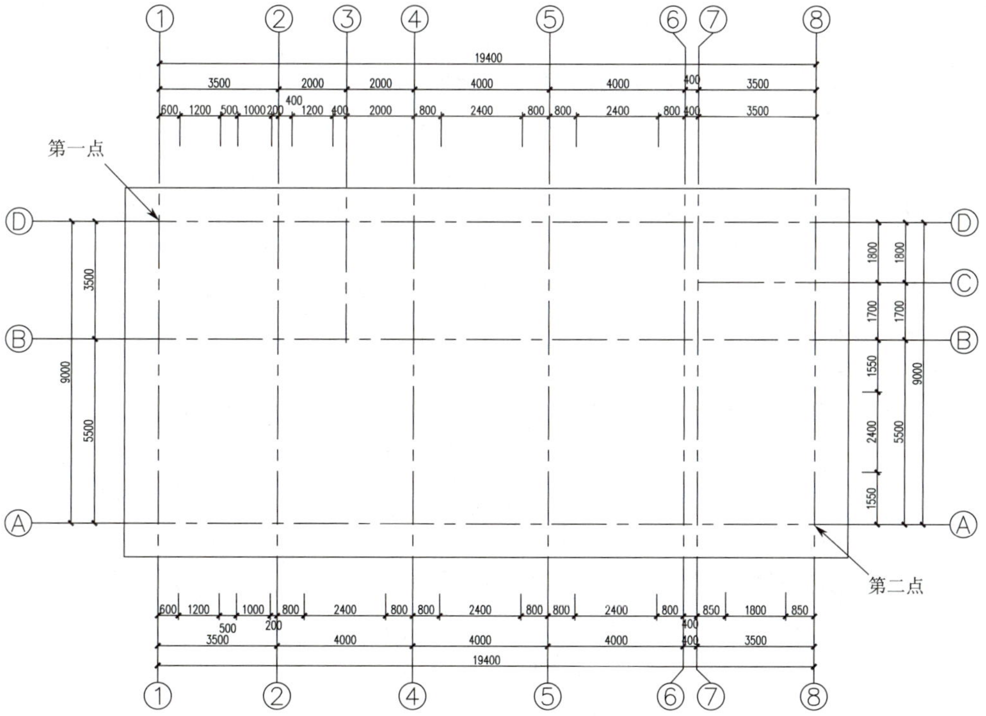

图 10-30　绘制屋顶轮廓线

10.8.3 绘制屋顶屋脊线和檐口线

运用多段线和矩形、圆形等工具，完成屋脊线和檐口线、落水管的绘制，并对其进行尺寸标注，见图10-31。

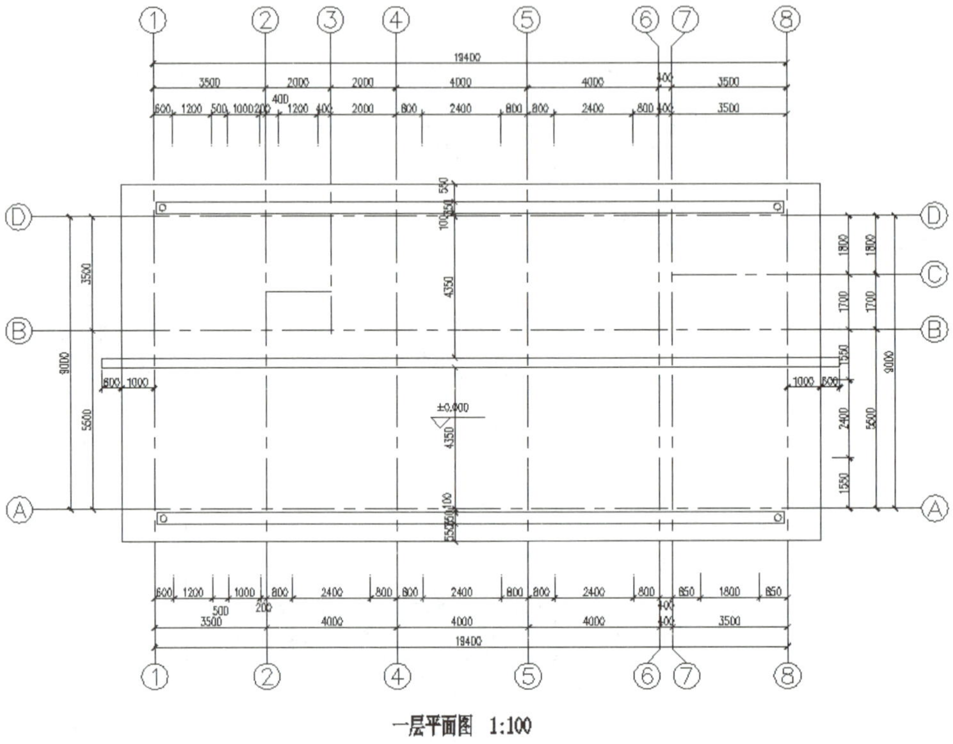

图 10-31 屋顶屋脊线和檐口线绘制

10.8.4 填充屋顶图案

关闭“轴线”“尺寸标注”图层，运用图案填充工具对屋面瓦进行填充，设置见图 10-32，层面填充完成见图 10-33。

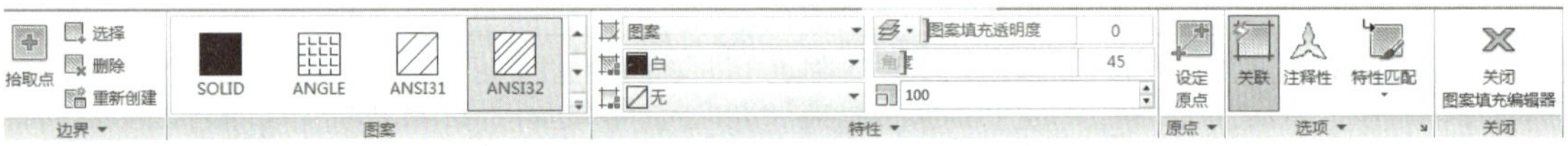

图 10-32 屋面瓦图案填充设置

10.8.5 其他

（1）双击图名修改为“屋顶平面图”，并运用多段线、文字等工具完善标高标注。

（2）利用多段线可以设置线宽的特点绘制坡度箭头，并运用单行文字工具输入坡度数值，完善坡度标注。

（3）运用多段线、圆、文字等工具完成详图符号绘制。

最终完成的层面平面图见图 10-34。

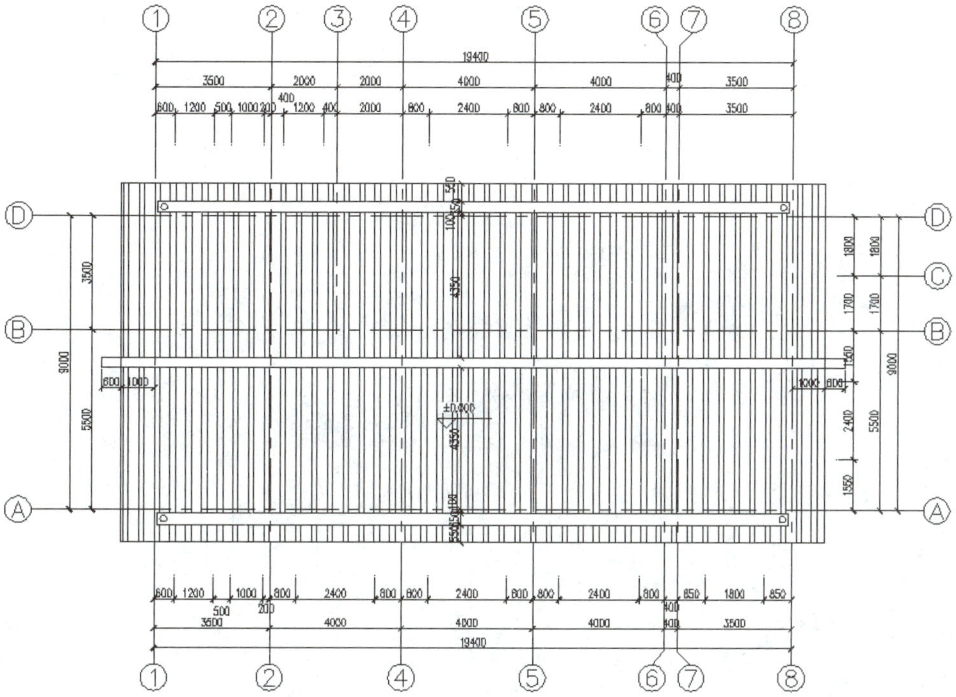

一层平面图　1:100

图 10-33　屋面填充完成

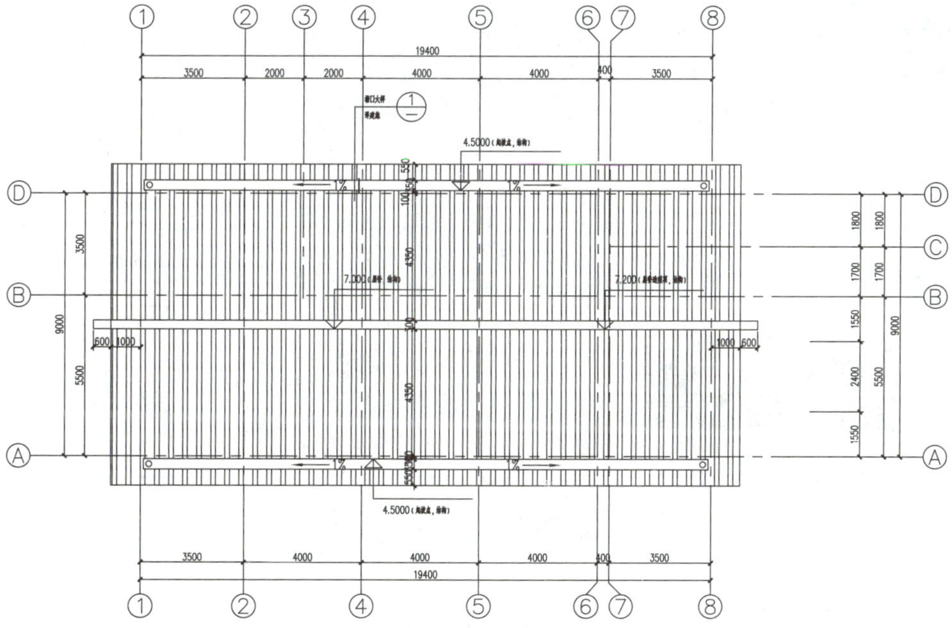

屋顶平面图　1:100

图 10-34　最终完成的屋顶平面图

任务 11 AutoCAD 建筑剖面图绘制

学习目标

了解并掌握 AutoCAD 建筑剖面图的绘制方法与步骤。

思维导图

- 任务 11 AutoCAD 建筑剖面图绘制
  - 任务 11.1 绘制前准备工作
    - 11.1.1 图层设置
    - 11.1.2 平面图编辑
    - 11.1.3 辅助线绘制
  - 任务 11.2 绘制屋顶、地梁、墙剖面
    - 11.2.1 屋顶剖面绘制
    - 11.2.2 地梁剖面绘制
    - 11.2.3 墙剖面绘制
    - 11.2.4 剖面填充
  - 任务 11.3 绘制门窗剖面
  - 任务 11.4 其他

任务 11

任务 11.1　绘制前准备工作

11.1.1 图层设置

在【默认】选项卡下【图层】面板中，单击“图层特性”按钮，创建“剖面”图层，其颜色、线型、线宽与“0”图层一致。将“剖面”图层设置为当前图层。

11.1.2 平面图编辑

复制配电房平面图，并顺时针旋转 90°，使剖切符号方向向上，复制图中的轴号及标注，调整轴号文字方向。

11.1.3 辅助线绘制

在【默认】选项卡下【图形】面板中，单击“构造线”按钮，在命令行中选择“垂直”模式，对齐外墙线及剖切到的墙体边线绘制辅助线，确定 ±0.000 的位置，并绘制辅助线，分别向上偏移 4 500、2 500、200 得到屋顶及屋脊辅助线，见图 11-1。

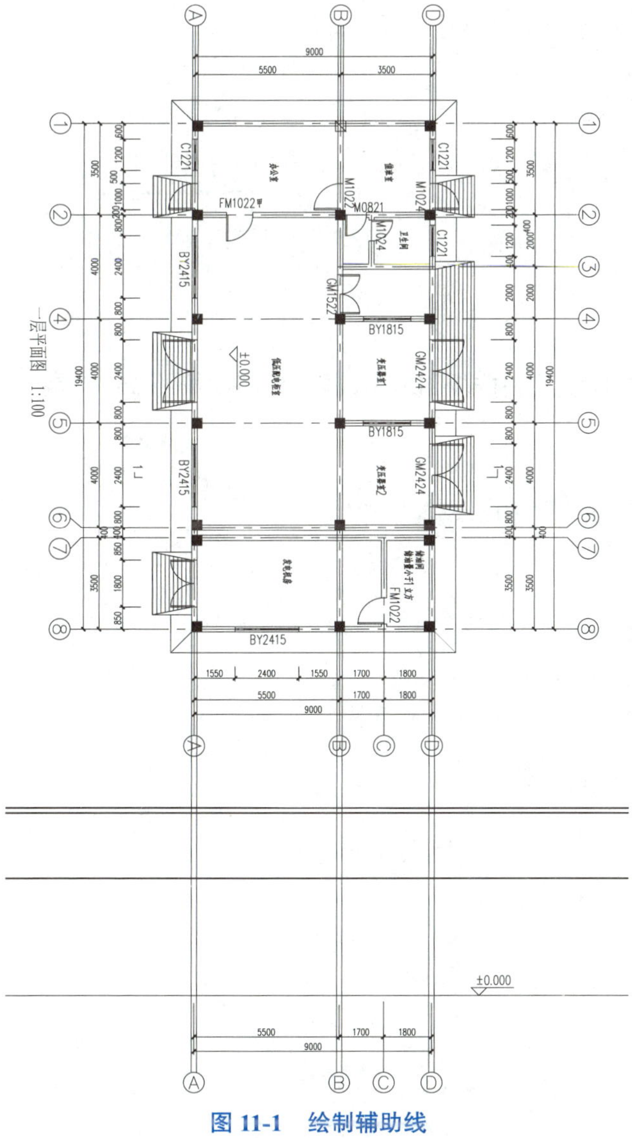

图 11-1　绘制辅助线

任务 11.2　绘制屋顶、地梁、墙剖面

11.2.1　屋顶剖面绘制

根据檐口大样图(图 11-2)绘制檐口形状;然后绘制屋顶对称辅助线,并对檐口进行镜像;连接屋顶线段,偏移出屋顶厚度 100 再进行修剪,得到屋顶剖面形状。

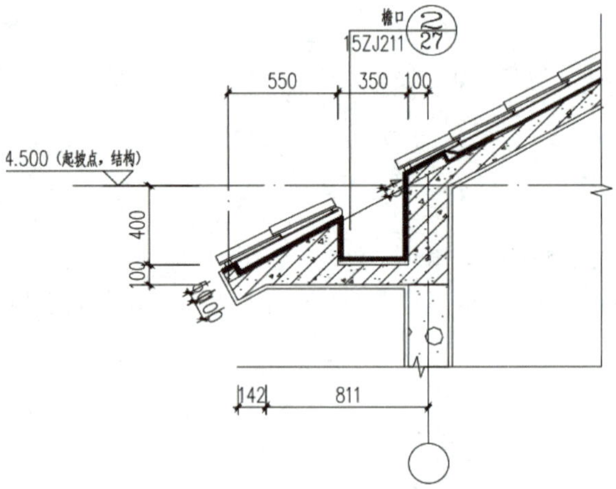

檐口大样　1:25

图 11-2　檐口大样图

11.2.2　地梁剖面绘制

在 ±0.000 标高,运用多段线绘制楼板和地梁剖面,梁高度按照 450 绘制,厚度同墙体。

11.2.3　墙剖面绘制

运用多段线绘制墙剖面,并删除构造线辅助线。

11.2.4　剖面填充

为剖面梁板填充实体颜色。

屋顶、地梁、墙剖面完成图见图 11-3 所示。

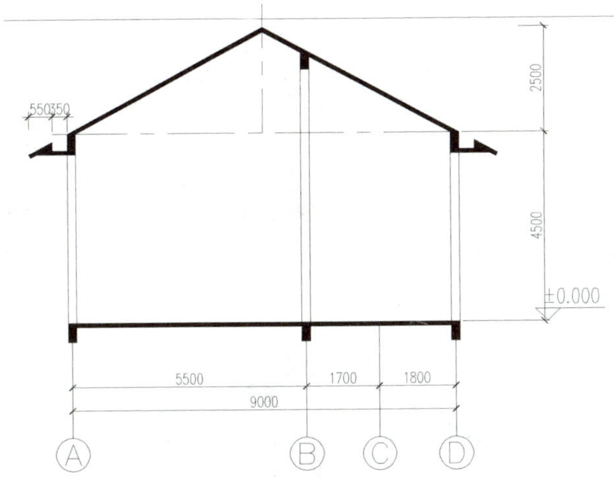

图 11-3　屋顶、地梁、墙剖面完成图

任务 11.3　绘制门窗剖面

建筑剖面图中的门窗对象有两类:一类是被剖切到的窗,其绘制方法与建筑平面图中窗的绘制方法相同;另一类是没有剖切到的窗,其绘制方法与建筑立面图中窗的绘制方法相似。因此,可借鉴前面相关内容,完成剖面图中窗的绘制。

在门窗高度位置绘制辅助线,剖面门高 2 400,门槛高 100;剖面窗高 1 500,窗台高 2 000。执行【修剪】命令剪掉门窗剖面位置线段。将图层切换到“门窗”图层,运用多线样式“窗户”绘制剖面门窗,并绘制门窗过梁,窗过梁 100,门过梁 200,门檐宽 1 200, 对绘制的过梁进行实体填充,并进行尺寸标注。门窗剖面完成图见图 11-4。

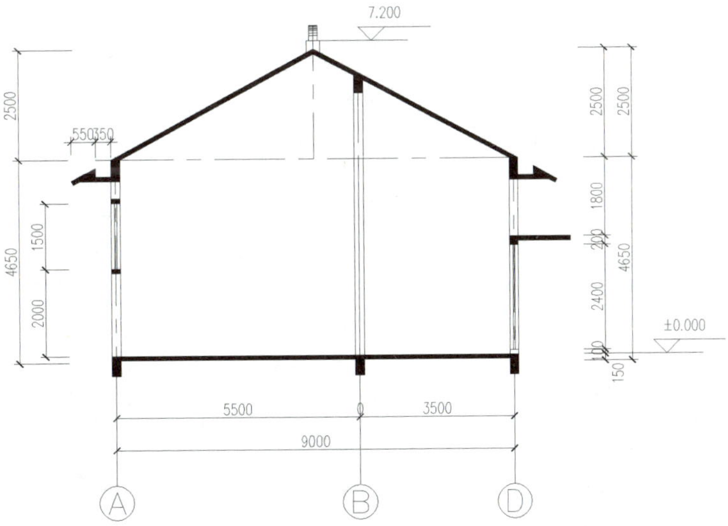

图 11-4　门窗剖面完成图

任务 11.4　其他

绘制室外地面线，设置线宽 100，参考平面图绘制坡度线、屋脊线。复制标高符号到相应位置，进行修改，并创建图名等，最后完成图见图 11-5。

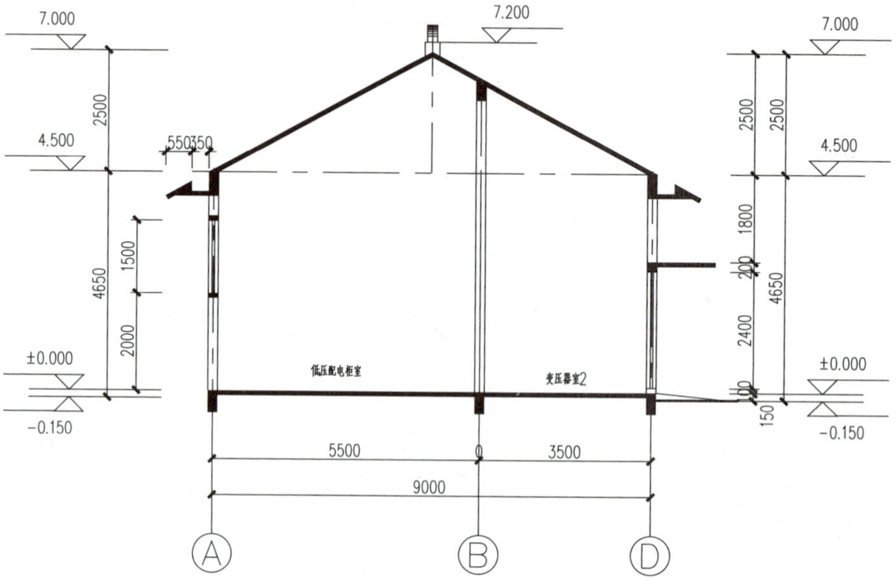

1-1剖面图　1:100

图 11-5　剖面完成图

任务 12 AutoCAD 建筑立面图绘制

学习目标

了解并掌握 AutoCAD 建筑立面图的绘制方法与步骤。

思维导图

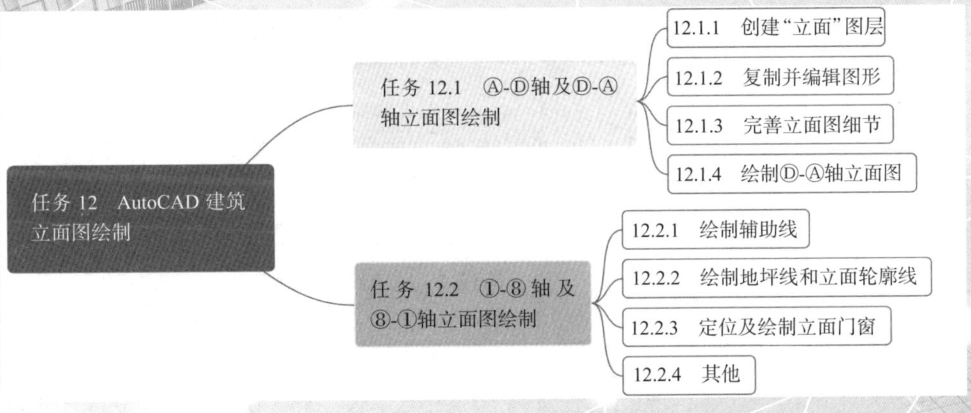

任务 12

任务 12.1　Ⓐ-Ⓓ轴及Ⓓ-Ⓐ轴立面图绘制

本任务将以配电房Ⓓ-Ⓐ轴（图 12-1）和Ⓐ-Ⓓ轴（图 12-2）立面图进行讲解。

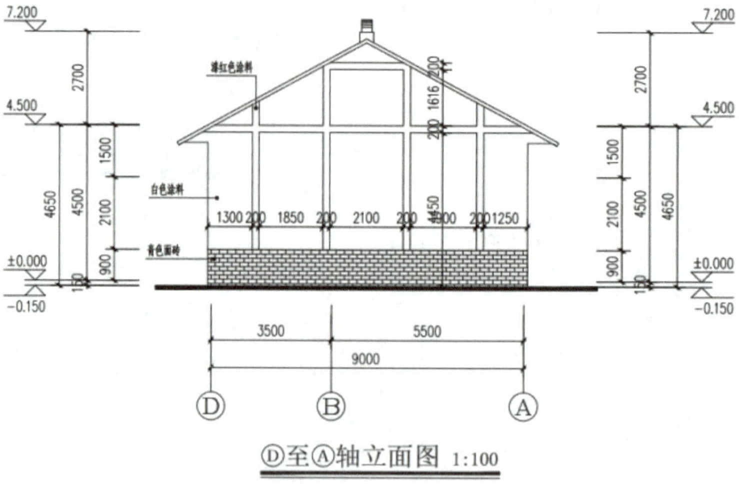

图 12-1　Ⓓ-Ⓐ轴立面图

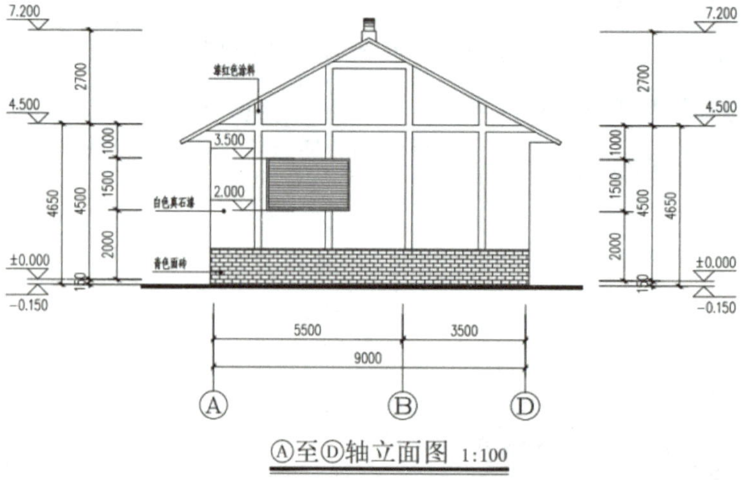

图 12-2　Ⓐ-Ⓓ轴立面图

12.1.1　创建“立面”图层

创建“立面”图层，其颜色、线型、线宽与“0”图层一致。将“立面”图层设置为当前图层。

12.1.2　复制并编辑图形

复制配电房 1-1 剖面图，删除不需要的轴号Ⓑ及梁板、门窗剖面、图案填充等（图 12-3），删除后将地面线拉长，同时执行【延伸】、【修剪】等命令调整图形，修改图名，得到图 12-4 所示剖面图。

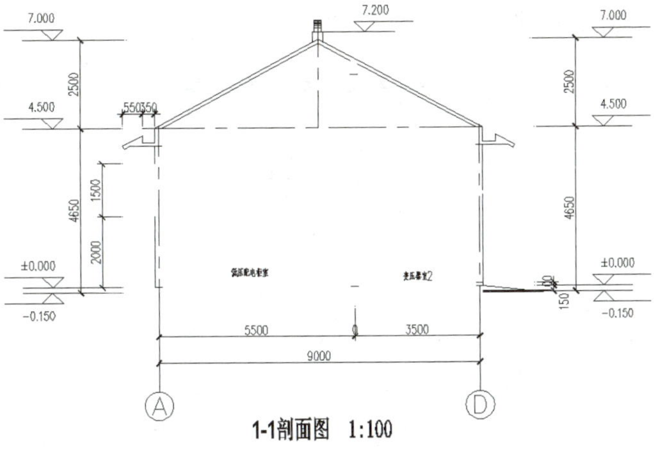

图 12-3　复制和修改剖面图

12.1.3　完善立面图细节

1. 绘制辅助线

Ⓐ-Ⓓ轴立面图中百叶窗的尺寸为 2 400 × 1 500，窗台高度为 2 000。绘制窗台高度辅助线，参考图 12-2 旋转后的平面图，绘制立面窗辅助线，定位窗的位置，注意Ⓐ-Ⓓ轴立面图和图 12-2 需垂直对齐。

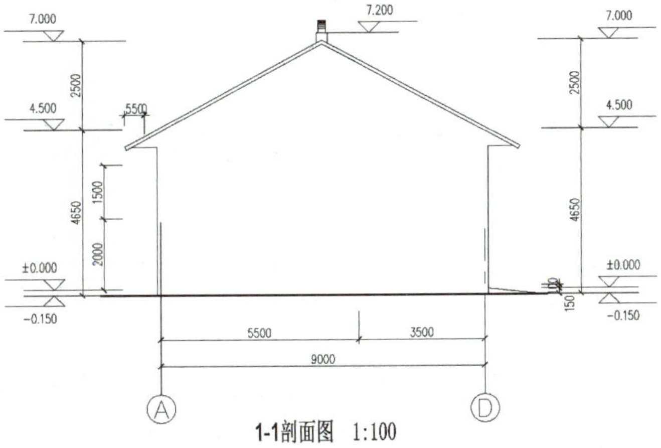

图 12-4　编辑完成后的剖面图

2. 绘制立面窗

切换到“门窗”图层，绘制矩形，并进行图案填充，完成百叶窗立面图的绘制，见图 12-5。

3. 其他

根据标注，完成立面其他线段的绘制，然后切换到“图案填充”图层执行砖纹图案填充，再将图层切换到“标注”图层执行“多重引线”标注，对墙面材质进行标注，即可完成Ⓐ-Ⓓ轴立面图，见图 12-2。

12.1.4　绘制Ⓓ-Ⓐ轴立面图

Ⓐ-Ⓓ轴及Ⓓ-Ⓐ轴立面图类似，对Ⓐ-Ⓓ轴立面图执行“镜像”操作，修改轴号和图名，删除百叶窗，对线段进行延伸即可完成，见图 12-1。

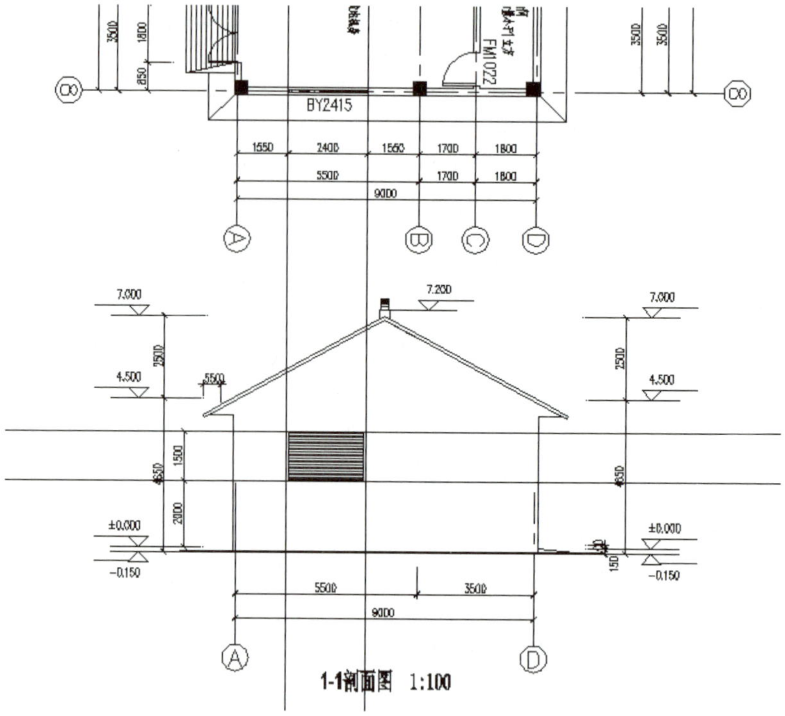

图 12-5　立面窗绘制完成

任务 12.2　①-⑧轴及⑧-①轴立面图绘制

本任务将以配电房① - ⑧轴和⑧ - ①轴立面图进行讲解。

12.2.1　绘制辅助线

将首层平面图、屋顶平面图和剖面图或立面图按照图 12-6 位置水平垂直对齐摆放，用构造线绘制辅助线，并将平面图的图名、轴号及标注复制到相应位置，进行相应编辑，如图 12-6 所示。

12.2.2　绘制地坪线和立面轮廓线

参考绘制的辅助线，利用【多段线】和【矩形】命令绘制地坪线和轮廓线，地坪线线宽设置为 100，删除构造线，如图 12-7 所示。

12.2.3　定位及绘制立面门窗

（1）切换到“门窗”图层，运用构造线（设置为垂直模式）绘制门窗定位辅助线，如图 12-8 所示。

（2）利用矩形或多段线绘制立面门窗洞口线（图 12-9），注意室内外高差为 150，门窗标注均基于 ± 0.000 标高。

（3）在“门窗”图层，运用矩形、多段线、图案填充等工具绘制门窗图形，尺寸及样式见图 12-10，分别对门窗进行块定义，按照门窗编号命名，复制到立面图相应位置，删除定位辅助线，绘制完成图见图 12-11。

12.2.4　其他

（1）在“立面”图层绘制墙裙线、立面坡度线、门上雨篷、屋脊翘角等。

（2）切换到“图案填充”图层，对面砖及屋顶瓦进行图案填充。

（3）切换到“标注”图层，完成立面材料标注。

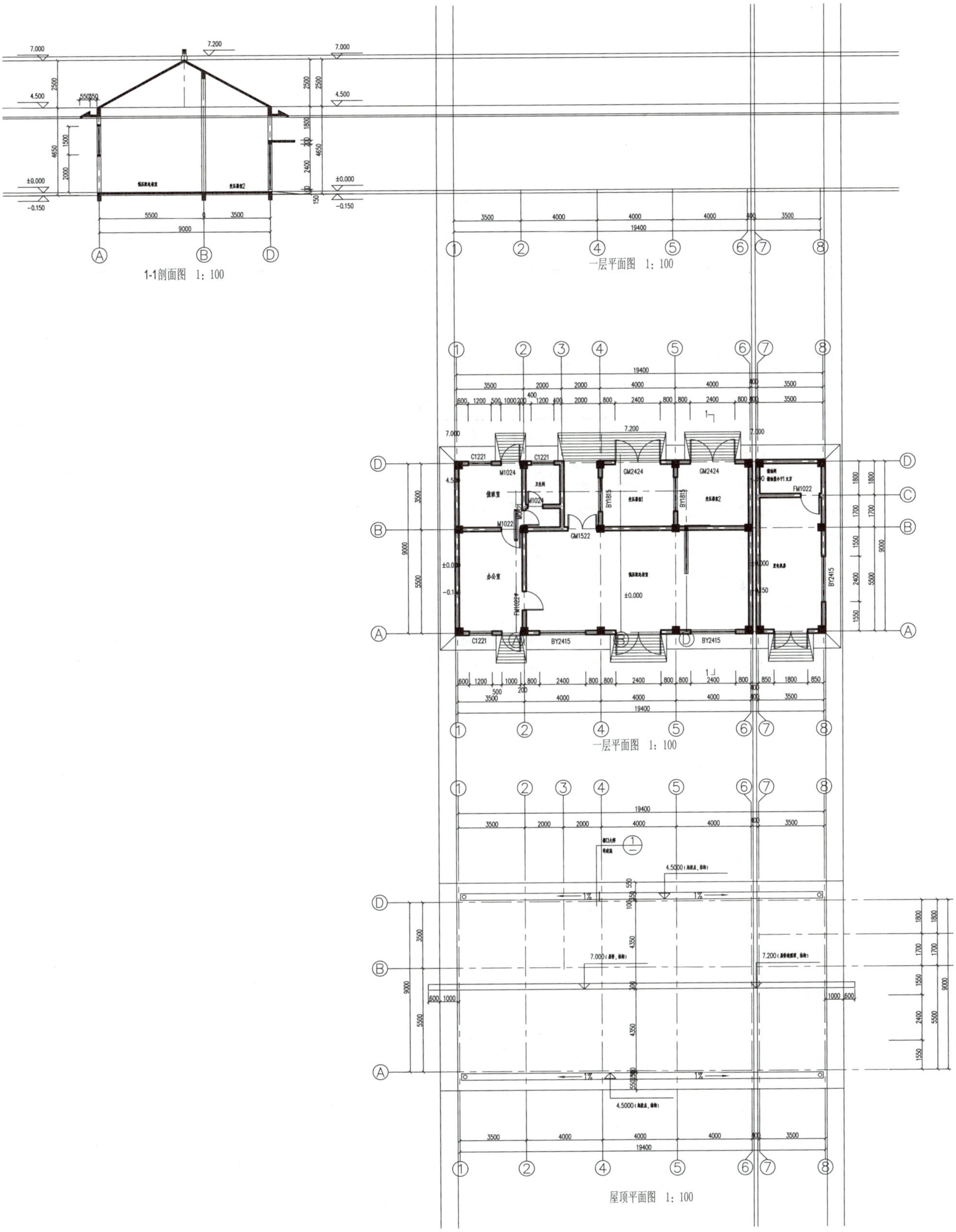

图 12-6 绘制辅助线

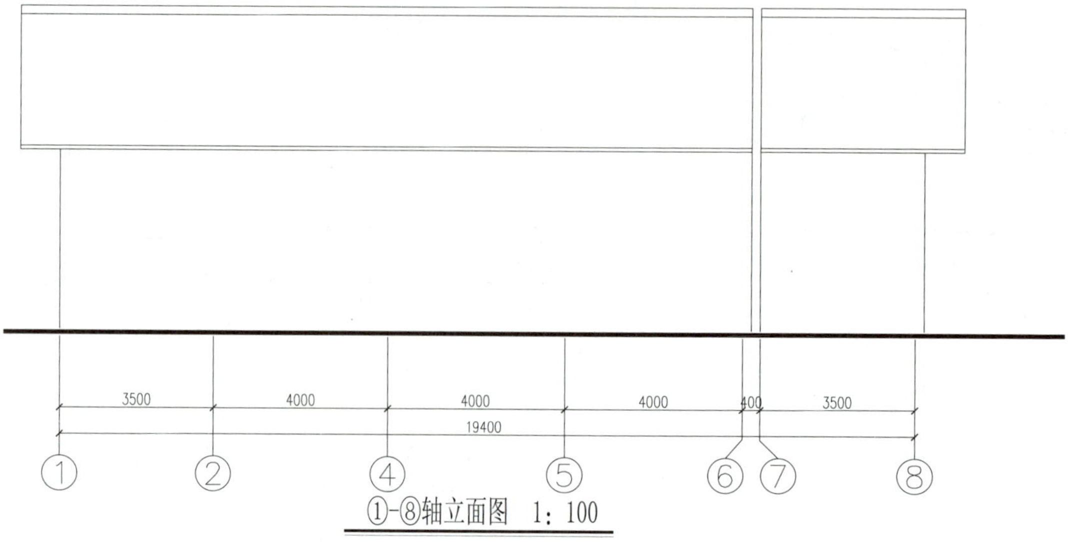

图 12-7 绘制地坪线和立面轮廓线

（4）完善立面标高和尺寸标注，可从Ⓐ-Ⓓ轴立面图复制。

① - ⑧轴立面图完成效果见图 12-12。

12.2.5 绘制⑧-①轴立面图

⑧-①轴立面图的做法与①-⑧轴立面图基本一致，参考平面图时，需将平面图旋转 180° 后再绘制参考线，其完成效果见图 12-13。

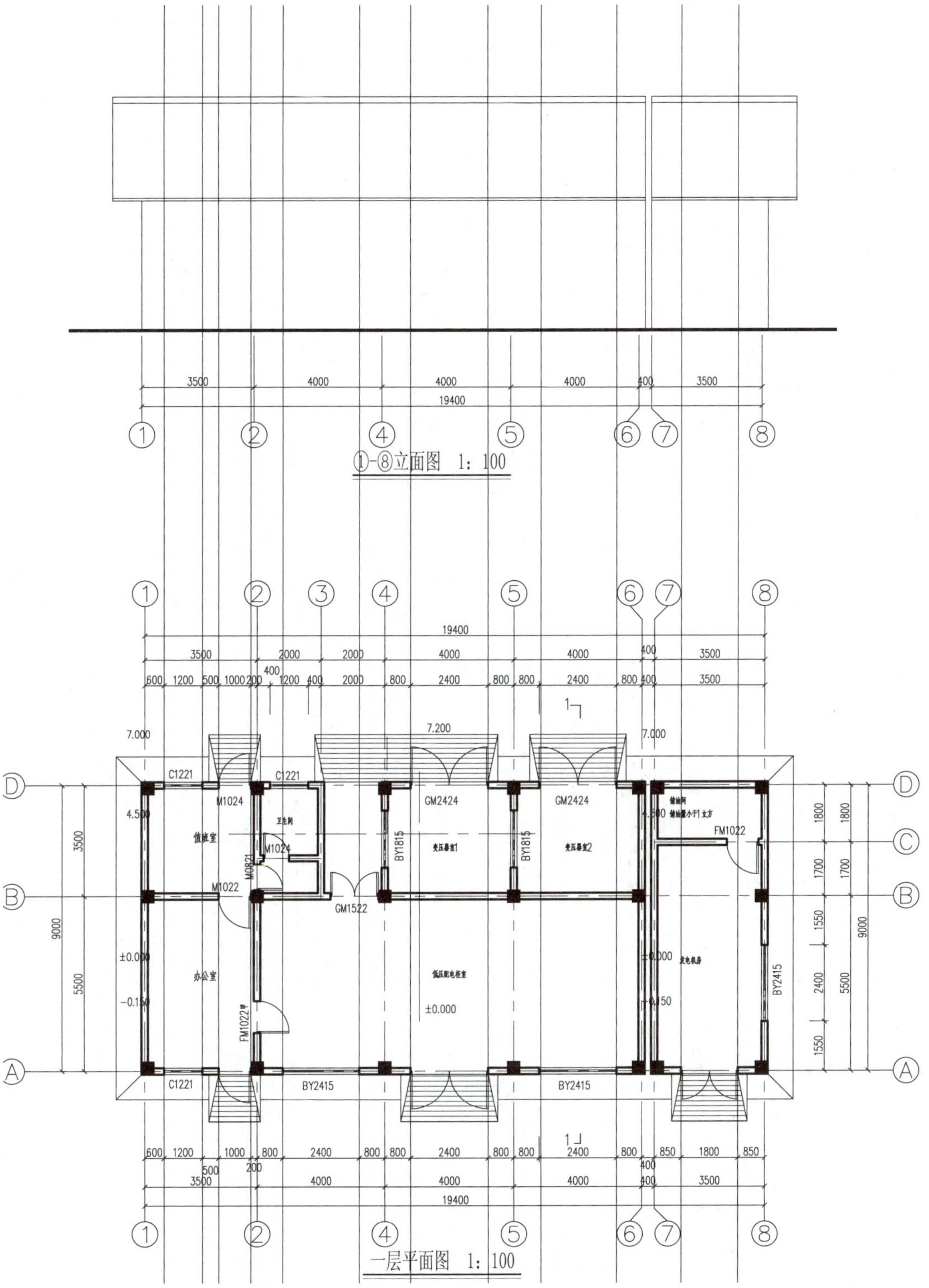

图 12-8　绘制立面门窗定位辅助线

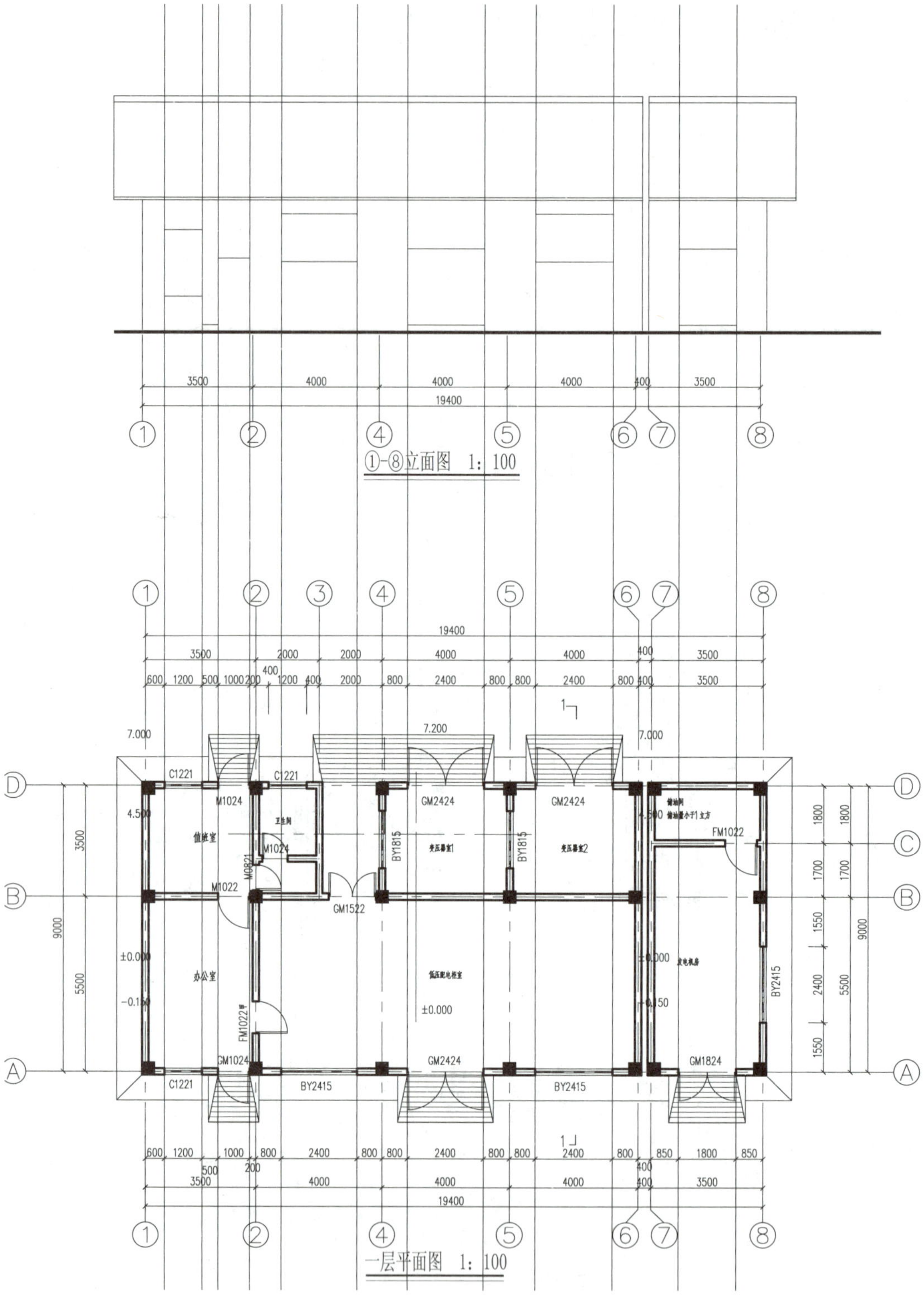

图 12-9 绘制立面门窗洞口线

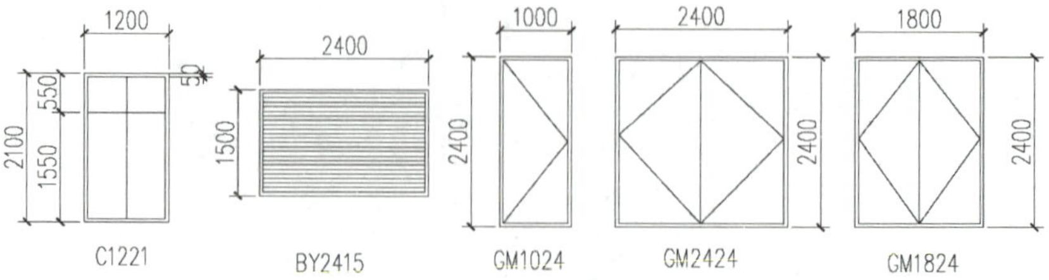

图 12-10 绘制门窗

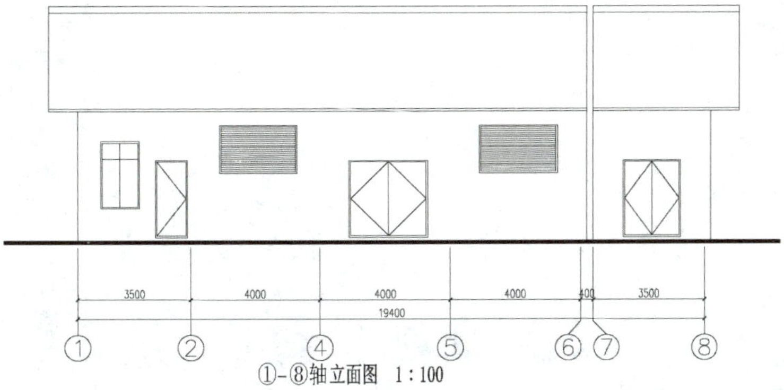

图 12-11　立面门窗绘制完成图

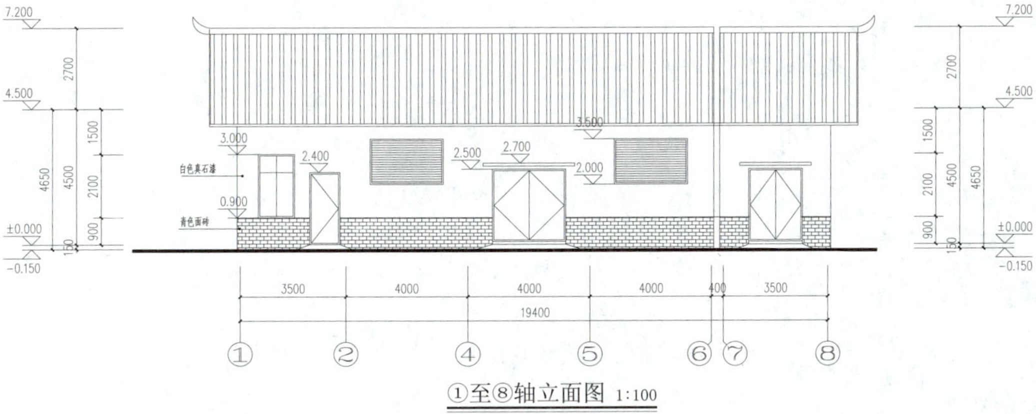

图 12-12　①-⑧轴立面图完成效果

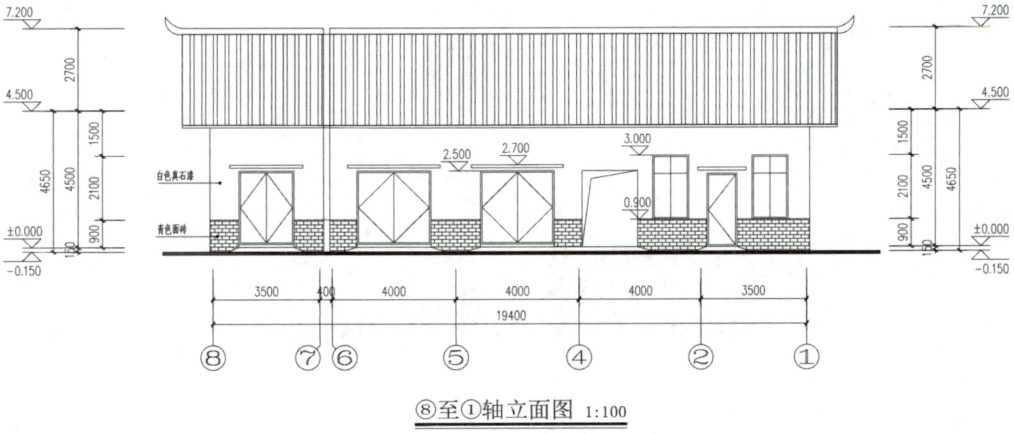

图 12-13　⑧-①轴立面图完成效果

任务 13

AutoCAD 建筑大样图绘制

学习目标

了解并掌握 AutoCAD 建筑大样图的绘制方法与步骤。

思维导图

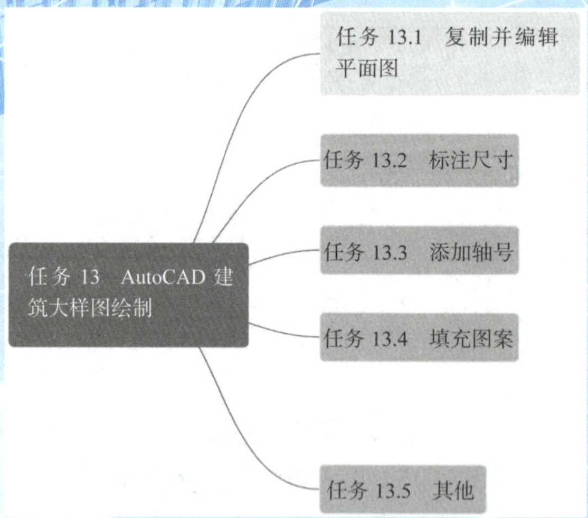

任务 13

任务 13.1　复制并编辑平面图

复制配电房平面图，删除除卫生间以外的墙柱、门窗、坡道、散水等，结合修剪等工具进行调整，结果见图 13-1。

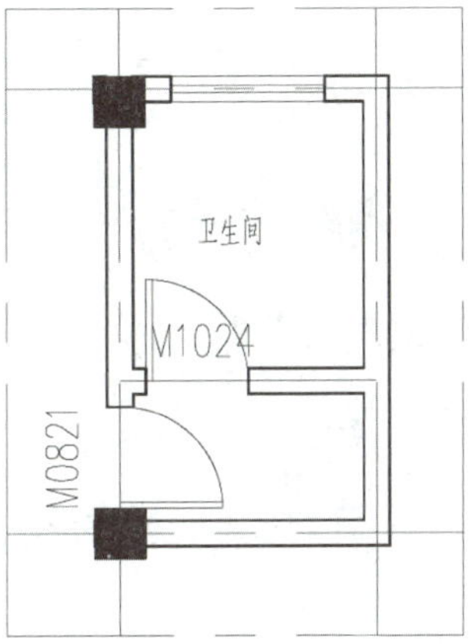

图 13-1　复制并编辑平面图

任务 13.2　标注尺寸

新建“大样”图层，其颜色、线型与“0”图层保持一致，线宽设置为 0.13 mm。将“大样”图层置为当前层。将复制的平面图全部框选放置到“大样”图层。

基于“S1-100”标注样式新建“S1-50”标注样式，调整全局比例为 50，对卫生间尺寸进行标注，将图中门窗标记文字缩小 50%。

任务 13.3　添加轴号

复制平面图中带有定义属性的轴号，并将其缩小一半，放置到卫生间大样图中相应位置，修改属性定义文字，结果见图 13-2。

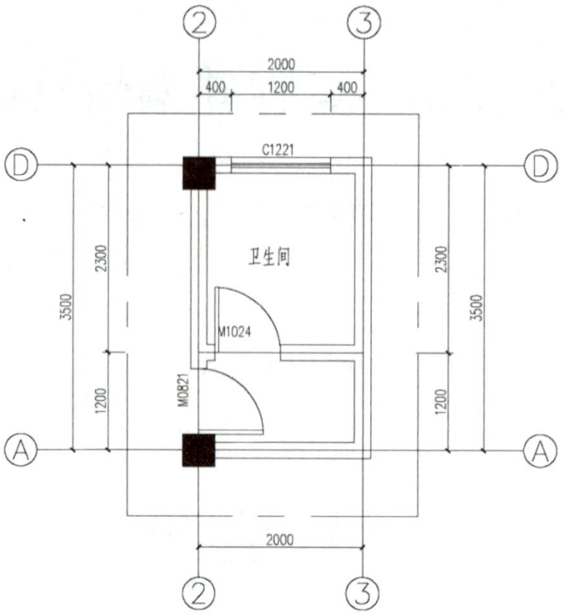

图 13-2　添加轴号

任务 13.4　填充图案

调用【编辑图案填充】命令，将两个柱子的实体填充修改为钢筋混凝土填充图案。

任务 13.5　其他

1. 添加洁具

大样图中的大便器、花洒、洗脸盆等可以从资料库中进行复制。

2. 绘制工具箱

运用矩形、直线等工具完成工具箱的绘制。

3. 添加坡度符号

从屋顶平面图中复制坡度符号，然后进行编辑。

4. 添加图名

从平面图中复制图名，将其缩小 50%，并修改内容，结果见图 13-3。

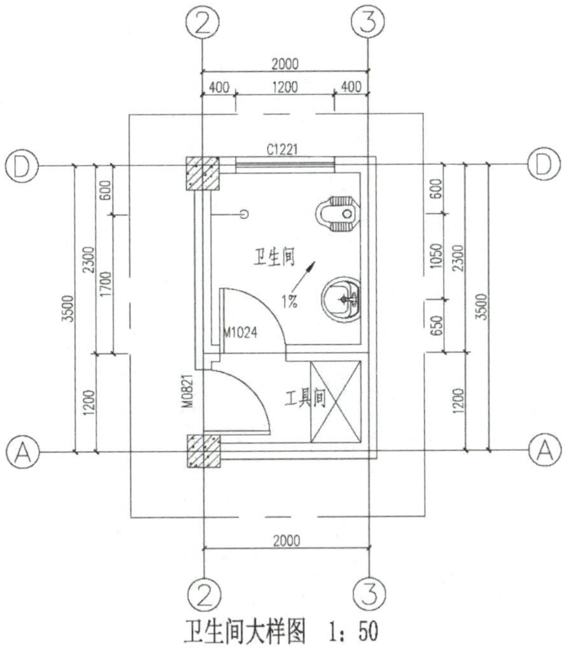

图 13-3　完成的卫生间大样图

天正建筑施工图篇

任务14 天正建筑软件基础知识

学习目标

1. 了解天正建筑软件安装；
2. 了解天正建筑软件界面；
3. 了解天正建筑软件选项设置；
4. 了解天正建筑软件选项板。

思维导图

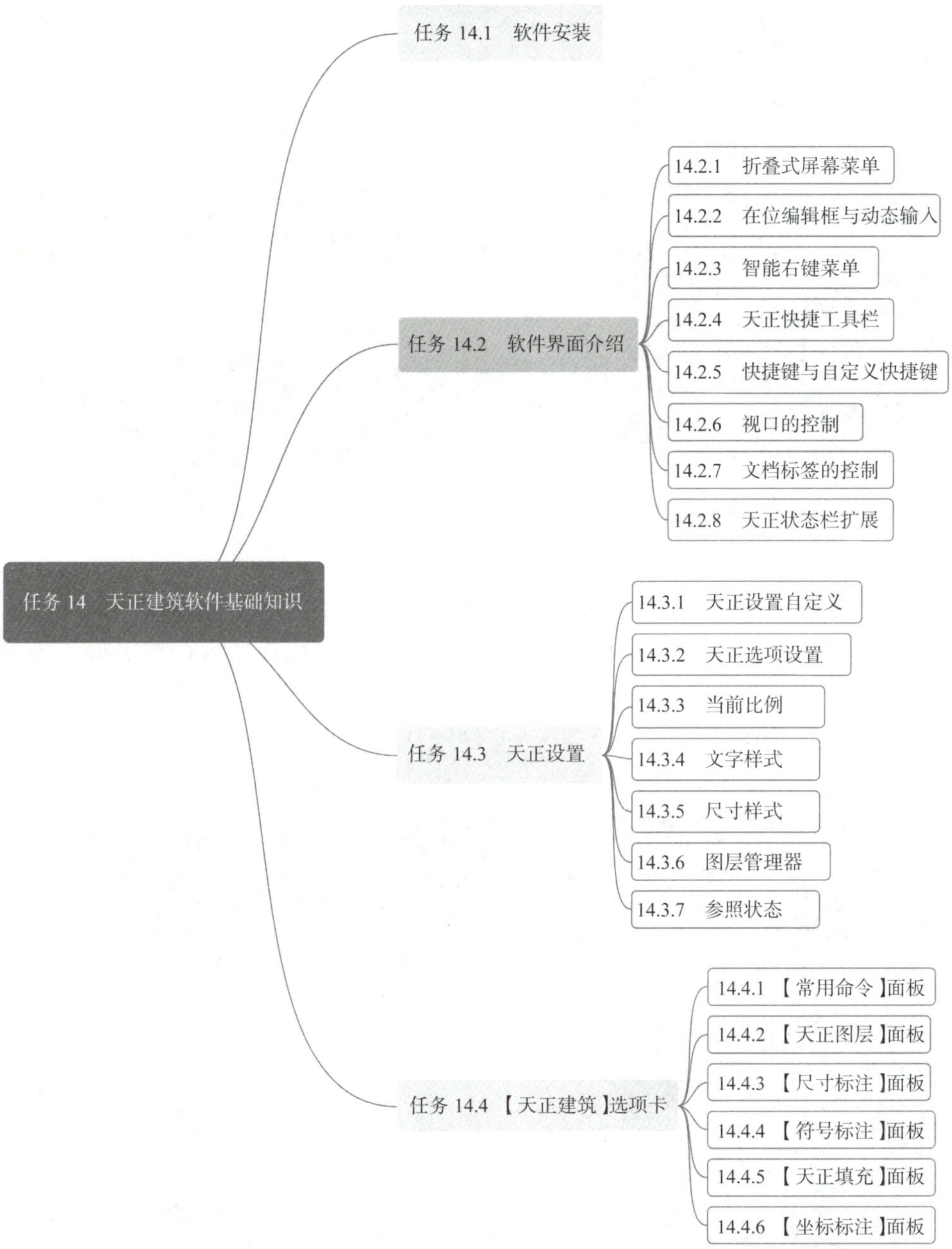

任务 14.1　软件安装

天正建筑软件的安装，需要匹配合适的 AutoCAD 版本，只有二者版本一致（兼容），才能正常安装和使用天正建筑软件。T20 天正建筑 V9.0 软件（以下简称“天正建筑软件”或“天正”）适用于 64 位操作系统 Windows 7、Windows 10 及 Windows 11，支持 64 位 AutoCAD 2010~2023 平台。本任务是在已安装 AutoCAD 2023 的基础上讲解天正建筑软件的安装方法。

运行软件安装程序包中的“Setup.exe”文件，在弹出的界面中选中“我接受许可证协议中的条款”单选钮，如图 14-1 所示。

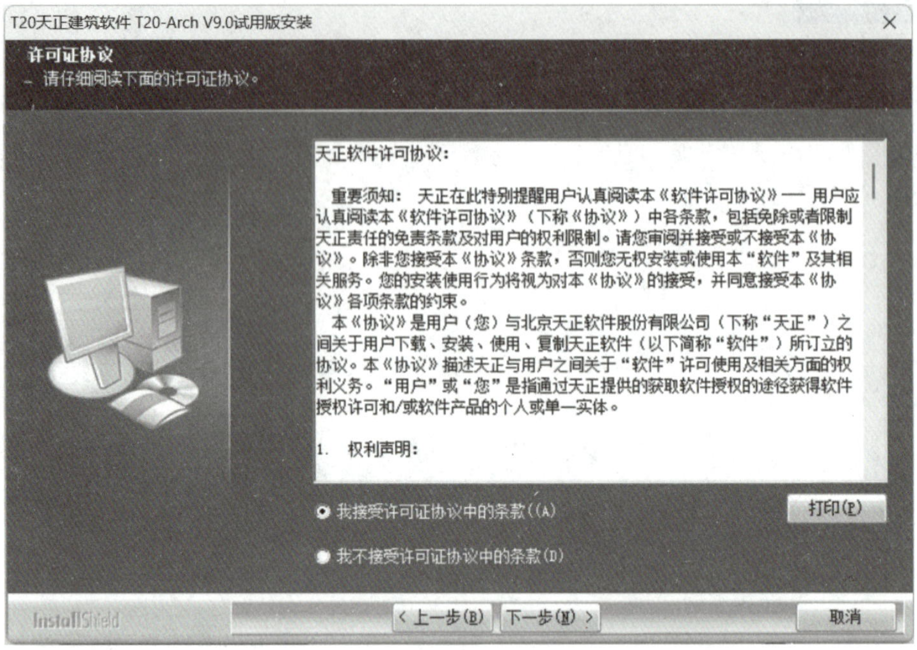

图 14-1　接受许可证协议

单击“下一步”按钮，在弹出的界面中选择安装路径和需要安装的功能，可以采用默认设置，也可以不安装在系统盘，如图 14-2 所示。安装完成后进行注册即可。高校教学时可用天正教学版，学生学习时可用测试版或试用版。

安装完成后，双击桌面上的“T20 天正建筑 V9.0”图标，即可打开天正建筑软件。

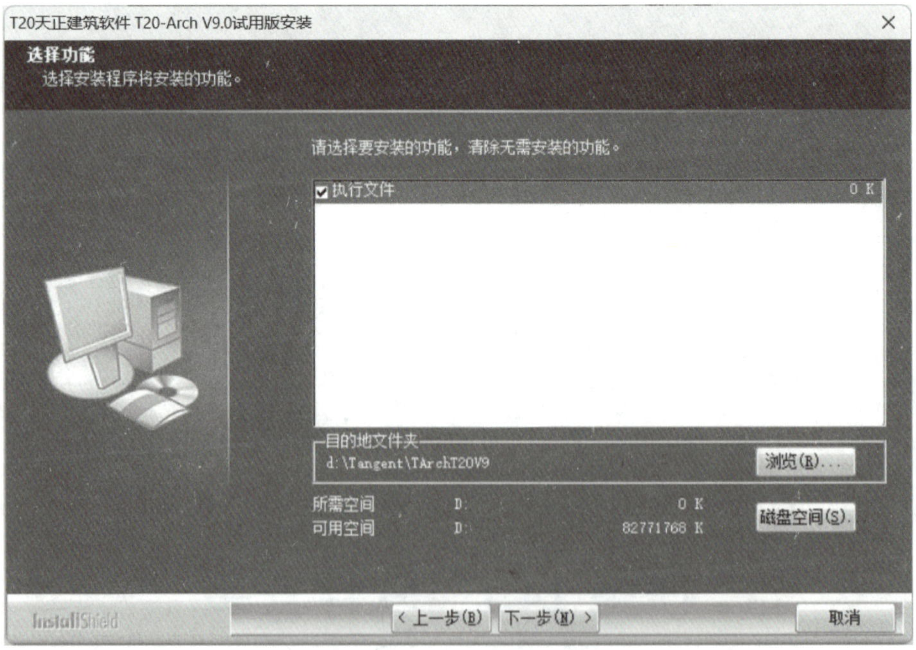

图 14-2　选择安装路径和需要安装的功能

任务 14.2　软件界面介绍

T20 天正建筑 V9.0 软件对 AutoCAD 的交互界面进行了必要的扩充，并建立了自己的菜单系统和快捷键；提供了可自定义的折叠式屏幕菜单、在位编辑框、右键菜单和图标工具栏，同时保留了 AutoCAD 原有界面体系。T20 天正建筑 V9.0 软件新开发了能自由换位并能风琴式收缩的上层功能选项板和能半透明状悬浮移动的左侧工具栏，见图 14-3。

14.2.1　折叠式屏幕菜单

天正的主要功能都列在折叠式三级结构的屏幕菜单上，可以单击上一级菜单或点击鼠标右键展开下一级菜单，同级菜单互相关联，展开另外一个同级菜单时，原来展开的菜单自动合拢，二到三级菜单项是天正的可执行命令或者开关项。折叠式菜单效率高，但由于屏幕的高度有限，当展开较长的菜单时，有些菜单命令无法在屏幕显示，可用鼠标滚轮上下滚动菜单快速选取当前不可见的命令。天正屏幕菜单在 2004 以上版本下支持自动隐藏功能，在光标离开菜单后，菜单可自动隐藏为一个标题，当光标移到标题上时，菜单自动弹出，可节省屏幕作图面积，见图 14-4。该屏幕菜单也可以通过【Ctrl++】组合键实现屏幕菜单的开启和隐藏操作。

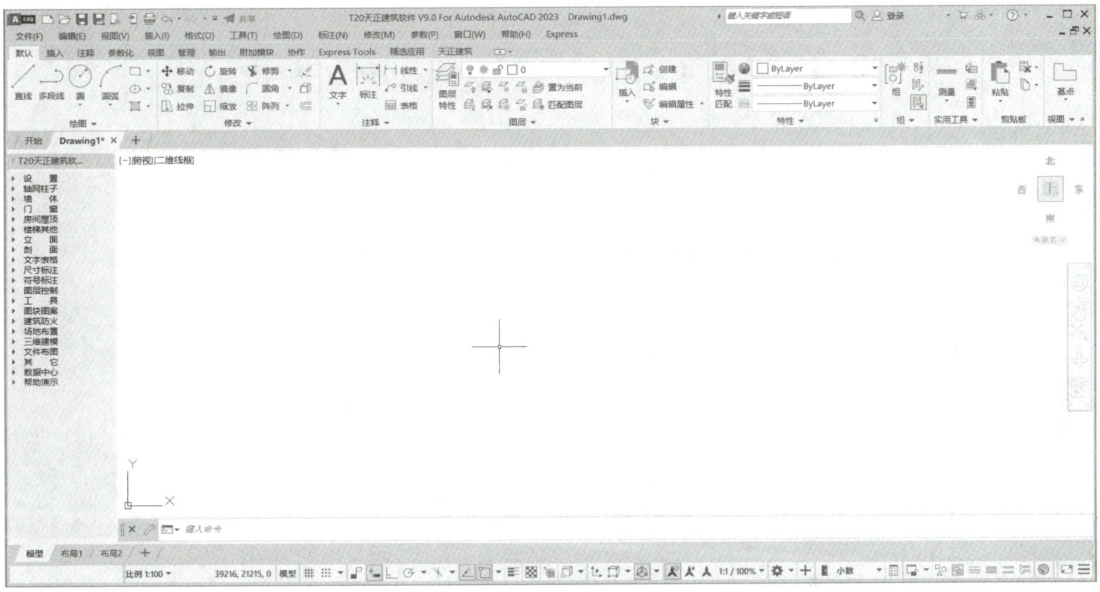

图 14-3　T20 天正建筑 V9.0 软件界面

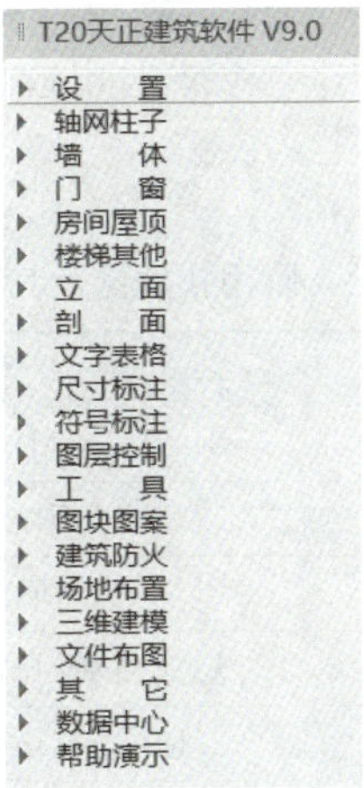

图 14-4　折叠式屏幕菜单

14.2.2　在位编辑框与动态输入

在位编辑框主要用于构件绘制中的尺寸动态输入、文字和表格内容的修改、标注符号的编辑等，动态输入中的显示特性可在状态栏中单击“DYN”按钮进行设置。

14.2.3　智能右键菜单

在 AutoCAD 绘图区单击鼠标右键弹出快捷菜单，该菜单内容是动态显示的，根据当前光标下的预选对象确定菜单内容，当没有预选对象时，弹出最常用的功能，否则根据所选对象列出相关命令。当光标在菜单项上移动时，AutoCAD 状态栏给出当前菜单项的简短使用说明。

在天正窗口中双击图形空白处，可取消此前对多个对象的选择，减少多次按【ESC】键取消选择的不便。

14.2.4　天正快捷工具栏

如图 14-5 所示，天正快捷工具栏由常用快捷功能 1 工具栏、常用快捷功能 2 工具栏、常用图层快捷工具栏、自定义工具栏、上海城建物资标准预制构件库工具栏、调整工具栏组成，可避免反复的菜单切换，提高效率。光标移到图标上稍作停留，即可提示各图标功能。关闭天正快捷工具栏后，可以通过选择【工具栏】→【天正快捷菜单】菜单命令再次打开天正快捷工具栏。

常用快捷功能 1 工具栏

常用快捷功能 2 工具栏

常用图层快捷工具栏

自定义工具栏

上海城建筑资标准预制构件库工具栏

调整工具栏

图 14-5　天正快捷工具栏

14.2.5　快捷键与自定义快捷键

除 AutoCAD 定义的快捷键外，天正补充了若干快捷键以加速绘图，表 15-1 是常用快捷键及其功能，可以在【自定义】命令中定义单一数字快捷键，用于激活天正命令。由于“3”与多个 3D 命令冲突，不要用于快捷键。

表 15-1　常用快捷键及其功能

名称	功能
F1	AutoCAD 帮助文件的切换
F2	屏幕的图形显示与文本显示的切换
F3	对象捕捉的开/关
F6	状态栏中绝对坐标与相对坐标的切换
F7	屏幕上栅格点显示状态的切换
F8	屏幕上光标正交状态的切换

续表

名称	功能
F9	屏幕上光标捕捉(光标模数)的开/关
F11	对象追踪的开/关
Ctrl++	屏幕菜单的开/关
Ctrl+−	文档标签的开/关
Shift+F12	动态输入的开/关(仅限于 2006 以下版本)
Ctrl+~	工程管理界面的开/关

14.2.6 视口的控制

视口有模型视口和图纸视口之分,其中模型视口在模型空间中创建,图纸视口在图纸空间中创建。为方便用户从多角度观察和设计,可以设置多个视口,如平面、立面、三维等不同的视图。天正提供了视口的快捷控制方法。

(1)新建视口:当光标移到当前视口的四个边界时,光标形状发生变化,此时开始拖动,就可以新建视口。

(2)视口大小调整:当光标移到视口边界或角点时,光标的形状会发生变化,此时按住鼠标左键进行拖动,可以更改视口的尺寸,如不需改变边界重合的其他视口,可在拖动时按住【Ctrl】或【Shift】键。

(3)删除视口:更改视口的大小,使某个方向的边发生重合(或接近重合),此时视口自动被删除。

14.2.7 文档标签的控制

AutoCAD 支持打开多个 DWG 文件,为方便在几个 DWG 文件之间切换,天正在界面上方为打开的每个图形提供了显示文件名的标签,单击标签即可将标签代表的图形切换为当前图形,右击文档标签可显示多文档专用的【关闭文档】、【保存所有文档】、【整图导出】等命令。在屏幕菜单中执行【设置】→【自定义】命令,打开“天正自定义”对话框,在【基本设置】选项卡下通过勾选和取消勾选“启用文档标签”复选框启动和关闭文档标签,也可通过【Ctrl+−】组合键进行文档标签的隐藏与显示,见图 14-6。

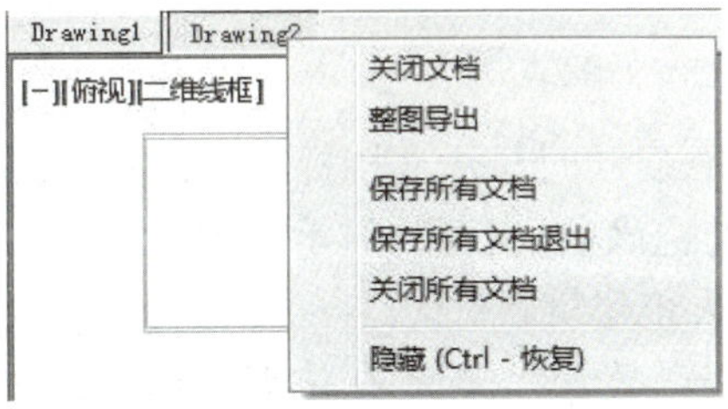

图 14-6 文档标签的隐藏与显示

14.2.8 天正状态栏扩展

天正在 AutoCAD 状态栏的基础上增加了比例设置下拉列表控件以及多个功能切换开关,实现了编组、墙基线、填充、加粗和动态标注的快速切换 ,避免了与 AutoCAD 快捷键的冲突。状态栏扩展如图 14-7 所示。

图 14-7 状态栏扩展

任务 14.3　天正设置

14.3.1　天正设置自定义

在屏幕菜单中执行【设置】→【自定义】命令（快捷键【ZDY】），打开“天正自定义”对话框，该对话框如图 14-8 所示，用于修改与操作界面有关的参数设置。

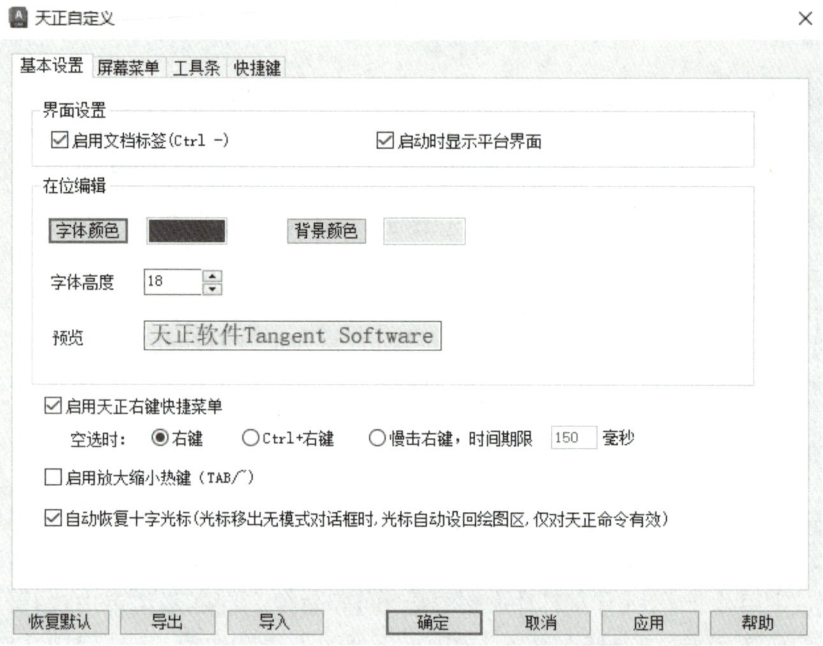

图 14-8　“天正自定义”对话框

1.【基本设置】选项卡

各主要功能项的含义如下。

（1）启用文档标签：默认勾选该项，启动时显示文档标签，也可以用快捷键【Ctrl+-】随时开关文档标签。

（2）启动时显示平台界面：默认勾选该项，启动时显示平台界面，下次双击天正快捷图标时，可在软件启动界面重新选择 AutoCAD 平台启动天正建筑软件。

（3）字体颜色和背景颜色：在位编辑激活后，控制在位编辑框中使用的字体本身的颜色和在位编辑框的背景颜色。

（4）字体高度：在位编辑激活后，控制在位编辑框中字体的高度。

（5）启用天正右键快捷菜单：用户可取消天正右键快捷菜单，没有选中对象（空选）时右键快捷菜单的弹出有三种方式，即右键、【Ctrl】键+右键和慢击右键（右击超过一定时间后，放松右键）。快击右键起到回车作用。

（6）启用放大缩小热键：【Tab】键和【~】键分别用于放大和缩小屏幕范围。

（7）自动恢复十字光标：当光标移出对话框时，当前控制光标自动返回绘图区，恢复十字光标，仅对天正命令有效。

2.【屏幕菜单】选项卡

【屏幕菜单】选项卡如图 14-9 所示。各主要功能项的含义如下。

（1）显示天正屏幕菜单：默认勾选该项，启动时显示天正屏幕菜单，也可以用快捷键【Ctrl++】随时开关。

（2）折叠风格：折叠式子菜单样式一，单击打开子菜单时，子菜单展开全部可见，在菜单总高度大于屏幕高度时，由滚轮或滚动条控制子菜单在顶层滚动显示。

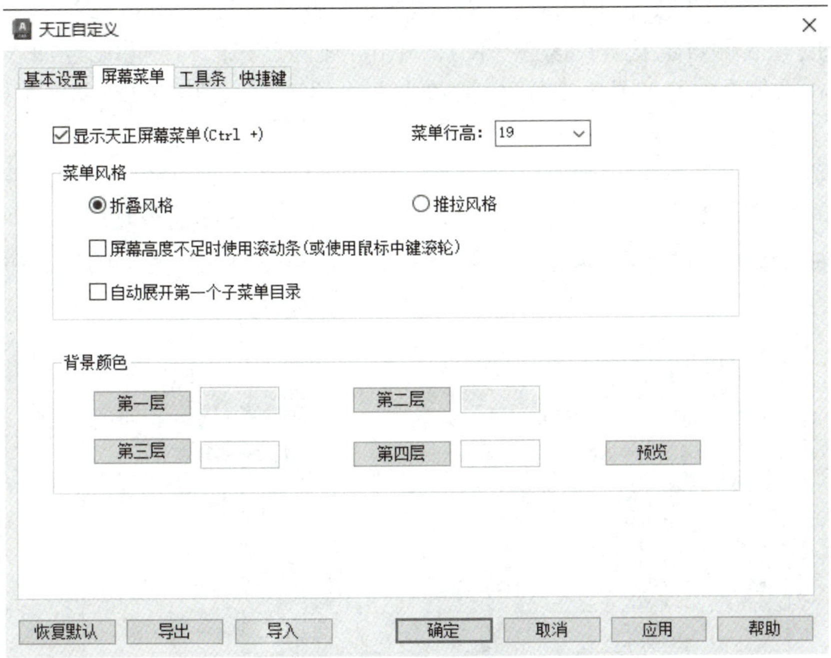

图 14-9 【屏幕菜单】选项卡

（3）推拉风格：折叠式子菜单样式二，子菜单展开时所有上级菜单项保持可见，在菜单总高度大于屏幕高度时，由滚轮或滚动条控制子菜单在本层内推拉显示。

（4）屏幕高度不足时使用滚动条：勾选此项时，如果屏幕高度小于菜单高度，在菜单右侧会自动出现滚动条，适用于笔记本触屏、指点杆等无滚轮的定位设备，用于菜单的上下移动。不管是否勾选此项，在有滚轮的定位设备中均可使用滚轮移动菜单。

（5）自动展开第一个子菜单目录：默认打开第一个【设置】菜单，从设置自定义参数开始绘图。

（6）背景颜色：设置菜单的背景颜色，天正屏幕菜单最大深度为四层，每一层均可独立设置背景颜色。

3.【工具条】选项卡

可进行工具条命令的添加与删除，如图 14-10 所示，各主要功能项的含义如下。

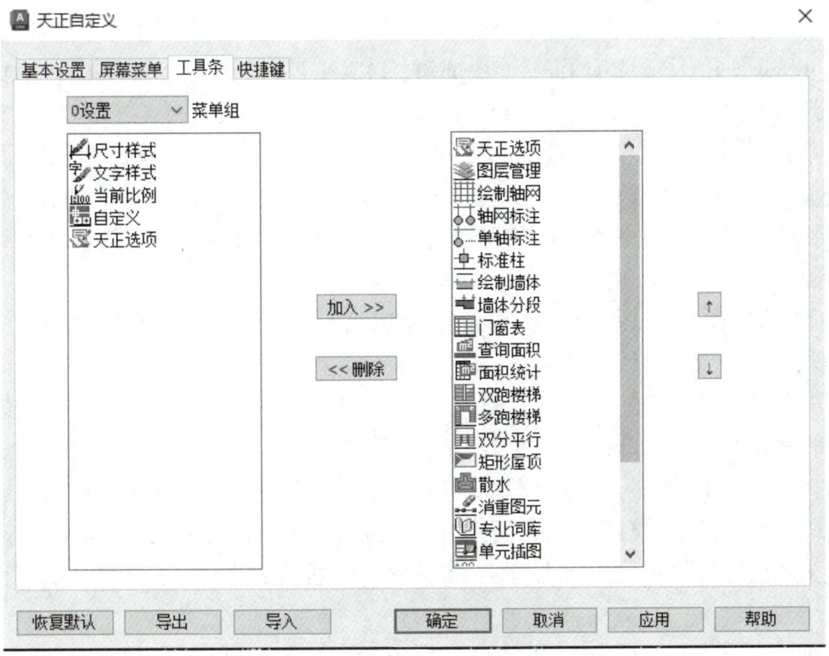

图 14-10 【工具条】选项卡

（1）“加入”按钮：从菜单组下拉列表框中选择菜单组的名称，在左侧列表区显示该菜单组的全部图标，每次选择一个图标，单击“加入”按钮，即可把该图标添加到右侧自定义工具区。

（2）“删除”按钮：在右侧自定义工具区选择图标，单击“删除”按钮，可删除已经加入的图标。

（3）图标排序：在右侧自定义工具区选择图标，单击右边的箭头，即可上下移动该图标的位置，每次移动一行。

4.【快捷键】选项卡

按下快捷键即可调用对应于该键的天正建筑软件或者 AutoCAD 的命令功能。在“命令名”栏目下，可直接单击表格单元内右边的按钮进入“天正命令”对话框，双击命令后获得有效的天正命令全名，如图 14-11 所示。

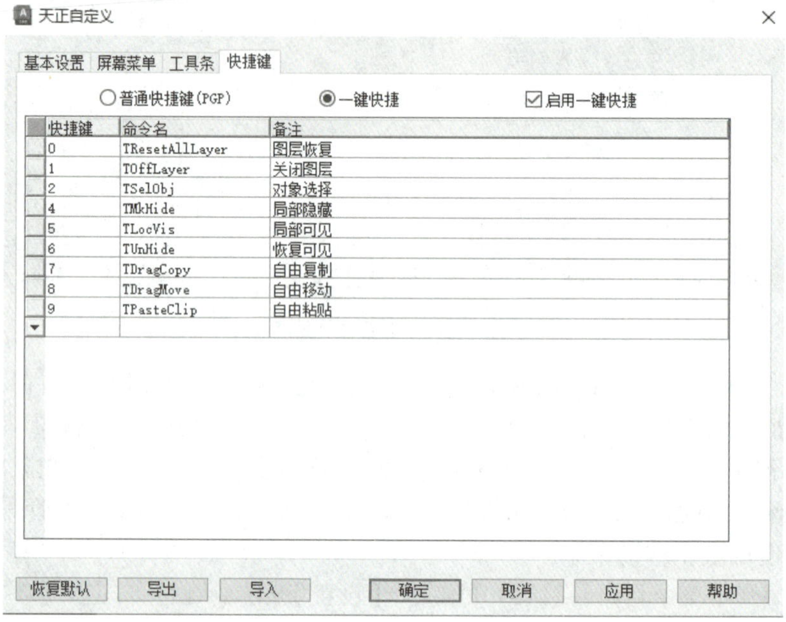

图 14-11 【快捷键】选项卡

14.3.2 天正选项设置

【天正选项】命令用于修改与工程设计作图有关的参数，如绘图的基本参数、墙体的加粗、填充图案等。在屏幕菜单中执行【设置】→【天正选项】命令（快捷键【TZXX】），打开“天正选项”对话框，见图 14-12。

1.【基本设定】选项卡

在该选项卡下可进行图形及其他参数的设置，见图 14-12。各主要功能项的含义如下。

（1）当前比例：设置出图比例，该比例显示在 AutoCAD 状态栏最左边。默认的初始比例为 1∶100。本设置对已存在的图形对象的比例无影响，只影响新创建的天正对象。除天正图块外的所有天正对象都有一个出图比例参数，用来控制对象的二维视图。

（2）当前层高：设定本图的默认层高。本设定不影响已经绘制的墙、柱子和楼梯的高度，只作为以后生成的墙和柱子的默认高度。

（3）显示模式：“完全二维”指在二维显示模式下，系统在所有视口中都显示对象的二维视图，而不管该视口的视图方向是平面视图还是轴测图、透视图。即使观察方向是轴测方向，也只显示二维平面图。“完全三维”指将当前图的各个视口按照三维的模式进行显示，各视口内视图按三维投影规则进行显示。而“自动确定”为默认设置，以二维或三维模式显示天正对象，可按该视口的视图方向自动确定显示模式，即平面图（俯视图）以二维模式显示，其他视图方向显示三维图形。这种方式最方便，可以在一个屏幕内同时观察二维和三维表现效果。

（4）单位换算：适用于绘图单位和标注单位在 mm 和 m 之间进行尺寸标注和坐标标注的单位换算

设置。

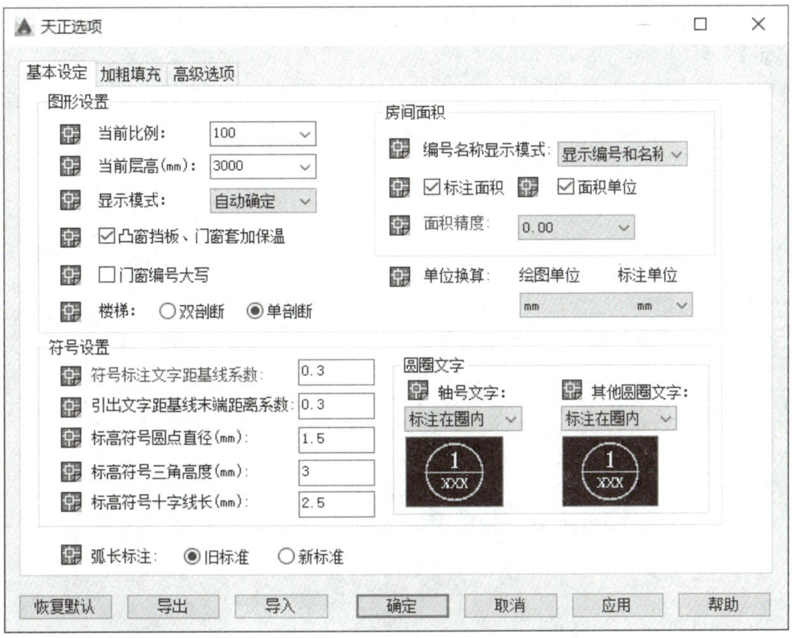

图 14-12　“天正选项”对话框

2.【加粗填充】选项卡

该选项卡专用于墙体与柱子的填充，提供各种填充图案和加粗线条，如图 14-13 所示。各主要功能项的含义如下。

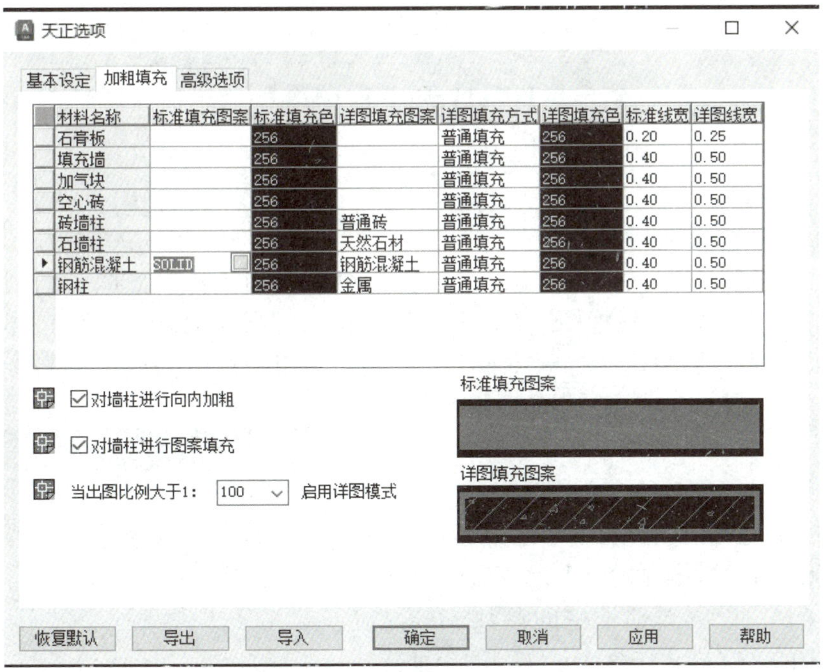

图 14-13 【加粗填充】选项卡

（1）材料名称：在墙体和柱子中使用的材料名称。可根据不同的材料名称选择相应的加粗宽度和国标填充图例。

（2）标准填充图案：单击该列任意文本框右侧的小图块，将弹出“图案选择”对话框，在该对话框中可根据需要选择填充图案。一般情况下，标准填充图案为在建筑平面图和立面图下标准比例为 1 : 100 的墙柱填充图案。

（3）详图填充图案：单击该列任意文本框右侧的小图块，将弹出“图案选择”对话框，在该对话框中可根据需要选择填充图案。一般情况下，详图填充图案为建筑详图比例为 1 ∶ 50 的墙柱填充图案。

3.【高级选项】选项卡

【高级选项】选项卡用于控制天正建筑全局变量的自定义参数设置，除了尺寸样式需专门设置外，这里定义的参数保存在初始参数文件中，不仅用于当前图形，而且对新建的文件起作用。在该选项卡下，以树状目录的电子表格形式列出可供修改的选项内容，见图 14-14。

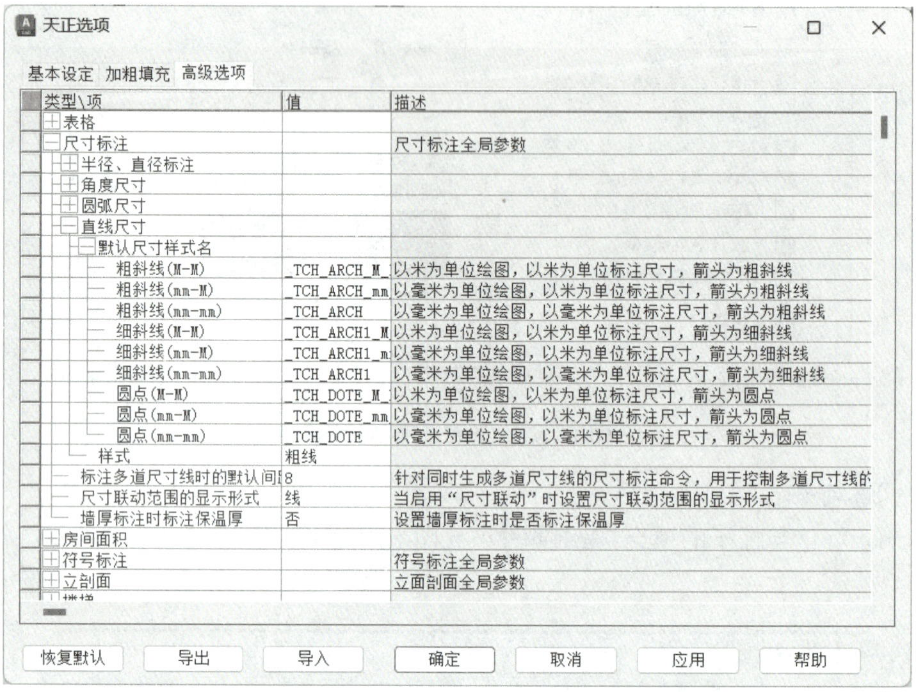

图 14-14 【高级选项】选项卡

14.3.3 当前比例

当前比例指绘制图形与实物要素线性尺寸之比。按照当前比例的大小决定标注、文本、符号对象中的文字字高与符号尺寸，建筑对象中的加粗线宽，对设置后新生成的对象有效。通过单击状态栏左下角的“比例”按钮，或者通过“天正选项”对话框中【基本设定】选项卡下“当前比例”下拉列表框，均可设置当前比例。模型空间和布局空间的比例控件完全一样，且布局空间的绘图比例与模型空间的绘图比例是完全独立的，在布局空间进行的比例相关操作不会影响到模型空间。

14.3.4 文字样式

天正建筑软件提供更为便利的文字样式设置窗口，选择天正【设置】菜单中的【文字样式】命令，可打开“文字样式”对话框，见图 14-15。设置对话框中的参数，单击“确定”按钮后，即以其中的文字样式作为天正文字的当前样式进行各种符号和文字标注。AutoCAD 的形文件字体由中西文字体组成，中西文字体分别设定参数控制中英文字体的宽度、高度比例。

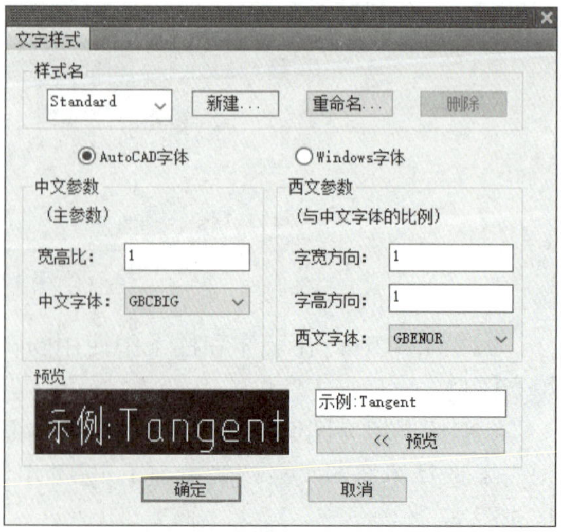

图 14-15 “文字样式”对话框

14.3.5 尺寸样式

尺寸标注是设计图纸的重要组成部分，图纸中的尺寸标注在国家颁布的建筑制图标准中有严格的规定，直接沿用 AutoCAD 本身提供的尺寸标注命令不符合建筑制图的要求，特别是编辑尺寸尤其不便，为此天正建筑软件提供了自定义的尺寸标注系统，完全取代了 AutoCAD 的尺寸标注功能，分解后成为 AutoCAD 的尺寸标注。通过选择天正【设置】菜单中的【尺寸标注】命令，或者在尺寸选项板中单击“标注样式管理器”按钮，弹出标注样式管理器，可对标注进行细化调整，见图 14-16。

14.3.6　图层管理器

可以用图层管理器对图层进行分组管理，还可以当前图层标准批量建立新图层，方便快捷地修改图层属性等，见图 14-17。用天正工具绘制的图形会按照图层分类自动归档到相应图层，避免图层设置和调整的烦琐操作。

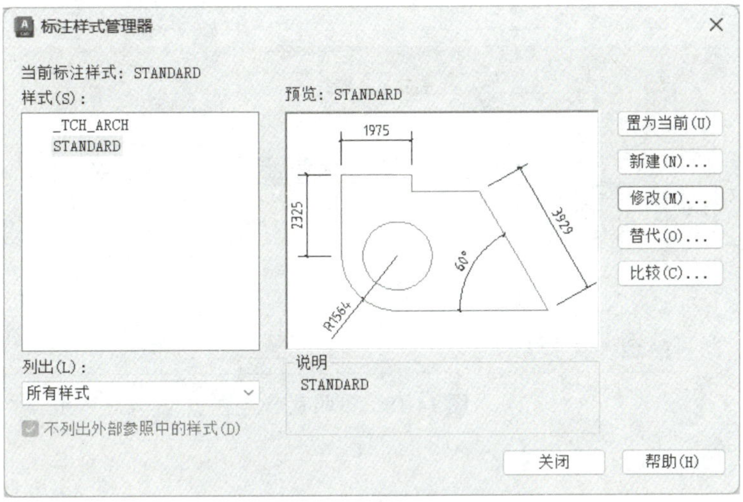

图 14-16　标注样式管理器

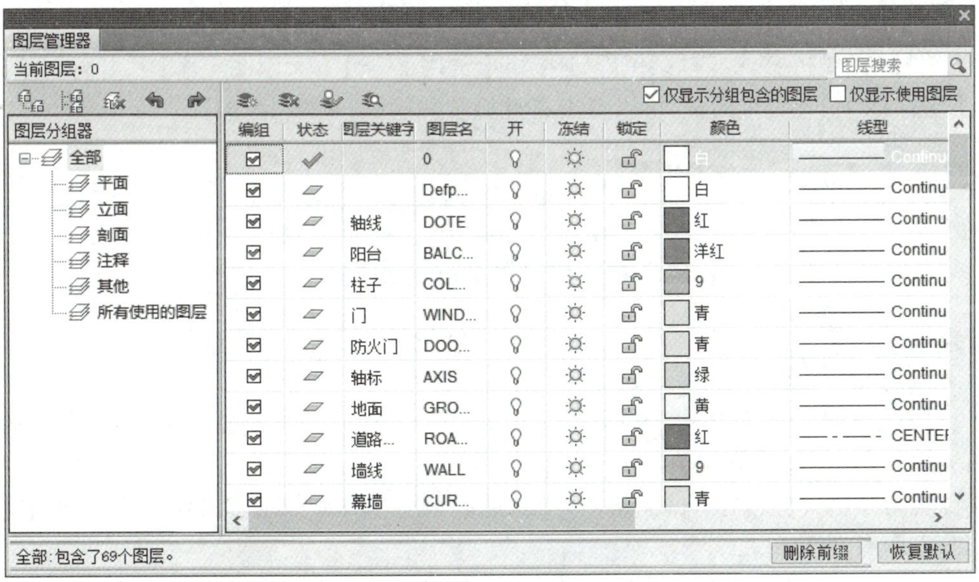

图 14-17　图层管理器

14.3.7　参照状态

天正【设置】菜单提供“参照开启/参照关闭”开关控制，当参照开启时，支持块参照的命令可以识别参照内对象；当参照关闭时，支持块参照的命令不识别参照内对象。参照状态默认读取高级选项中的设置，如图 14-18 所示。当高级选项中“是否支持参照内对象”设置为“不支持”时，每次启动程序，默认状态是“参照关闭”；当高级选项中“是否支持参照内对象”设置为“可视范围内支持”或“全图支持”时，每次启动程序，默认状态是“参照打开”。

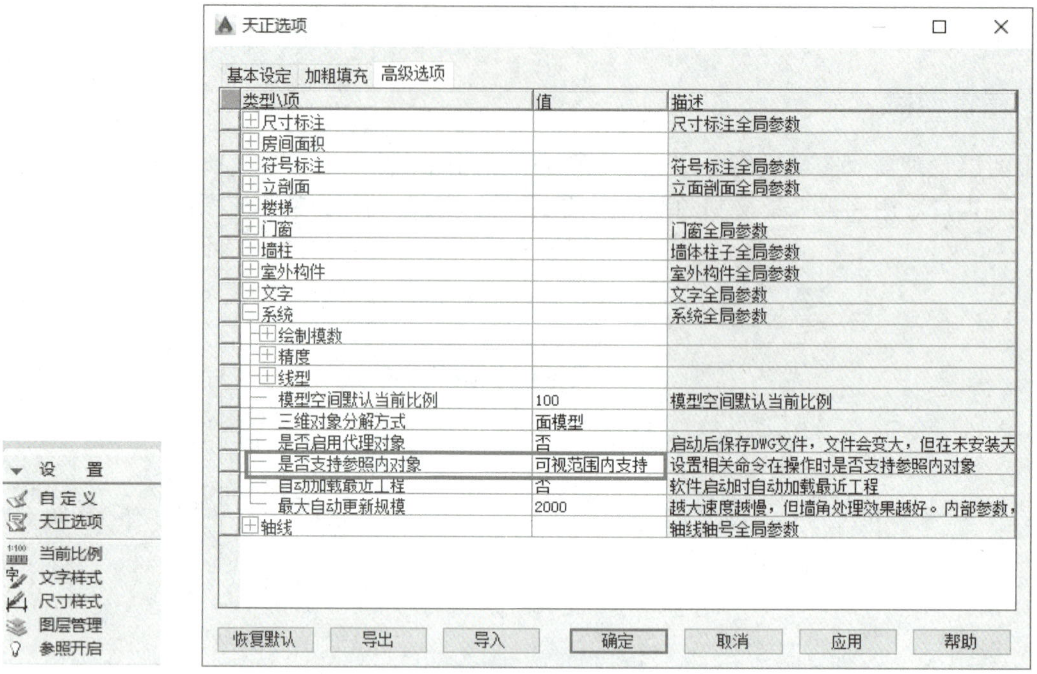

图 14-18 参照状态

任务 14.4 【天正建筑】选项卡

天正建筑软件除提供折叠式屏幕菜单外，还提供【常用命令】、【天正图层】、【尺寸标注】、【符号标注】、【天正填充】、【坐标标注】等六个面板，可以点击右键显示和隐藏，见图 14-19。

图 14-19 【天正建筑】选项卡

14.4.1 【常用命令】面板

【常用命令】面板汇集了天正格式转换与视图转换相关命令，可分为格式转换与导出、常用工具、视图浏览工具和局部观察工具四部分，见图 14-20。

（1）格式转换与导出：包括局部导出、整图导出、批量导出、BIM 导出、BIM 导入、旧图转换、整图比对、备挡拆图、图纸保护、插件发布。

（2）常用工具：包括剪切、复制、粘贴。

（3）视图浏览工具：包括三种查看当前视图的方式，即窗口、动态观察、平移。

（4）局部观察工具：包括局部隐藏、局部可见、恢复可见。

14.4.2 【天正图层】面格

天正图层对 AutoCAD 的图层管理器进行了优化，将天正图层标准预设进图层管理器中，并以图层组的方式进行分类，使图层管理更加清晰，操作更加方便。透明度条可以将图中锁定的图层设置为透明显示，以透明度来调节图中锁定图层的内容，锁定图层的显示更加清晰，对图层整体操作更加方便直观，包括常用的【合并图层】、【图元改层】、【设为当前】命令，以及成组排列的【关闭图层】、【关闭其他】、【打开图层】、【冻结图层】、【冻结其他】、【解冻图层】、【锁定图层】、【锁定其他】、【解锁图层】命令，如图 14-21 所示。

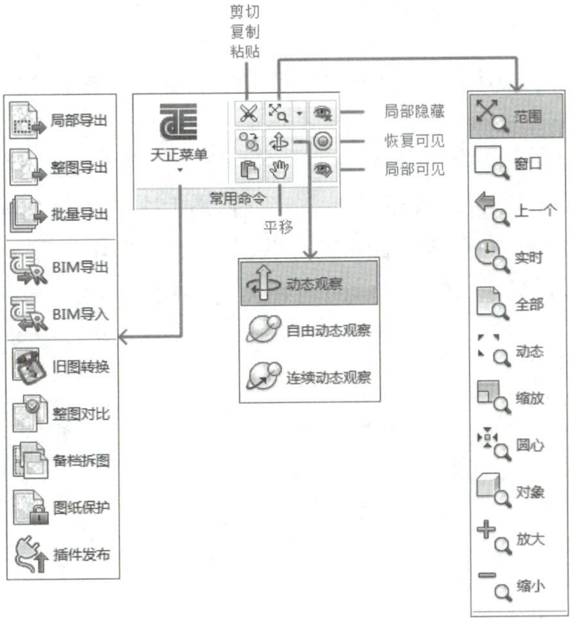

图 14-20 【常用命令】面板及注释

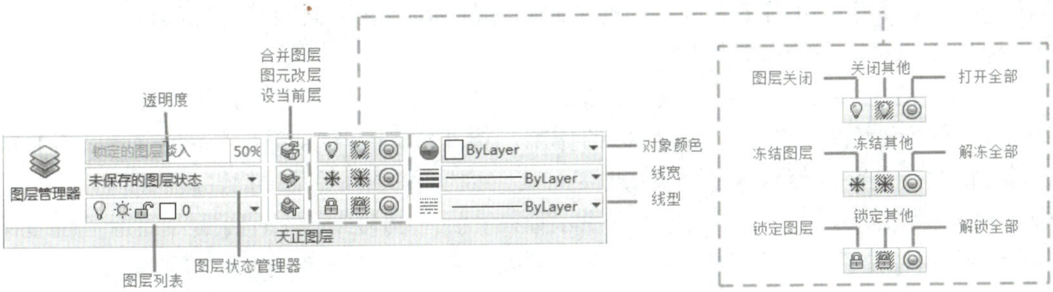

图 14-21 【天正图层】面板及注释

14.4.3 【尺寸标注】面板

【尺寸标注】面板由天正屏幕菜单中【尺寸标注】命令中的常用功能以及尺寸设置组合而成，分为尺寸标注、尺寸编辑和标注样式管理器。尺寸标注包括快速标注、逐点标注、两点标注、自由标注、弧弦标注、角度标注、直径标注、半径标注。尺寸编辑包括增补尺寸、裁剪延伸、等式标注、取消尺寸、连接尺寸、拆分区间、合并区间、文字复位、文字复制、标注样式管理器。【尺寸标注】面板及注释见图 14-22。

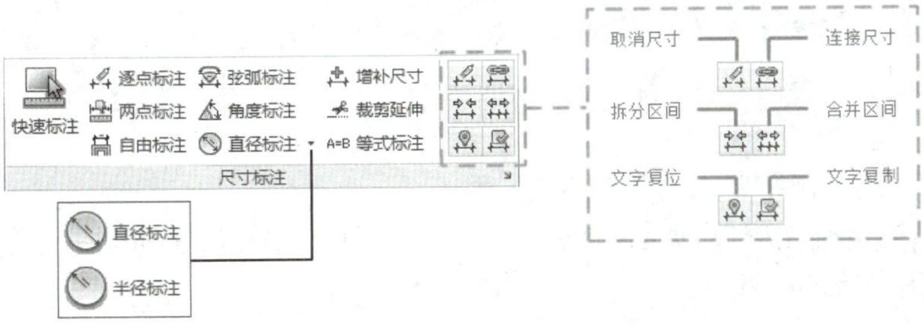

图 14-22 【尺寸标注】面板及注释

为方便用户自由调整绘图空间,可以在该面板中任意处单击右键以控制该面板是否显示,改变显示的内容和占用的绘图空间。在【尺寸标注】面板中单击“标注样式管理器”按钮,将弹出标注样式管理器,可以在 AutoCAD 的标注样式管理器中进行细化调整。

14.4.4 【符号标注】面板

为了方便操作,【符号标注】面板汇集了天正建筑软件中与符号标注相关的命令。天正【符号标注】面板将天正原有的【符号标注】菜单命令以面板的形式整合到一起,使符号标注更加明确,操作更加方便。单击该面板中“标高标注”按钮可快速标注指定的标高值。【符号标注】中还包括其他常见的符号标注,如画指北针、画风玫瑰、绘制云线、单折断线、双折断线、画对称轴、剖切符号、索引符号、内视符号、箭头引注、引出标注、做法标注、详图编号、图名标注等,见图 14-23。为方便用户自由调整绘图空间,可以在该面板中任意处单击鼠标右键控制该面板是否显示,改变显示的内容和占用的绘图空间。

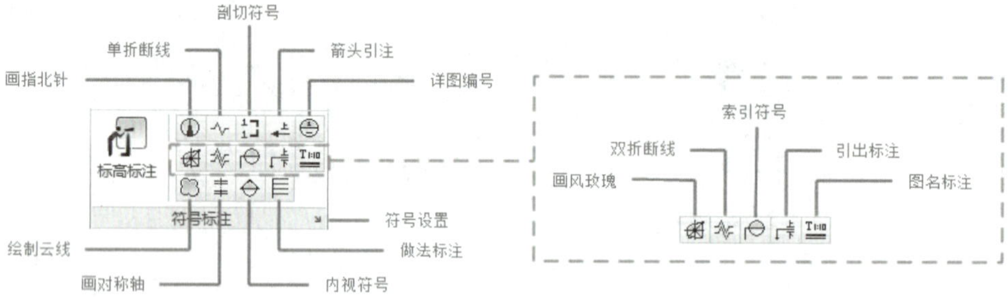

图 14-23 【符号标注】面板及注释

(1)标高标注:标高符号可用于建筑专业的平面图标高标注、立剖面图楼面标高标注以及总图的地坪标高标注、绝对标高和相对标高的关联标注。

(2)画指北针:在图上绘制一个国标规定的指北针符号对象,从插入点到指定指北针的方向为指北针的方向,这个方向在坐标标注时起指示北向坐标的作用。指北针是一个天正符号标注对象,指北针文字从属于指北针对象,指北针文字内容默认是中文“北”字,文字内容和方向可通过特性表修改。

(3)画风玫瑰:点击“画风玫瑰”按钮,可调整图形的大小、角度等,将图形插入到指定位置即可。点击【符号标注】面板右下角的“符号设置”按钮,在弹出的对话框中可选择不同地区的风玫瑰。

(4)绘制云线:用于在设计过程中表示审校后需要修改的范围,点击“绘制云线”按钮,该面板右侧命令显示框弹出绘制云线选项板,在该选项板中可设置绘制云线的样式,输入修改版次等。

(5)单、双折断线:样式符合制图规范的要求,并可以依照当前比例更新大小,在切割线一侧的天正建筑对象不予显示,用于解决天正对象无法从对象中间打断的问题。双折断线可以自动屏蔽双折断线内部的天正构件对象;还对延长折断线的夹点拖动增加了锁定方向的模式,以【Ctrl】键切换。

(6)画对称轴:用于在施工图纸上标注表示对称轴的自定义对象。

(7)剖切符号:用于图中标注制图标准规定的剖切符号,用于定义编号的剖面图,表示剖切断面上的构件以及从该处沿视线方向可见的建筑部件,生成剖面图时执行【建筑剖面】与【构件剖面】命令需要事先绘制此符号,用以定义剖面方向。点击“剖切符号”按钮,在弹出的对话框中可对剖切符号进行设置。

(8)索引符号:本命令为图中另有详图的某一部分标注索引号,指出表示这些部分的详图在哪张图上,分为指向索引和剖切索引两类。点击【符号标注】面板右下角的“符号设置”按钮,在弹出的对话框中可对索引符号进行设置。

(9)内视符号:用于绘制规范要求的几种内视符号。

(10)箭头引注:用于绘制带有箭头的引出标注,文字可从线端标注也可从线上标注,引线可以多次转折,用于楼梯方向线、坡度等的标注。

(11)引出标注:用于对多个标注点进行说明性的文字标注,自动按端点对齐文字。

(12)做法标注:用于在施工图纸上标注工程的材料做法。

（13）详图编号：为图中被索引的详图标注索引图名。

（14）图名标注：在图中每个图形下方标出该图的图名，同时标注比例，绘图比例变化时会自动调整文字的合理大小。

14.4.5 【天正填充】面板

【天正填充】面板提供【线图案】、【图案加洞】、【图案减洞】三个命令，见图 14-24。

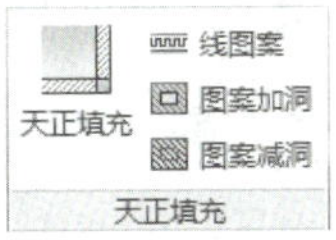

图 14-24 【天正填充】面板

（1）线图案：用于生成连续的图案填充对象，支持夹点拉伸与宽度参数修改，与 AutoCAD 的 Hatch（图案）填充不同，天正线图案允许先定义一条开口的线图案填充轨迹线，图案以该线为基准沿线生成，可调整图案宽度，设置对齐方式、基线位置、方向与填充比例，点击图案预览可打开天正图案管理系统，选择线图案即可，如图 14-25 所示。

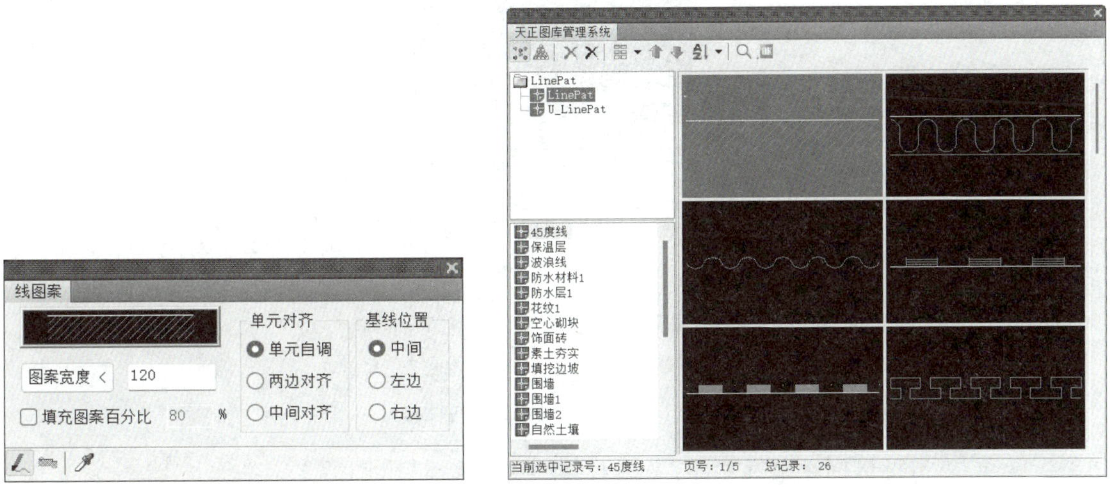

图 14-25 线图案选项板

（2）图案加洞：程序自动按照多段线的边界对图案进行裁剪开洞，保留洞口边界，如图 14-26 所示。

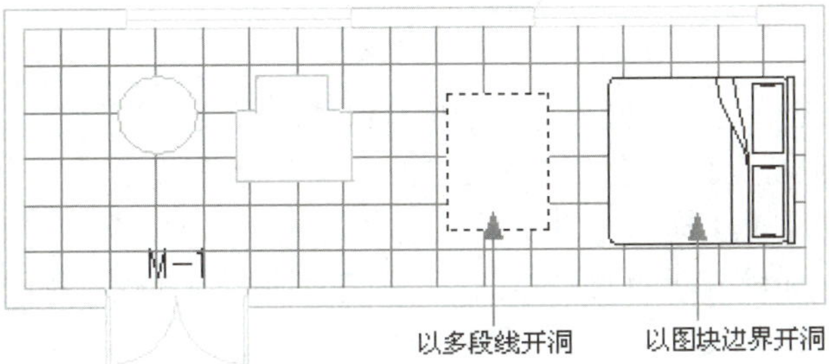

图 14-26 图案加洞

（3）图案减洞：编辑已有的图案填充，在图案上删除被天正【图案加洞】命令裁剪的洞口，恢复填充图案的完整性。

14.4.6 【坐标标注】面板

【坐标标注】面板提供了三个命令：【设置坐标系】、【场地红线】和【坐标标注】。【设置坐标系】命令用于更改世界坐标位置，【场地红线】命令用于快速设置场地红线坐标系，【坐标标注】命令用于在总平面图上标注测量坐标或者施工坐标。如需进一步调整坐标样式，可以单击“坐标设置”按钮（图 14-27），在“坐标设置”对话框中进行修改。

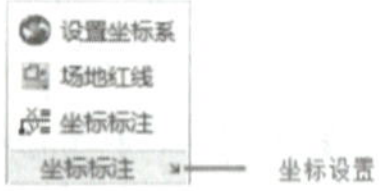

图 14-27 【坐标标注】面板及注释

（1）设置坐标系：用于设置世界坐标的基准点，注意本命令并不是真正地修改了世界坐标系，而是将所选基准点移动到世界坐标系的相对位置。

（2）场地红线：可以直接输入场地红线各个位置点坐标从而绘制出场地红线，也可以提前绘制好闭合多段线，通过单击“场地红线”对话框右下角的按钮将该多段线转化为场地红线，形成场地坐标系，当将坐标标准切换到场地坐标系时，【坐标标注】命令标出的坐标，将以当前场地坐标系为基础进行标注，见图 14-28。

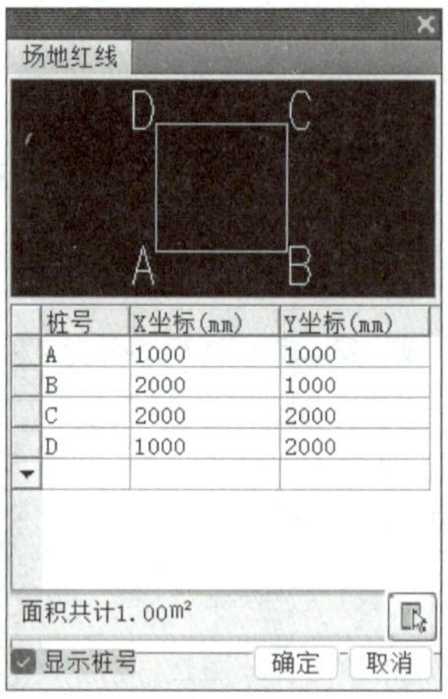

图 14-28 “场地红线”对话框

（3）坐标标注：支持批量标注坐标功能，坐标对象的线端夹点，可调整文字基线长度。

思政小课堂

2020 年全球 CAD 市场规模近 100 亿美元，其中 3D CAD 市场规模约 73 亿美元，全球 CAD 市场增势稳定；2020 年中国 CAD 市场规模近 35 亿元，同比增长 21.3%，增速显著高于全球市场。我国 CAD 市场规模提升显著，为国产 CAD 软件企业提供了良好发展空间。国产 CAD 软件，如天正 CAD、中望 CAD、浩辰 CAD、纬衡 CAD 有着许多国外软件不可比拟的优势，正在引领整个行业，抛开国外寡头技术和产品，国产 CAD 软件不受国外软件框架技术限制，能有效规避国外软件潜在的安全后门、技术制裁、应用断供等风险。

思考：国产 CAD 软件为何会蓬勃发展？请同学们调研了解国产 CAD 软件，并形成一份不少于 1 500 字的调研报告！

任务 15 天正建筑软件绘制别墅建筑平面图

学习目标

了解并掌握天正建筑软件绘制建筑各层平面图的方法与步骤。

思维导图

- 任务 15 天正建筑软件绘制别墅建筑平面图
  - 任务 15.1 建筑平面图概述
  - 任务 15.2 绘制别墅建筑一层平面图
    - 15.2.1 工程管理
    - 15.2.2 绘制轴网
    - 15.2.3 标注轴网
    - 15.2.4 绘制墙柱
    - 15.2.5 插入和标注门窗
    - 15.2.6 插入楼梯和电梯
    - 15.2.7 绘制台阶
    - 15.2.8 绘制散水
    - 15.2.9 查询面积
    - 15.2.10 添加洁具、厨具和家具
    - 15.2.11 其他
  - 任务 15.3 绘制别墅其他层平面图
    - 15.3.1 绘制二-三层平面图
    - 15.3.2 绘制四层平面图
    - 15.3.3 绘制屋顶平面图

任务 15.1　建筑平面图概述

建筑平面图简称平面图，是指假想用一水平剖切面将建筑物在某层门窗洞口范围内剖开，然后移去剖切平面以上的部分，并对剩下的部分作水平投影所得的水平投影图。建筑平面图主要反映房屋的平面形状、大小和房间布置，墙或柱的位置、大小和厚度，楼梯、走廊的设置以及门窗的类型和位置等，可作为施工放线，砌筑墙、柱，安装门窗和室内装修等工作的依据。

建筑平面图通常按层数绘制，天正建筑软件绘制平面图需按层从下往上绘制，并在所绘图的下方注以相应的图名，如一层（通常称为底层）平面图、二层平面图……屋顶平面图。除一层和顶层外，如果其余中间层的平面布置、房间分隔和大小完全相同，则可用一个平面图表示，图名为"标准层平面图"。

对多层建筑来说，建筑平面图一般应有底层平面图、标准层平面图、顶层平面图和屋顶平面图。

底层平面图：主要表示房屋一层的平面形状及布置情况，具体内容包括：房间的分隔和组合、房间名称；出入口、门厅、走廊和楼梯的位置；门、窗的位置及编号；等等。此外，还应反映房屋的朝向（用指北针表示）、室外台阶、散水和阳台等的布置。

标准层平面图：表示房屋中间几层的布置情况。其中，二层平面图除了要画出二层的投影内容外，还应画出过底层门窗洞口的水平剖切面以上的雨篷，而散水、台阶、花池等一层室外的设置则无须画出。

顶层平面图：表示房屋最高层的平面布置图。一般情况下，顶层平面图与标准层平面图的差别不大，有的房屋建筑的顶层平面图与标准层平面图相同，此时顶层平面图可以省略不画。

屋顶平面图：用于表示房屋顶部的水平投影图，主要用来表示屋顶的女儿墙、水箱间、出屋面楼梯间、屋面检修孔、排烟道等的位置，以及屋顶的排水情况（包括排水坡度、方向、天沟、排水口、雨水管的布置等）。

另外，当某些楼层的平面布置基本相同，仅局部不同，或者当某些局部布置由于比例较小而固定设备较多，或者内部组合比较复杂时，可另外画较大比例的局部平面图，如厕所平面图和盥洗间平面图。局部平面图中应详细标注每个构配件的细部尺寸。

任务 15.2　绘制别墅建筑一层平面图

本节将通过别墅建筑平面图项目案例来讲解 T20 天正建筑 V9.0 软件绘制建筑平面图的方法，首先绘制一层平面图，再绘制其他楼层平面图。

15.2.1　工程管理

天正工程管理是把用户所设计的大量图形文件按"工程"或"项目"区别开来，把同属于一个工程的文件放在同一个文件夹下进行管理，这是符合用户日常工作习惯的，只是以前在天正建筑软件中没有强调这样一个操作要求。工程管理允许用户使用一个 DWG 文件通过楼层范围（默认不显示）保存多个楼层平面，通过楼层范围定义自然层与标准层的关系，也容许用一个 DWG 文件保存一个楼层平面，此时需要定义楼层范围，用于区分在 DWG 文件中属于工程的平面图部分，通过楼层范围中的对齐点把各楼层平面对齐并组装起来。

15.2.1

在正式绘制建筑施工图时，可先创建工程管理。工程管理用于管理整个工程项目当中的所有图形文件，如平面图、立面图、剖面图等。通过工程管理能够方便地打开和切换图形文件以及生成图纸目录等。

执行【文件布图】→【工程管理】菜单命令，打开工程管理选项板。在该选项板中找到"新建工程"选项，在打开的“另存为”对话框中选择存储路径并输入文件名称，操作步骤如图 15-1 所示。

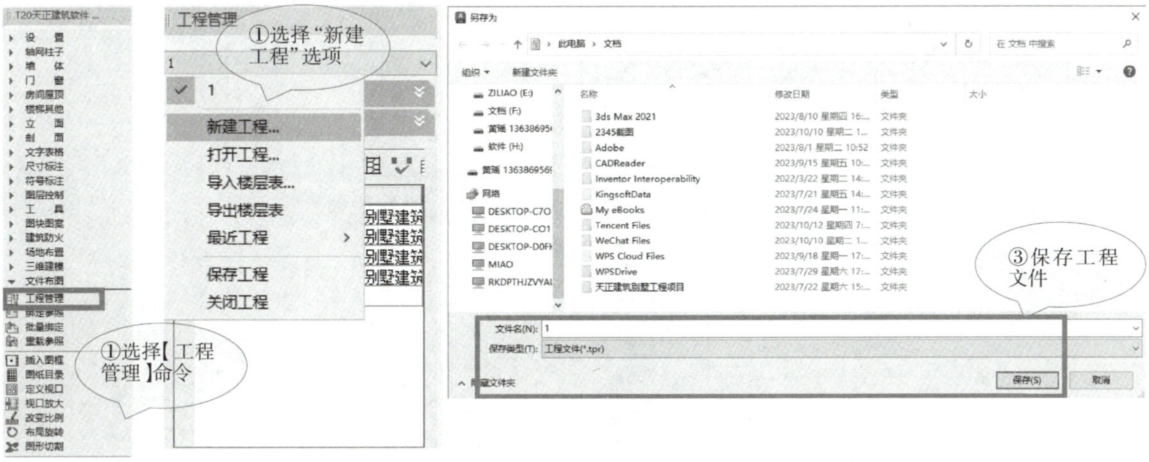
①选择【工程管理】命令
①选择“新建工程”选项
③保存工程文件

图 15-1　新建工程文件步骤

15.2.2　绘制轴网

15.2.2

1. 了解轴网

轴网是建筑物单体平面布置和墙柱构件定位的依据。完整的轴网由轴线、轴号和尺寸标注三个相对独立的系统构成。天正提供了多种创建轴网的方法：

（1）使用【绘制轴网】命令生成标准的直轴网或弧线轴网；

（2）根据已有的建筑平面布置图，使用【墙生轴网】命令生成轴网；

（3）在轴线层上绘制 LINE、ARC、CIRCLE，【轴网标注】命令自动识别为轴线（天正默认轴线的图层是“DOTE”）。

本项目别墅图纸平面图绘制采用【绘制轴网】→【直线轴网】菜单命令完成轴网绘制。

2. 绘制直线轴网

在天正菜单中执行【绘制轴网】→【直线轴网】命令（快捷键【HZZW】），打开“绘制轴网”对话框，按照一层平面图的轴网数据设置轴网参数，按照图纸标注尺寸由左向右观察后选中“下开”单选钮，依次输入间距“4 500，4 000，3 000，4 000，4 500”；按照图纸标注尺寸选中“左进”单选钮，由下向上观察，依次输入间距“1 500，4 500，3 000，3 000，600”（表 15-2）。输入完成后在模型空间指定插入点完成轴网绘制。轴网生成后，其默认的线型为细实线，且默认在“DOTE”图层。选择【轴网柱子】→【轴改线型】菜单命令，将轴线切换为点画线，绘制步骤见图 15-2。

表 15-2　直线轴网数据　（单位：mm）

下开	4 500，4 000，3 000，4 000，4 500
左进	1 500，4 500，3 000，3 000，600

15.2.3　标注轴网

轴网的标注包括轴号标注和尺寸标注，轴号可按规范要求用数字、大写字母、小写字母、双字母、双字母间隔连字符等方式标注，可适应各种复杂分区轴网的编号规则。按照《房屋建筑制图统一标准》（GB/T 50001—2017）第 8.0.4 条的规定，字母 I、O、Z 不得用作轴号，在排序时系统会自动跳过这些字母，【轴网标注】命令能一次完成轴号和尺寸的标注。本项目平面图绘制比例为 1：100，和默认比例一致，直接进行标注轴网即可。

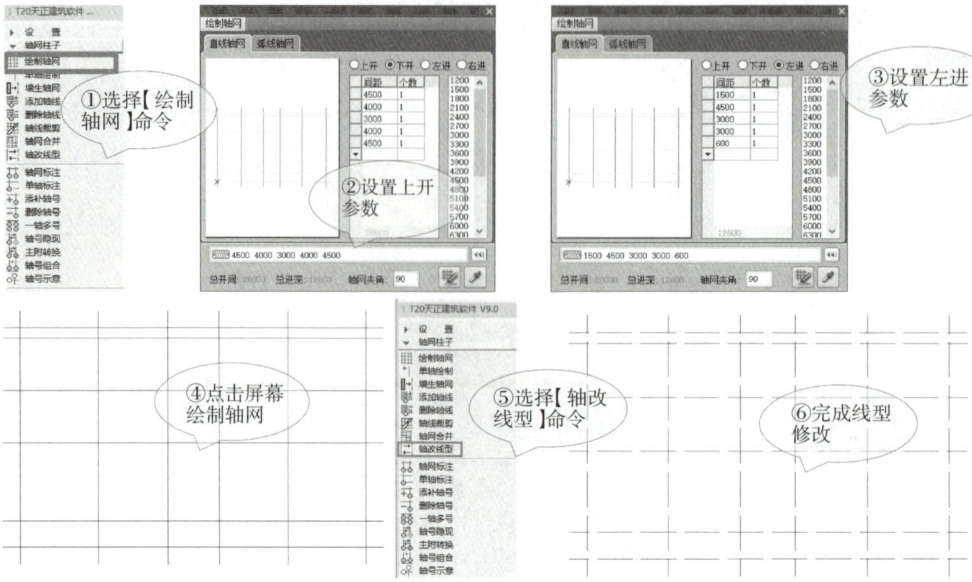
①选择【绘制轴网】命令
②设置上开参数
③设置左进参数
④点击屏幕绘制轴网
⑤选择【轴改线型】命令
⑥完成线型修改

图 15-2　轴网绘制步骤

1. 打开轴网标注

选择天正菜单【轴网柱子】→【轴网标注】命令，在打开的“轴网标注”对话框中选中“双侧标注”单选钮。

15.2.3

2. 标注开间轴线

根据命令行提示，依次单击最左侧和最右侧竖直轴线，接着在不需要标注的轴线上单击，然后回车完成开始轴线的标注。

命令行提示如下：

TMULTAXISDIM 请选择起始轴线<退出>

TMULTAXISDIM 请选择终止轴线<退出>

TMULTAXISDIM 请选择不需要标注的轴线：

3. 标注进深轴线

根据命令行提示，依次单击最下侧和最上侧水平轴线，然后回车完成进深轴线标注，命令行提示同开间标注。

轴网标注步骤如图 15-3 所示。

4. 轴网及标注编辑

一次生成的轴网及标注往往不能满足设计和规范的需求，天正提供了多个轴网编辑工具，主要包括在已绘制的轴网中添加轴线、轴线裁剪、轴网合并等，需根据图纸实际情况进行轴网和标注的编辑。

（1）添补轴号：选择【轴网柱子】→【添补轴号】菜单命令，或者选择轴号点击右键，在弹出的快捷菜单中选择【添补轴号】命令，在打开的“添补轴号”对话框中选中“双侧显示”单选钮，并勾选“附加轴号”复选框，然后分别对Ⓐ和Ⓑ轴号添补附加轴号即可。

命令行提示如下：

TADDLABEL 请选择轴号对象<退出>

TADDLABEL 请点取新轴号的位置或 [参考点（R）]<退出>

（2）添加轴线：对轴线进行补充，可以选择【轴网柱子】→【添加轴线】菜单命令，此方法会在添加轴线的同时添补轴号或者附加轴号、重排轴号。若需增加轴号，可选择【轴网柱子】→【单轴绘制】菜单命令或者直接使用偏移工具对已有轴线进行复制。

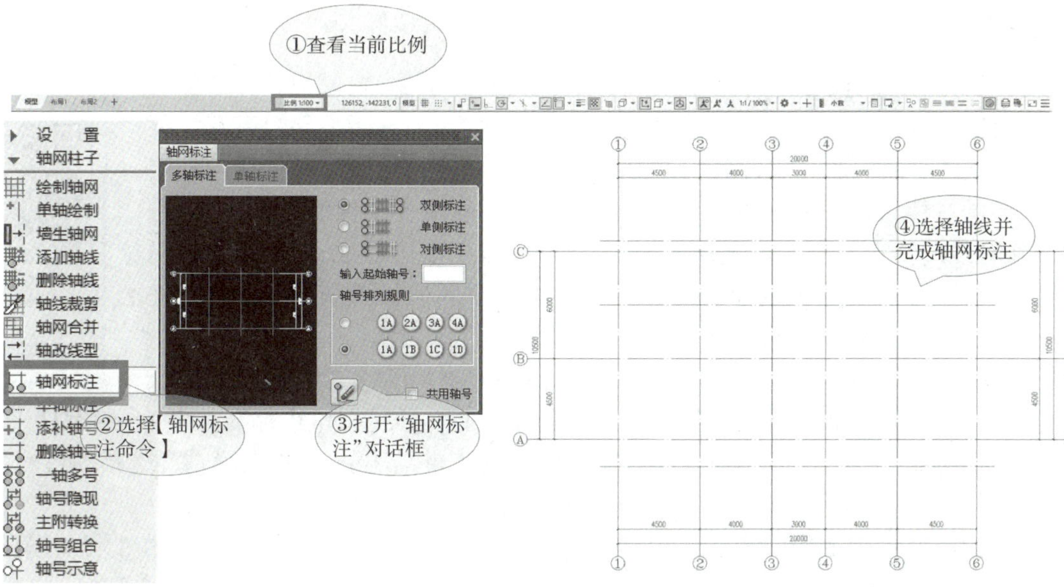

图 15-3　轴网标注步骤

添加轴线的方法较多，本项目采用单轴绘制方法绘制，选择轴号①和Ⓑ的交点为参考，向右输入 2 400 作为轴线起点，捕捉与(1/B)的交点绘制垂直轴线；选择轴号②和Ⓑ的交点为参考，向上输入 1 200 作为轴线起点，捕捉与刚才绘制的轴线交点绘制水平轴线，进行镜像复制，即可完成卫生间轴线绘制。选择轴号④和Ⓑ的交点为参考，向右输入 2 000 作为轴线起点，捕捉与(1/B)的交点绘制垂直轴线；选择轴号④和Ⓑ的交点为参考，向上输入 1 700 作为轴线起点，捕捉与刚才绘制的轴线交点绘制水平轴线，完成电梯轴线绘制。

【单轴绘制】命令行提示如下：

命令：TSINGLEAXIS

指定轴线起点：

指定轴线终点：

（3）编辑标注：选择【尺寸标注】→【逐点标注】命令对卫生间和电梯间的轴线进行标注。双击标注线对尺寸标注进行增补，移动标注定位点对尺寸进行合并。

轴网及标注修改步骤见图 15-4。

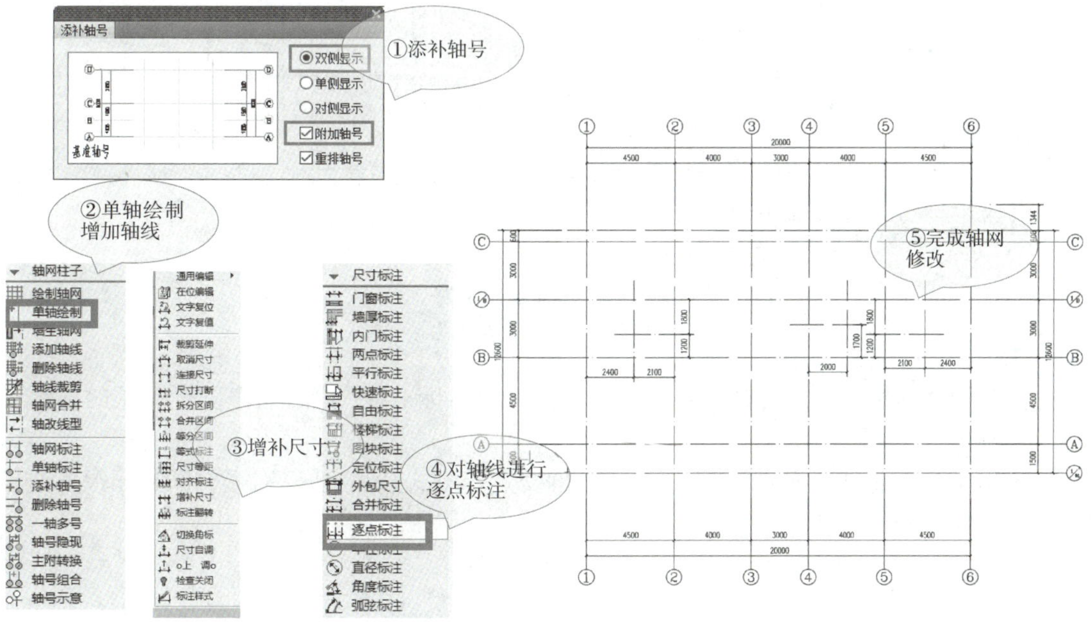

图 15-4　轴网及标注修改步骤

15.2.4 绘制墙柱

墙体是天正建筑软件的核心对象之一，是建筑房间的划分依据，它模拟实际墙体的专业特性，可以实现墙角的自动修剪、墙体之间按材料特性连接、与柱子和门窗互相关联等智能特性。墙体对象包含位置、高度和厚度信息，同时包括墙类型、材料和内外墙等内在属性。柱子在建筑设计中主要起到结构支撑作用，也用于纯粹的装饰。【标准柱】命令可以在轴线的交点或任何位置插入矩形柱、圆柱或正多边形柱，还可以创建异型柱。标准柱用底标高、柱高和柱截面参数描述其在三维空间的位置和形状。构造柱用于砖混结构，只有截面形状而没有三维数据描述，只服务于施工图。

项目轴网创建完成后，可以通过【墙体】菜单中的【绘制墙体】命令绘制建筑墙体或【单线变墙】命令快速生成建筑墙体。同样可以通过【轴网柱子】菜单中的【标准柱】命令绘制柱子，可以直接插入柱子或沿轴线插入柱子，也可以框选范围内的轴线快速布置柱子，根据实际情况选择即可。

1. 墙体绘制

（1）执行【墙体】菜单中的【单线变墙】命令，在打开的“单线变墙”对话框中将内外墙的厚度均设为200，并选中“轴网生墙”单选钮。

（2）框选绘图区所有轴网按回车键，所有轴线处将生成墙体。根据图纸中墙体的分布情况删除不需要的墙体，并双击卫生间和厨房隔墙修改墙厚为100。选择墙体点击鼠标右键，将“粗线打开”和“填充打开”选项打开，墙体绘制步骤见图15-5。

注：双击墙体可进行墙体编辑，改变墙体高度、材料、用途等，本节暂且设置为默认值。

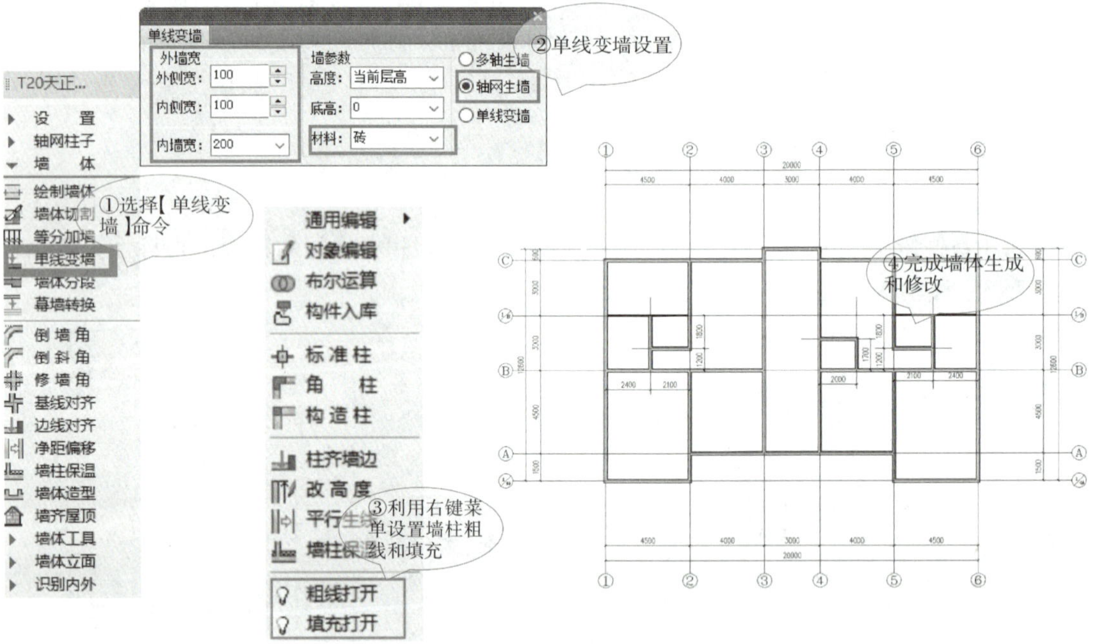

图 15-5 墙体绘制步骤

2. 柱子绘制

（1）执行【轴网柱子】菜单中的【标准柱】命令，在打开的“标准柱”对话框中设置柱子的横纵向尺寸为400，本项目案例选择“点选插入”。

（2）在轴网相应位置通过捕捉墙端点、中点或轴网交点等方式插入柱子，对楼梯间柱子尺寸进行拉伸调整即可，柱子绘制步骤如图15-6所示。

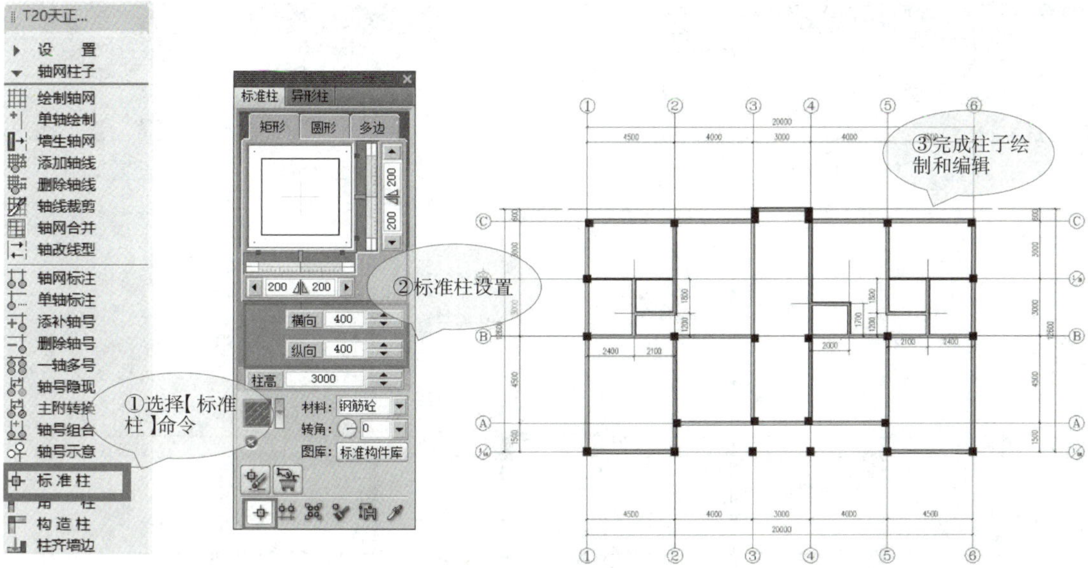
①选择【标准柱】命令
②标准柱设置
③完成柱子绘制和编辑

图 15-6　柱子绘制步骤

15.2.5　插入和标注门窗

轴网和墙柱创建完成后，根据实际情况在平面图中绘制门窗。在别墅一层平面图中，门包括单元门、入户门、卧室门、厨卫门等，窗包括卧室窗、厨卫窗等。在天正建筑软件中，各种门窗的绘制方法是类似的。

15.2.5

1. 门插入

执行【门窗】菜单中的【门窗】命令，在打开的对话框中可设置门的类型和参数，本项目首层的门主要有防盗门、防火门、卧室门、厨卫门，防盗门选择轴线等分插入，参数见图 15-7，其余门选择按照“垛宽定距”距离 100 输入。齐柱的门进行移动对齐即可。防火门参数见图 15-8，卧室门参数见图 15-9，厨卫门见图 15-10（厨卫门样式选择墙外单扇推拉门样式）。

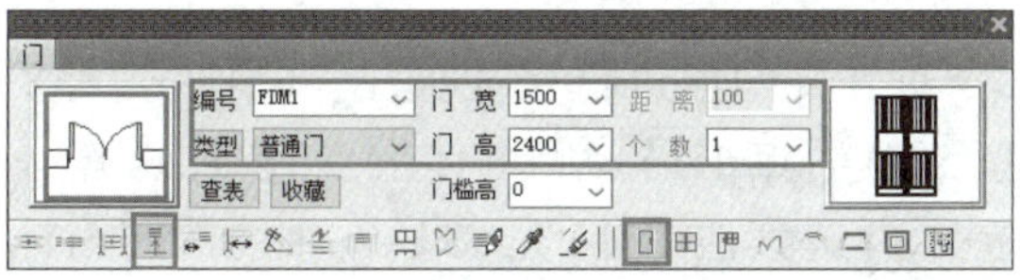

图 15-7　FDM1 参数设置

图 15-8　FM 乙 1 参数设置

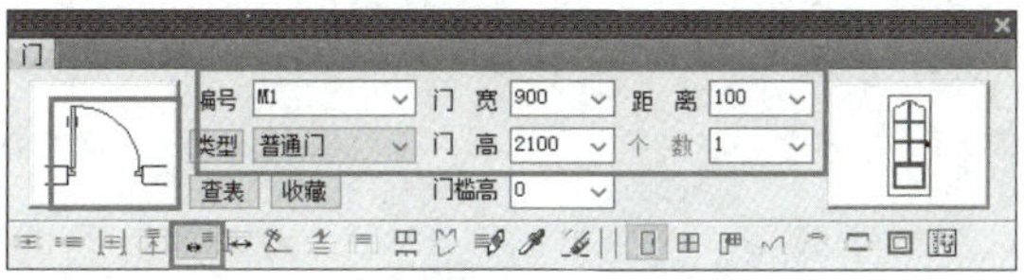

图 15-9　M1 参数设置

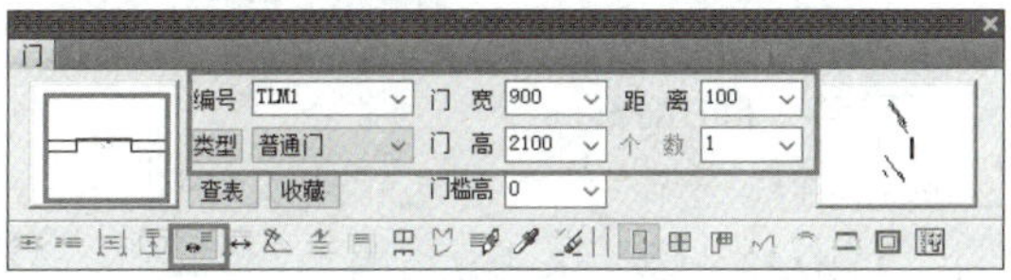

图 15-10　TLM1 参数设置

2. 窗插入

执行【门窗】菜单中的【门窗】命令，在打开的对话框中可设置窗的类型和参数，本项目首层的窗主要有四种规格，分别是 C1（3 000 mm × 2 100 mm）、C2（2 400 mm × 2 100 mm）、C3（1 200 mm × 1 600 mm）、C4（900 mm × 600 mm，为卫生间高窗），均选择默认四线表示、轴线等分插入，C1 窗参数设置见图 15-11，C4 窗参数设置见图 15-12，门窗插入完成见图 15-13。

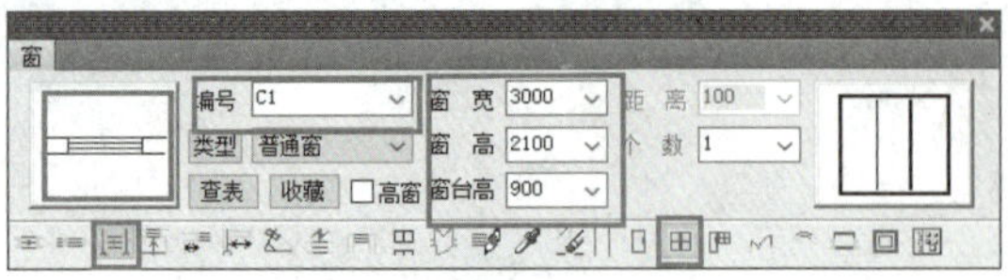

图 15-11　C1 参数设置

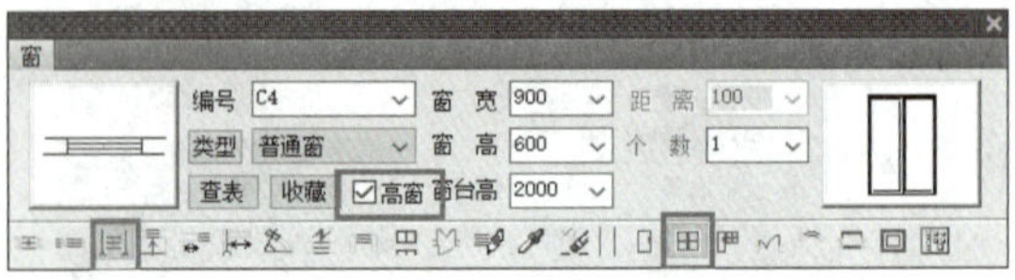

图 15-12　C4 参数设置

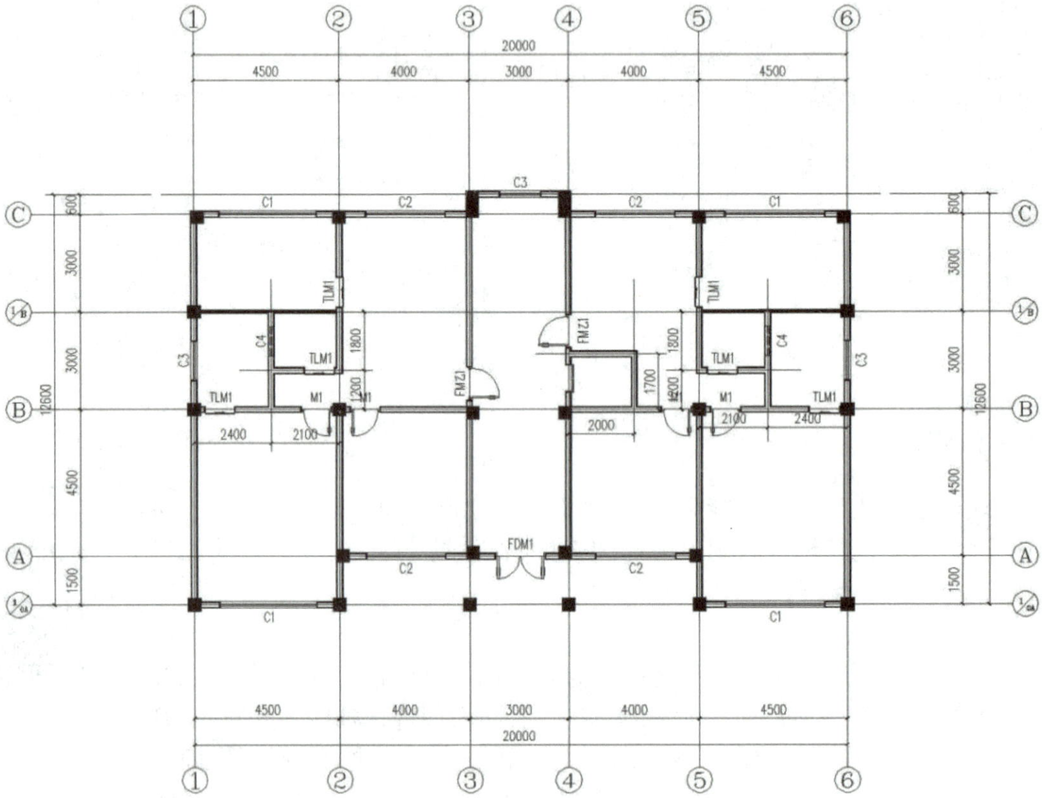

图 15-13　门窗完成图

3. 门窗标注

门窗插入完成后，使用【尺寸标注】菜单中的【门窗标注】命令对外部门窗进行尺寸标注。以轴线①、②间的墙体为例，选择【门窗标注】命令后点击一侧墙体端点为起点，然后点击另一侧墙体端点为终点(选择起点和终点建议点击墙体外侧的点，否则会标注在室内)，根据提示框选其他墙体，完成①-⑥轴线的门窗标注，其他门窗标注方法一致。内部门窗标注可以使用【尺寸标注】菜单中的【内门标注】或者【逐点标注】命令完成标注。门窗标注步骤见图 15-14。

命令行提示如下：

命令：TDIM3

请用线选第一，二道尺寸线及墙体！

TDIM3 起点<退出>

TDIM3 终点<退出>

TDIM3 选择其他墙体：指定对角点↙

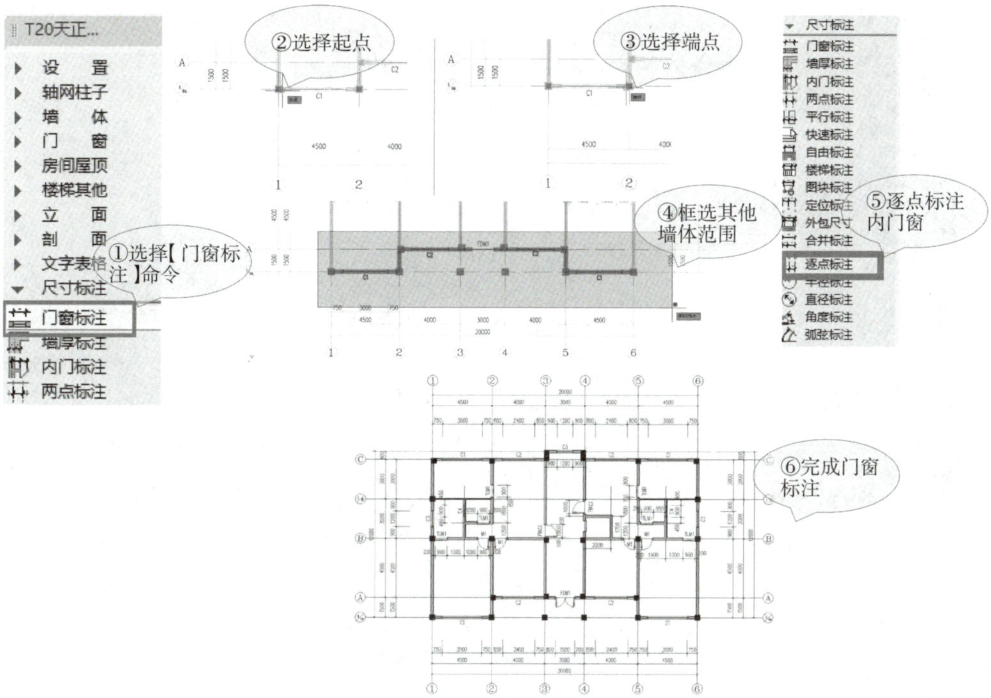

图 15-14　门窗标注步骤

15.2.6　插入楼梯和电梯

1. 插入楼梯

选择【楼梯其他】菜单中的【双跑楼梯】命令，打开“双跑楼梯”对话框，在该对话框中输入楼梯的相关参数，这里需要注意的是层高，平面图绘制时墙柱高度一般默认设置为 3 000。此处楼梯绘制需按照楼梯详图尺寸将楼梯高度改为 3 300，设置完毕后，捕捉楼梯位置处（内墙体的左上角点）单击鼠标，即可插入双跑楼梯，首层楼梯绘制步骤如图 15-15 所示。（注：为便于确定楼梯位置，一般先选择中层楼梯，待楼梯位置确定后，通过右键菜单更改为首层楼梯。）

命令行提示如下：

命令：TRSTAIR

点取位置或 [转 90 度（A）/左右翻（S）/上下翻（D）/对齐（F）/改转角（R）/改基点（T）]<退出>↙

2. 插入电梯

选择【楼梯其他】菜单中的【电梯】命令，输入电梯参数，此处勾选“按井道决定轿厢尺寸”复选框，设置门宽为 1 100（默认），门形式为中分，然后点击要插入电梯的墙体的一个内角点，再点击对角内角点，按照提示点开电梯门的墙线，再点击平衡块所在的一侧大概位置，即完成电梯绘制，电梯绘制步骤如图 15-16 所示。

命令行提示如下：

命令：TELEVATOR

请给出电梯间的一个角点或 [参考点（R）]<退出>

再给出上一角点的对角点：

请点开电梯门的墙线<退出>

请点取平衡块所在的一侧<退出>

请点取其他开电梯门的墙线<无>

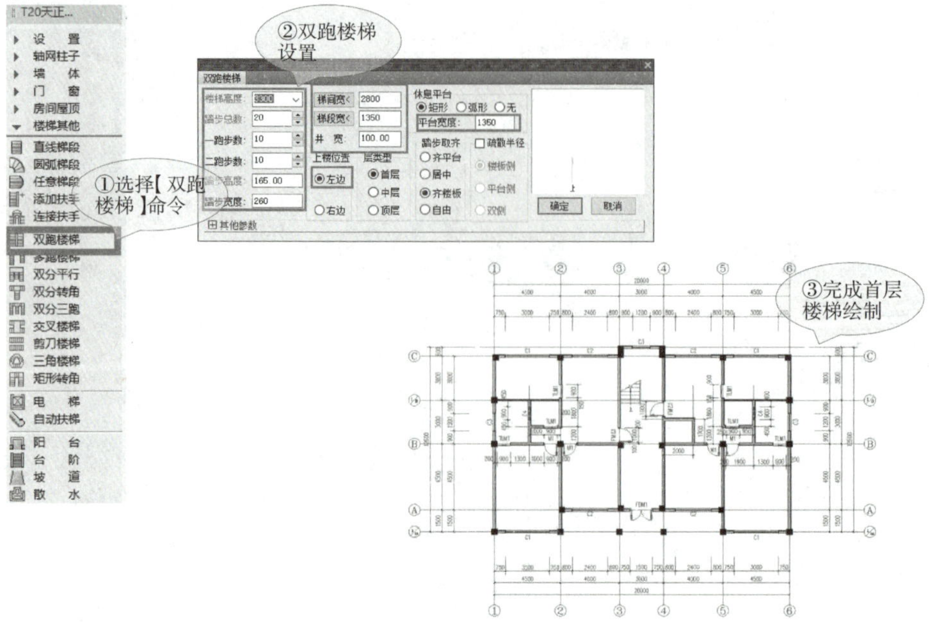
①选择【双跑楼梯】命令
②双跑楼梯设置
③完成首层楼梯绘制

图 15-15　首层楼梯绘制步骤

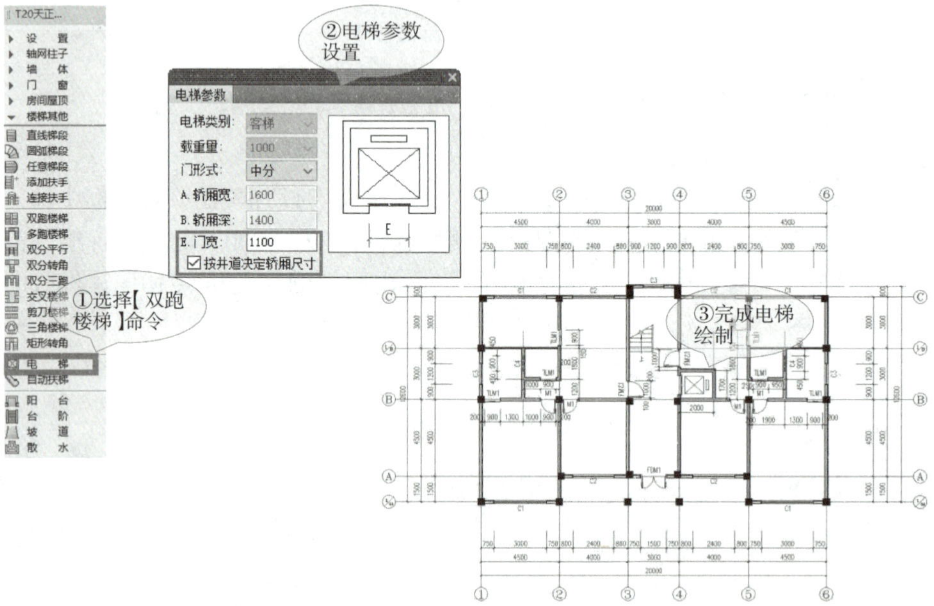
①选择【双跑楼梯】命令
②电梯参数设置
③完成电梯绘制

图 15-16　电梯绘制步骤

15.2.7　绘制台阶

选择【楼梯其他】菜单中的【台阶】命令，打开“台阶”对话框，在该对话框中设置要插入台阶的参数，此项目为矩形单面台阶，基面为平台面的普通台阶。在绘图区要插入台阶的区域左上角位置单击确定为台阶起点，右上角位置单击确定为台阶终点，以此指定台阶的插入位置及台阶长度，按回车键结束命令。台阶绘制步骤如图 15-17 所示。

15.2.7

命令行提示如下：

命令：TSTEP

TSTEP 指定第一点<退出>

TSTEP 第二点或 [翻转到另一侧(F)]<取消>

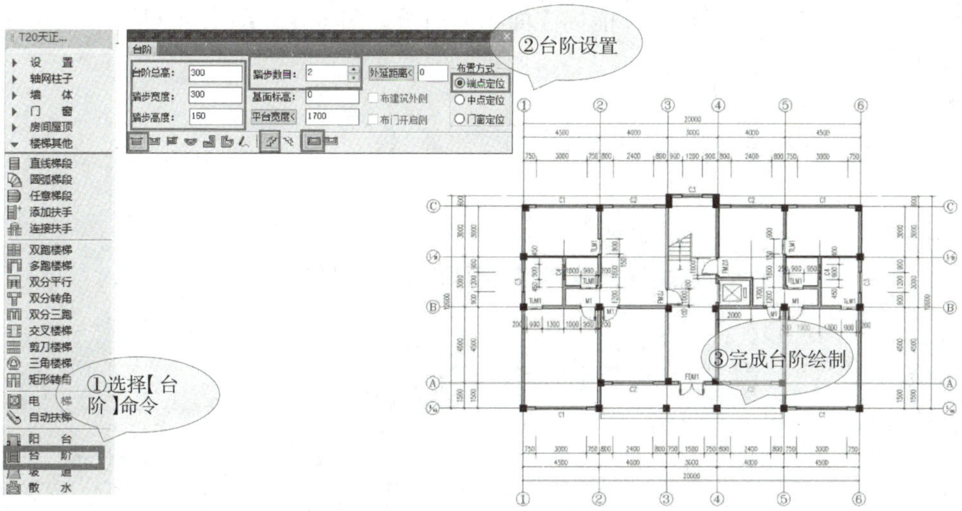

图 15-17　台阶绘制步骤

15.2.8　绘制散水

选择【楼梯其他】菜单中的【散水】命令，打开“散水”对话框，在该对话框中设置要插入散水的参数，选择任意绘制散水方式。然后沿建筑平面图外墙按照逆时针方向依次点击外墙端点，最后一段点击闭合即可完成散水绘制。散水绘制步骤如图 15-18 所示。

15.2.8

命令行提示如下：

命令：TOUTLNA

TOUTLNA 请点取散水起点<退出>

TOUTLNA 下一点或[弧段(A)]<退出>

TOUTLNA 下一点或 [弧段(A)/回退(U)]<退出>

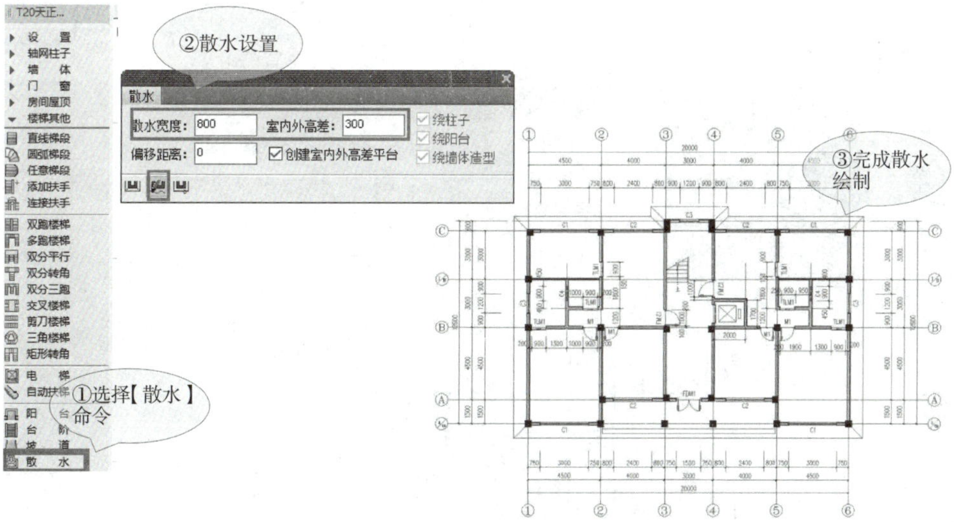

图 15-18　散水绘制步骤

15.2.9　查询面积

选择【房间屋顶】菜单中的【查询面积】命令，打开“查询面积”对话框，在该对话框中勾选“面积单位”复选框，其余选择默认，依次在封闭房间点击鼠标左键，在平面图外侧点击完成本层建筑面积标注，如果对未封闭区域标注面积，需要单击“绘制任意多边

15.2.9

形面积查询”按钮，然后绘制封闭区域后才能标注面积。面积查询步骤如图 15-19 所示。

命令行提示如下：

命令：TSPAREA

TSPAREA 请点取面积标注位置<退出>

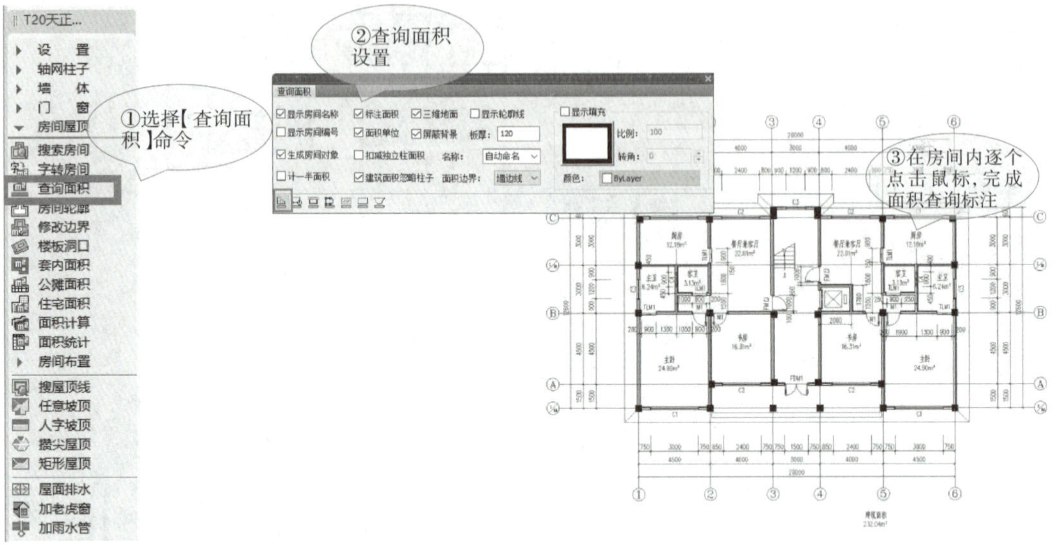

图 15-19　面积查询步骤

15.2.10　添加洁具、厨具和家具

15.2.10

1. 布置洁具

执行【房间屋顶】菜单中的【布置洁具】命令，打开“天正洁具”对话框，选择需要的洁具进行设置后沿墙线布置即可。洁具布置步骤见图 15-20。大便器、淋浴喷头、地漏、浴缸等按照同样方法布置。

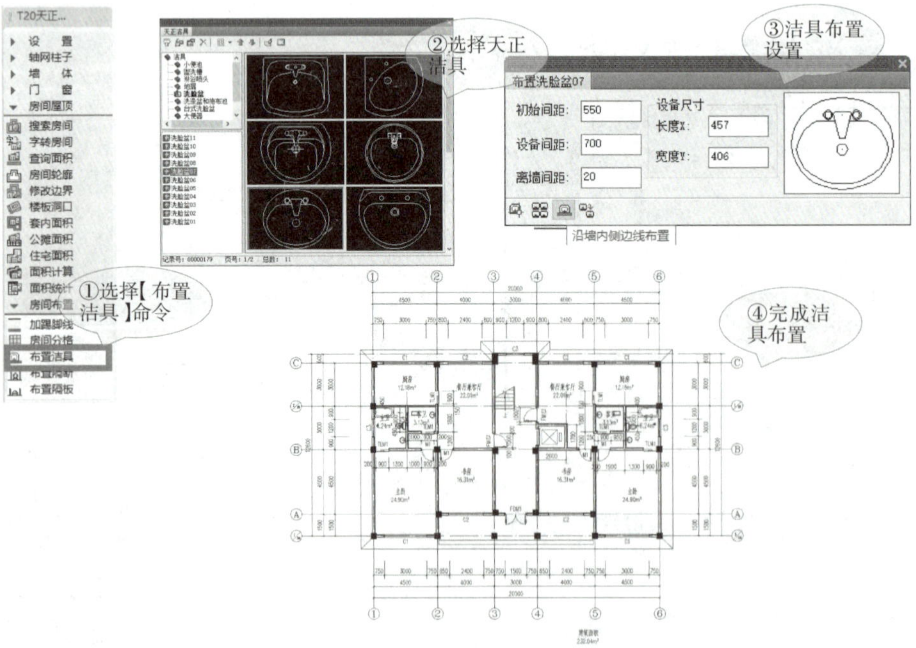

图 15-20　洁具布置步骤

命令行提示如下：

命令：TSAN

TSAN 请选择沿墙边线 <退出>

2. 添加图例

执行【图块图案】菜单中的【通用图库】命令，打开天正图库管理系统，选择“二维图库”添加厨具和家具，合理布置厨具和家具后（也可以从其他途径找到厨具和家具的图库 CAD 文件，进行复制和粘贴操作，添加厨具和家具），然后使用直线、多段线等工具绘制厨房操作台。图例添加步骤见图 15-21。

命令行提示如下：

命令：TKW

点取插入点[转 90（A）/左右（S）/上下（D）/对齐（F）/外框（E）/转角（R）/基点（T）/更换（C）]<退出>

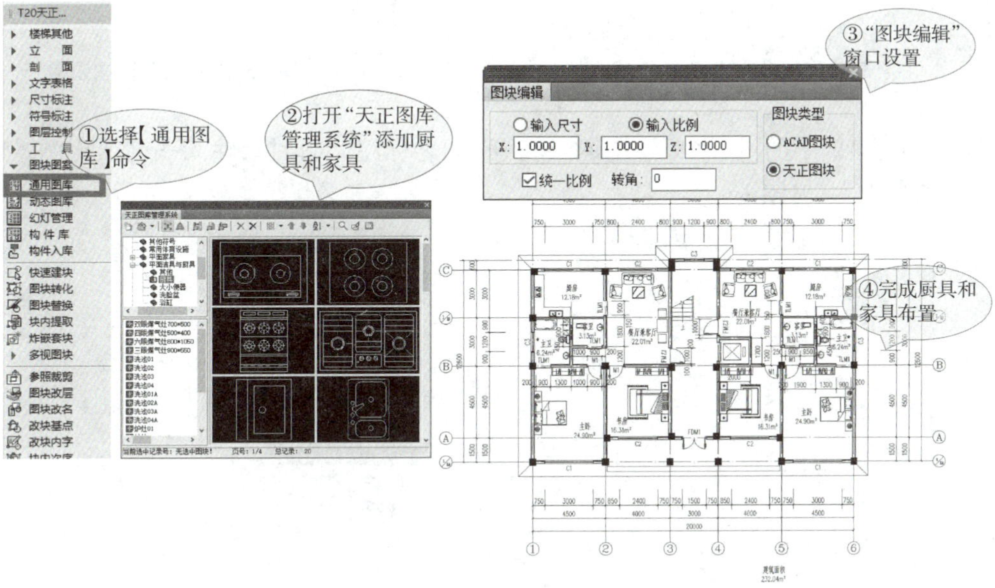

图 15-21 图例添加步骤

15.2.11 其他

在平面图中完善文字说明、标高、图名、指北针、指向索引等，完成一层平面图绘制。

15.2.11

1. 添加文字

执行【文字表格】菜单中的【单行文字】命令，打开“单行文字”对话框，采用默认的文字样式和字高，在输入框中输入“过道”，在图中相应位置点击鼠标即可插入文字，见图 15-22，其余文字做法相同。

命令行提示如下：

命令：TTEXT

请点击插入位置<退出>

2. 标高标注

执行【符号标注】菜单中的【标高标注】命令，打开“标高标注”对话框，勾选“手工输入”复选框，标高设置为 0，然后在平面图中单击即可完成标高输入，同时插入室外标高，见图 15-23。

命令行提示如下：

命令：TMELEV

请点取标高点或 [参考标高（R）]<退出>

请点取标高方向<退出>

下一点或 [第一点（F）]<退出>*取消*

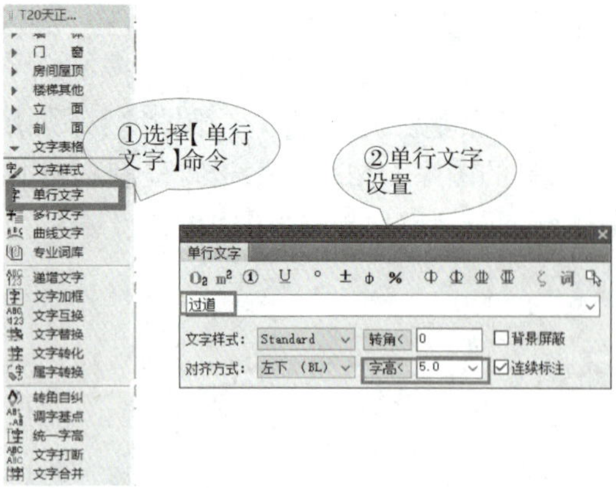
①选择【单行文字】命令
②单行文字设置

图 15-22　单行文字设置

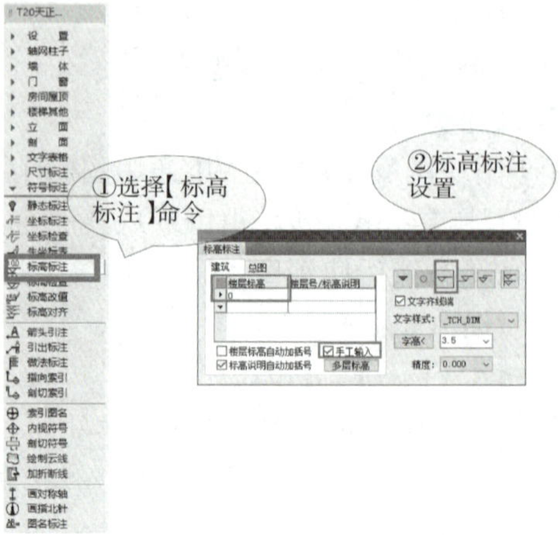
①选择【标高标注】命令
②标高标注设置

图 15-23　标高标注设置

3. 图名标注

执行【符号标注】菜单中的【图名标注】命令，打开“图名标注”对话框，输入图名及比例，然后在平面图中单击即可完成图名输入，见图 15-24。

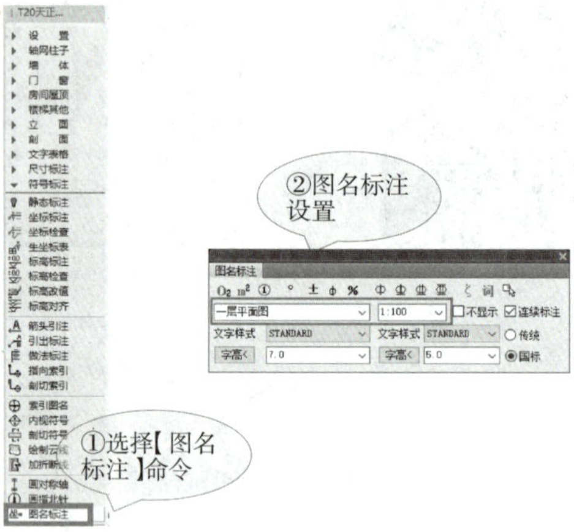
②图名标注设置
①选择【图名标注】命令

图 15-24　图名标注设置

命令行提示如下：

命令：TDRAWINGNAME

请点击插入位置<退出>

4. 画指北针

执行【符号标注】菜单中的【画指北针】命令，直接在图中相应位置点击，然后确定指北针方向即可完成。

命令行提示如下：

命令：TNORTHTHUMB

指北针位置<退出>

指北针方向<90.0>

5. 指向索引

执行【符号标注】菜单中的【指向索引】命令，打开“指向索引”对话框，输入需要标注的文字内容和索引编号，楼梯索引设置见图 15-25，然后在屏幕楼梯大概位置单击，若无须给定圆形索引节点范围，回车即可指定插入位置。

命令行提示如下：

命令：TPOINTINDEX

请给出索引节点的位置<退出>

请给出索引节点的范围<0.0>

请给出转折点位置<退出>

请给出文字索引号位置<退出>

6. 多行文字

执行【文字表格】菜单中的【多行文字】命令，输入说明文字，见图 15-26。

至此，一层平面图绘制完成，见图 15-27。

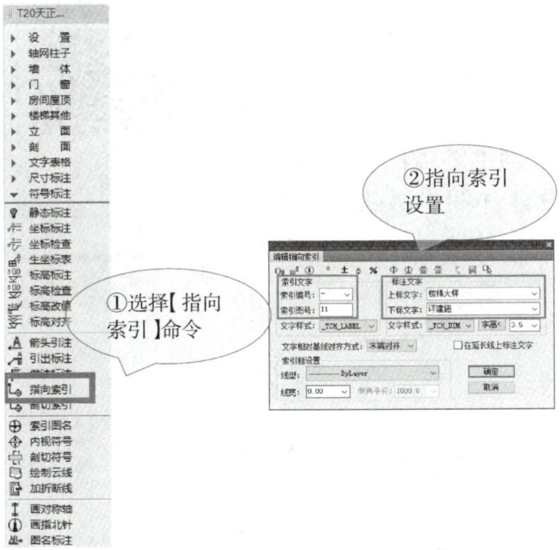

①选择【指向索引】命令
②指向索引设置

图 15-25　指向索引设置

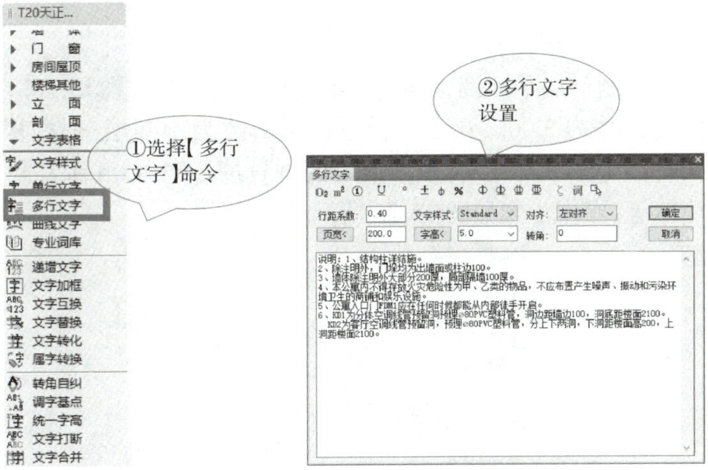

①选择【多行文字】命令
②多行文字设置

图 15-26　多行文字设置

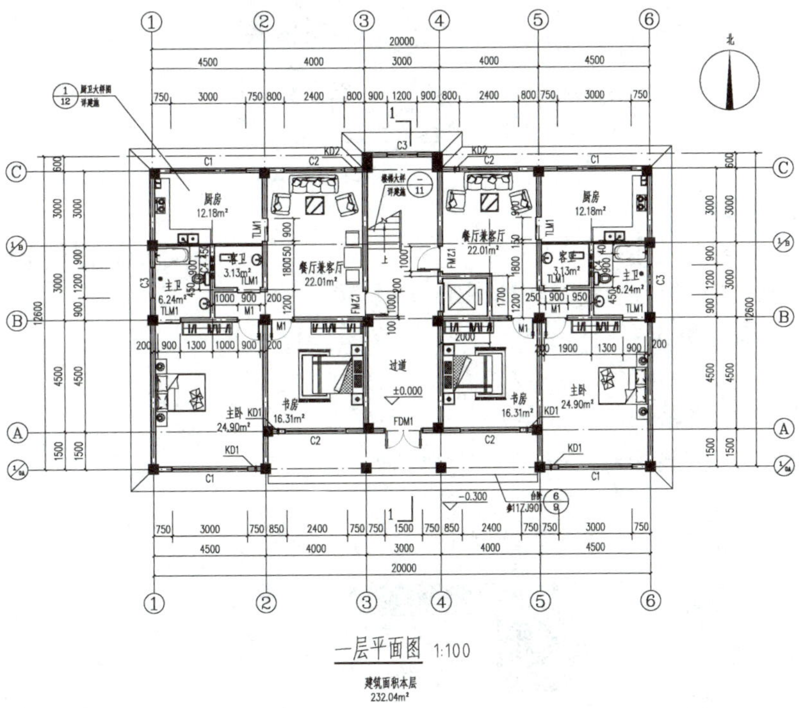

一层平面图 1:100
建筑面积本层
232.04m²

说明：1.结构柱详结施。

2.除注明外，门垛均为出墙面或柱边100。

3.墙体除注明外大部分200厚，局部隔墙100厚。

4.本公寓内不得存放火灾危险性为甲、乙类的物品，不应布置产生噪声、振动和污染环境卫生的商铺和娱乐设施。

5.公寓入口门FDM1应在任何时候都能从内部徒手开启。

6.KD1为分体空调线管预留洞，预埋⌀80PVC塑料管，洞边距墙边100，洞底距楼面2100。
KD2为客厅空调线管预留洞，预埋⌀80PVC塑料管，分上下两洞，下洞距楼面高200，上洞距楼面2100高。

图 15-27　一层平面图绘制完成

任务 15.3　绘制别墅建筑其他层平面图

绘制建筑各层平面图时，由于每层轴网、墙柱、门窗、文字等内容有相同的地方，可以通过复制和编辑的方式进行其他楼层平面图的绘制，从而节约时间，提高效率。

15.3.1

15.3.1　绘制二-三层平面图

1. 平面图编辑

复制一层平面图，删除一层平面图中特有的散水、入口台阶、别墅防盗门，同时修改标高参数为 3 000，双击楼梯进行编辑改为中间层，根据楼梯设计详图参数进行修改。同时参考图纸对二、三层不需要的轴号进行隐藏，并添补附加轴号，修改轴网标注，编辑墙体等，操作步骤如图 15-28 所示。

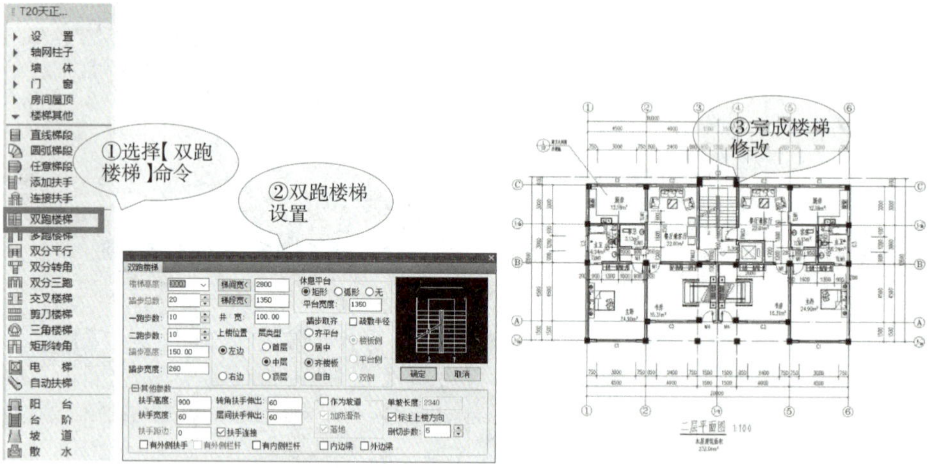

图 15-28　双跑楼梯修改步骤

2. 绘制阳台

执行【楼梯其他】菜单中的【阳台】命令，打开“阳台”对话框，选择凹阳台输入参数，阳台起点和端点选择阳台外墙交点，阳台绘制步骤如图 15-29 所示。

命令行提示如下：

命令：TBALCONY

阳台起点<退出>

阳台终点或 [翻转到另一侧(F)]<取消>

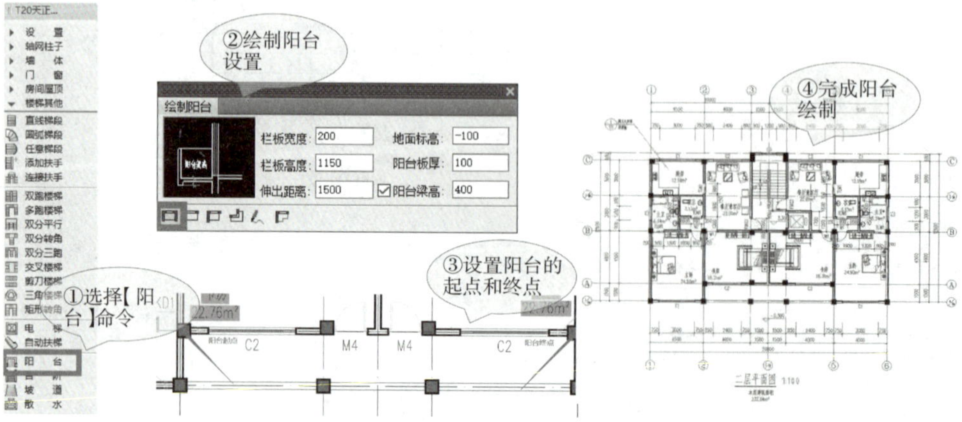

图 15-29　阳台绘制步骤

3. 加雨水管及屋面排水

执行【房间屋顶】菜单中的【加雨水管】命令，默认管径和洞口宽，分别指定雨水管的起始点和出水点即可完成。执行【房间屋顶】菜单中的【屋面排水】命令，在弹出的“屋面排水”对话框中选中“落水口排水”单选钮，阳台坡度设置为 2%。修改说明文字内容。雨水管及屋面排水绘制步骤如图 15-30 所示。修改图名后完成二-三层平面图绘制，如图 15-31 所示。

【加雨水管】命令行提示如下：

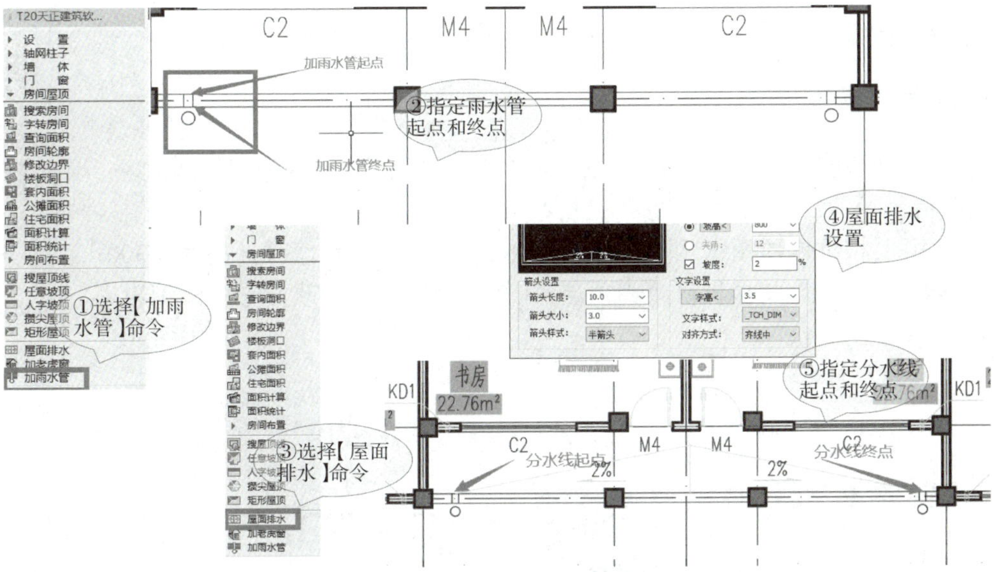

①选择【加雨水管】命令
②指定雨水管起点和终点
③选择【屋面排水】命令
④屋面排水设置
⑤指定分水线起点和终点
加雨水管起点
加雨水管终点
分水线起点
分水线终点

图 15-30　雨水管及屋面排水绘制步骤

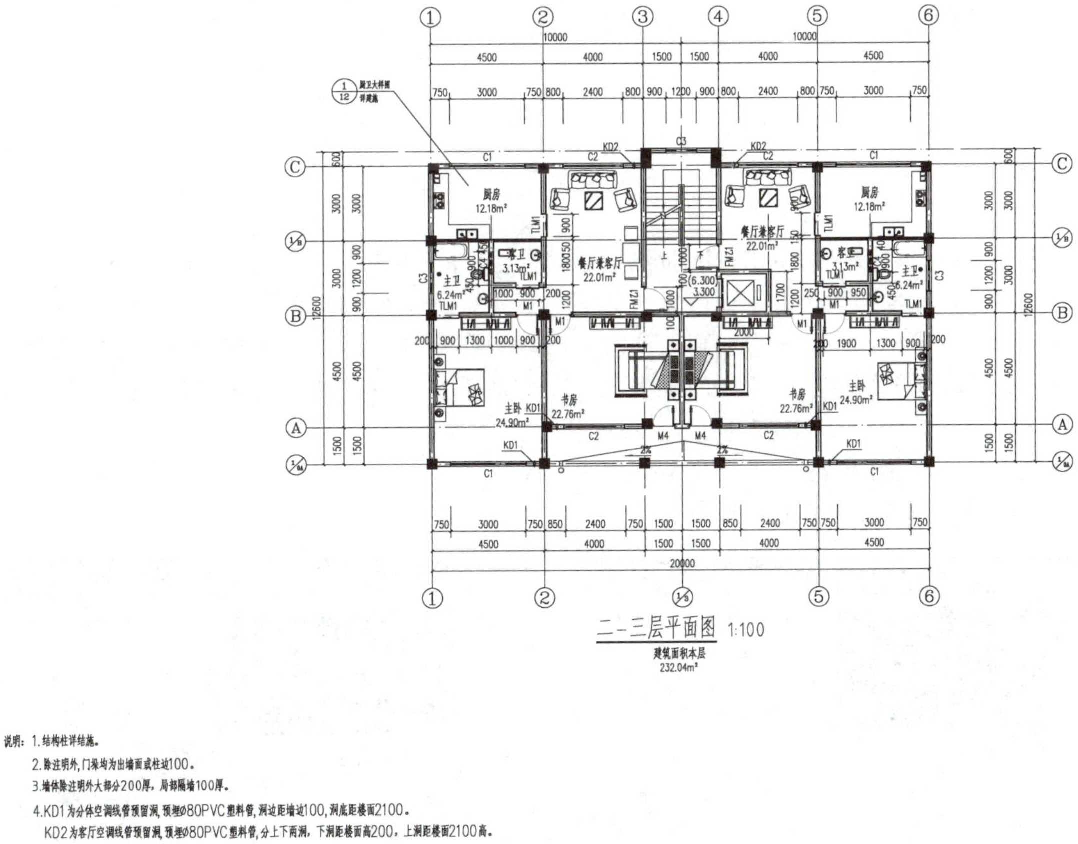

二-三层平面图 1:100
说明：1.结构柱详结施。
2.除注明外，门垛均为出墙面或柱边100。
3.墙体除注明外大部分200厚，局部隔墙100厚。
4.KD1为分体空调线管预留洞，预埋Ø80PVC塑料管，洞边距墙边100，洞底距楼面2100。
KD2为客厅空调线管预留洞，预埋Ø80PVC塑料管，分上下两洞，下洞距楼面高200，上洞距楼面2100高。

图 15-31　二-三层平面图绘制完成

命令：TSTRM
当前管径为 200，洞口宽 140
请给出雨水管入水洞口的起始点[参考点(R)/管径(D)/洞口宽(W)]<退出>
出水口结束点[管径(D)/洞口宽(W)]<退出>
【屋面排水】命令行提示如下：
命令：TROOFOUTLET
请点取分水线的起始点<退出>
请点取分水线的下一点或[翻转到另一侧(F)/中间结束(J)]<退出>

15.3.2

15.3.2 绘制四层平面图

四层与其他楼层差别较大，部分为露台花园，其余为咖啡厅、健身房和卫生间。

1. 平面图编辑

复制三层平面图，根据四层图纸删除多余的墙体、门窗、标注等；修改标高为 9 300；将图名更改为“四层平面图”；将楼梯修改为顶层，并双击楼梯进行修改。平面图编辑完成，如图 15-32 所示。

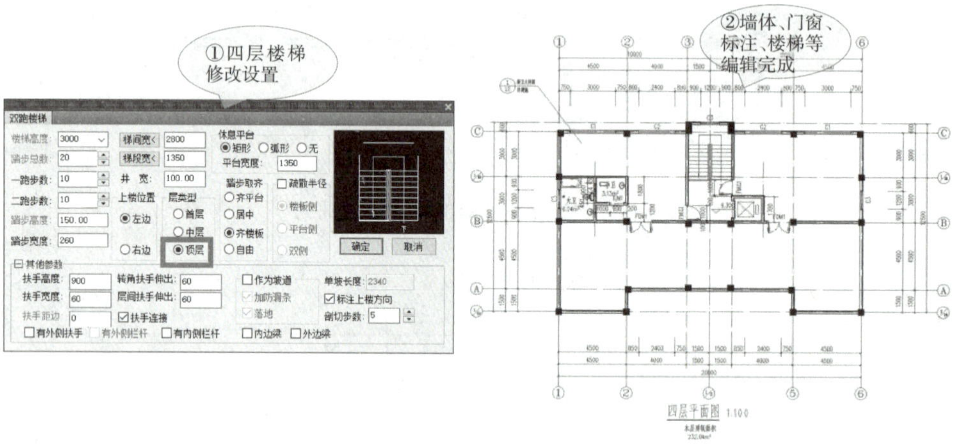

图 15-32 平面图编辑完成

2. 其他修改

(1)执行【房间屋顶】菜单中的【查询面积】命令，标注房间面积。
(2)执行【文字表格】菜单中的【单行文字】命令，标注屋顶露天花园等字样。
(3)执行【房间屋顶】菜单中的【加雨水管】命令，默认管径和洞口宽，完成屋面排水口的绘制。
(4)执行【房间屋顶】菜单中的【屋面排水】命令，分别选中“落水口排水”和“坡面排水”单选钮，完成屋面排水标注。设置见图 15-33、图 15-34。
(5)将厨卫大样图指向索引更改为卫生间二大样图。

四层平面图绘制完成，见图 15-35。

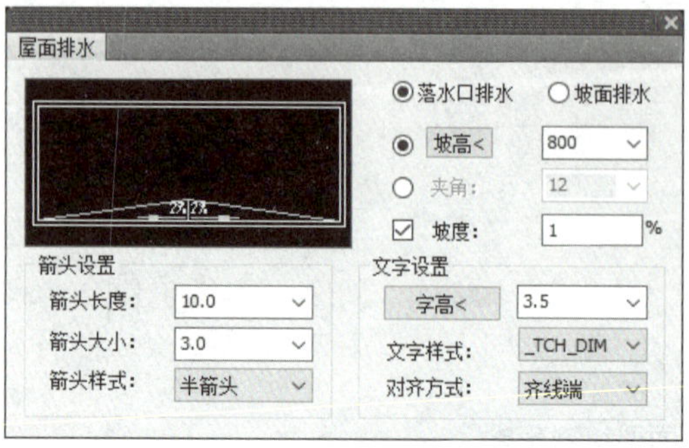

图 15-33 落水口排水设置

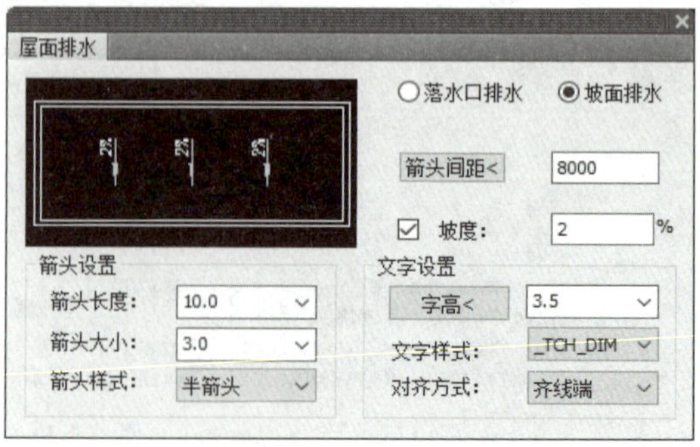

图 15-34 坡面排水设置

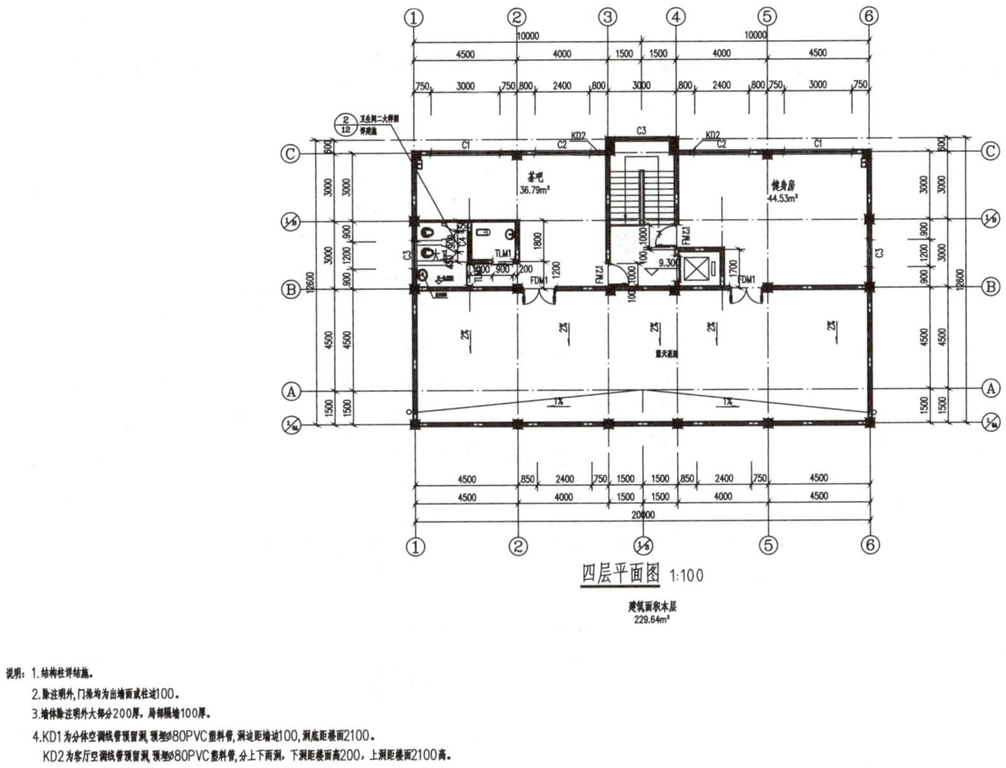
四层平面图 1:100
建筑面积本层
229.64m²
说明：1.结构柱详结施。
2.除注明外,门垛均为出墙面或柱边100。
3.墙体除注明外大部分200厚，局部隔墙100厚。
4.KD1为分体空调线管预留洞,预埋ø80PVC塑料管,洞边距墙边100,洞底距楼面2100。
KD2为客厅空调线管预留洞,预埋ø80PVC塑料管,分上下两洞，下洞距楼面高200，上洞距楼面2100高。

图 15-35　四层平面图绘制完成

15.3.3　绘制屋顶平面图

15.3.3

1. 平面图编辑

复制四层平面图，根据屋顶图纸删除多余的墙柱、门窗、标注、楼梯、标注等，并修改标高和图名，编辑结果见图 15-36。

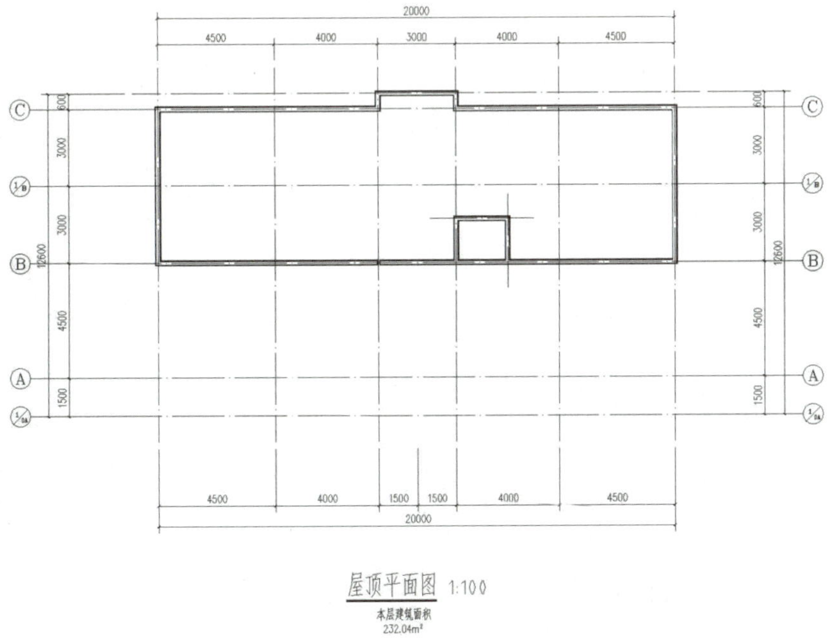
屋顶平面图 1:100
本层建筑面积
232.04m²

图 15-36　屋顶编辑结果

2. 其他修改

完成屋顶排水及落水口绘制，完成雨篷绘制，并补充指向索引标注，修改说明文字内容。屋顶完成图见图 15-37。

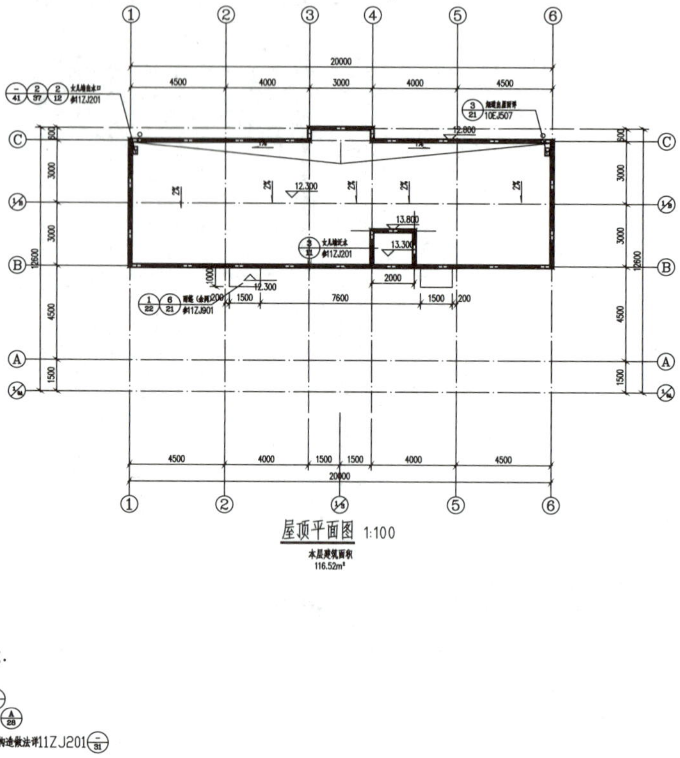
20000
4500
4000
3000
4000
4500
12.300
13.800
13.300
2000
1500
7600
1500
200
3000
3000
4500
1500
12600
屋顶平面图 1:100
116.52m²
说明：1、烟道风帽标高大于或等于屋面完成屋面面2.20M.
2、屋面排水坡度横向最小坡度为2%，纵向最小坡度为1%.
3、屋面未注明做法的构配件参照屋面相应部位的标注.
4、平面图中YL为屋面雨水管，做法参照11ZJ201 1/41
5、女儿墙构造柱间距<3600，构造做法详11ZJ201 A/28
6、屋面保温层排气槽中距<6M，排气管没36m设一个构造做法详11ZJ201 -/31

图 15-37　屋顶完成图

任务 16 天正建筑软件绘制别墅立面图

学习目标

了解并掌握用天正建筑软件绘制建筑立面图的方法与步骤。

思维导图

- 任务 16　天正建筑软件绘制别墅立面图
  - 任务 16.1　绘制①-⑥轴立面图
    - 16.1.1　平面图编辑
    - 16.1.2　新建工程管理
    - 16.1.3　生成正立面图
    - 16.1.4　地面线、外轮廓线绘制
    - 16.1.5　图线清理
    - 16.1.6　立面栏杆添加
    - 16.1.7　雨篷绘制、材质填充
    - 16.1.8　材质标注
    - 16.1.9　其他添加
  - 任务 16.2　绘制⑥-①轴立面图
    - 16.2.1　生成背立面图
    - 16.2.2　地面线、外轮廓线绘制
    - 16.2.3　图线清理
    - 16.2.4　窗户替换
    - 16.2.5　图案填充
    - 16.2.6　材质标注
    - 16.2.7　其他
  - 任务 16.2　绘制Ⓐ-Ⓒ轴立面图和Ⓒ-Ⓐ轴立面图
    - 16.3.1　生成左、右立面图
    - 16.3.2　地面线、外轮廓线绘制
    - 16.3.3　图线清理
    - 16.3.4　栏杆添加
    - 16.3.5　图案填充
    - 16.3.6　材质标注
    - 16.3.7　雨水管线添加
    - 16.3.8　其他

任务 16.1　绘制①-⑥轴立面图

16.1.1　平面图编辑

为保证生成的立面图门窗位置的准确性，需要根据图纸对绘制的平面图进行修改。

16.1.1

1. 墙体修改

执行【墙体】菜单中的【墙体工具】命令修改墙高。框选首层墙柱，将首层墙柱高度修改为 3 600，底高为-300。分别双击四层露天花园墙和柱，改高度为 1 600，通过特性匹配工具统一露天花园部分墙柱高度。双击屋顶女儿墙，改高度为 500，双击屋顶电梯设备间墙体，改高度为 1 500，同样通过特性匹配工具统一高度。

2. 窗户修改

修改窗户高度，分别双击 C1、C2 窗户，将窗台高度修改为 400，同时修改窗户三维样式（图 16-1）。由于室内外高差为 300，需要单独将一层的所有窗户的高度在现有高度上增加 300，见图 16-2。

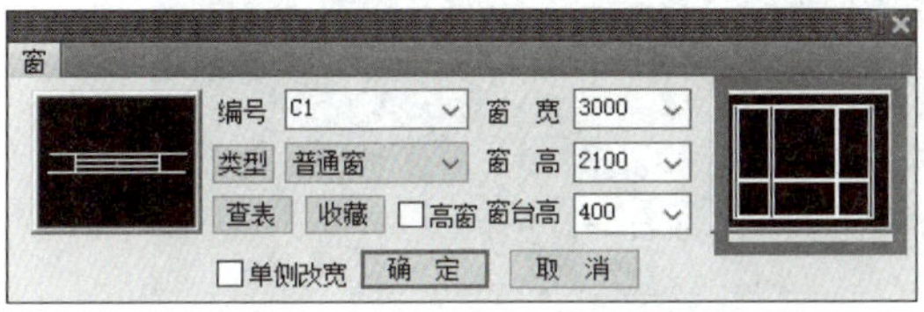

图 16-1　C1 窗户修改设置

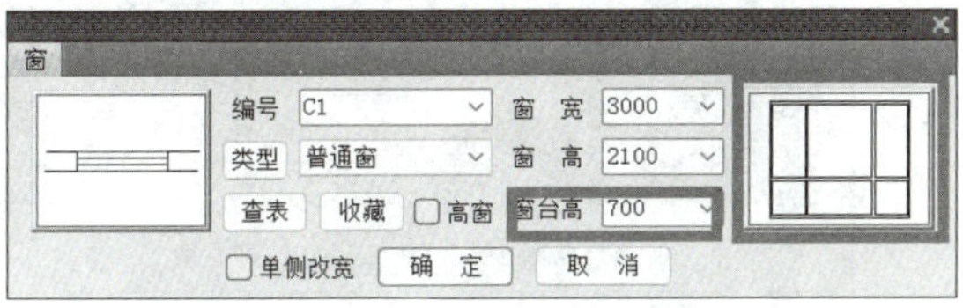

图 16-2　C1 窗户一层修改设置

3. 门修改

修改 FDM1 的三维样式及门槛高度（图 16-3），同时将一层各类门的门槛高度调整为 300（图 16-4）。

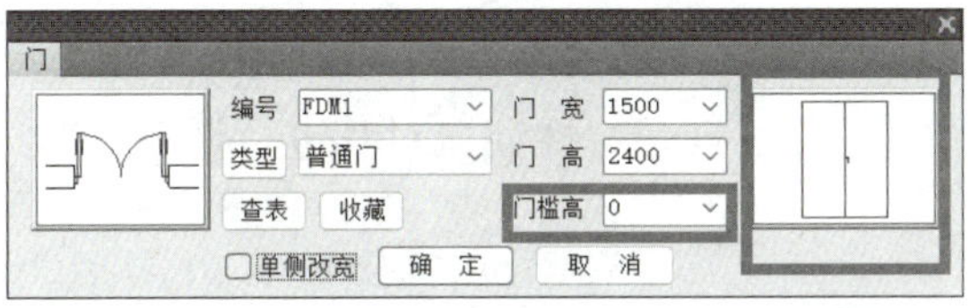

图 16-3　FDM1 门其他层修改

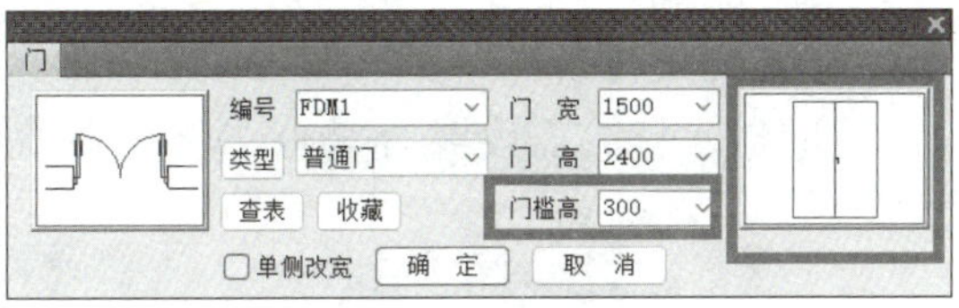

图 16-4　FDM1 门一层修改

4. 楼梯间修改

调整楼梯间的墙体高度和窗户高度：一层楼梯间墙体高度调整为 5 100，底高为-300（图 16-5）；二层楼梯间墙体高度调整为 3 000，底高为 1 500（图 16-6）；三层楼梯间墙体高度调整为 4 500，底高为 1 500（图 16-7）。将一至四层楼梯间窗户窗台高度调整为 3 000（图 16-8），对四层楼梯间墙体进行分解，避免出现墙体重复（图 16-9）。

16.1.2　新建工程管理

执行【文件布图】菜单中的【工程管理】命令，新建工程并命名，选择楼层，点击“在当前图中框选楼层范围”按钮，设置楼层层号，按照楼层分别框选不同的楼层范围，注意每一层的起点应统一为一个坐标点，本案例对齐点选择轴线①和轴号Ⓐ的附加轴号1/A交点。默认生成层高为 3 000，需根据实际情况修改。楼层设置步骤如图 16-10 所示。

16.1.2

【楼层范围】命令行提示如下：

命令：TSELECTFLOOR

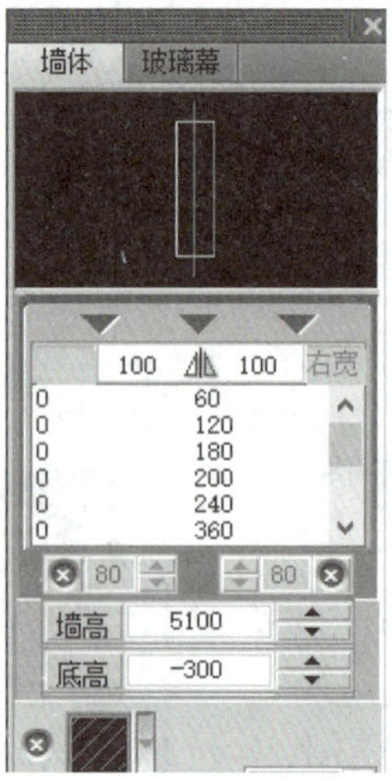

图 16-5　一层楼梯间墙体

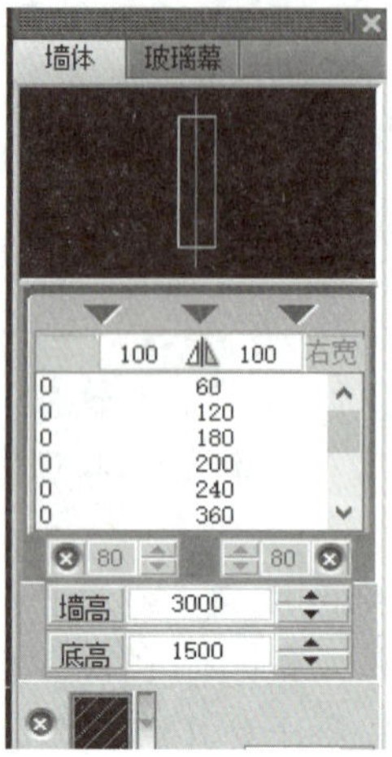

图 16-6　二层楼梯间墙体

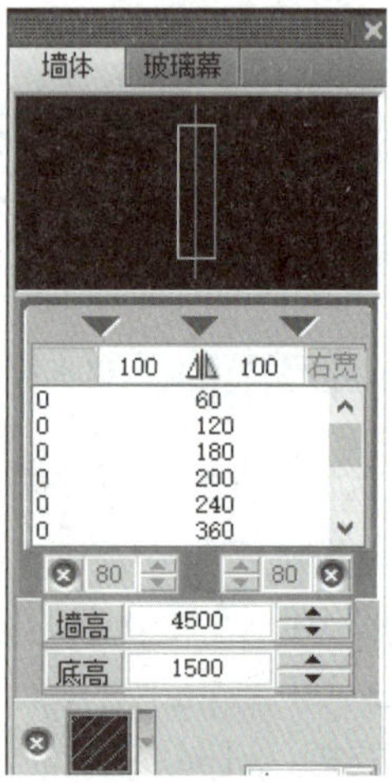

图 16-7　三层楼梯间墙体

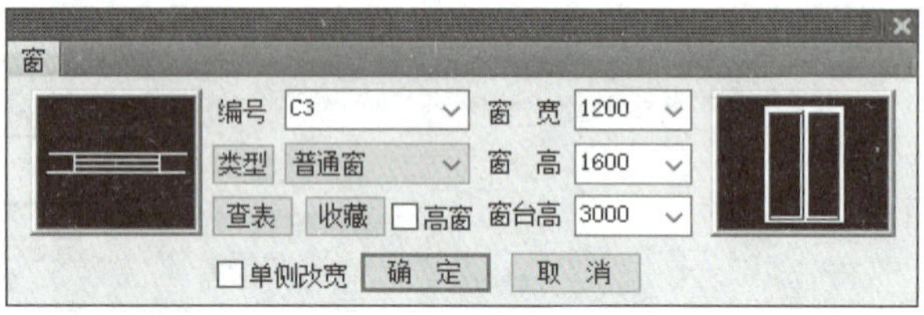

图 16-8　楼梯间窗户高度调整

图 16-9　分解四层楼梯间墙体

选择第一个角点<取消>

另一个角点<取消>

对齐点<取消>

成功定义楼层!

注:散水标高需设置为-300,与室外标高相同,可通过【Ctrl+1】组合键打开特性窗口对其进行调整。

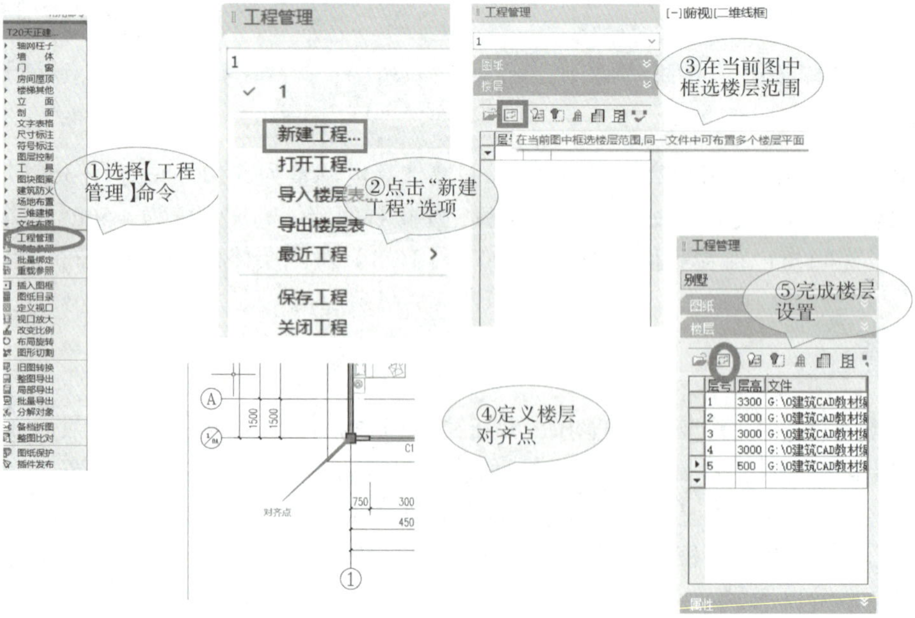

图 16-10　楼层设置步骤

16.1.3　生成正立面图

16.1.3

单击【工程管理】选项卡下【楼层】面板中的“建筑立面”按钮，选择“正立面”方向，点选①和⑥轴线，弹出“立面生成设置”对话框，内外高差默认为 300 mm（即 0.3 m），点击“生成立面”按钮，将文件命名为“①-⑥轴立面图”，然后保存。以南立面图为例，其生成步骤见图 16-11。

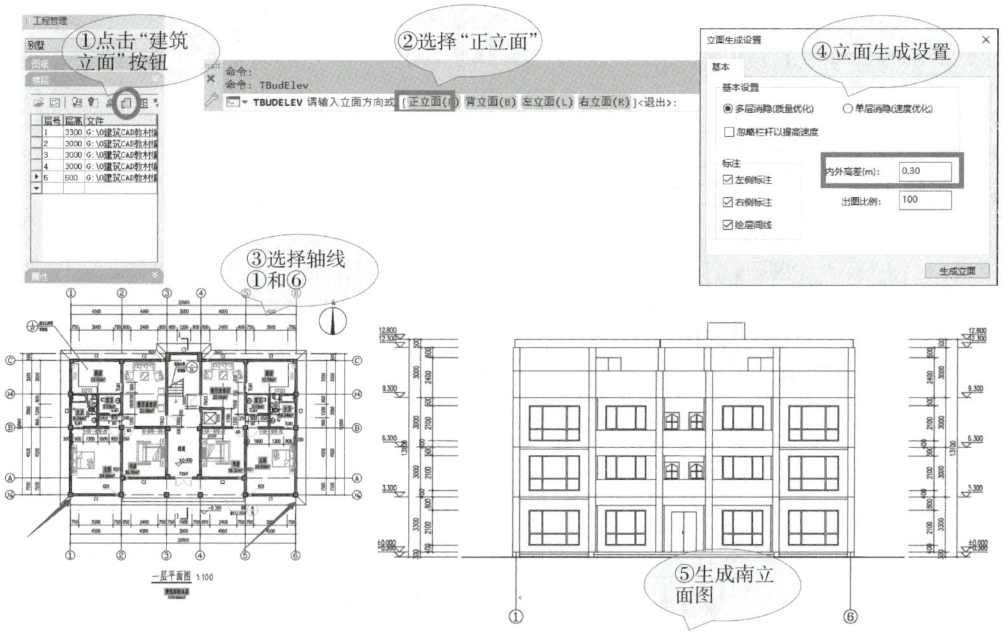
①点击“建筑立面”按钮
②选择“正立面”
④立面生成设置
③选择轴线①和⑥
⑤生成南立面图

图 16-11　南立面图生成步骤

16.1.4　地面线、外轮廓线绘制

16.1.4

双击地面线，运用多段线编辑功能将地面线线宽调至 100，然后运用【多段线】命令绘制立面外轮廓，线宽设置为 50。

16.1.5　图线清理

16.1.5

生成的立面图包括楼板、层间线及柱子轮廓线等，需根据实际立面清理多余线条，执行删除操作，见图 16-12。

图 16-12　南立面线条清理

16.1.6 立面栏杆添加

找到合适的宝瓶柱阳台栏杆样式 CAD 文件并打开,执行天正【立面】菜单中的【立面阳台】命令,点击“新图入库”按钮,框选阳台对象,将图块基点设置为对象的左下角点。完成入库后载入立面图中,进行拉伸,调整大小。

为避免阳台栏杆拉伸变形,对宝瓶柱阳台栏杆执行【复制】命令后粘贴图块,在右键菜单中进行图块在位编辑,将嵌套的图块进行多次分解,多余的部分执行【修剪】命令剪去,少了的部分执行【拉伸】和【复制】修改命令进行补充。宝瓶状阳台栏杆添加步骤见图 16-13。

16.1.6

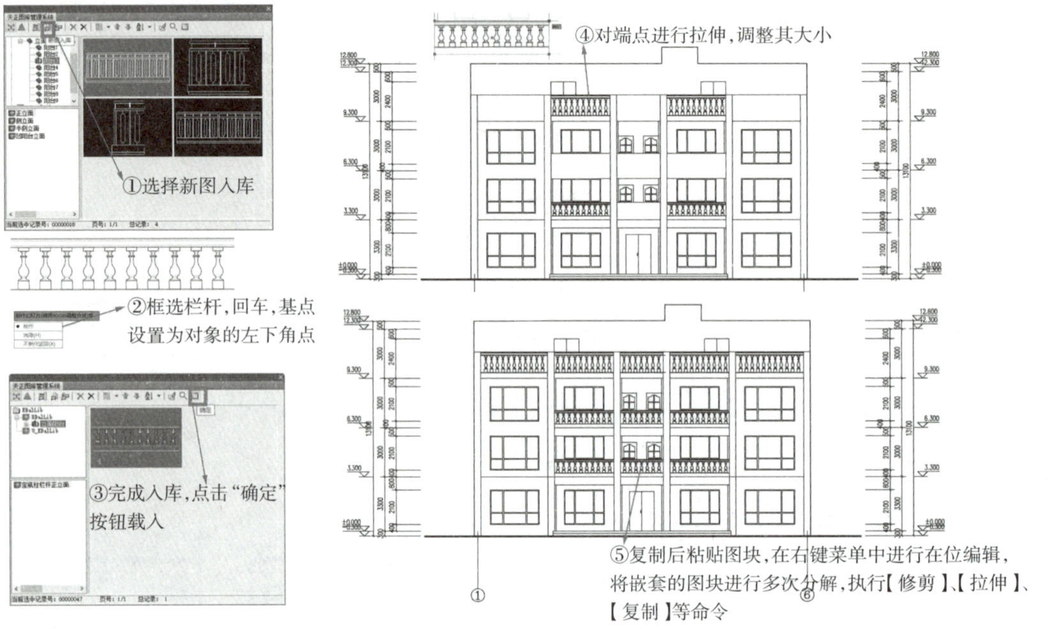
①选择新图入库
②框选栏杆,回车,基点设置为对象的左下角点
③完成入库,点击“确定”按钮载入
④对端点进行拉伸,调整其大小
⑤复制后粘贴图块,在右键菜单中进行在位编辑,将嵌套的图块进行多次分解,执行【修剪】、【拉伸】、【复制】等命令

图 16-13 宝瓶柱阳台栏杆添加步骤

16.1.7 雨篷绘制、材质填充

16.1.7

按照屋顶平面图中雨篷尺寸绘制雨篷立面,然后进行立面图材质图案填充。找到【天正建筑】选项卡,执行【天正填充】命令;选择砖纹图案,设置填充比例,点选立面图闭合区域进行填充,填充比例为 150。图案填充设置步骤见图 16-14。

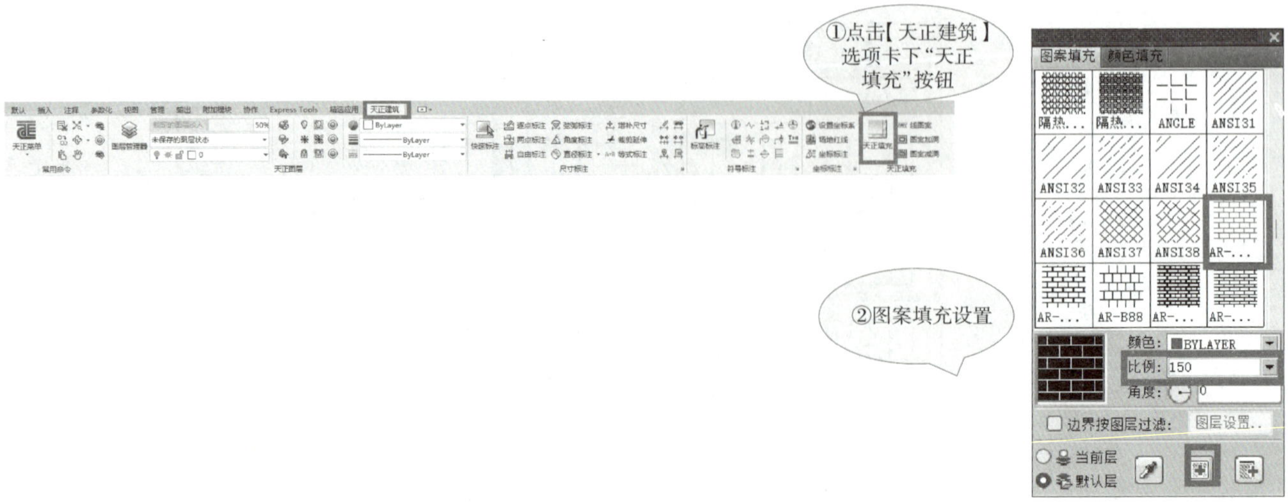
①点击【天正建筑】选项卡下“天正填充”按钮
②图案填充设置
图案填充
颜色填充
ANGLE
ANSI31
ANSI32
ANSI33
ANSI34
ANSI35
ANSI36
ANSI37
ANSI38
AR-B88
颜色:
BYLAYER
比例:
150
角度:
0
边界按图层过滤:
图层设置..
当前层
默认层

图 16-14 图案填充设置步骤

16.1.8　材质标注

点击天正【符号标注】面板中下的“引出标注”按钮，对立面材质进行标注，标注三种材质，即红色面砖、红色外墙漆、白色外墙漆，见图 16-15。

16.1.8 和 16.1.19

16.1.9　其他

对于生成的立面图，需要按照规范修改标注。点击天正【符号标注】面板中的“图名标注”按钮添加立面图图名。

至此，完成南立面图，见图 16-15。

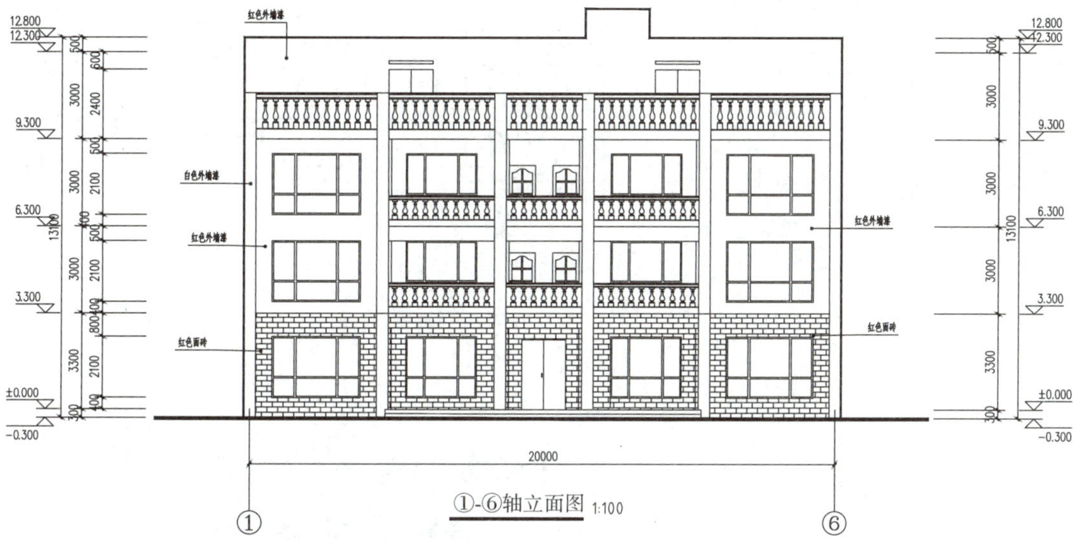

图 16-15　南立面图完成

任务 16.2　绘制⑥-①轴立面图

任务 16.2

16.2.1　生成背立面图

打开设置好的工程管理文件，点击楼层和“建筑立面”按钮，选择“背立面”方向，点选①和⑥轴线，弹出“立面生成设置”对话框，内外高差按照图纸设置后，点击“生成立面”按钮，将文件命名为“⑥-①轴立面图”，然后保存即可。以北立面图为例，其生成步骤见图 16-16。

16.2.2　地面线、外轮廓线绘制

调整地面线和外轮廓线线宽，设置与南立面图一致。

16.2.3　图线清理

根据实际立面清理多余线条。

16.2.4　窗户替换

生成的背立面图中楼梯间的窗户图块不完整，需对其进行替换。执行天正【立面】菜单中的【立面门

窗】命令，打开天正图库管理系统，点击“替换”按钮，选择北立面图中的楼梯间窗户，回车完成替换，步骤见图 16-17。

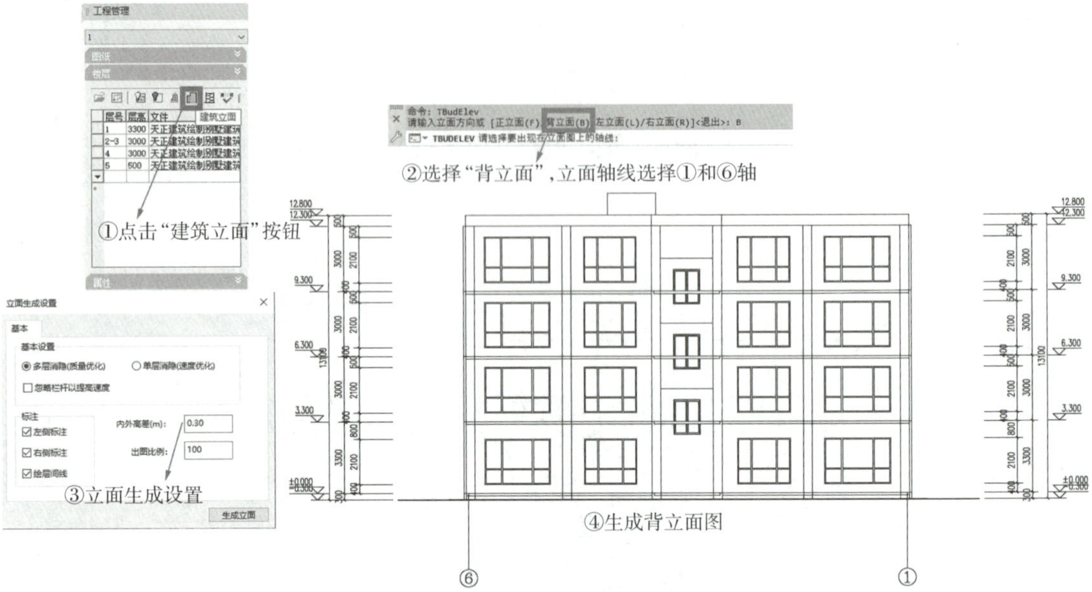

图 16-16　北立面图生成步骤

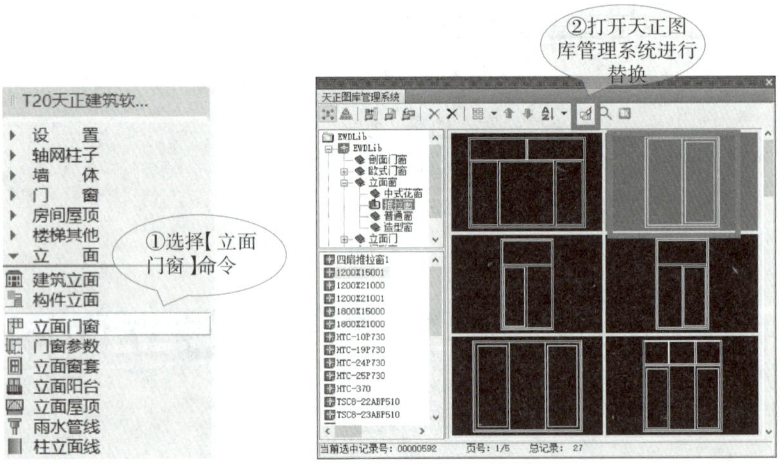

图 16-17　北立面图窗户替换步骤

16.2.5　图案填充

用砖纹图案填充，方法同南立面图。

16.2.6　材质标注

对外墙进行材质标注，方法同南立面图。

16.2.7　其他

添加图名标注，修改标注等。

至此，北立面图完成，见图 16-18。

红色外墙漆
红色面砖
20000
⑥
①
⑥-①轴立面图 1:100

图 16-18　北立面图完成

任务 16.3　绘制Ⓐ-Ⓒ轴立面图和Ⓒ-Ⓐ轴立面图

16.3.1　生成左、右立面图

打开设置好的工程管理文件，点击楼层和“建筑立面”按钮，选择“左立面”，点选Ⓐ、ⒶⒶ和Ⓒ轴线，弹出“立面生成设置”对话框，默认设置即可，点击“生成立面”按钮，将文件命名为“西立面图”，然后保存即可。西立面图生成步骤见图 16-19。用同样的方法生成东立面图。

任务 16.3

16.3.2　地面线、外轮廓线绘制

调整地面线和外轮廓线线宽，设置与南、北立面图一致。

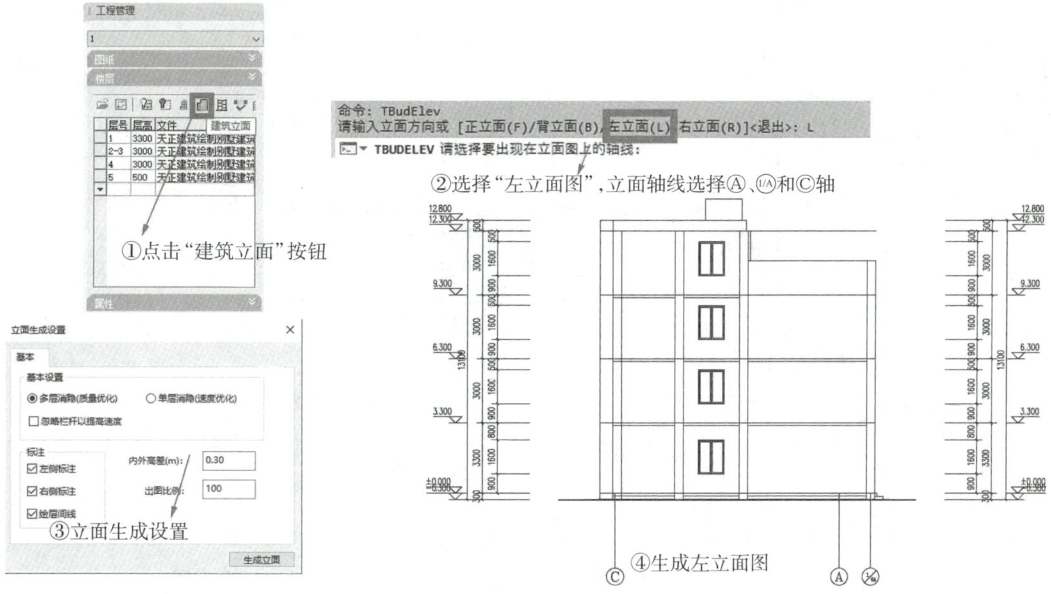
工程管理
命令: TBudElev
请输入立面方向或 [正立面(F)/背立面(B)/左立面(L)/右立面(R)]<退出>: L
TBUDELEV 请选择要出现在立面图上的轴线:
①点击“建筑立面”按钮
②选择“左立面图”，立面轴线选择Ⓐ、ⒶⒶ和Ⓒ轴
立面生成设置
③立面生成设置
生成立面
④生成左立面图

图 16-19　西立面图生成步骤

16.3.3　图线清理

根据实际立面清理多余线条。

16.3.4　栏杆添加

从南立面复制宝瓶柱阳台栏杆到东、西立面图相关位置，并进行修改，方法同南立面图。

16.3.5　图案填充

用砖纹图案填充，方法同南立面图。

16.3.6　材质标注

对外墙进行材质标注，方法同南立面图。

16.3.7　雨水管线添加

执行天正【立面】菜单中的【雨水管线】命令，在相应位置添加雨水管线。

命令行提示行如下：

命令：TESTRM

当前管径为 100

请指定雨水管的起点[参考点(R)/管径(D)]<退出>

请指定雨水管的下一点[管径(D)/回退(U)]<退出>

16.3.8　其他

添加图名标注，修改标注等。

至此，完成东立面图和西立面图，见图 16-20、图 16-21。

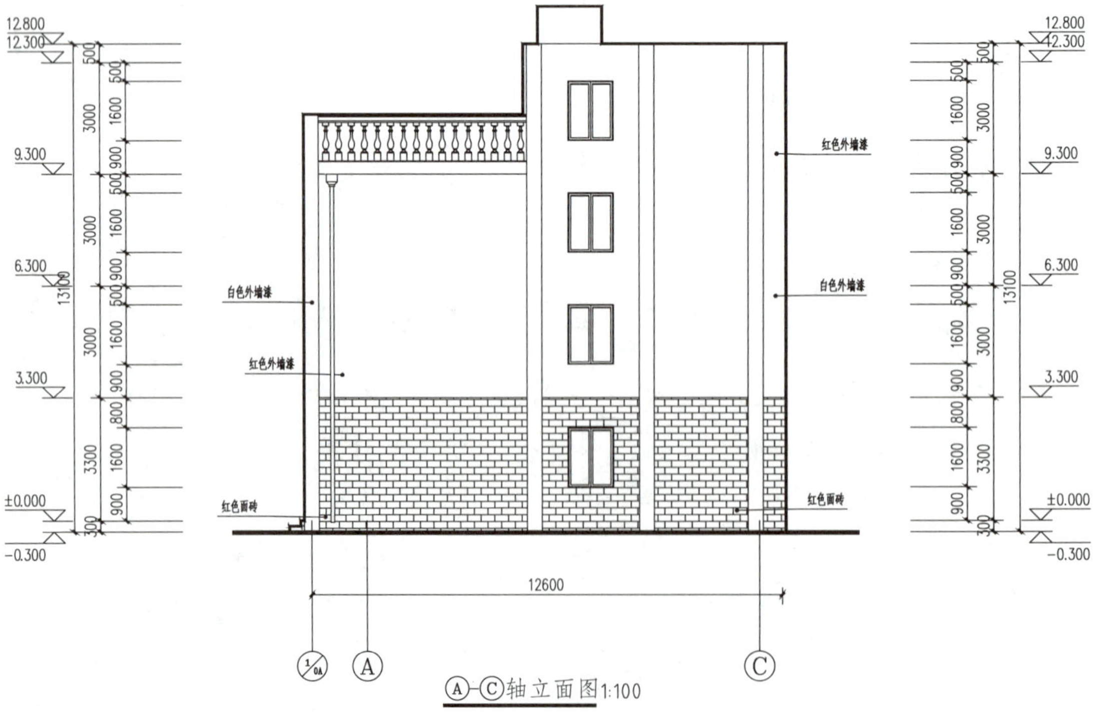

图 16-20　东立面图完成

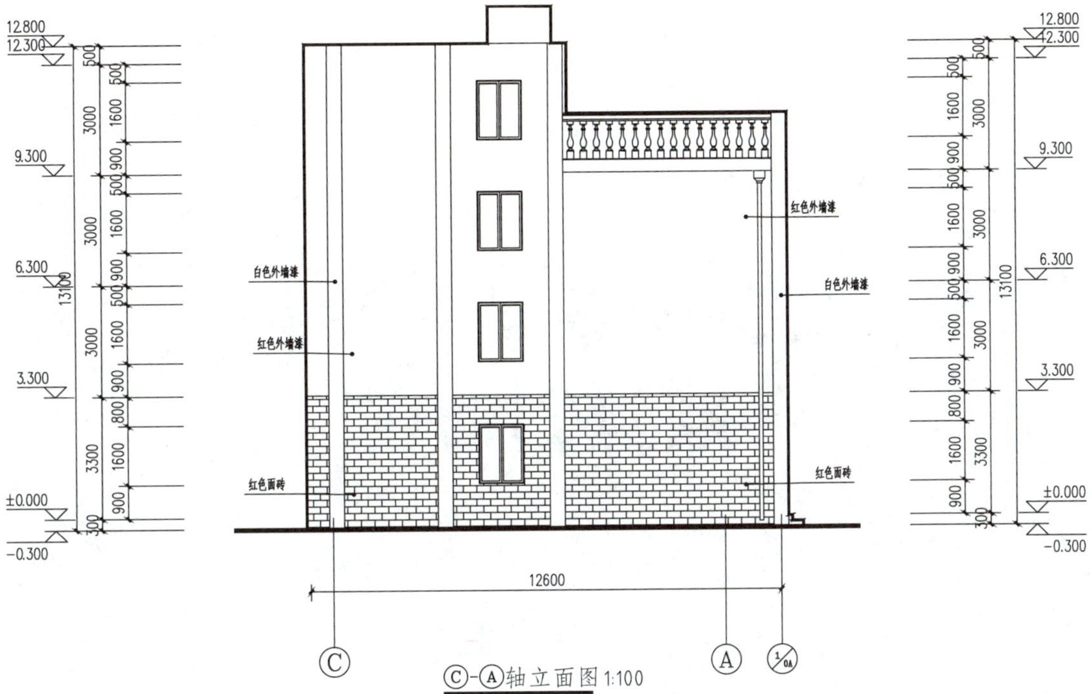

Ⓒ-Ⓐ轴立面图 1:100

图 16-21 西立面图完成

任务 17 天正建筑软件绘制别墅剖面图

学习目标

了解并掌握用天正建筑软件绘制建筑剖面图的方法与步骤。

思维导图

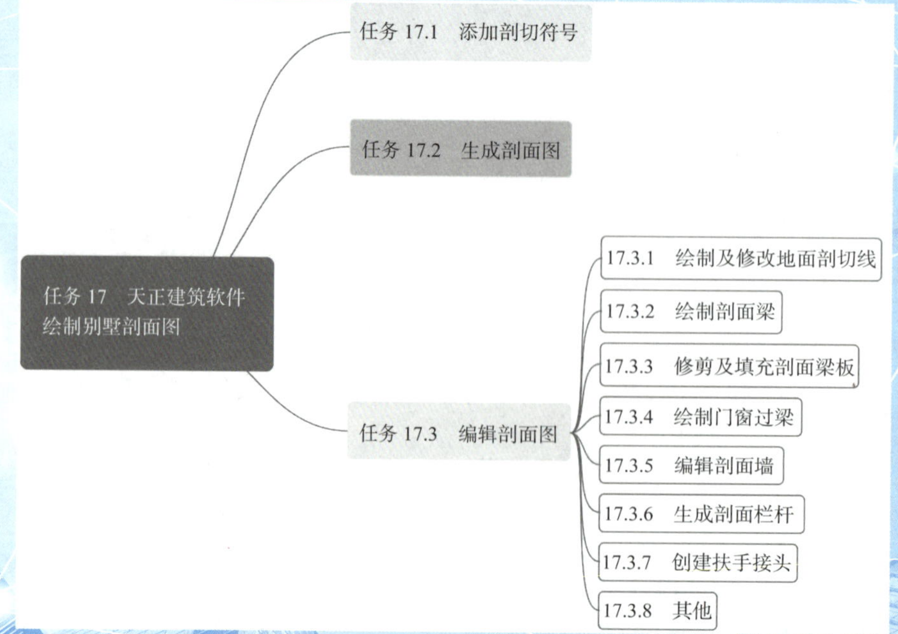

任务 17.1　添加剖切符号

剖面图的剖切位置依赖于剖面符号，所以必须在首层建立合适的剖切符号。执行天正【符号标注】菜单中的【剖切符号】命令，在能够剖切到楼梯的合适位置绘制 1-1 剖面线（图 17-1）。

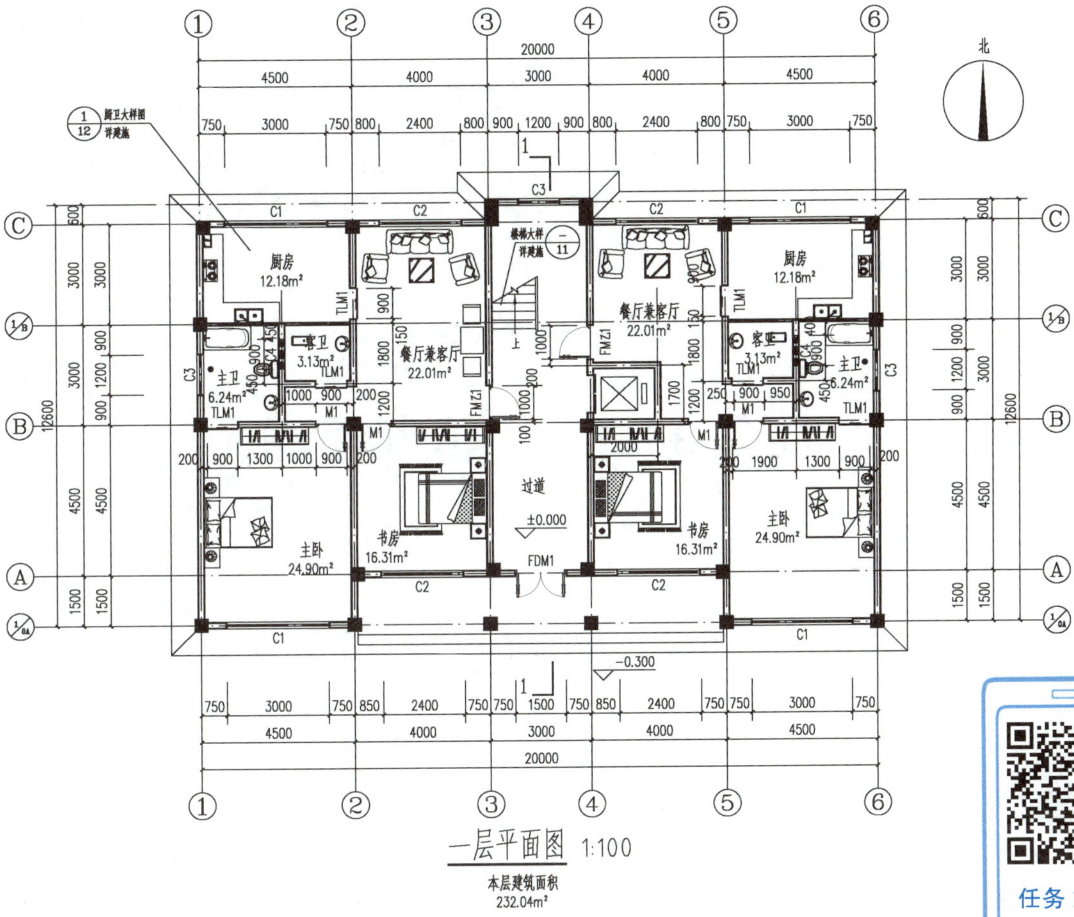

图 17-1　剖面线绘制结果

任务 17.1 和
任务 17.2

任务 17.2　生成剖面图

点击工程管理文件下楼层和“建筑剖面”按钮，拾取剖切符号，然后选择需要出现在剖面图中的轴线Ⓐ-Ⓒ及附加轴线，剖面生成设置选择默认设置，点击“生成剖面”按钮，将文件命名为“1-1 剖面图”，然后保存即可。剖面图生成步骤见图 17-2。

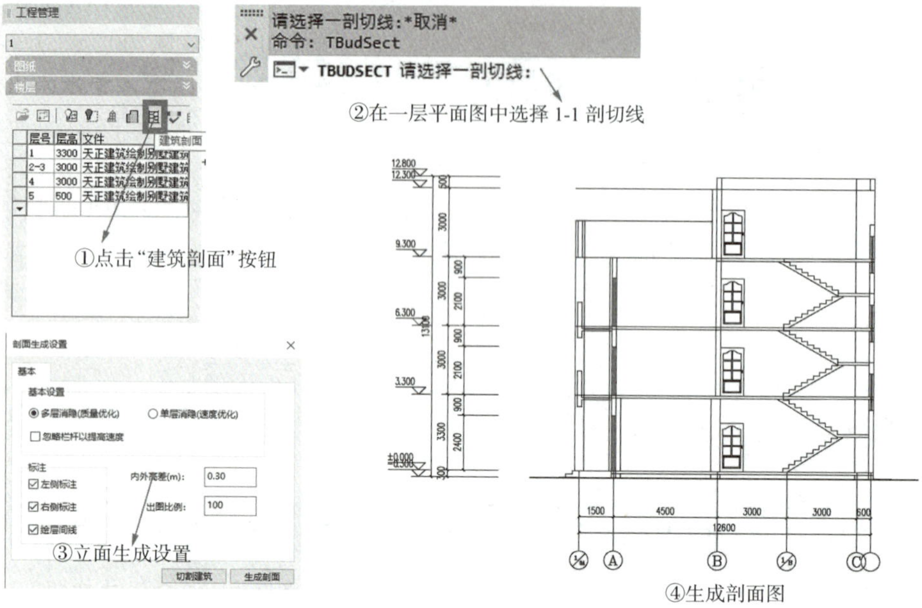
工程管理
请选择一剖切线:*取消*
命令: TBudSect
TBUDSECT 请选择一剖切线:
②在一层平面图中选择 1-1 剖切线
①点击“建筑剖面”按钮
剖面生成设置
③立面生成设置
④生成剖面图

图 17-2　剖面图生成步骤

任务 17.3　编辑剖面图

17.3.1　绘制及修改地面剖切线

运用多段线完成地面剖面线绘制，线宽为 100。通过删除、修剪等工具清理多余线段，结果见图 17-3。

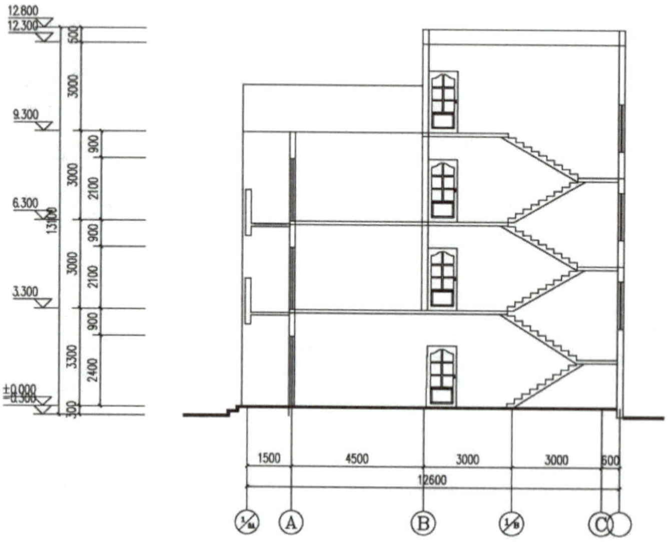

图 17-3　地面剖切线的绘制及修改

17.3.2　添加剖面梁

执行天正【剖面】菜单中的【加剖断梁】命令，指定墙和板的左上角点为参照点，梁左侧到参照点的距离为 0，梁右侧到参照点的距离为 200，梁底到参照点的距离为 400。添加多个相同的剖断梁时，若参照点均选取在左上角，可多次回车完成操作。剖断梁添加步骤见图 17-4。阳台梁高度为 400,楼梯梁尺寸为 260×400,按照一样的方法绘制即可。

命令行提示如下：

命令：SBEAM

请输入剖面梁的参照点 <退出>

梁左侧到参照点的距离 <100> 0

梁右侧到参照点的距离 <100> 200

梁底边到参照点的距离 <300> 400

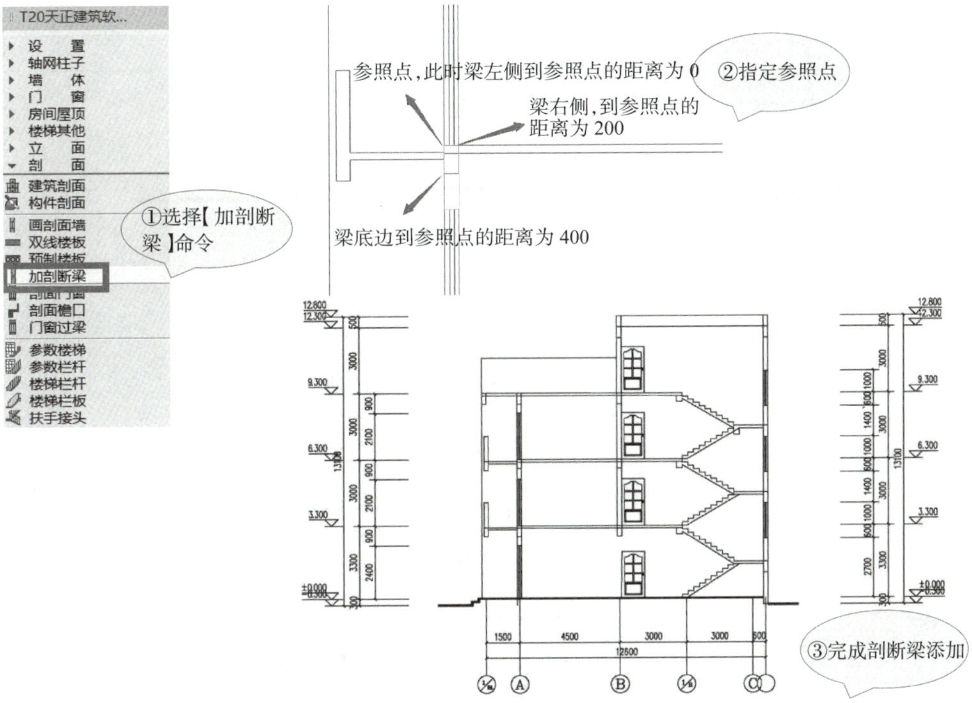

图 17-4　剖断梁添加步骤

17.3.3　修剪及填充剖面梁板

对梁板和墙、楼梯线段进行修剪(图 17-5),将修剪完成的剖面部分填充为黑色(图 17-6)。

17.3.3

17.3.4　绘制门窗过梁

执行【剖面】菜单中的【门窗过梁】命令,框选图中需要添加过梁的门窗,输入梁高 120,完成门窗过梁的绘制,见图 17-7。

命令行提示如下：

命令：MCGL

选择需加过梁的剖面门窗：

指定对角点：找到 1 个

选择需加过梁的剖面门窗：

输入梁高<120>

17.3.4 和 17.3.5

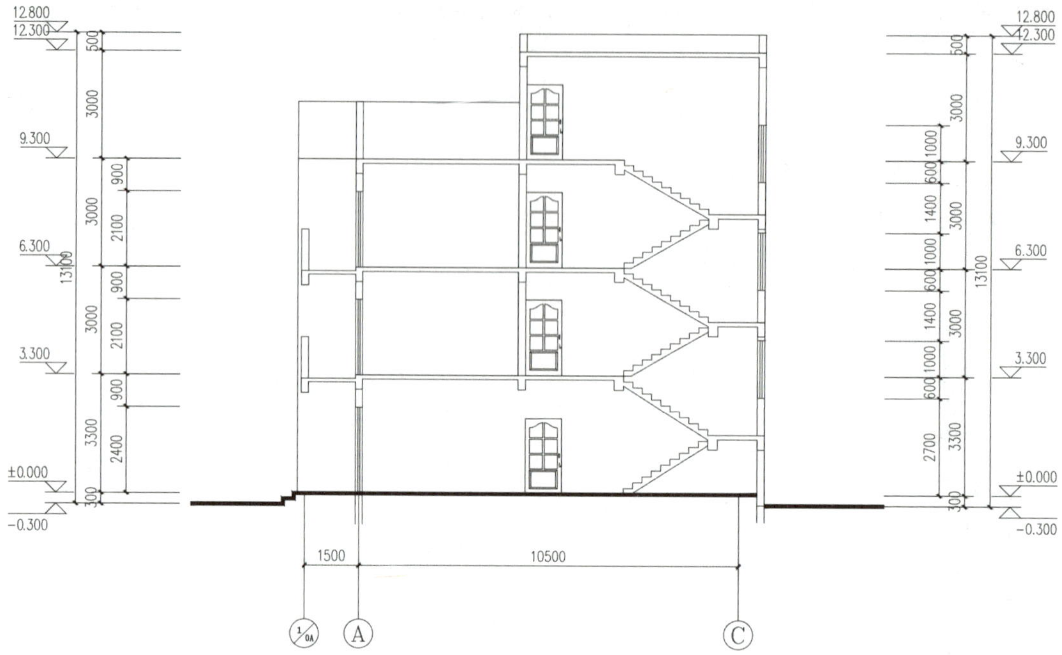

图 17-5　梁板和墙、楼梯线段修剪

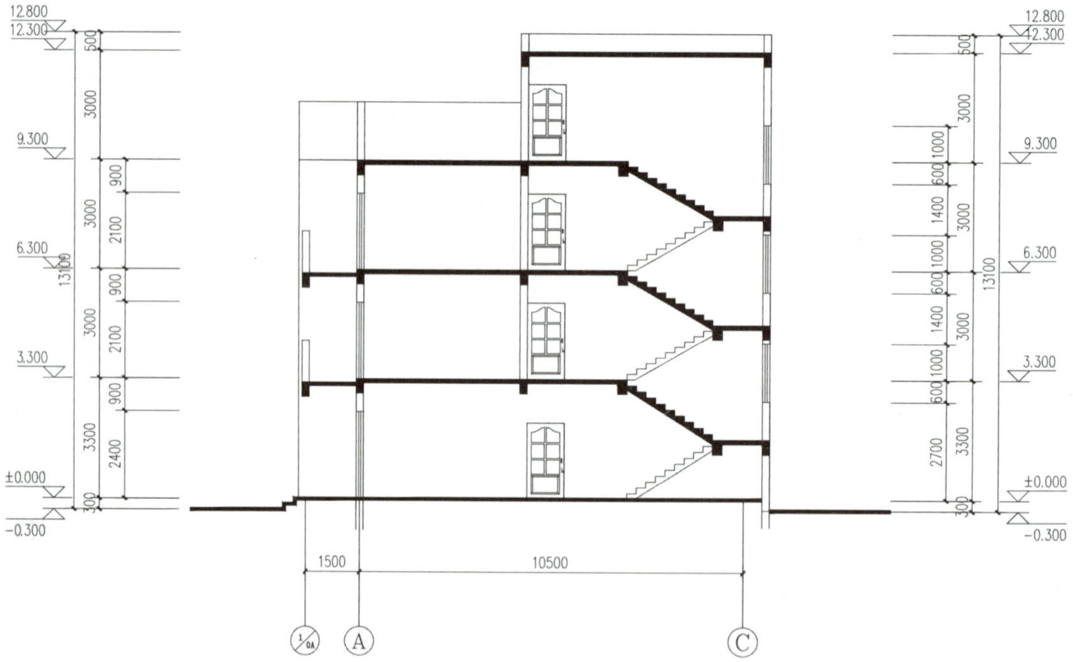

图 17-6　将剖面填充为黑色

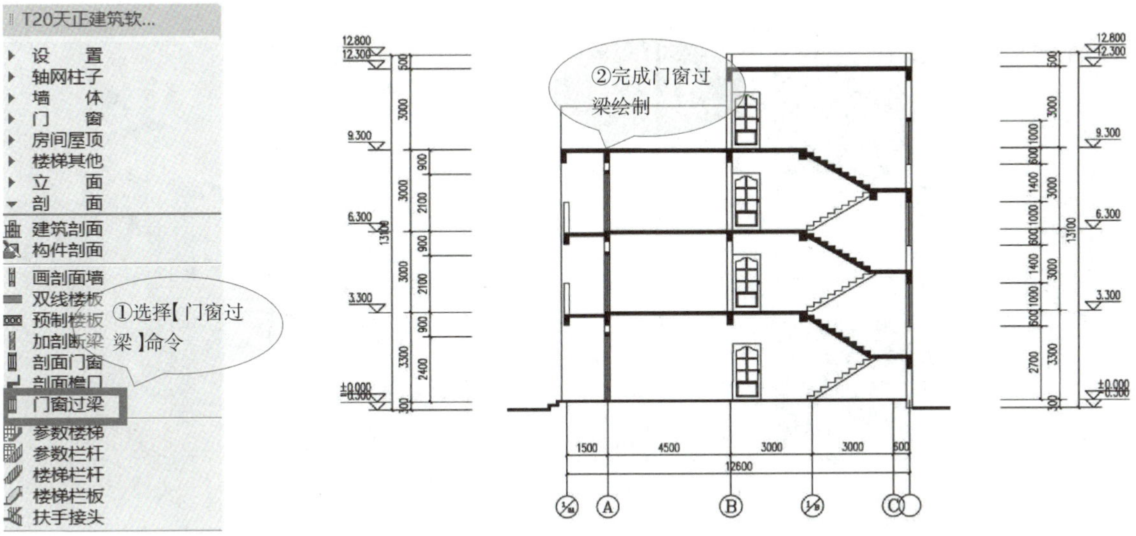

图 17-7　门窗过梁绘制步骤

17.3.5　编辑剖面墙

执行天正【剖面】菜单中的【居中加粗】命令，对现有剖面墙加粗，补画墙剖面。执行【居中加粗】命令，框选剖面图，提示墙线宽为 0.4，回车默认，此时软件会将 PUB_WALL 图层的所有线段加粗为 0.4，完成后需要进行编辑修改，见图 17-8。

命令行提示如下：

命令：SLTOPLC2

请选取要变粗的剖面墙线梁板楼梯线（向两侧加粗）<全选>

选择对象：

请确认墙线宽（图上尺寸）<0.40>

17.3.6 和 17.3.7

17.3.6　生成剖面栏杆

执行天正【剖面】菜单中的【参数栏杆】命令，根据楼梯参数调整栏杆参数，注意楼梯走向的切换和基点的选择。剖面栏杆生成步骤见图 17-9。

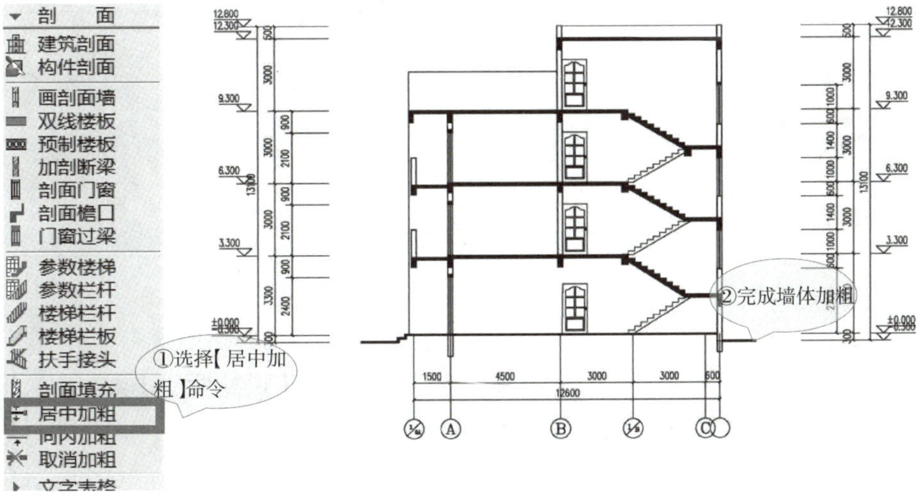

图 17-8　剖面墙线加粗步骤

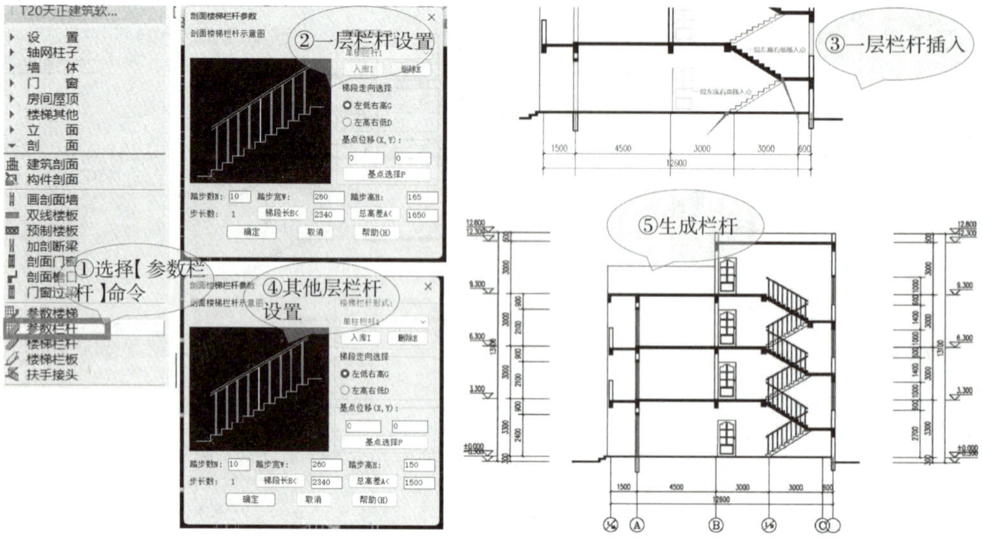

图 17-9　剖面栏杆生成步骤

17.3.7　创建扶手接头

通过【扶手接头】命令对栏杆进行连接。执行天正【剖面】菜单中的【扶手接头】命令，输入合适的伸出距离，选择是否增加栏杆，然后框选接头位置，即可完成扶手接头创建，见图 17-10。

命令行提示如下：

命令：TCONNECTHANDRAIL

请输入扶手伸出距离<0>

请选择是否增加栏杆[增加栏杆（Y）/不增加栏杆（N）]<增加栏杆（Y）> N

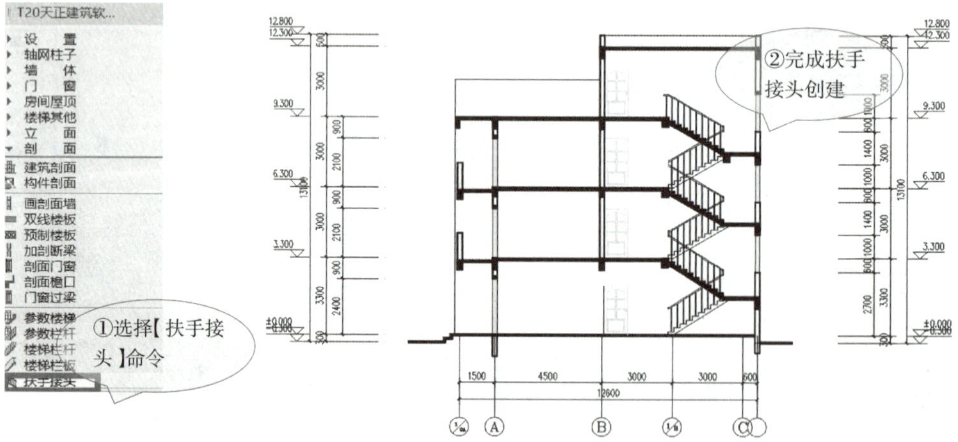

图 17-10　扶手接头创建步骤

17.3.8　其他

完善剖面图阳台栏杆图形，可从立面图中复制和编辑。执行天正【尺寸标注】菜单中的【逐点标注】命令，添加剖面图楼梯标注，修改并完善尺寸标注、图名标注等。

最终完成图见图 17-11。

17.3.8

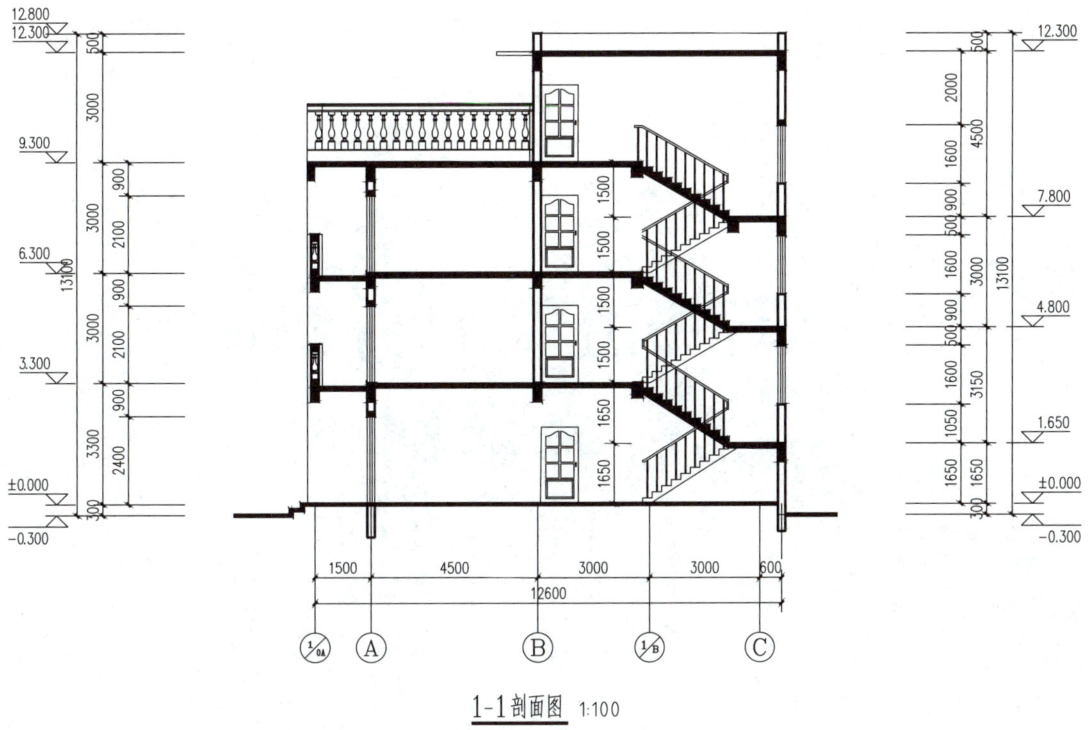

图 17-11　1-1 剖面图完成

任务 18 天正建筑软件绘制大样图

学习目标

了解并掌握用天正建筑软件绘制建筑大样图的方法与步骤。

思维导图

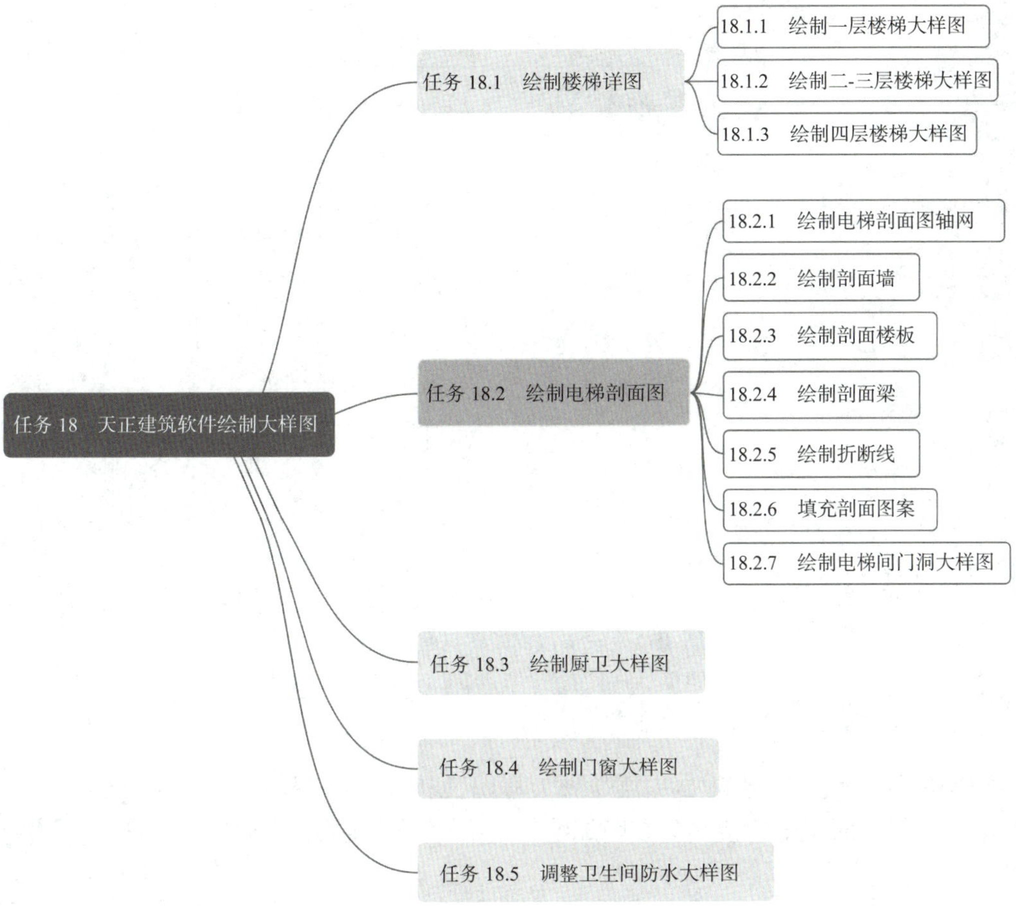

任务 18.1　绘制楼梯详图

本节将通过完成的别墅建筑平面图来编辑完成楼梯详图。

18.1.1　绘制一层楼梯大样图

复制一层平面图，运用删除、修剪等工具，删除楼梯间以外的墙柱、门窗、轴网等。然后框选一层楼梯平面图，将比例改为 1∶50，同时按照 1∶50 比例进行尺寸标注和修改。

在电梯间绘制断面符号，执行天正【符号标注】菜单中的【剖切符号】命令，选择“断面符号”按钮，在图中电梯合适位置绘制即可。断面符号绘制步骤见图 18-1。此时，一层楼梯大样图绘制完成。

命令行提示如下：

命令：TSECTION

点取第一个剖切点<退出>

点取第二个剖切点<退出>

点取剖视方向<当前>

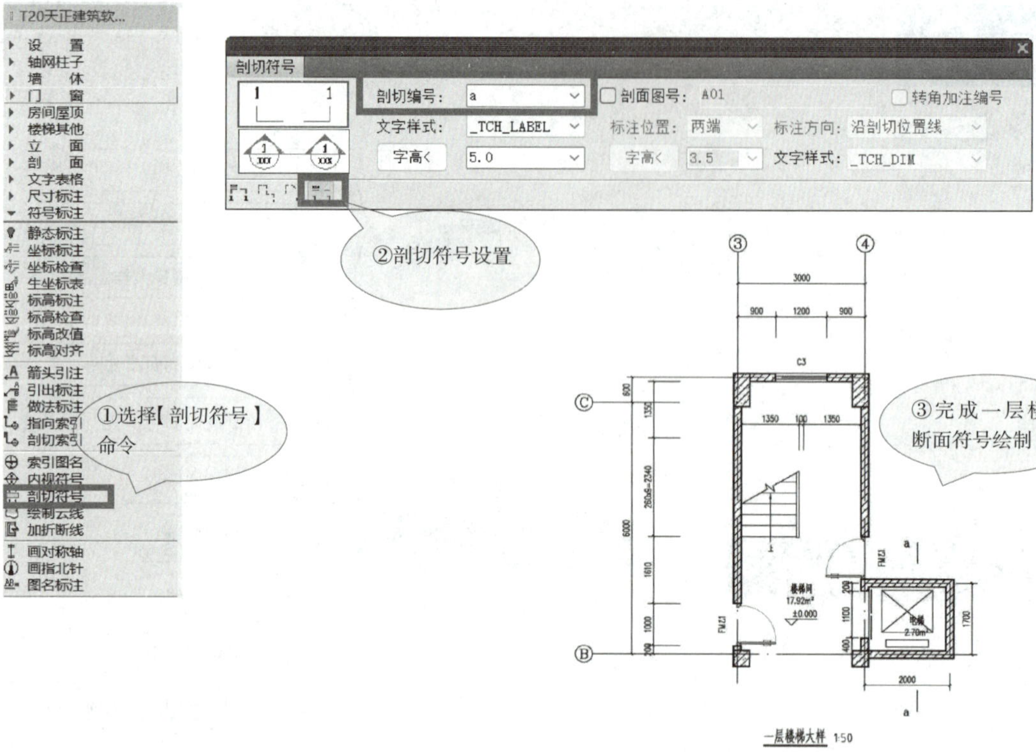

图 18-1　一层楼梯断面符号绘制步骤

18.1.2　绘制二-三层楼梯大样图

复制一层楼梯详图，修改图名为二-三层楼梯大样图，同时修改标高参数。运用特性匹配工具将二-三层平面图中的楼梯参数匹配给二-三层楼梯大样图，由此完成二-三层楼梯大样图绘制，见图 18-2。

18.1.2 和 18.1.13

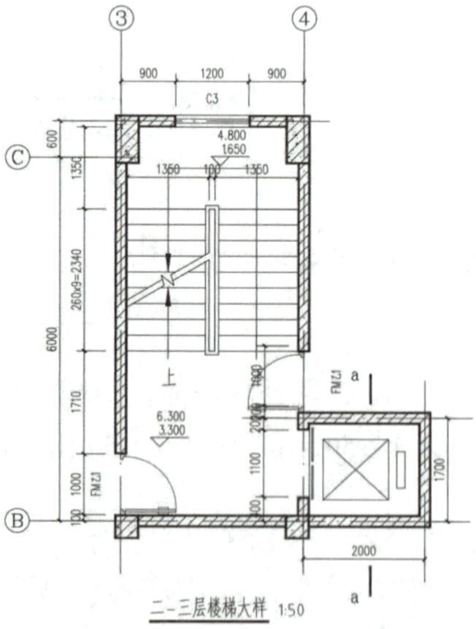

图 18-2　二-三层楼梯大样图

18.1.3　绘制四层楼梯大样图

复制二-三层楼梯大样图，修改图名为四层楼梯大样图，同时修改标高。运用特性匹配工具将四层平面图楼梯参数匹配给四层楼梯大样图，由此完成四层楼梯大样图绘制，见图 18-3。

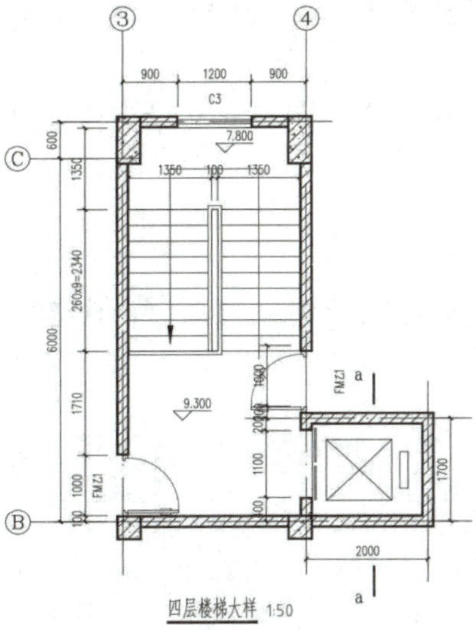

图 18-3 四层楼梯大样图

任务 18.2 绘制电梯剖面图

18.2.1 绘制电梯剖面图轴网

执行天正【轴网柱子】菜单中的【绘制轴网】命令，分别设置上开和左进间距后，在绘图区点击鼠标左键完成电梯轴网绘制，并按照 1∶50 比例进行轴网标注、尺寸标注、标高标注。电梯剖面图轴网绘制及标注步骤见图 18-4。

18.2.1

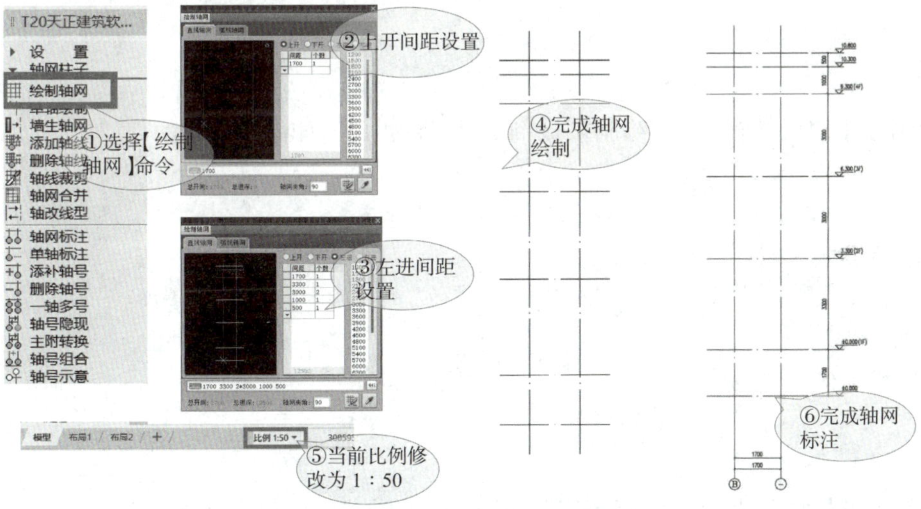

图 18-4 电梯剖面图轴网绘制及标注步骤

18.2.2 和 18.2.3

18.2.2 绘制剖面墙

执行天正【剖面】菜单中的【画剖面墙】命令绘制剖面墙体，墙体厚度为 200，步骤见图 18-5。

命令行提示如下：

命令：SDWALL

请点取墙的起点(圆弧墙宜逆时针绘制)[取参照点(F)单段(D)]<退出>
墙厚当前值:左墙 120,右墙 240
请点取直墙的下一点[弧墙(A)/墙厚(W)/取参照点(F)/回退(U)] <结束> W
请输入左墙厚 <120> 100
请输入右墙厚 <240> 100
墙厚当前值:左墙 100,右墙 100
请点取直墙的下一点[弧墙(A)/墙厚(W)/取参照点(F)/回退(U)] <结束>

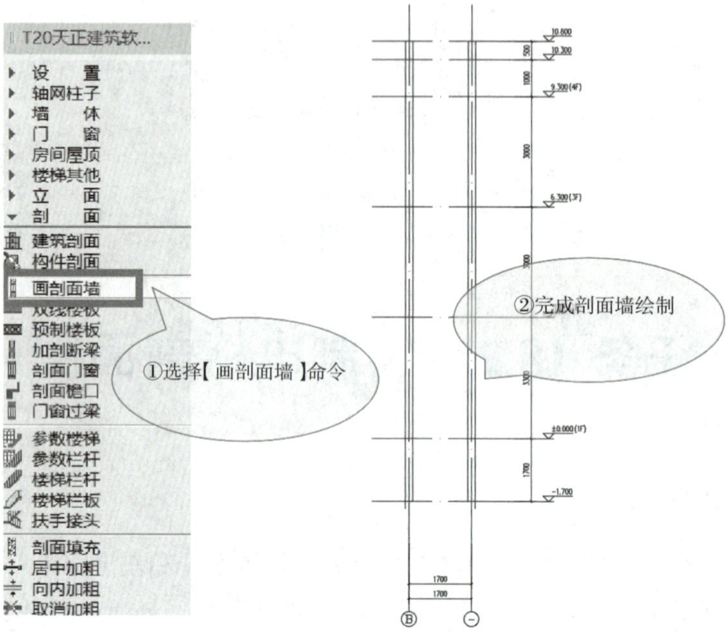

图 18-5　剖面墙绘制步骤

18.2.3　绘制剖面楼板

执行天正【剖面】菜单中的【双线楼板】命令绘制楼板剖面,厚度为 120,如图 18-6 所示。

命令行提示如下:

命令:SDFLOOR
请输入楼板的起始点 <退出>
结束点 <退出>
楼板顶面标高 <-159 394>
楼板的厚度(向上加厚输负值)<120>

18.2.4　绘制剖面梁

执行天正【剖面】菜单中的【画剖断梁】命令绘制梁,尺寸为 200 × 500,如图 18-6 所示。

18.2.4 和 18.2.5

命令行提示如下:

命令:SBEAM
请输入剖面梁的参照点 <退出>
梁左侧到参照点的距离 <0>
梁右侧到参照点的距离 <200>
梁底边到参照点的距离 <500>

18.2.5　绘制折断线

选择天正【符号标注】菜单中的【画折断线】命令绘制折断线，如图 18-6 所示。

命令行提示如下：

命令：TSYMBCUT

点取折断线起点或 [选多段线(S)\绘双折断线(Q)，当前：绘单折断线]<退出>

点取折断线终点或 [改折断数目(N)，当前=1]<退出>

当前切除外部，请选择保留范围或 [改为切除内部(Q)]<不切割>

18.2.6 和 18.2.7

18.2.6　填充剖面图案

对多余线条进行修剪后，关闭轴线，填充剖面图案，楼板和梁填充钢筋混凝土图案，墙体填充 ANS131 图案，见图 18-7。

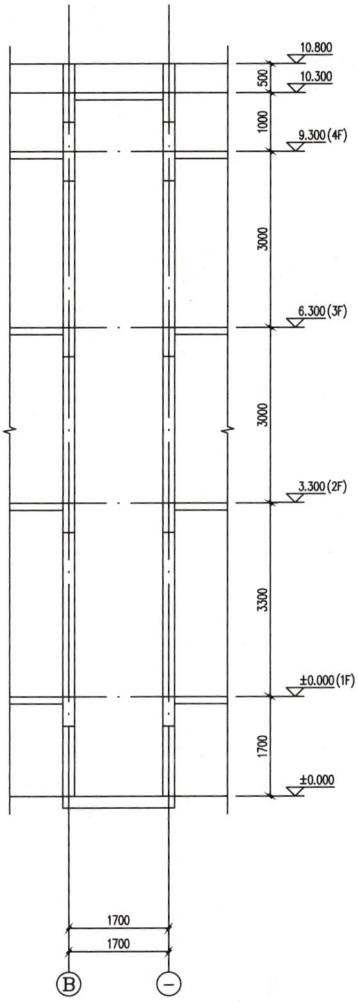

图 18-6　a-a 剖面图(墙板梁)

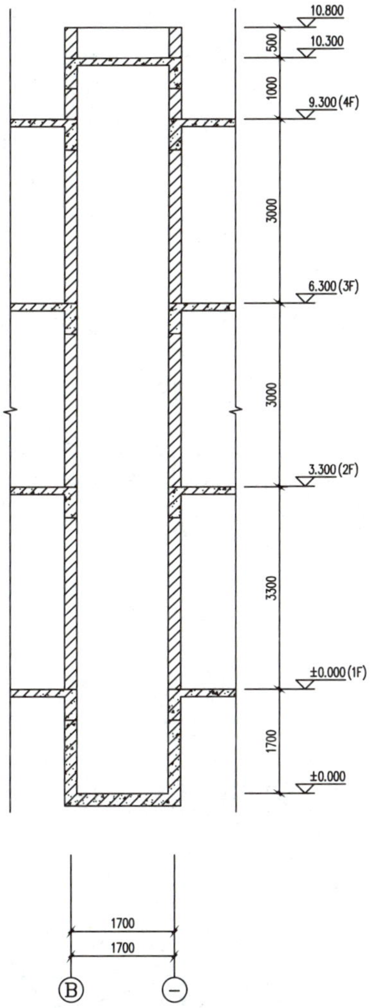

图 18-7　剖面图(图案填充)

18.2.7　绘制电梯间门洞大样图

运用多段线、矩形等工具进行绘制，并进行标注，如图 18-8、图 18-9 所示。将电梯门复制到 a-a 剖面图，添加图名即可完成，如图 18-10 所示。

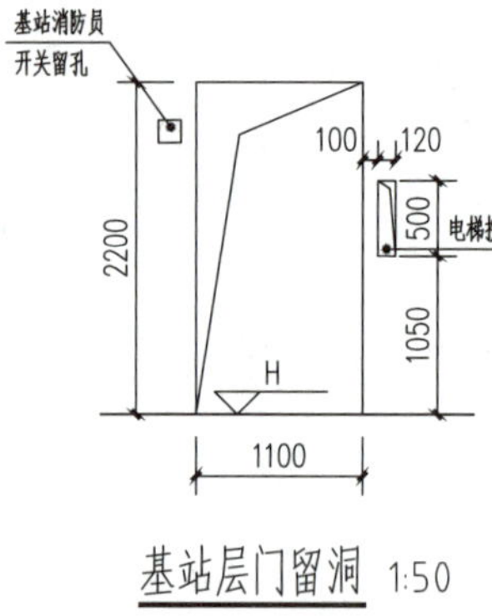

图 18-8　基站层门留洞

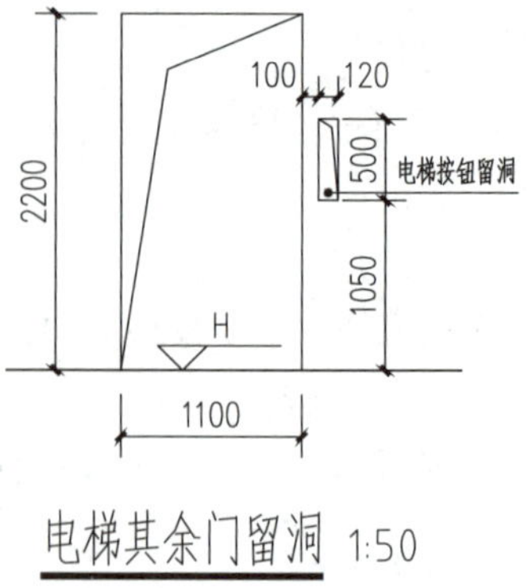

图 18-9　其他层门留洞

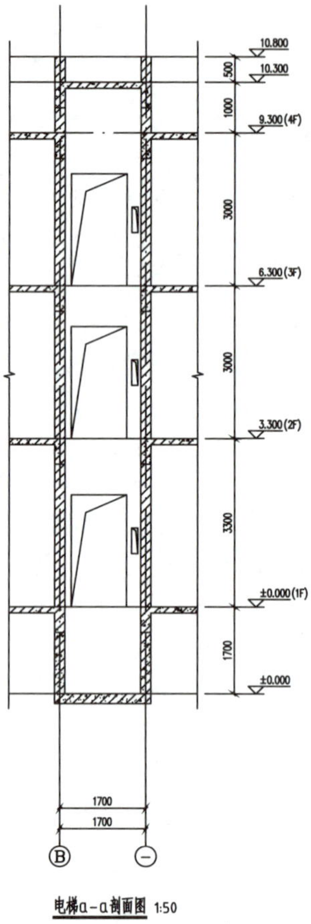

图 18-10　剖面图完成

任务 18.3　绘制厨卫大样图

复制一层平面图和四层平面图，运用删除、修剪等工具，删除厨卫以外的墙柱、门窗、轴网等，然后框选，将比例改为 1∶50，按照 1∶50 比例进行标注，并完善大样图。具体操作前文已有介绍，此处不再赘述。最终完成的厨卫大样图见图 18-11、图 18-12。

任务 18.3

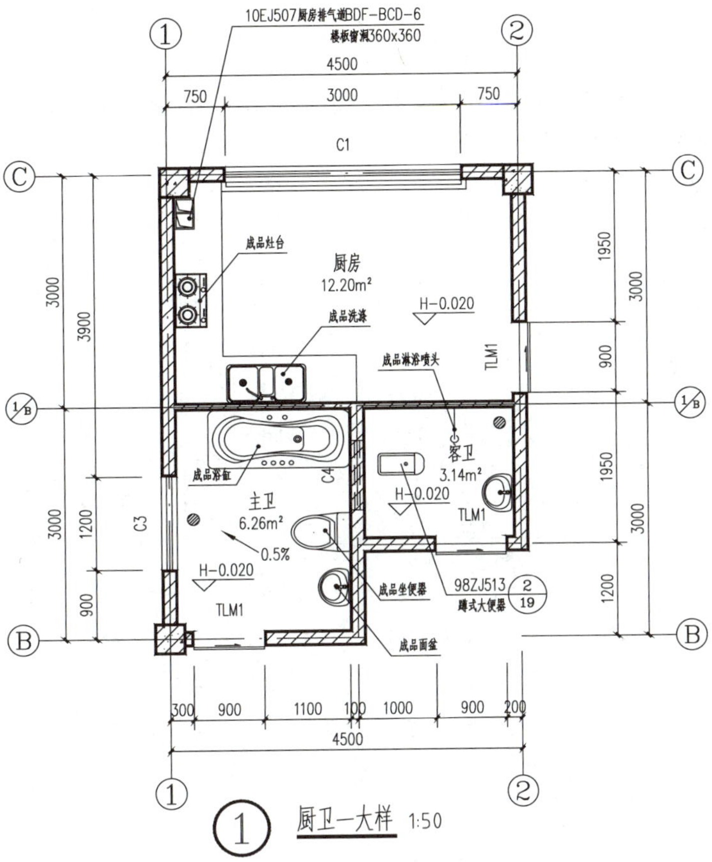

图 18-11　厨卫一大样图

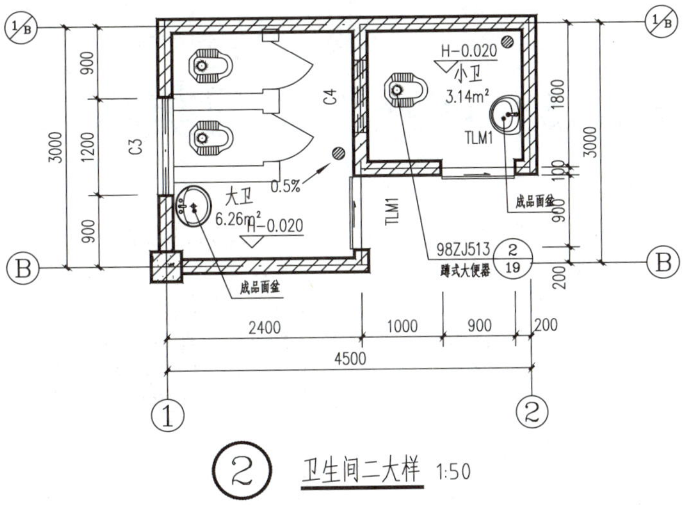

图 18-12　卫生间二大样图

任务 18.4　绘制门窗大样图

任务 18.4

门窗大样图可执行天正菜单【立面】中的【构建立面】命令，选择平面图中的门窗平面图生成建筑构件的正立面图（也可以从立面图中复制门窗或执行天正【立面】菜单中的【立面门窗】命令插入门窗或自行绘制门窗），然后进行细化，完善图名标注和尺寸标注即可。门窗大样图见图 18-13。

命令行提示如下：
命令：TOBJELEV
请输入立面方向或 [正立面(F)/背立面(B)/左立面(L)/右立面(R)/顶视图(T)]<退出> F
请选择要生成立面的建筑构件：找到 1 个
请选择要生成立面的建筑构件：
请点取放置位置：

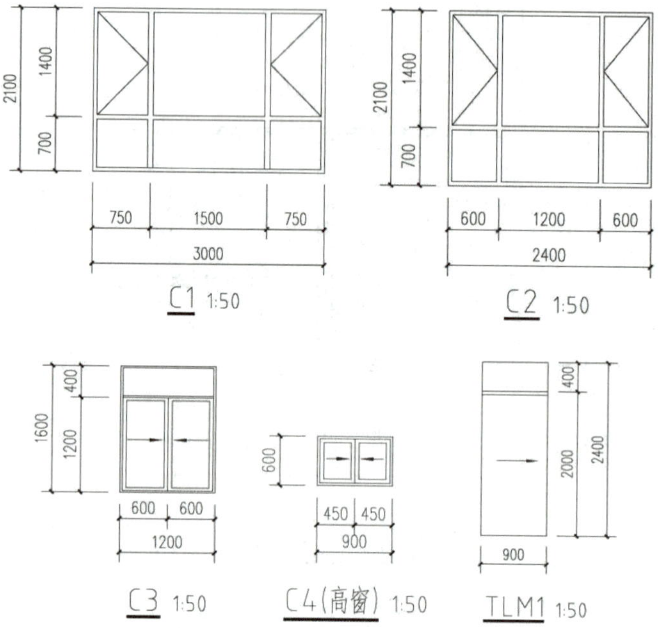

图 18-13　门窗大样图

任务 18.5　调整卫生间防水大样图

从相关图集中查找卫生间防水规范图集使用即可，但需要结合实际情况进行调整。本案例使用的卫生间防水大样图见图 18-14、图 18-15。

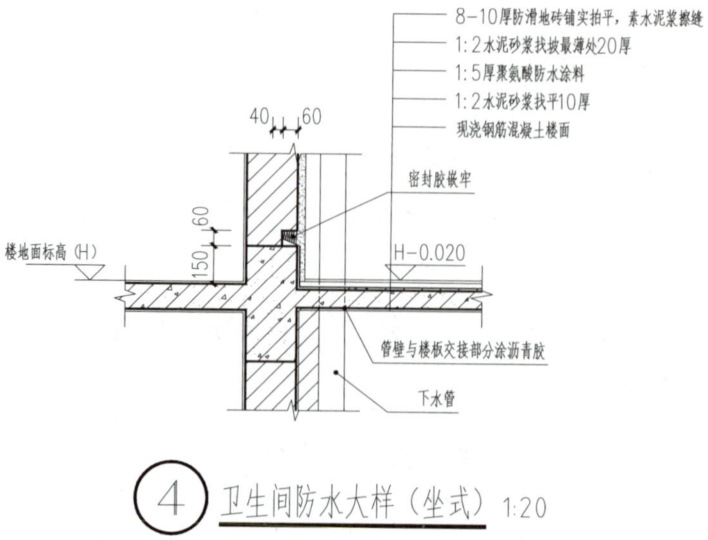

图 18-14　卫生间防水大样图(坐式)

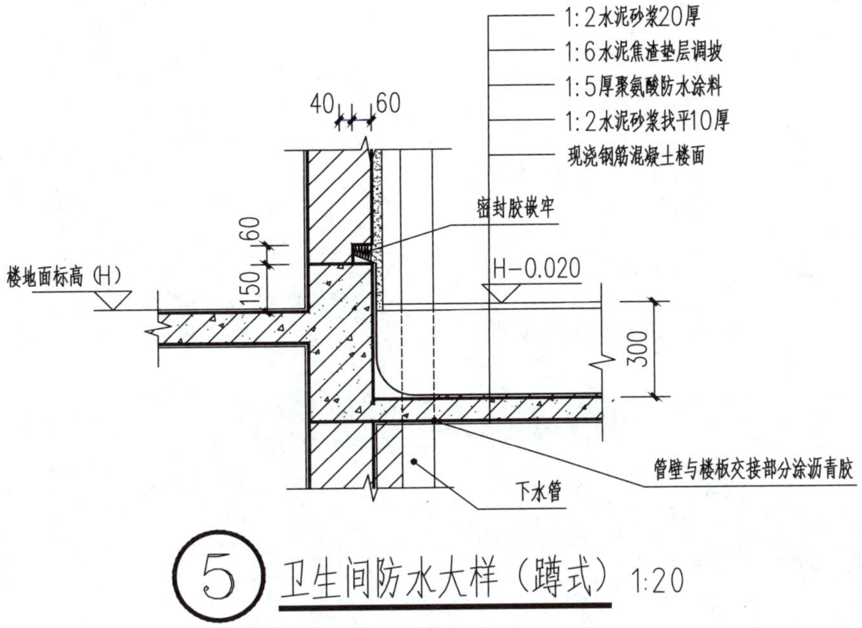

图 18-15　卫生间防水大样图（蹲式）

任务19 天正建筑软件文件布局与打印

学习目标

了解并掌握天正建筑软件文件布局与打印的方法与步骤。

思维导图

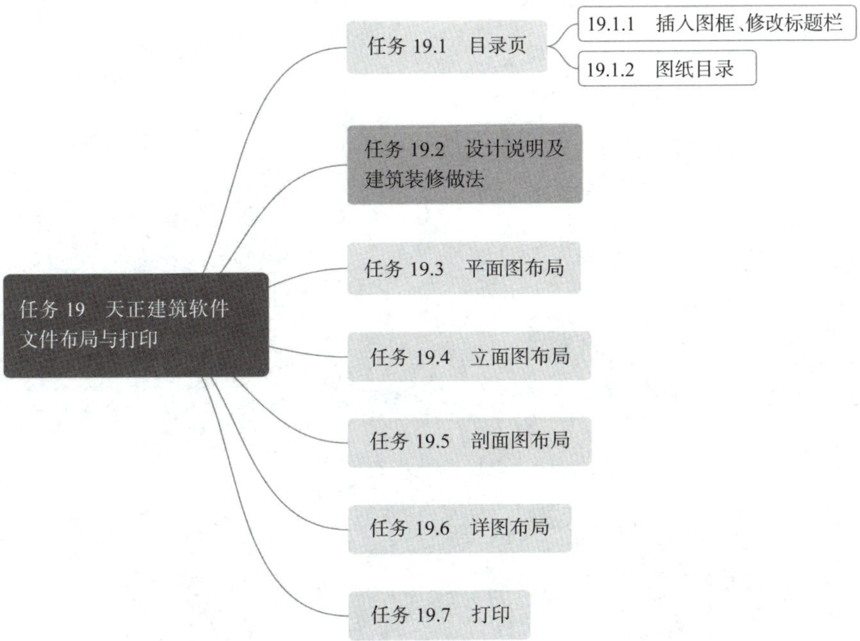

任务 19

任务 19.1

任务 19.2

任务 19.3

任务 19.4 和任务 19.5

任务 19.6 和任务 19.7

附　录

附录 1

附录 2

附录 3

附录 4

参考文献

[1] 刘吉新. 建筑 CAD[M]. 哈尔滨:哈尔滨工业大学出版社,2012.

[2] 李波. TArch 8.0 天正建筑设计完全自学手册[M]. 北京:机械工业出版社,2012.

[3] 麓山文化. TArch 2013 天正建筑软件标准教程[M]. 北京:机械工业出版社,2013.

[4] 周敏,林泉,罗万鑫. AutoCAD 2020 中文版完全自学一本通[M]. 北京:电子工业出版社,2020.